위성 궤도와
태양계 탐사

로켓 과학 II

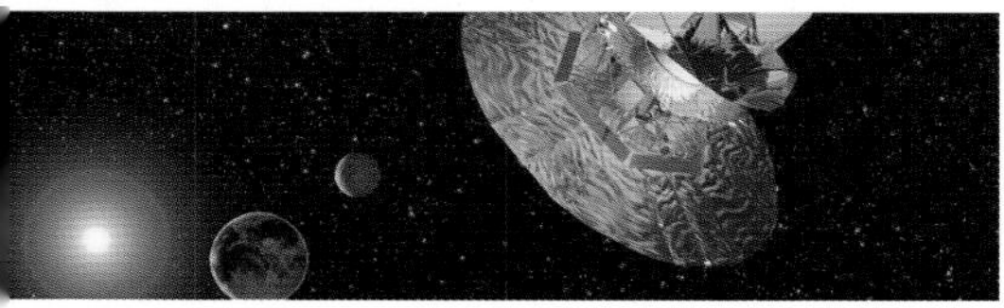

정규수 지음

지성사

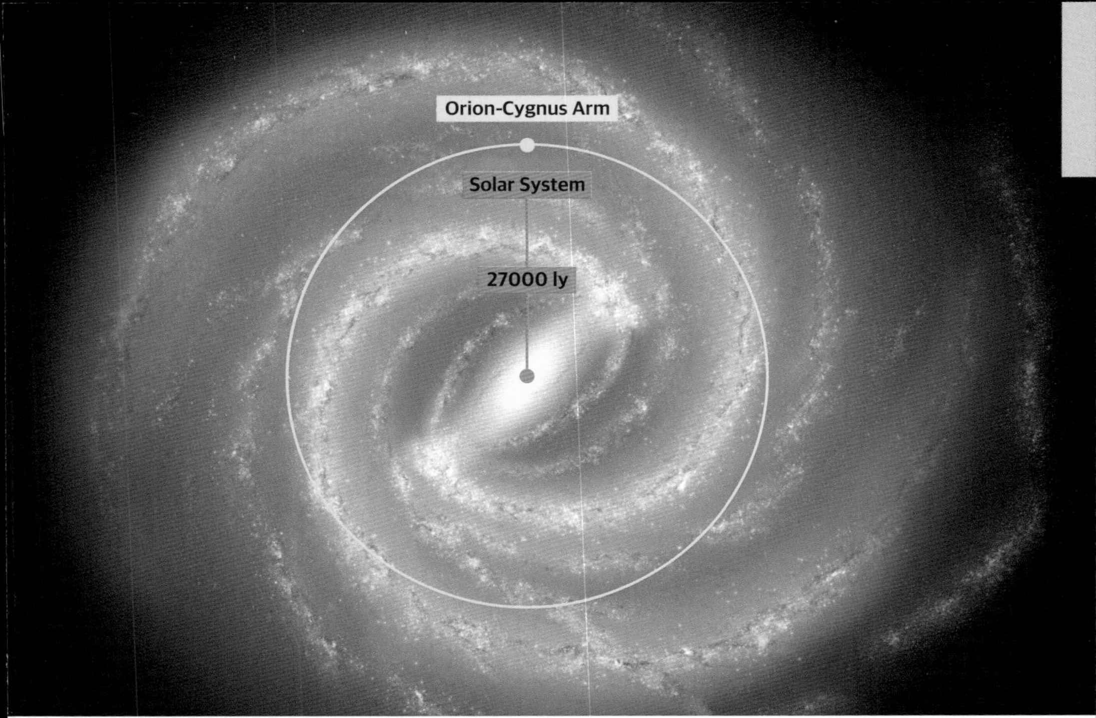
Orion-Cygnus Arm
Solar System
27000 ly

CERES
PLUTO
COMET
SUN
MERCURY
VENUS
EARTH
MARS
JUPITER
SATURN
URANUS
NEPTUNE

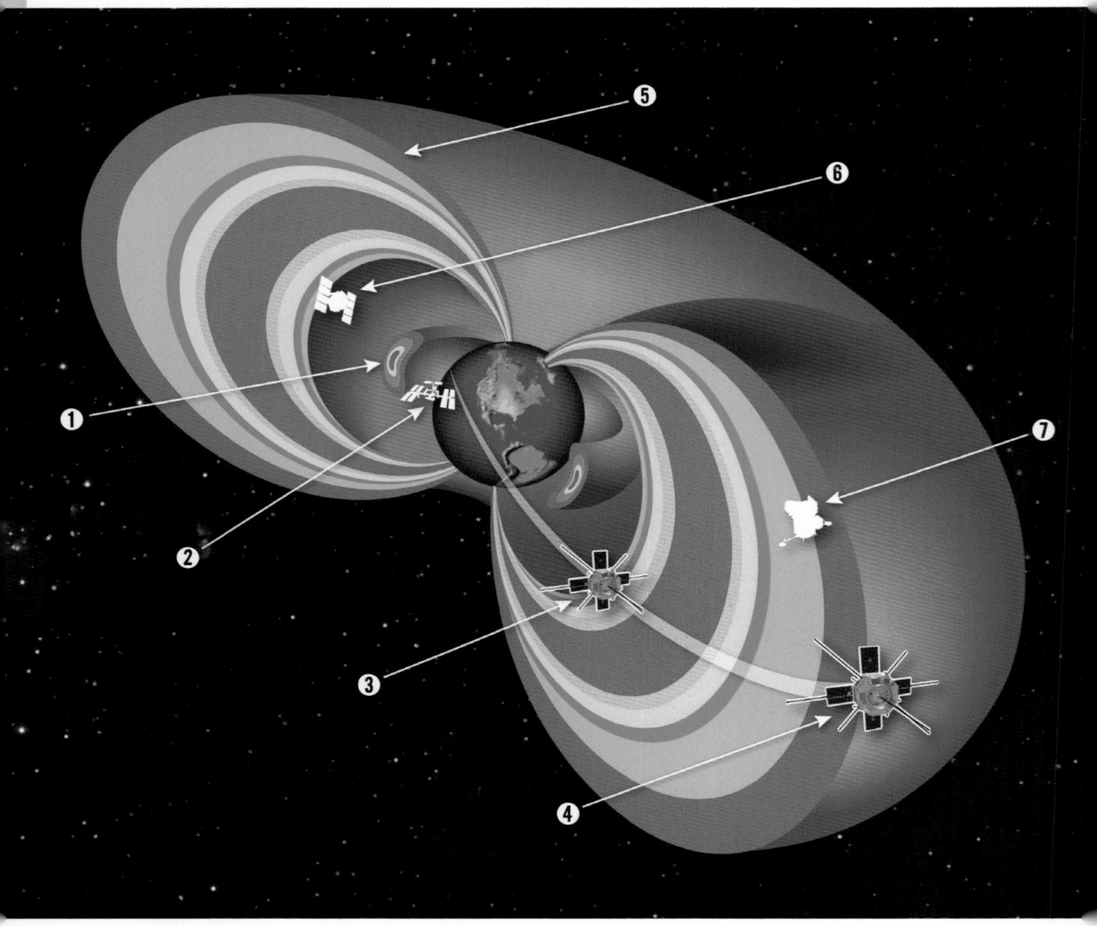

❶ **내부 반 알렌 대**
1,600-13,000km

❷ **지구 저궤도(LED)**
International Space Station
370km

❸ **Van Allen Probe-A**

❹ **Van Allen Probe-B**

❺ **외부 반 알렌 대**
19,000-40,000km

❻ **GPS 위성군**
20,180km

❼ **지구동기궤도(GSO)**
NASA's Solar
Dynamics Observatory
35,800km

화보 2 가장 안쪽 빨간색 영역이 내부 반 알렌 대van Allen Belt이고 GPS 위성 군의 바깥쪽 빨간색 영역이 외부 반 알렌 대다. 외부 반 알렌 대의 방사선은 주로 광속의 전자들이고, 내부 반 알렌 대의 방사선은 주로 양자(Proton)들이다. [NASA] (본문 135쪽)

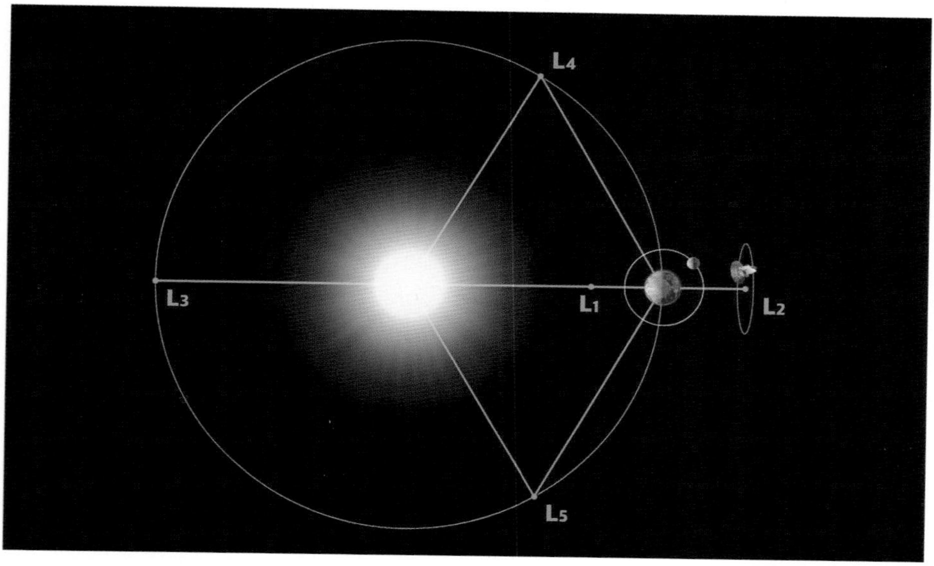

화보 3 태양과 지구가 만드는 5개의 라그랑주 포인트 L_1, L_2, L_3, L_4, L_5와 L_2 주위의 달무리궤도를 돌고 있는 WMAP의 상상도. [NASA] (본문 155쪽)

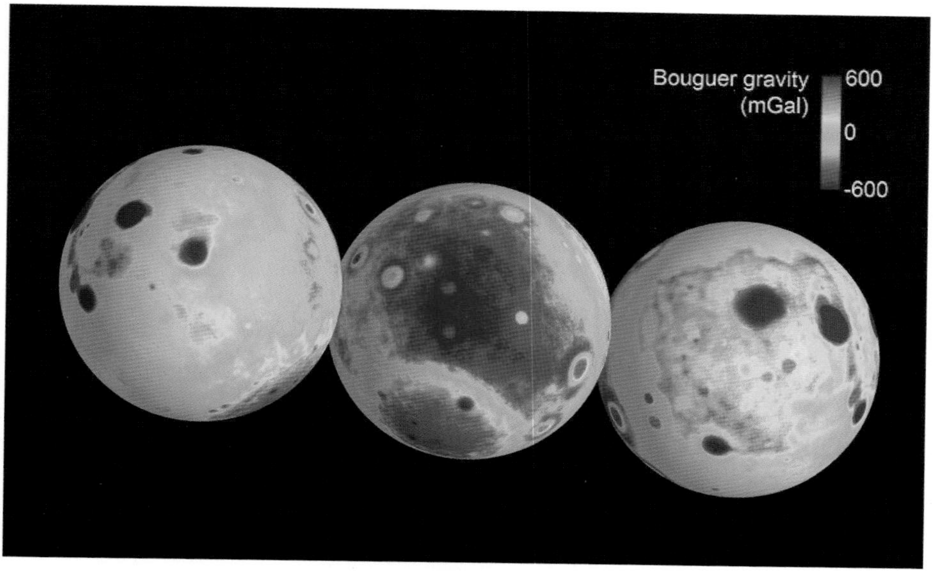

화보 4 GRAIL에서 측정한 달의 중력가속도 변화를 mGal 단위로 그렸다. 가장 진한 붉은색은 평균값보다 600mGal(=0.6cm/s²)만큼 증가된 부분을 보여주고, 가장 짙은 파란색은 -600mGal(=-0.6cm/s²)만큼 줄어든 영역을 표시한다. 1mGal은 1cm/s²의 가속도를 나타낸다. (본문 245쪽)

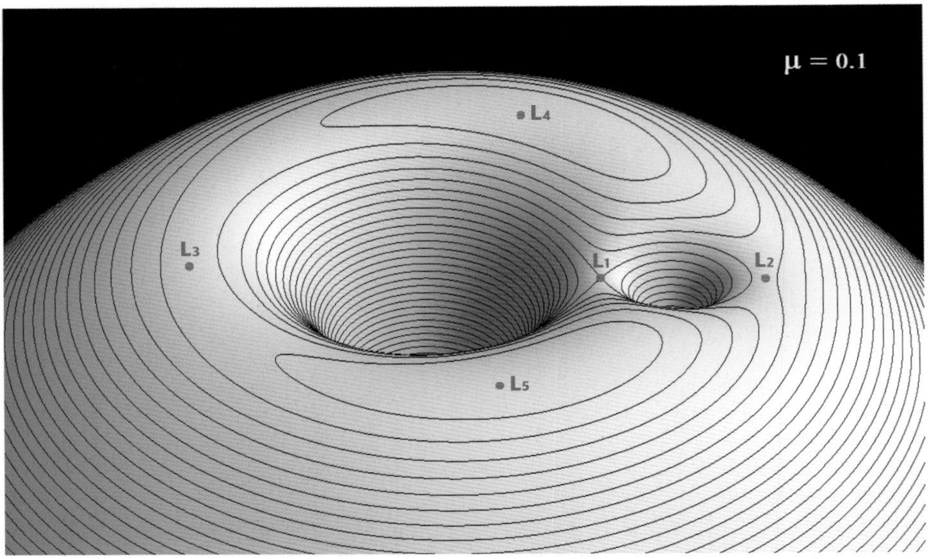

화보 5 유효 퍼텐셜 곡면과 라그랑주 포인트를 보여주는 그림이다. 임의로 1번 천체와 2번 천체의 질량비를 $\mu=0.1$이라 했다. ε_0 값을 바꿔가며 그린 $-U$와 제로-속력 곡선 및 라그랑주 포인트를 나타낸다. 가운데 동심원은 무거운 천체가 지배적인 영역을 나타내고, 오른쪽 작은 동심원은 가벼운 천체의 중력이 지배적인 영역을 나타낸다. (본문 315쪽)

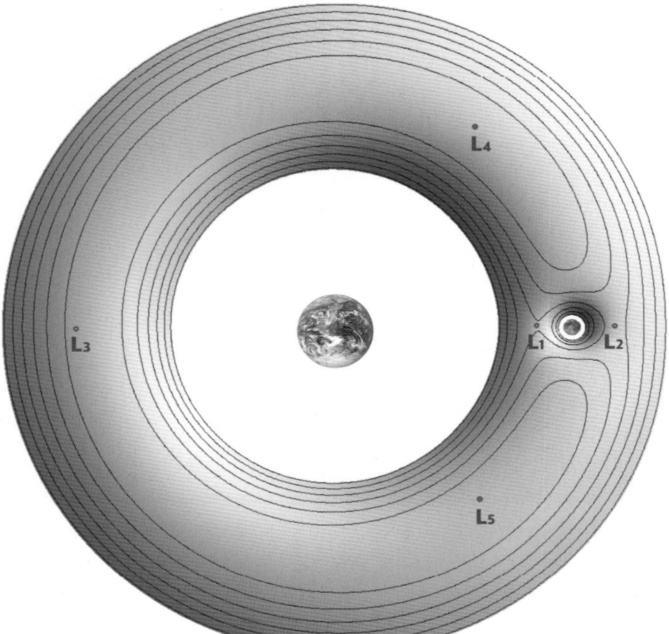

화보 6 달과 지구가 만드는 제로-속력 곡선과 5개의 라그랑주 포인트. (본문 317쪽)

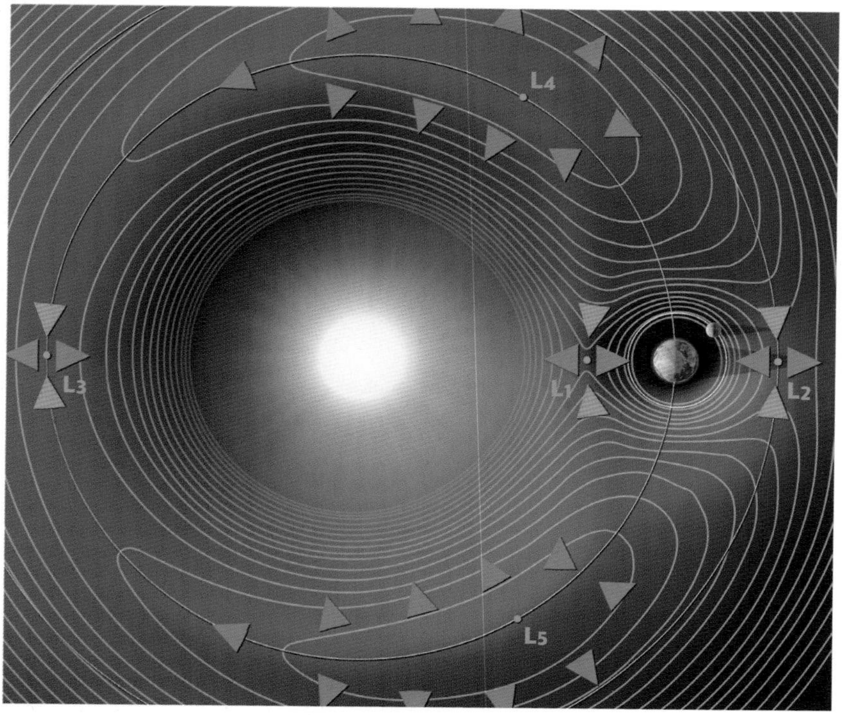

화보 7 태양과 지구가 만드는 5개의 라그랑주 포인트가 불안정한 평형점이라는 것을 보여주는 그림이다. 빨간색 화살표는 인력의 방향을 표시하고 파란색 화살표는 척력의 방향을 표시한다. [NASA] (본문 320쪽)

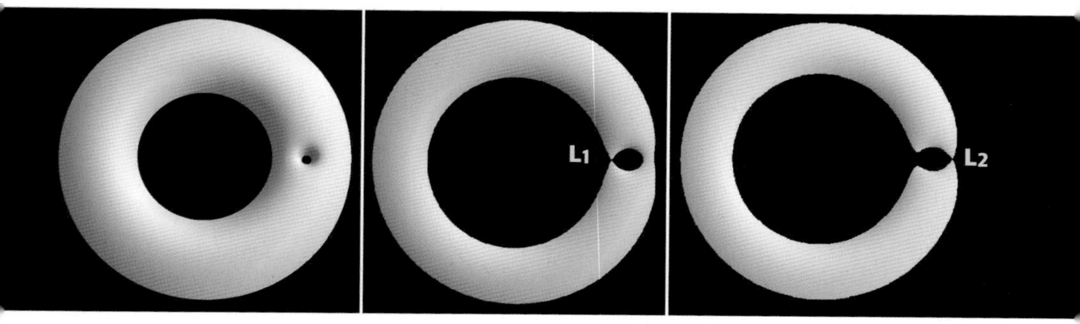

화보 8 *C* 값이 감소함에 따라 질점이 움직일 수 있는 영역이 늘어나는 과정을 ξ-η 평면에서 보여주는 그림이다. 왼쪽부터 C=3.40000, 3.18835, 3.17216에 대응하는 유효 퍼텐셜의 그림이다. 수평방향이 ξ-축이다. *C*가 3.18835가 되면 질점이 움직일 수 있는 영역이 지구 주변에서 달 주변까지 L_1을 통해 연결되고, *C* 값이 3.17216으로 줄어들면 L_2에 출구가 생겨 지구 - 달 시스템 밖으로 나갈 수 있다. (본문 341쪽)

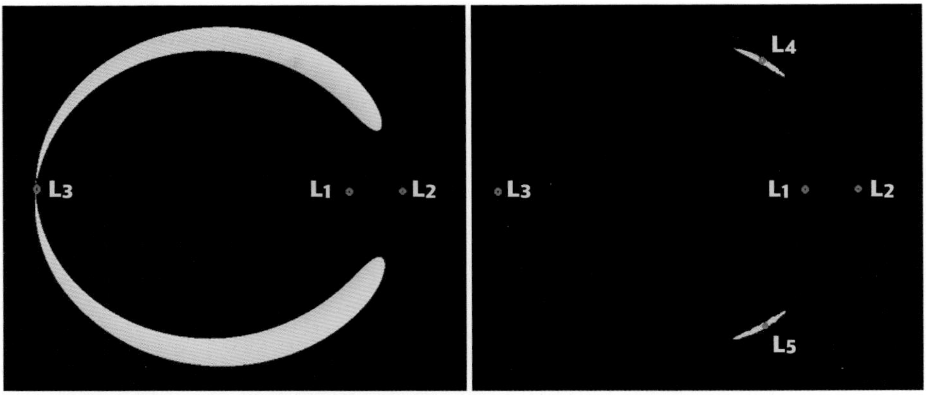

화보 9 C 값이 계속 감소함에 따라 질점이 움직일 수 있는 영역이 더욱 늘어나는 과정을 ξ-η 평면에서 보여주는 그림이다. $C=C_4$에 이르면 왼쪽 그림의 초승달 모양들은 L_4와 L_5에 있는 점들만 빼고는 사라진다. 왼쪽 그림은 $C_3=3.01214$에 해당하는 그림으로 L_3를 통해 내부 영역과 외부 영역이 막 연결되는 장면이고, 오른쪽 그림은 $C_4=2.98800$에 해당하는 그림으로 L_4와 L_5 주위의 아주 작은 영역만 제외하고 질점은 ξ-η 평면 내에서 모든 방향으로 자유롭게 움직일 수 있다. (본문 343쪽)

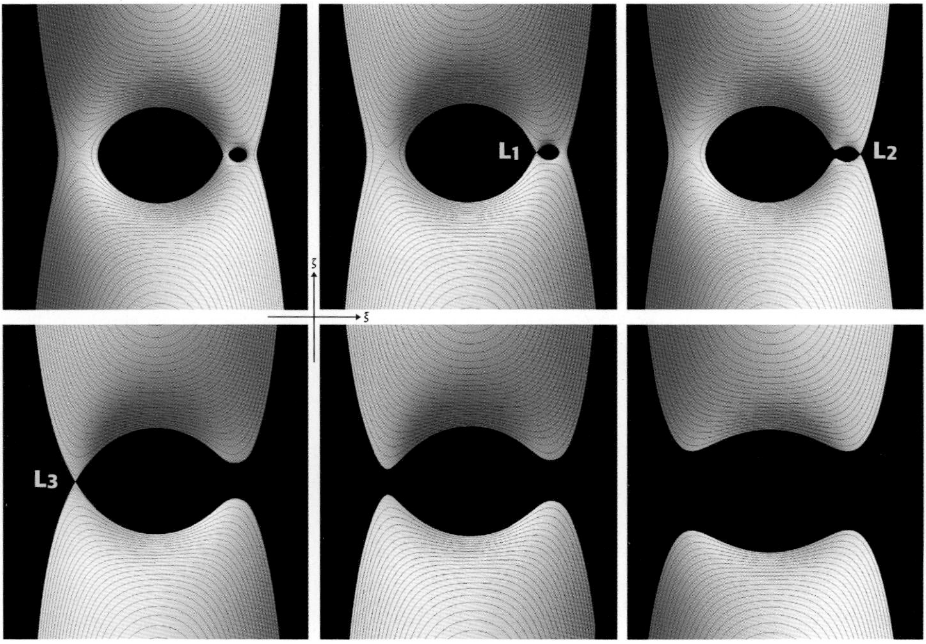

화보 10 C 값에 따라 질점의 접근이 허용되지 않는 영역을 ξ-ζ에서 본 그림이다. ξ-η 평면에서 질점의 운동을 방해하는 영역이 없어졌지만, ξ-ζ 평면이나 η-ζ 평면에서 보면 아직도 C 값에 따라 질점이 접근할 수 없는 영역이 남아 있다. (본문 344쪽)

위성 궤도와
태양계 탐사

로켓 과학

II

일러두기

1. 책은 『 』로, 작품(시, 소설, 그림, 노래, 영화) 제목과 논문은 「 」로, 신문과 잡지는 < >로 구분했다. 단, 각주에서는 책명과 신문, 잡지는 이탤릭체로, 논문은 작은따옴표로 구분했다.
2. 본문에 인용한 외래어 표기는 국립국어원의 표기 원칙에 따랐다.
3. 독자들의 이해를 돕고자 본문의 중요한 자료 사진은 앞에 원색 화보로 꾸며 해당 쪽수를 표기했다.
4. 참고문헌과 그 밖의 참고 자료는 각주에 달았고, 이에 따로 정리하지 않았다.
5. 본문에 표기된 용어 가운데 우리말로 옮기기에 적절하지 않은 용어는 그대로 영어 발음으로 표기했다.

정광화 박사에게

들어가는 글

『로켓 과학 I: 로켓 추진체와 관성유도』는 '로켓 과학' 시리즈의 첫 번째 권으로 로켓엔진과 다단로켓 및 관성유도장치의 기본을 소개했다. 시리즈의 두 번째 권인 『로켓 과학 II』는 「위성 궤도와 태양계 탐사」라는 부제에서 알 수 있듯이 화학로켓을 효율적인 우주발사체로 사용하는 방법을 소개하는 내용으로 꾸며졌다. 이 책을 쓴 목적 중의 하나는 항주학Astronautics과 우주개발 분야를 공부하는 이공계 학생 및 우주개발 분야에서 연구 활동을 시작하는 독자들에게 실제 위성의 운동을 기술하는 방법과 태양계 탐사 방법을 소개하려는 것이다.

『로켓 과학 II』는 5부로 구성되었다. 제1부에서는 중력으로 다스려지는 태양계의 위계질서는 질량 크기순으로 결정되며, 태양계 질량의 99.8% 이상을 독점하고 있는 태양이 태생적으로 제왕의 위치를 차지하고 있다. 각 천체 사이에는 거리의 역제곱에 비례하는 중력이 작용하고, 각 행성의 반경은 태양까지의 거리와 행성 사이 거리에 비해 무시할 만큼 작아 각 행성의 운동은 태양 중력장에서 질점Mass Point의 운동으로 취급할 수 있다. 이웃하는 행성의 존재는 태양과 각 행성이 만드는 2체-문제에 추가된 작은 섭동으로 다룰 수 있어 태양계는 태양과 각 행성으로 이루어진 9체-문제가 아닌 8개의 독립적인 2체-문제로 취급할 수 있다. 역제곱 힘이 작용하는 2체-문제는 공통 질량중심을 회전하는 2개의 1체-문제로 풀 수 있고, 그 해답은 원추곡선 Conics인 '케플러 궤도Kepler Orbit'로 주어진다.

행성의 크기와 질량이 작다고 가정했지만, 행성에 가까운 영역에서는 행성의 중력이 태양 중력에 비해 훨씬 큰 영역이 존재하며, 그 안에서는 행성의 중력이 지배적인 위치에 있다. 이러한 영역을 중력 지배권(SOI: Sphere Of Influence)이라고 부른다. 행성의 SOI 내에서 위성 또는 우주선과 같은 질점의 운동은 행성의 중력으로 결정되며 태양의 효과는 미미한 섭동으로 취급할 수 있다. 행성의 운동은 자체 SOI의 크기와 상관없이 태양의 중력장에서 자유낙하는 하나의 질점으로 기술되며 행성의 SOI는 행성과 같이 움직인다. 태양계의 전 영역은 행성과 위성 그리고 소행성의 SOI로 나누어 생각할 수 있다. 물론 이 SOI를 제외한 모든 영역은 태양의 중력이 직접 지배하는 영역이고, 행성과 행성의 SOI는 태양의 관점에서 보면 하나의 질점처럼 케플러 궤도를 따라 태양 주위를 공전한다. 행성의 운동은 태양이 중력으로 다스리지만, 각 행성의 SOI 영역 내에서 일어나는 질점의 운동은 해당 행성이 지배하도록 허용한다. 태양계와 행성 간의 관계는 태양이라는 황제가 지배하는 제국과 그 안에서 봉토를 부여받고 영지를 지배하는 소왕국 간의 관계와 같다. 행성과 달과의 관계는 물론 왕과 왕에게서 받은 영지를 지배하는 제후 간의 관계로 생각하면 된다.

지구에서 화성으로 탐사선을 보내는 경우를 예로 들어보자. 지구의 SOI 내에서 우주선의 운동은 지구를 초점으로 하는 쌍곡선을 그린다. 그러나 이 순간에도 지구와 우주선은 태양 주위를 타원궤도를 따라 공전하고 있으므로 엄밀한 의미에서는 SOI 내에서 지구에 대한 우주선의 운동도 태양좌표계에서 보면 태양-지구-우주선의 3체-문제다.

그러나 지구의 태양에 대한 운동은 이미 답을 알고 있으므로 우주선의 지구에 대한 운동만 구하면 태양에 대한 우주선의 운동은 두 가지 운동의 복합운동으로 쉽게 답을 구할 수 있다. 따라서 지구 SOI 내의 우주선의 태양에 대한 운동은 1차적으로 지구와 우주선의 2체-문제로 취급할 수 있다. 태양이 우주선의 운동을 직접 지배하는 대신 지구의 중력을 통해 간접적으로 지배하는 형태다. 우주선이 지구의 SOI 경계에 도달하면 우주선의 태양에 대한 운동에서 지구 존재는 무시되고 태양과 우주선의 2체-문제로 바뀐다. 이 경우 태양은 우주선의 운동을 다른 행성의 중력을 통해 지배하는 대신 스스로의 중력으로 직접 지배한다. 지구 중심에 고정된 좌표계는 태양을 초점으로 하는 타원궤도를 돌고 있으므로 태양을 초점으로 타원운동을 하는 우주선의 운동을 기술하는 관성좌표계로는 적합하지 않다. 따라서 SOI 밖에서 태양에 대한 우주선의 운동을 기술하기 위해서는 좌표계도 지구 중심이 아닌 태양 중심 좌표계로 옮겨야 한다. 천체나 질점에 작용하는 지배적인 중력이 가리키는 천체의 중심에 원점을 가지는 좌표계에서는 궤도를 케플러 궤도로 근사할 수 있어 계산이 간단해진다. 지구 중심 좌표계를 태양 중심 좌표계로 변환하는 과정에서 지구의 공전효과는 우주선의 위치와 속도가 SOI 경계에서 매끄럽게 연결된다는 조건에 따라 자연스럽게 해Solution에 포함하게 된다.

우주선의 타원궤도는 미리 주어진 시간 후에 화성의 SOI를 예정된 위치에서 만나도록 설계된다. 우주선이 화성의 SOI 내부로 진입하면 우주선의 화성에 대한 운동은 화성 중력만으로 완전히 결정되고, 화성 중심 좌표계에서 우주선의 궤도는 화성 중심을 초점으로 하는 쌍곡선이 된다. 우주선이 화성의 SOI 내에 진입한 후 궤도 변환을 위해 별도로 속도증분 Δv를 가하지 않는다면, 우주선은 최근점Periapsis을 지난 후 다시 SOI 밖으로 나와 새로운 방향으로 태양에 대한 타원운동을 계속한다. 이러한 행성과의 조우를 근접 비행Flyby이라고 한다.

만약 우주선을 화성 궤도로 진입시키려 한다면 별도 로켓의 Δv를 사용해 화성에 대한 상대속력을 줄여주어야 한다. 하지만 착륙이 목적이라면 적절한 최근점만 지나도록 궤도를 정해줌으로써 대기마찰을 이용해 대부분의 잉여속도를 제거하고, 잔여속도는 낙하산과 작은 착륙 로켓을 이용해 제거하여 안전하게 착륙시킬 수 있다.

우주선의 궤도는 지구 SOI 내에서는 지구 중심 좌표계의 쌍곡선으로, 태양의 SOI 내에서는 태양 중심 좌표계의 타원으로, 화성의 SOI 내에서는 화성 중심 좌표계의 쌍곡선으로 기술할 수 있다. 각 SOI 내에서 행성에 대한 우주선의 위치와 속도벡터Vector를 태양에 대한 행성의 위치벡터와 속도벡터에 더함으로써 태양에 대한 우주선의 위치벡터와 속도벡터를 구할 수 있고, 따라서 태양 중심 좌표계에서 보는 우주선의 궤도가 결정된다. 이와 같이 우주선의 궤도를 구간별로 나누어 푸는 방법을 '원추곡선 짜깁기Patched Conics'라고 한다. 원추곡선 짜깁기 방법은 행성 간 미션의 예비계획을 세우는 목적으로는 매우 정확한 총 Δv를 제공하며, 이로부터 미션에 필요한 발사체와 예산 추정도 가능하다. 여기서 얻은 궤도의 근사적인 해석해Analytic Solution는 태양-지구-화성이 만드는 중력장에서 우주선 궤도의 정확한 수치해Numerical Solution를 구하는 초기 값으로 사용할 수도 있다. 이상적인 케플러 궤도와 원추곡선 짜깁기를 이용한 태양계 내의 우주선 운동을 기술하려면 원추곡선의 특징과 그 응용이 필요하기 때문에 1부 제2장에서는 타원궤도, 쌍곡선궤도 및 궤도상의 속도와 위치 및 비행시간을 구하는 문제를 비교적 자세히 다룬다.

2부에서는 섭동에 의해 변화하는 궤도 파라미터를 계산하는 방법을 소개한다. 만약 지구가 밀도가 균일한 구球이고 대기가 없다면, 위성의 궤도는 먼 별에 고정된 관성좌표계에 대해 방위각이 고정되고 크기와 모양도 변하지 않는 반면, 지구는 궤도 안쪽에서 혼자 자전하며 지구와 지구 위성 궤도는 태양 주위를 계속 공전할 것이다. 그러나 실제로 궤도를 돌고 있는 인공위성은 불균일한 지구 중력, 태양과 달의 중력, 공기저항 및 태양 복사압 등 각종 섭동에 지속적으로 노출되고 있다. 이러한 요인들이 궤도에 미치는 영향이 생각보다 훨씬 크고, 그 결과 모든 위성은 시간이 흐르면서 이상적인 케플러 궤도에서 많이 벗어날 수밖에 없다.

지구 중력이 불균일한 주된 원인은 지구가 완전한 구球가 아니라 적도반경이 극반경보다 큰 타원체이고, 적도반경도 원이 아닌 타원에 가까운 데 있다. 더구나 찌그러진 타원체인 지구의 밀도는 일정하지 않고 표면이 매끄럽지도 않으며, 산도 있고 바다도 있다. 특히 적도의 중배효과 때문에 저궤도 위성은 항상 적도 쪽으로 끌리고, 그 결과 적도면과 궤도가 만나는 '승교점(Ω : 昇交點, Ascending Node)'과 '근지점(Φ : Perigee)'은 세차운동을 하게 된다. 위성의 운영자가 위성에 임무 수행을 지시하고 데이터를 주고받으려면 언제나 위성의 위치를 정확히 알고 있어야 한다. 이러한 이유로 섭동에 의해 변화된 궤도는 원상으로 회복시켜야 하고, 이러한 작업에 소중한 추진제를 사용해야 한다. 위성에 탑재한 추진제 양은 위성의 수명과 소요 경비를 결정하는 요인이다.

이러한 섭동이 우주 임무를 힘들게 하는 것은 사실이지만, 섭동이 우주개발에 꼭 방해가 되는 것만은 아니다. 불균일한 '변칙중력Gravity Anomaly'에 따른 Ω의 시간에 대한 변화율 $\dot{\Omega}$를 지구의 공전 각속도와 같게 조절하면 태양동기궤도를 구현할 수 있다. 2부 제1장에서는 위성 궤도의 장반경, 이심률 및 궤도 경사각과 $\dot{\Omega}$의 관계식을 소개하여 태양동기궤도를 설정하는 방법을 다룬다. 이러한 태양동기궤도 위성은 지구 관측에 아주 유용하다. 궤도 경사각이 63.4349°가 되는 궤도의 근지점은 세차운동을 하지 않는 것으로 나타났다. 이렇게 근지점이 고정된 궤도를 '몰니야 궤도Molniya Trajectory'라고 하며 극지방이 가시선可視線 밖에 놓이는 정지궤도(GEO)를 대신해 극지방 통신, 조기경보 또는 방송위성 궤도로 사용된다. 최근 들어 고층 건물로 둘러싸인 대도시에서 낮은 앙각仰角을 가진 GPS 위성의 약점을 보완하는 수단으로 몰니야 궤도가 각광받을 것으로 보인다.

우주로켓 발사 시에 대기마찰에 따른 기계적인 충격을 최소화하기 위해 무엇보다 발사궤도 선정에 신중해야 하는데, 마찰저항으로 Δv의 손실을 일으키기 때문이다. 대기마찰은 저궤도 위성을 추락시키는 주원인으로써 커다란 기술적·경제적 부담으로 작용한다. 하지만 우주선을 지구로 회수하거나 대기권 행성에 진입시킬 때는 공기마찰력에 따른 '에어로 브레이킹Aerobraking' 메커니즘을 이용해 위성의 속력을 감속시킴으로써 추진제를 크게 절약하고 있다. 대기마찰이 없었더라면 '아폴로 계획Apollo Program'은 성공하지 못했을 것이다.

우주 미션을 수행하는 데 피할 수 없는 과정이 한 궤도에서 다른 궤도로의 이동이며, 이 과정에서 이용하는 궤도를 '전이궤도Transfer Trajectory'라고 한다. 2부에서는 그 가운데 추진제 소모가 가장 적은 '호만 전이궤도Hohmann Transfer Trajectory'를 설계하는 방법을 소개한다. 호만 전이궤도는 두 차례의 충격연소Impulsive Burn로 한 원궤도에서 다른 원궤도로 이동하는 방법 중 Δv를 가장 적게 사용하며, 이러한 호만 전이궤도와 관련한 여러 가지 특성을 함께 다룬다. 2부의 마지막 장에서는 로켓을 발사장에서 발사하여 대기궤도 또는 전이궤도로 진입시키기 위한 궤도 설계와 이러한 궤도에 따라 로켓을 유도하는 방법을 설명한다.

3부 제1장에서는 달이나 행성 등 천체로 나가는 궤도 계산에 필요한 원추곡선 짜깁기 개념과 발사 가능 시간대Launch Window 및 발사 기회Launch Opportunities 같은 발사 계획에 필수적인 요소를 소개한다.

지구 중력장을 벗어난 우주선이 목표 천체와 랑데부를 할 수 있는 전이궤도를 원추곡선 짜깁기 방법으로 설계하는 데 필요한 공식과 행성의 SOI를 통과한 우주선이 행성의 중력장에서 자유낙하는 쌍곡선궤도를 유도했다. 제2장에서는 제1장에서 소개한 방법을 사용하여 위성으로 가는 궤도를 원추곡선 짜깁기 방법으로 설계 예제를 풀었다.

우주발사체의 속도 능력은 유효질량인 페이로드Payload m_L과 로켓의 마지막 추진체가 소진될 때까지 공급할 수 있는 총 속도증분 Δv으로 결정된다. Δv가 9.5km/s 이상이면 지구 저궤도 미션이 가능하고, Δv가 증가함에 따라 중궤도, 고궤도 미션이 가능하다. Δv가 더욱 증가해 13km/s 전후에 이르면 지구 중력을 탈출할 수 있는 연소종료속도에 도달하여 각종 고에너지 미션을 수행할 수 있다. 우주발사체의 성능은 미션에 필요한 페이로드를 미션 궤도까지 운반할 수 있는 미션 요구를 충족해야 한다. 페이로드는 목표 수행에 필요한 통신장비, 광학장비, 전자장비, 방송장비 및 기타 미션에서 필요한 각종 측정 장비와 페이로드를 미션 수행 위치에 유지하기 위한 추진기관, 추진제 및 전원 등으로 구성된다. 민감한 감지기와 전자 장비를 우주선Cosmic Ray과 미세한 운석Micro-meteoroids으로부터 보호하는 차폐물 역시 페이로드에 속한다.

이 모두가 페이로드를 증가하게 하는 요인이다. 로켓의 이륙질량이 고정된 경우 페이로드가 증가하면 Δv는 감소하고, 페이로드가 감소하면 Δv는 증가한다. 한 예로 최적화된 '유니폼 스테이지Uniform Stage'로 구성된 다단로켓인 경우 이륙질량은 페이로드에 비례하고, Δv의 지수함수에 비례한다.[1] Δv가 큰 고에너지 궤도일수록 이륙질량이 급

1) $M_{lift-off} = m_L e^X$, $X = \Delta v/(1-\epsilon)v_e$인 것을 볼 수 있다. 여기서 v_e는 노즐에 대한 연소가스 배출속도이고, ϵ은 각 단Stage의 구조 물질량을 단의 총질량으로 나눈 값으로 구조물 질량비라고 한다. 유니폼 스테이지란 각 단의 ϵ과 v_e가 모두 같다는 의미이지, 크기와 질량이 같다는 의미는 아니다.

격히 증가해 현실적으로 감당할 수 없는 질량과 크기가 된다. 새턴-V 같은 슈퍼 발사체를 사용하지 않는 한 순전히 화학로켓의 추력에 의존하는 우주발사체로 유용한 페이로드를 위성 궤도에 진입시킬 수 있는 행성은 수성과 목성이 한계인 것으로 보인다.

외행성 탐사에 필요한 발사체의 이륙중량 증가 문제 외에도 Δv의 상한은 비행시간이 감당할 수 없을 만큼 길어지는 것이 또 다른 문제였다. 한 예로 지구에서 명왕성 궤도까지 Δv가 가장 적은 호만 전이 궤도를 따라간다면 편도 비행에만도 45.5년 이상이 소요되므로 이러한 우주탐사 계획은 비현실적이다. 우주탐사에서 우리에게 필요한 것은 우주선의 높은 속도다. 화학로켓으로 높은 속도를 얻는 방법은 이륙중량을 크게 늘리거나 페이로드를 감소시키면 어느 정도 가능하지만, 적어도 앞으로 20~30년간 이륙중량은 새턴-V급인 3000톤 내외에서 크게 벗어나지는 않을 것으로 보인다. 이러한 추정은 미국의 차세대 슈퍼 발사체 'SLS(Space Launch System)'와 러시아가 구상하는 '예니세이 Yenisei' 같은 슈퍼 발사체 또는 중국의 슈퍼 발사체의 이륙중량이 모두 3000~4000톤을 넘지 않는 데 근거한다.

행성을 근접 비행함으로써 태양에 대한 상대속도를 늘리거나 줄이는 방법을 '중력 부스트Gravity Boost', '중력추진Gravity Propulsion', '중력새총 Gravity Sling Shot' 등 다양하게 부르지만, 이 방법은 1962년 대학원 4년차인 '마이클 미노비치Michael Minovitch'가 제안했다. 이 방법은 태양계 외곽 천체를 탐사하기 위해 필요한 초고에너지 로켓이 없더라도 필요한 장비를 탑재하고 금성까지 갈 수 있는 로켓이 있다면, 적어도 이론적으로는 태양계 어디라도 중력 부스트를 이용해 도달할 수 있음을 보여준다. 이 방법이 없었다면 목성 밖의 외행성을 탐사하는 것은 물리적인 또는 경제적인 이유로 거의 불가능했겠지만, 지금은 중력 부스트를 사용해 토성, 천왕성, 해왕성은 물론, 명왕성에도 근접 비행하고, 태양계를 떠나 심우주로 나아가고 있다. 중력 부스트는 자연이 마련하고 숨겨둔 보물 가운데 최근에 우리 인류가 발견한 귀중한 보배의 하나로 꼽힌다. 중력 부스트 방법을 설명하는 것이 제3장의 주제다. 중력 부스트는 태양과 행성 및 우주선으로 구성된 3체-문제의 특성에서 비롯된 현상이다.

4부에서는 3체-문제에 대해 좀 더 자세히 소개한다. 고궤도 지구위성의 궤도를 끊임없이 변화시키는 달과 태양에 의한 섭동효과를 계산하는 문제도 현실적으로는 중요하다. 하지만 태양, 행성 및 우주선의 운동을 3체-문제로 접근하면 2체-문제에 없었던 질적으로 새로운 현상에 접하게 된다. 2체-문제에서 운동방정식은 '적분 가능한Integrable' 문제이지만, 여기에 천체 하나를 추가해서 생긴 3체-문제의 운동방정식은 '적분 불가능한Non-integrable' 문제로 변질된다. 풀리지 않는 일반적인 3체-문제에 특수한 조건을 붙여 해Analytic Solution를 구할 수 있지 않을까 하는 희망에서 도입한 모델이 '제한적 3체-문제(R3BP: Restricted 3-Body Problem)'다. 세 개의 천체 가운데 천체 하나가 두 개의 천체가 만드는 중력장에 영향을 미치지 않을 정도로 작은 질량을 가진 질점이라 가정한 경우가 제한적 3체-문제다. 그러나 R3BP 역시 해를 구할 수 없음을 알게 되었고, 여기에 더욱 제한적인 조건을 부과한 문제가 '회전하는 R3BP'인 'CR3BP(Circular Restricted 3-Body Problem)'다.

공통 무게중심을 중심 삼아 회전하는 무거운 두 천체와 함께 회전하는 좌표계에서 보면 두 천체의 위치는 고정된 두 점이다. 이러한 회전 시스템에서 움직일 수 있는 천체는 여기에 투입된 질량이 미미한 제3의 천체뿐이다. 고정된 두 천체가 만드는 중력과 회전좌표계이기 때문에 생기는 원심력과 코리올리 힘Coriolis Force을 받아 움직이는 제3의 천체의 운동도 적분이 되지 않아 해석해는 존재하지 않는다. 하지만 CR3BP 경우는 R3BP와는 달리, 몇 가지 특기할 만한 해의 성질을 보여주고 있다. 우리는 CR3BP를 회전하는 제한적 3체-문제를 인위적으로 매우 제한된 특수한 3체-문제로 묘사했지만, 실제로는 우주선의 '원추곡선 짜깁기' 문제를 대표하고 있다. 바꿔 말하면, 원추곡선 짜깁기는 CR3BP의 근사적인 해석해를 구하는 방법이다.

푸앵카레Henri Poincare 이후 뜸했던 CR3BP에 대한 연구가 1962년 이후 다시 활발해졌고, 그 결과 '중력 부스트' 효과를 발견했으며, 원추곡선 짜깁기 방법을 고안했다. 비록 모든 영역에서 CR3BP의 해석해는 구할 수 없지만, 오일러Leonhard Euler와 라그랑주Joseph-Louis Lagrange는 회전하는 두 천체와 같이 회전하는 좌표계 내에는 중력과 관성력이 정확히 상쇄되어 질점에 아무런 힘도 미치지 않는 점이 5개가 존재한다는 것을 발견했다. 이러한 점들을 '라그랑주 포인트Lagrange Points' 또는 '칭동점Libration Points'이라고 한다.

4부에서는 태양계 문제를 왜 3체-문제로 접근해야 하는지 그 이유를 살펴보았고, 라그랑주 포인트를 구하는 공식을 유도했으며 태양과 행성들의 라그랑주 포인트를 구했다. 라그랑주 포인트 중 3개는 안장점Saddle Points이며 두 천체를 연결하는 직선상에 존재하므로 '동일 직선상의 라그랑주 포인트Collinear Lagrange Points'라고 한다. 나머지 2개는 극대점이며 두 천체와 정삼각형을 이루는 위치에 있어 '삼각형 라그랑주 포인트Triangular Lagrange Points'라고 한다. 5개의 라그랑주 포인트는 모두 불안정한 안장점이므로 라그랑주 포인트에 정확하게 놓인 질점은 아무런 힘도 받지 않으나 조금이라도 그 상태에서 어긋나면 가속적으로 벗어나게 된다. 그러나 속력이 증가하면 코리올리 힘은 속도에 수직한 방향으로 작용해 질점을 라그랑주 포인트 근방에 붙들어두려 한다. 코리올리 힘이 창살 없는 우주감옥의 교도관 역할을 하는 셈이다. 라그랑주 포인트 자체는 '정적으로 불안정한 점Statically Unstable Points'이지만 코리올리 힘에 따라 '동적으로 안정된 점Dynamically Stable

Point'이 될 가능성을 보여준다.

5부에서는 라그랑주 포인트에 원점을 가진 좌표계에서 질점의 운동방정식을 유도했고, 퍼텐셜 항을 원점에서 급수로 전개했다. 가장 낮은 차수의 근사방정식인 선형방정식은 쉽게 풀 수 있지만, 방정식에 고차 항이 들어옴에 따라 주기해Periodic Solution와 리사주 궤도Lissajous figure 및 '발산하는 해Secular Solution'가 모두 존재할 수 있다. 발산하는 해는 시간의 함수로 진폭이 증가하는 해를 의미한다. 다만 초기조건을 발산하는 해가 발생하지 않게 정하면 주기해를 구할 수도 있다. '린드스테트-푸앵카레 방법Lindstedt-Poincare Solution Method'을 사용해 3차 근사해를 구하는 식을 유도했고, 실제로 태양—지구의 동일 직선상의 라그랑주 포인트 L_1 주변의 달무리궤도Halo Orbit를 계산했다. 달무리궤도는 3차원 궤도로 $x-$, $y-$, $z-$축에 따른 진동주기가 같은 궤도를 의미한다. 이와 같이 얻은 근사해는 정확한 궤도 계산을 위한 컴퓨터 수치계산에서 초기해로 쓰일 수 있다. 관심 있는 독자들을 위해 모든 과정과 파라미터를 제시했다. 워낙 복잡하고 지루한 과정이라 얻은 결과가 올바른지 다른 개발자들의 결과와 비교하기 위해 되도록 같은 기호로 수식을 유도했음을 유의하기 바란다.

그러나 달무리궤도는 아주 작은 섭동에서도 불안정해져 발산하는 궤도로 바뀔 수 있고, 이러한 궤도를 모두 표시하면 달무리궤도에서 출발하거나 진입하는 일종의 에너지 튜브의 표면을 형성한다. 두 천체의 중력과 원심력 및 '코리올리 힘'이 협력하여 만든 닫힌 궤도인 달무리궤도와 열린 궤도인 발산하는 해들로 이루어진 '불변 다양체Invariant Manifold'라는 일종의 자유낙하 통로를 만든다. 각 달무리궤도에는 궤도로 진입하는 자유낙하 통로와 떠나는 자유낙하 통로가 연결된다. 달무리궤도는 현재 천체 관측 플랫폼이 애용하는 궤도이고, 이러한 궤도로 우주선을 보내고 회수하는 자유낙하 통로는 상상의 궤도가 아니라 비록 저속이지만 추진제 소모가 거의 없는 라그랑주 포인트 간의 전이궤도로써 현재 사용하는 현실세계의 궤도다.

태양계 문제를 2체-문제로 근사해서 해를 구하면 해답은 '케플러 궤도'가 되고 모든 것이 이미 결정된 경직된 태양계가 되지만, 3체-문제로 접근하면 태양계는 '카오스적Chaotic'이고, '역동적Dynamic'이며 우리에게 아주 값지고 편리한 태양계 탐사방법을 알려준다. 자연은 우리에게 필요한 여러 가지 '선물'을 준비하고 있지만, 우리가 찾아낼 때까지 그것이 무엇인지 가르쳐주지 않는 것 같다. 앞으로 무엇을 더 찾아낼지는 독자들의 몫이라 생각한다.

이 책이 나오기까지 재미없는 시간을 참고 격려해준 아내와 가족에게 고맙다는 마음을 전하고, 원고가 책이 되도록 배려해주신 지성사의 이원중 대표님을 비롯해 지성사 가족 여러분에게 감사의 말을 전한다.

정 규 수

차례

1부 태양제국과 행성자치공화국

2부 실제궤도와 궤도 환경

3부 행성으로 가는 길, 달로 가는 길

4부 중력과 관성력의 절묘한 협력

1부

태양제국과 행성자치공화국

제 1 장

태양계 내의 위계질서는 질량순

1. 태양계 행성 궤도와 행성 주변의 위성 궤도

은하계와 태양계

우리가 살고 있는 지구는 태양계Solar System의 세 번째 행성이고, 태양계는 너비가 10만~12만 광년(ly: Light Year)인 은하계Galaxy 중심에서 27,000ly 정도 떨어진 변두리의 오리온-시그너스 나선팔Orion-Cygnus Arm 안에 위치한다.[1] 태양계의 제왕인 태양은 '스펙트럼 타입Spectral Type'이 G이고, '밝기 등급Luminosity Class'이 V에 해당하는 '주계열 별Main Sequence Star'이며 8개의 행성, 행성의 위성, 소행성 및 혜성 등으로 이루어진 천체다.[2]

---

1) $1ly$는 $9.4542549555 \times 10^{12}$km로 빛이 1년 동안 달려간 거리다. 빛의 속도는 정확히 $c \equiv$ 299,792,458m/s로 정의되었고 1년은 365.25일(Julian Year)로 취했다〔IAU (1976) System of Astronomical Constants)〕.

2) 주계열의 별들은 Morgan - Keenan(MK) 시스템에 따라 O, B, A, F, G, K, M 스펙트럼 타입으로 분류한다. "Oh Be A Fine Girl Kiss Me"로 쉽게 스펙트럼 타입을 기억하자.

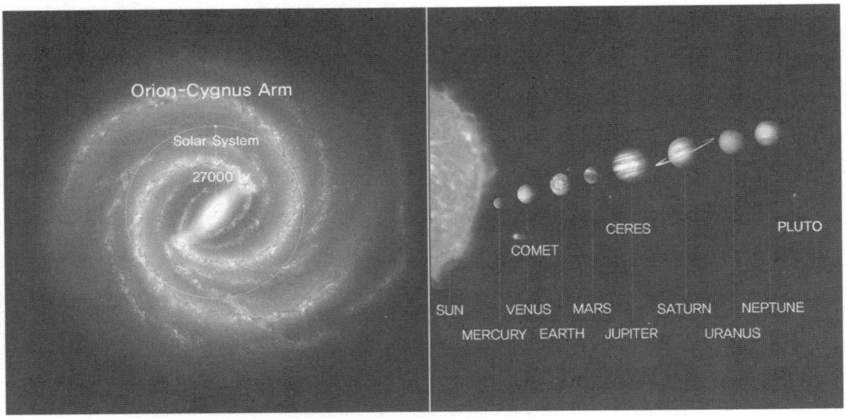

그림 1-1 왼쪽 그림은 2천억 개의 별로 구성된 나선형 구조를 가진 우리은하계 가상도이고, 오른쪽 그림은 태양계의 주요 천체를 표시하고 있다.〔NASA〕[3][4](화보 1 참조)

〈그림 1-1〉의 오른쪽에는 우리은하계와 태양계의 주요 천체가 그려져 있다. 사실 〈그림 1-1〉을 포함해 위에서 내려다보는 우리은하계의 사진이나 그림은 모두 우리은하계와 비슷한 구조를 가진 다른 은하계의 사진이거나 화가의 묘사로 보면 된다. 인류는 우리은하계를 내려다보며 사진 찍을 능력이 아직 없기 때문이다. 그러나 '스피처 우주망원경Spitzer Space Telescope'으로 찍어 보낸 80만 장의 적외선 사진 정보에 따르면 우리은하계는 〈그림 1-1〉의 왼쪽 그림처럼 가운데 막대 모양의 양끝에서 시작되는 두 부류의 주 나선형 팔을 가진 은하로 추정된다.

우리은하의 중심부에는 태양 질량의 3백만 배가 넘는 질량을 가진 '초중량급의 블랙홀Super Massive Black Hole'이 존재하는 것으로 보인다. 우리은하계에서 빛을 내는 별들의 질량은 전체 질량의 15.5%에 머물며, 나머지 84.5%는 눈에 안 보이는 '암흑물질Dark Matter'인 것으로 생각한

3) http://upload.wikimedia.org/wikipedia/commons/9/9a/Milky_Way_2010.jpg

4) http://chandra.harvard.edu/graphics/resources/illustrations/solsys/solarsys_poster.jpg

다.[5] 암흑물질이란 오직 중력을 통해서만 '보통물질Normal Matter'과 상호작용을 하는 물질로 눈에 보이지도 않고, 다른 물질에 가로 걸리거나 부딪치지도 않고, 만지거나 느낄 수도 없는 기이한 '물질'을 일컫는 용어다. 이러한 물질이 존재한다고 믿는 근거는 몇 가지로 요약할 수 있다. 하나는 아인슈타인Albert Einstein의 '중력 렌즈Gravitational Lens' 효과가 은하계 별들의 질량에 의한 것보다 훨씬 크다는 점이고, 다른 하나는 은하계의 별들이 은하계 중심을 회전하는 속도가 중심에서의 거리에 상관없이 거의 일정하다는 점과 속도가 너무 빠르다는 관측에 근거한다.

이처럼 중심에는 거대한 블랙홀이 있고, 거의 납작한 형태로 직경이 10만에서 12만 광년이나 되는 거대한 원반 위에 10개 이상의 나선형 팔을 따라 2천억 개의 별이 산재하여 회전하고 있다. 은하계Milky Way Galaxy를 포함한 모든 은하Galaxy의 한 곳에서는 슈퍼노바 폭발로 무거운 별들이 한순간에 사라지고, 다른 곳에서는 폭발의 재가 모여 새로운 별들이 끊임없이 태어나고 있다. 은하는 멀리에서 보면 조용하고 오싹하도록 아름답고 경이로운 우주의 보석이지만, 알고 보면 궁극의 두려움 그 자체다. 우리은하계는 현재 인류의 과학 기술로는 탐사를 생각하는 것만으로도 자연에 대한 불경의 죄를 짓는 것이고, 빅뱅Big Bang의 자손인 은하계는 경외의 대상이 되는 것이 마땅하다.

태양계에서 가장 가까운 별 '프록시마 켄타우리Proxima Centauri'와 '알파 켄타우리α Centauri'까지의 거리는 각각 4.24광년(4.009×10^{13}km)과 4.37광년(4.132×10^{13}km)이다. 태양에서 프록시마 켄타우리까지 매초 20km/s로 달리는 우주선을 타고 간다면 약 63,600년이 소요되므로 화학 추진제를

5) ESA가 운용한 '플랑크Planck' 위성이 측정한 질량 밀도 데이터와 'Λ－CDM' 빅뱅 표준 모델에 따르면 우주는 눈에 보이는 원자로 구성된 물질 4.9%, 중력 외에는 물질과 작용을 전혀 하지 않는 '암흑물질Dark Matter' 26.8%와 '암흑 에너지Dark Energy' 68.3%로 이루어졌다고 판단한다. 따라서 물질 중에 15.5%가 보통 원자로 이루어졌고, 84.5%는 암흑물질이라는 뜻이다.

사용하는 로켓으로 여행하는 것은 물론 불가능하다. 공상과학 영화인 「인터스텔라Interstellar」에나 나오는 '웜홀Worm Hole'을 통과하거나 「스타 트랙Star Track」의 '워프 드라이브Warp Drive'를 누군가가 발명하지 않는 한 은하 간의 여행은 고사하고 프록시마 켄타우리에도 갈 수가 없다. 따라서 '오늘의 불가능을 내일의 가능'으로 바꿔줄 과학의 대발견이 이뤄지는 날까지는 우리의 우주개발에 대한 관심은 지구 주변인 태양계 내부로 국한할 수밖에 없는 것이 우리가 인정해야 하는 현실이다. 경외의 대상인 은하계 탐사 얘기는 미래의 새로운 물리학으로 무장하게 될 후손들에게 남겨두기로 하자.

현재 우리가 알고 있는 유일한 우주 운송수단은 반작용 엔진Reaction Engine인 로켓뿐이다. 화학로켓은 화학 추진제를 연소시켜 고온고압 가스를 생산하여 노즐을 통해 초고속으로 분사한다. 로켓은 그 반작용으로 추진되어 반대방향으로 가속한다. 이 경우 고온고압 가스는 반작용을 일으키는 '작업유체Working Fluids'다. 화학로켓에서는 추진제가 에너지원인 동시에 작업유체의 역할도 담당한다. 로켓의 경제성과 현실성을 따질 때는 '에너지 경제'와 작업유체의 '질량 경제'를 함께 고려해야 한다. 작업유체의 에너지 효율과 질량효율은 다 같이 중요하다.[6] 에너지 측면만 고려한다면 태양계 탐사용 로켓은 핵에너지로 충분하지만, 노즐을 통해 분사되는 작업유체 탑재량이 실현 가능한 핵에너지 로켓의 실질적인 한계가 된다. 반대로 이온 로켓과 플라스마 엔진 같은 '전기추진Electric Propulsion' 방식은 화학로켓에 비해 질량효율이 월등하지만, 현재로써는 사용가능한 에너지원의 제한이라는 점이 전기추진 로켓의 현실적인 한계다. 이온이나 플라스마의 비추력은 화학로켓에 비해 월등히 높으므로 소모되는 작업유체는 화학로켓에 비해 매우 작고, 노즐이 꼭 필요하지도 않다. 그러나 아직까지는 추력이

6) 정규수, 『로켓과학 I: 로켓 추진체와 관성유도』 (지성사, 2015), pp.93-98.

미미하기 때문에 이온 로켓이나 플라스마 로켓은 아주 소형 경량의 행성 간 우주선을 추진하거나 위성의 '위치유지Station Keeping'를 위한 엔진으로만 적합하다고 판단된다.

'핵에너지 로켓Nuclear Rocket'은 에너지 문제를 대폭 완화하면서 동시에 작업유체 탑재 문제가 크게 개선된 로켓이다. 핵에너지 로켓은 '핵에너지 열 로켓 NTR(Nuclear Thermal Rocket)'과 'FFRE(Fission Fragment Rocket Engine)'로 나눌 수 있다. 핵에너지 열 로켓은 원자로의 열을 이용해 수소가스나 헬륨가스를 가열하여 노즐로 배출하는 로켓이다. 핵에너지 열 로켓의 효율은 배출되는 작업유체의 온도에 민감하다. '가압형 경수로 PWR(Pressurized Water Cooled Reactor)'의 냉각수 출구 온도는 15.5MPa에서 315℃이고, 'CO_2가스 냉각원자로(AGR: Advanced Gas Cooled Reactor)'는 4.0MPa 압력에서 640℃이지만, 제4세대 원자로인 '고온가스 냉각원자로(HTGR: High-Temperature Gas-Cooled Reactor)'나 '초고온 원자로(VHTR: Very High Temperature Reactor)'의 온도는 이론적으로 1000℃까지 올리는 것이 가능하다.[7] NTR의 비추력은 925s(초)에서 2000s 사이에 있지만, 가스-코어 엔진은 이보다도 훨씬 더 높은 비추력을 낼 수도 있다. NTR은 핵연료 외에 작업유체로 사용할 LH2나 헬륨을 로켓에 탑재해야 하므로 고에너지 미션을 위해서는 심각한 냉각문제 외에도 작업유체의 질량과 부피가 화학로켓에서처럼 부담스러운 문제가 있다.

핵분열 생성물을 배출하는 로켓엔진 FFRE는 원자로 열로 별도로 공급되는 작업유체를 가열하는 대신 교묘한 설계를 통해 핵분열 생성물을 전자기적인 방법으로 직접 배출하며, 비추력 I_{sp}가 100,000s에서 500,000s 사이로 추정된다.[8] 화학로켓에서 노즐을 떠나는 배출가스 속력 v_e가 3.3~4.6km/s인 데 반해 FFRE에서는 FF의 배출가스 속도가 빛

7) 1Pa(Pascal)은 1제곱미터에 1N(Newton)의 힘이 가해질 때 압력을 나타내는 단위다.

8) Robert Werka, etr. "Final Report: Concept Assessment of a Fission Fragment Rocket Engine Propelled Spacecraft", http://www.nasa.gov/pdf/718391main_Werka_2011_PhI_FFRE.pdf

의 속도 c (≃300,000km/s)의 3~5%에 달하고, 효율이 90%가 될 것으로 추정된다.[9] 화학로켓과 마찬가지로 에너지원의 일부인 핵분열 생성물을 그대로 반작용을 위한 작업유체로 사용하기 때문에 별도로 작업유체를 탑재할 필요가 없다. 「스타 트랙」의 '워프 드라이브'나 '페리 로단Perry Rhodan'이 사용하는 시공의 차원 사이를 광속의 100만 배 이상으로 빠져나가는 '하이퍼 드라이브Hyper Drive'가 인류의 손에 들어오지 않는 한 FFRE를 사용한다 해도 지구인이 태양계에서 벗어나면 그 당대에는 지구를 밟을 수 없다.[10]

핵연료 로켓 개발에서 가장 심각한 어려움은 핵연료 로켓의 기술적인 문제가 아니라, 개발하는 과정과 개발된 로켓을 사용하는 과정에서 피할 수 없는 사고로 생길 수 있는 치명적인 방사능 오염에 대한 두려움이 개발을 가로막는 문제로 대두되고 있다. 외행성 탐사나 또는 유사한 미션에 핵연료 로켓을 사용할 때는 SLS[11] 같은 대형 화학로켓으로 지구 궤도에 올린 후, 지구를 떠날 때부터 FFRE를 작동함으로써 설령 사고가 나더라도 지구 환경이 오염되는 일은 없게 할 수 있다. 적어도 이론적으로 그렇다는 말이지, 현실세계에서 어떻게 받아들일지는 여전히 문제다. FFRE를 사용한 로켓의 질량에서 연료가 차지하는 질량은 미미하므로 태양계 내의 어느 곳을 탐사하든지 추진제가 로켓의 총질량에 미치는 영향은 별로 없다. 물론 우주인이 견딜 수 있을지는 별개 문제이지만, 이러한 로켓의 변형을 사용하면 '알파 켄타우리'처럼 수 광년 떨어진 인터스텔라 거리에 무인 탐사선을 보내는 것도 가능할 것으로 보인다. 하지만 아무래도 FFRE를 포함한 모

9) FFRE Powered Spacecraft, http://www.nasa.gov/pdf/637129main_Werka_Presentation.pdf

10) '페리 로단'은 1961년부터 지금까지 10억 부 이상 팔린 가장 성공적인 공상과학 소설 시리즈 제목이자 주인공 이름이다. 필자는 1권부터 150권까지밖에 못 읽었지만, 현재까지 수천 권이 출간된 것으로 보인다.

11) 미국의 차세대 초대형 로켓으로 현재 개발 진행 중이다.

든 핵연료 로켓엔진은 앞으로 끊임없는 연구를 통해 기술적으로 원숙해져야 하고, 심리적으로도 받아들여질 때까지 기다려야 하는 미래의 로켓엔진에 속한다. 따라서 현재 태양계 탐사에 사용할 수 있는 로켓은 대형 화학로켓뿐이고, 우리의 여행 지침서 내용도 태양계 내의 여행에 국한될 수밖에 없다.

여기서 중요한 것은 같은 로켓이라도 사용하는 방법에 따라 임무궤도에 진입시킬 수 있는 페이로드의 차이가 크고, 임무궤도를 잘 선택하면 다른 천체와 각운동량을 교환하여 태양에 대한 우주선의 상대속도를 필요한 만큼 가속하는 것도 가능하다. 이 책의 후반부는 주어진 로켓의 효용성을 극대화하는 데 필요한 배경 지식을 찾아보고 분석하는 내용으로 채워질 것이다. 사실 이 부분이 이 책을 쓰는 목적이기도 하다. 인간 세상에는 공짜가 없지만, 중력이 관장하는 다체-문제Multi-Body Problem에서는 각 행성들은 갈 길이 바쁜 우주선에 운동에너지를 너그럽게 쪼개주기도 한다. 다만 운동에너지를 받고 못 받고는 우리가 하기 나름이지만, 혜택을 받은 우주선은 빠른 속도로 비교적 단시간 내에 태양계 여기저기를 탐사할 수 있다. 행성들이 주변을 스쳐 지나가는 우주선에 운동에너지를 나눠주는 것을 '중력 부스트Gravity Boost' 또는 '중력추진Gravity Propulsion'이라고 한다. 마리너Mariner-10으로 시작된 중력 부스트 이용 방법은 파이어니어Pioneer-10·11, 보이저Voyager-1·2 등을 비롯해 이후 거의 모든 내행성 탐사체와 외행성 탐사체가 현재 이용하고 있는 방법이다.

다른 한편에서는 상호 회전하는 두 개의 천체가 협력하여 비록 최고속도는 아주 낮지만, 우주선의 크기와 질량에는 제한이 없고 우주선들이 거의 무료로 이용할 수 있는 '우주철도'를 만들어주기도 한다.[12] 태양과 그 주위를 공전하는 행성과 위성들은 마치 '마쓰모토 레

12) 여기서 '무료'라는 의미는 추진제 소모가 없다는 의미로 쓰인다.

이지松本零士'의 만화 「은하철도 999」 같은 '우주철도'를 구축해 태양계 구석구석을 연결해 놓고 있다.[13)14)] 회전하는 천체 한 쌍이 중력과 관성력을 이용해 구축한 '자유낙하 통로'가 다른 천체 쌍이 만든 통로와 교차하며 ITN(Interplanetary Transport Network)이라는 태양계 전체를 연결하는 자유낙하 통로망을 형성한다. 이것은 공상과학 소설이 아닌 현실이다. 라그랑주 포인트의 '달무리궤도Halo Orbit'와 지구 주변을 연결하는 자유낙하 통로를 이용한 '제너시스Genesis' 우주선은 지구에서 태양 쪽으로 150만km 떨어진 태양-지구의 라그랑주 포인트 EL_1로 가서 태양풍 입자를 850여 일간 채집했다. 채집을 마친 제너시스는 미국의 유타 주 상공으로 한낮에 돌아오기 위해 지구에서 태양 반대쪽으로 150만km 떨어진 EL_2로 300만km를 우회하는 자유낙하 통로를 택해 예정된 시간에 맞춰 유타 주 상공으로 돌아옴으로써 아이디어의 과학적 입증과 경제성을 확실히 입증했다.[15)] 그러나 안타깝게도 낙하산이 펴지지 않아 채집한 태양풍 표본 캡슐이 지표면에 충돌하고 말았다.

태양계 행성 및 행성의 위성

태양 주변에는 8개의 행성과 수많은 소행성이 있고, 각 행성은 각자의 위성을 거느리고 태양 주위를 공전하고 있다. 행성들은 지구가 태양 주위를 도는 평면인 황도면Ecliptic Plane과 거의 일치하는 평면 안에서 각자의 위성을 끌고 태양 주위를 공전하고 있다. 가끔씩 찾아오는 혜성도 태양계의 천체 중의 하나다. 해왕성Neptune 궤도부터 바깥쪽에는 '카이퍼 벨트 천체(KBO: Kuiper Belt Objects)'라고 하는 소행성들이 넓은 띠 모양으로 분포되어 있다. 마치 화성과 목성 사이에 존재하는

13) Erica Klarreich, *Science News*, V. 167, No. 16 (April 16, 2005), p.250.

14) Shane D. Ross, "The Interplanetary Transport Network", *American Scientist*, V. 94(2009) pp.230-237.

15) 'Genesis Mission History,' http://genesismission.jpl.nasa.gov/gm2/mission/mid_air.htm

'소행성대Asteroid Belt'와 비슷하지만 소행성의 개수가 소행성대보다 20~200배 정도 더 많고, 태양에서 30AU와 50AU 사이에 도넛 형태로 분포되어 있다.16) 소행성대와 마찬가지로 카이퍼 벨트 또한 태양계가 형성된 뒤의 잔존물로 보인다.

30AU에서 100AU 사이에는 황도면에 대한 궤도 경사각이 40°까지 기울어지고 이심률이 0.8이라는 역동적인 궤도를 가진 '흐트러진 원반 천체(SDO: Scattered Disk Objects)'로 알려진 '얼음 덩어리 소행성Minor Planet' 무리가 존재한다. 이 무리는 원래 KBO 그룹이었으나 해왕성과 명왕성Pluto의 섭동을 받지 않는 안정된 궤도를 도는 KBO 그룹과 섭동을 받아 흩어졌어야 하는 소행성 그룹이 3:2 또는 2:1의 공진궤도Orbital Resonances에 갇혀 있는 소행성 무리로 판단된다.17) SDO의 불안정한 궤도 특성으로 미루어 주기궤도를 가진 혜성의 근원지는 얼마 전까지 믿었던 카이퍼 벨트가 아니라 SDO일 것으로 추정된다.

카이퍼 벨트가 끝나는 100AU보다도 훨씬 더 멀리 떨어진 태양계 외곽인 1,000AU에서 100,000AU(~2*ly*) 사이의 공간에는 물, 암모니아 및 메탄의 얼음으로 구성된 '오르트 구름Oort Cloud'이 존재한다. 오르트 구름의 외곽은 태양을 중심으로 하는 구형Spherical Shape의 구조를, 안쪽의 오르트 구름은 원반 모양의 구조를 가진 것으로 보인다. 오르트 구름은 태양과 태양에서 가장 가까운 별인 프록시마 켄타우리의 중간까지 퍼져 있고, 오르트 구름의 끝은 태양이 중력으로 지배하는 제국의 끝이라고 할 수 있다. 그러나 이러한 태양계 외곽의 '겨울왕국'을 방문하는 것은 당분간 우리 능력 밖의 일인 듯하다.

〈그림 1-1〉의 오른쪽 그림은 태양계의 8개 행성과 비교적 크기가

16) 1AU(=1au) ≡ 149,597,870,700m.

17) 3:2 공진궤도는 해왕성이 3회 공전하는 동안 문제의 SDO는 2회 공전한다는 의미이고, 2:1 공진궤도는 해왕성이 2회 공전하는 동안 SDO는 1회 공전하는 궤도를 뜻한다. 행성과 천체들은 궤도주기에 따른 짧은 시간 동안 서로 끌어당기는 힘을 주고받는다. 어떤 경우는 이 주기가 공진을 일으켜 안정적인 궤도를 형성하기도 한다.

큰 소행성인 명왕성Pluto, 세레스Ceres 및 '에리스(Eris: 2003 UB313)'가 그려져 있다. 태양에서부터 96.4AU 떨어져 있는 에리스는 태양계에서 가장 멀리 떨어진 태양계를 도는 천체다.

현재까지 인류는 지구에서 가장 가까운 천체인 달에 두 차례의 유인궤도 비행과 여섯 차례의 우주인 달 착륙 왕복비행을 성공했다. 아폴로 13호의 경우는 달로 향하던 중에 서비스 모듈의 산소 탱크가 폭발하여 달 착륙은 실패했지만, 달 착륙선Lunar Module을 구명정으로 이용해 우주인 3명이 지구로 무사히 귀환했다. 아폴로 13호야말로 아폴로 팀의 진정한 승리였다고 생각한다.

미국과 구소련의 우주개발 당사자들에게는 달보다 화성이 훨씬 매력적인 탐사 대상이었던 것 같다. 미국의 고다드는 집 뒤뜰에 있는 벚나무에 올라가 가지치기를 하다가 문득 "마당에서 출발해서 화성까지 갈 수 있는 장치를 개발할 수 있다면 얼마나 좋을까" 하는 어린이다운 생각을 하였다. 그 후 그는 평생을 로켓 연구에 바쳤다.[18] 사람들로 하여금 화성에 대한 관심을 가지게 하고, 무한한 상상을 하도록 이끈 사람은 아마도 미국의 사업가이며 천문학자였던 퍼시벌 로웰Percival Lawrence Lowell이 아니었나 생각한다.[19] 그는 구름도 끼지 않고 도심의 불빛도 안 보이는 고도 2,210m에 위치한 미국 애리조나 주 플래그스태프Flagstaff에 로웰 천문대Lowell Observatory를 세웠다. 그는 해왕성 궤도에 섭동을 주는 상상의 행성-X(지금의 명왕성: Pluto)를 찾는 작업을 시작했으며, 그가 죽은 지 15년이 지난 1930년 로웰 천문대의 톰보Clyde Tombaugh가 명왕성을 발견했다. 그러나 로웰의 업적(?)은 따로 있었다. 로웰은 자신의 천문대에서 15년 동안 화성을 관측하고 사진을

18) 정규수, 『로켓, 꿈을 쏘다』(웅진씽크빅, 2010), pp.38-39.

19) 로웰은 동양에 매료되어 일본에서 한동안 지냈고, 1883년 민영익을 대표로 미국에 파견한 보빙사절단의 우리나라의 외교대표 겸 미국 방문 자문역으로 파견되기도 했다. 그 후 고종의 초청으로 우리나라에 다시 와 3개월간 한양에 머물렀으며 『조선, 고요한 아침의 나라*Chosön-The Land of the Morning Calm*』라는 책을 썼다.

분석하면서 화성에 관한 책 세 권을 출간했다. 그는 자신의 관측 결과를 토대로 화성에는 자연적인 생성물이 아닌 인공적인 수로망이 거미줄처럼 연결된 그림을 그렸고, 이를 고등생물이 존재했다는 근거로 제시했다. 물론 이는 로웰이 사용한 망원경의 분해능이 낮아서 빚어진 오해였음이 밝혀졌지만, 그 책들과 그의 주장으로 로웰은 칼 세이건Carl Sagan 이전까지 가장 유명한 행성학자가 되었다.

1897년 영국의 작가 허버트 웰스Herbert. G. Wells는 『우주전쟁*The War of the Worlds*』이라는 공상과학 소설을 영국과 미국 잡지에 동시에 연재했다. 웰스의 소설은 그 후 수많은 외계인 관련 공상과학 소설의 신호탄이 되었다. 1938년 오손 웰스Orson Wells는 이 『우주전쟁』을 라디오 드라마로 각색했고, 드라마 내용 중에 외계인 침공에 관한 뉴스 특보가 나오자 청취자들은 실제 상황으로 오인하여 일대 혼란을 일으키기도 했다. 이와 같은 관심 속에서 화성은 항상 '스페이스 비저너리Space Visionary'들의 외계탐사 1순위로 꼽혀 왔다.

구소련의 N-1 달로켓 프로젝트도 원래 달로켓으로 계획된 것이 아니라 우주인이 탑승하고 화성과 금성을 돌아오는 '우주선 TMK(Tyazhely Mezhplanetny Korabl의 약자로, 영어로는 Heavy Interplanetary Ship)'를 추진하는 부스터 개발에서 시작되었다.[20] 화성과 금성에 '근접 비행Flyby'을 하려면 LEO에 75톤을 올릴 수 있는 부스터가 필요했고, 1960년 6월 23일 이러한 성능을 가진 N-1 로켓 개발이 승인되었다. 하지만 미국의 아폴로 달 계획이 본격화되자 구소련은 1964년 8월 3일 미국과 달 탐험을 경쟁하기로 결정함으로써 TMK 계획은 유인 달 탐사계획인 N1-L3M 프로젝트로 교체되었고, N-1의 LEO 페이로드는 95톤으로 상향 조정되었다. 구소련은 1964년 이전에는 유인 달 탐사계획에는 별로 관심

---

20) Matthew Johnson and Nick Stevens, et al. *N-1: For the Moon and Mars, A Reference Guide to the Soviet Super Booster* (ARA Press, 2013, Livermore, CA, U.S.A.), pp.40-42.

이 없었다. 달에 생명체가 없다는 것은 분명했지만 화성에는 생명체가 있을 수도 있고, 지금 없다면 과거 어느 시점에는 생명체가 번창했을 가능성이 높다고 판단했기 때문에 과학적 호기심과 지적인 만족을 위해서라도 화성을 선택하는 것이 당연했다.

지금까지 무인 로봇을 화성 표면에 착륙하려는 시도는 많았지만, 안전하게 착륙한 후 로봇이 계획대로 작동한 경우는 일곱 차례였다. 1976년에 발사한 바이킹 착륙선Viking Lander 2기, 1996년 발사한 '화성 패스파인더Mars Pathfinder', 2003년에 발사한 스피릿(Spirit: MER-A: Mars Exploration Rover-A)과 오퍼튜니티(Opportunity: MER-B: Mars Exploration Rover-B) 및 2007년의 '피닉스 착륙선Phoenix Lander', 2011년에 발사한 '화성 과학 실험실(MSL: Mars Science Laboratory)'의 '큐리어시티 로버Curiosity Rover'가 기대 이상의 성과를 올린 화성 로봇들이다. 여기에 부분적인 성공을 거둔 화성 착륙선은 구소련이 1971년에 발사한 마르스Mars-3를 들 수 있다.

이처럼 화성 궤도를 돌면서 표면을 관측하는 '오비터Orbiter'와 표면에 착륙한 뒤에 화성의 흙과 바위를 분석하고 물을 찾는 착륙선과 '로버Rover'를 이용한 실험과 관측을 통해 화성에 지금도 물이 있다는 것이 확인되었고,[21][22] NASA는 칠레에 있는 '유럽남반구천문대European Southern Observatory VLT(Very Large Telescope)'와 하와이에 있는 '켁 천문대W. M. Keck Observatory', '나사 적외선 천문대(NASA Infrared Telescope Facility: NASA IRTF)'를 이용해 현재 화성 대기의 HDO와 H_2O의 비를 계산하고, 그 결과를 45억 전의 화성의 운석 속의 HDO와 H_2O 비와 비교함으로써 우주공간으로 날아간 H_2O의 양을 계산할 수 있었다. 이러한 연구 결과, 과거 화성에는 지구의 북극해보다 더 많은 물이 있었고, 생명체가 존재할 수 있었던 기간도 훨씬 길었음이 밝혀졌다.[23]

---

21) 2015년 9월 28일 NASA는 MRO(Mars Reconnaissance Orbiter) 데이터 분석을 통해 지금도 화성에 이따금씩 소금물 개천이 흐른다고 발표했다.

22) http://mars.nasa.gov/news/whatsnew/index.cfm?FuseAction=ShowNews&NewsID=1858

활발한 화성 탐사 외에도 외행성의 달 탐사도 생명체 존재 여부와 관련해 우주과학에서 큰 관심을 받아왔다. 달이나 화성에 소량으로 존재하는 얼음 형태의 물과 화성에서 간간이 흐르는 소금물 외에 태양계에는 액체상태의 물이 대량으로 존재할 가능성이 있는 또 다른 천체가 존재한다. 목성Jupiter의 여섯 번째 위성 유로파Europa, 토성의 두 번째 위성 엔켈라두스Enceladus 및 태양계에서 가장 큰 천체 목성의 위성 가니메드Ganymede 등에 지구보다 훨씬 많은 액체상태의 물이 얼음 밑에 존재하리라고 추정한다. 이 거대한 행성의 위성들은 조석마찰Tidal Friction에 따라 항상 가열되기 때문에 표면은 얼더라도 내부는 액체상태를 유지할 것으로 판단된다. 2005년에 캐시니Cassini 우주선이 엔켈라두스에서 간헐천이 솟아오르는 것을 발견함으로써 내부에 액체상태의 물이 있음이 실제로 확인되었다. 태양계의 거대 행성인 목성과 토성의 위성에는 지구보다 많은 양의 물이 액체상태로 존재할 수 있다는 추정은 지구 외에도 '지구형' 생명체가 존재하는 천체가 태양계 내에도 있을 수 있다는 희망적인 징조로 받아들이고 있다.[24]

태양계에는 행성과 위성들 외에도 천체를 관측하고, 우주개발의 전진기지Base Camp로 사용하거나, 필요하면 장래 인류의 제2, 제3의 인류의 거주지를 건설할 수 있는 곳이 여러 군데 존재한다. 회전하는 천체 쌍이 만드는 라그랑주 포인트Lagrange Points가 그러한 곳이다. 라그랑주 포인트에 무인 탐사선이나 유인 우주선을 보내 더 먼 외행성이나 내행성으로 향하는 우주선의 연료를 공급하거나 우주선을 수리하는 정비소와 추진제 충전소를 건설한다면 우주개발을 좀 더 경제적이고 효율적으로 수행할 수 있을 것이다. 언젠가는 에너지 걱정 없는

---

23) NASA Research Suggests Mars Once Had More Water Than Arctic Ocean: http://www.nasa.gov/press/2015/march/nasa-research-suggests-mars-once-had-more-water-than-earth-s-arctic-ocean

24) 지구의 생명체와 같이 적정온도와 액체상태의 물이 존재하는 환경에만 존재하는 생명체를 '지구형 생명체'라고 부르기로 하자.

새로운 인공 거주지를 건설할 장소도 태양과 지구가 만드는 라그랑주 포인트들이 될 것으로 본다.

태양계 행성의 특성

태양계의 행성과 행성의 위성까지 가기 위해 필요한 Δv[25]와, 가장 경제적인 또는 효율적인 임무궤도를 설계하는 데 필요한 과학기술이 무엇인지 알기 위한 첫 단계로 각 행성의 특성을 살펴보기로 하자. 〈표 1-1〉에는 태양계 행성과 지구 달의 주요 파라미터인 지구에서 이 천체들의 공전궤도에 접하는 호만 전이궤도Hohmann Transfer Trajectory로 진입하는 데 필요한 로켓의 속도증분 Δv_{EH}, 각 행성의 표면에서 행성 중력 이탈속도Escape Velocity $v_{P\,esc}$, 행성의 공전궤도에서 태양 중력을 이탈하는 데 필요한 속도 $v_{S\,esc}$, 행성의 궤도속도 v_P, 행성과 태양의 질량비 M_P/M_S 및 태양으로부터의 거리가 요약되어 있다. 〈표 1-1〉에서 1AU는 대략 태양과 지구 사이의 거리를 뜻한다. 그러나 태양과 지구 사이의 거리는 1년마다 최솟값과 최댓값 사이가 변하므로 평균값을 1AU로 사용했지만, 지금은 1AU를 정확히 1,495억 9,787만 700m로 정의한다.

수성은 태양에서 0.38AU 떨어져 있고, 지구는 태양에서 평균적으로 1AU, 목성은 5.2AU, 해왕성은 30AU 정도 떨어져 있다. AU는 태양계의 태양과 행성까지의 긴 거리를 재는 단위로 도입되었지만, 1AU는 훨씬 더 먼 거리를 재는 단위 '파섹(pc: Parsec)'을 정의하는 데 기본이 되는 거리로 쓰인다. 1AU에 대응하는 연주시차(年周視差: Parallax)가 1arcsec(Arcsecond, 초각)이 되는 거리를 1pc으로 정의한다. 거리를 알고 싶

25) $\Delta v = v_e ln(m_{initial}/m_{final})$로 정의한 '델타 v'는 로켓의 엔진이 점화되기 전과 후의 속도증분을 의미한다. 여기서 v_e는 노즐에 대한 연소가스의 배출속력이고, $m_{initial}$과 m_{final}은 연소 이전과 이후의 질량을 의미한다.(정규수, 『로켓 과학 1: 로켓 추진체와 관성유도』 (지성사, 2015), pp.195-226.

행성	M_P/M_S	R_{planet} (AU)	이심률 e	v_P 27) (km/s)	Δv_{EH} 28) (km/s)	$v_{P\,esc}$ 29) (km/s)	$v_{S\,esc}$ 30) (km/s)
수성	1.658×10^{-7}	0.3871	0.2056	47.36	7.53	4.250	67.7
금성	2.448×10^{-6}	0.7233	0.0067	35.02	2.50	10.360	49.5
지구	3.000×10^{-6}	1.0000	0.0167	29.78	–	11.186	42.1
화성	3.227×10^{-7}	1.5237	0.0935	24.08	2.95	5.027	34.1
목성	9.551×10^{-4}	5.2043	0.0488	13.07	8.79	59.500	18.5
토성	2.858×10^{-4}	9.5820	0.0557	9.69	10.30	35.500	13.6
천왕성	4.364×10^{-5}	19.1893	0.0472	6.80	11.28	21.300	9.6
해왕성	5.150×10^{-5}	30.0700	0.0087	5.43	11.65	23.500	7.7
달 (지구)	0.0123 (M_M/M_E)	0.00257	0.0549	1.022	3.133[31]	2.383[32]	1.433[33]

표 1-1 태양계 행성들의 궤도 파라미터의 평균값과 지구 공전궤도에서 다른 행성의 공전궤도로 옮겨가는 호만 궤도에 진입하기 위한 속력 Δv_{EH}를 정리했다. Δv_{EH}에 우주선이 LEO로부터 지구를 이탈하는 데 필요한 속도는 포함하지 않은 값이다. 지구 달 항목의 데이터는 태양에 대한 달의 궤도 특성이 아닌, 지구에 대한 달의 궤도 특성이다.
$1\text{Au}=1.49597870700\times10^{11}$ m 다.

은 별을 6개월의 시간차를 두고 잰 각도의 반을 연주시차라고 한다. 1arcsec은 $\pi/(60\times60\times180)$ 라디안Radian으로 아주 작은 수이다. 연주시차가 α arcsec인 별은 태양으로부터의 거리가 $1/\tan(\alpha)$ pc $\simeq (1/\alpha)$ pc이다.[26] 1pc은 광년 단위로 환산하면 3.2615638광년(ly)에 해당된다.

---

26) $1\text{ pc} = 1\text{AU}/(\frac{1}{60\times60}\times\frac{\pi}{180}) = 206264.8062\text{ AU} = 3.0856776\times10^{16}\text{ m} = 3.2615638\ ly$

27) v_P는 태양 주위를 공전하는 행성의 궤도속도를 의미한다.

28) 지구 공전궤도에서 다른 행성의 공전궤도에 접한 호만 전이궤도로 진입하는 데 필요한 속도증분 Δv_{EH}로 LEO에서 지구 중력을 벗어나는 데 필요한 속력은 포함되지 않은 값.

29) $v_{p\,esc}$는 행성의 표면에서 행성 중력을 이탈하는 데 필요한 속도.

30) $v_{S\,esc}$는 행성 궤도에서 태양 중력을 이탈하는 데 필요한 속도로 행성의 중력 이탈속도 $v_{P\,esc}$는 고려하지 않은 값.

31) LEO에서 달의 공전궤도를 연결하는 호만 궤도로 진입하기 위한 속도.

32) 달 표면에서 우주선이 달 중력을 이탈하기 위한 속도.

33) 달의 공전궤도에서 지구 중력을 이탈하기 위한 속도로 달 중력 이탈속도는 포함되지 않은 값.

태양계는 8개의 행성과 수없이 많은 소행성들로 이루어졌고, 태양의 중력이 미치는 영역은 반경이 2광년 가까이 된다. 내행성인 수성, 금성, 지구 및 화성은 융점이 높은 물질로 구성되었고, 모두 고체로 된 맨틀Mantel을 가지고 있지만, 행성 중 가장 무거운 목성과 토성은 거의 대부분의 구성 성분이 수소와 헬륨 가스로 되어 있어 '가스 자이언트Gas Giants'라고 한다. 천왕성과 해왕성은 각각 네 번째와 세 번째로 무거운 행성이지만 구성 성분은 가스 자이언트와는 달리 융점이 비교적 높은 물, 암모니아 및 메탄의 얼음으로 구성되었다. 8개의 행성은 거의 원에 가까운 타원궤도를 따라 태양 주위를 공전하고 있고, 행성의 위성들 역시 행성 주위를 공전하지만, 모행성母行星과 함께 태양 주위를 돈다.

〈표 1-1〉에서 보는 바와 같이 8개 행성의 질량을 다 더해도 태양 질량의 0.134%밖에 되지 않는다. 태양계 질량의 99.8% 이상이 태양에 집중되어 있고, 모든 행성 질량의 71%는 목성이 차지한다. 그러나 태양계의 각운동량Angular Momentum은 2%만을 태양이 차지하고, 대부분은 목성이 차지하고 있다. 이와 같이 행성 질량이 태양 질량에 비해 거의 무시할 만큼 작다는 것은 각 행성의 운동이 태양의 중력에 의해 거의 완전히 결정되고, 동료 행성들의 효과는 작은 섭동효과 이상은 아닌 것처럼 보인다. 더구나 행성의 질량은 목성이 제일 크고 토성, 해왕성, 천왕성 순으로 크지만, 이들 사이의 대략적인 거리는 티티우스-보데 규칙Titius-Bode Law에 따라 늘어난다.34) 따라서 행성 간의 거리가 짧은 내행성들은 질량이 작아서 상호 작용이 미약하고, 질량이 큰 외행성들은 상호 간의 거리가 너무 멀어서 영향력이 크지 않다. 그러나 천왕성, 해왕성 및 그 외곽의 천체들은 질량은 작지만 태양으

---

34) 행성의 장반경Semi-major Axis $a = 0.4 + 0.3 \times 2^n$, $n = -\infty, 0, 1, 2, 3, 4, \ldots$으로 주어진다. n 값은 차례로 수성, 금성, 지구, 화성 등을 나타낸다. 그러나 이러한 규칙성은 해왕성부터는 심하게 벗어나므로 물리학적인 의미는 별로 없는 공식이다.

로부터의 거리가 너무 멀어 태양 중력에 비해 이웃 형제들의 섭동효과가 점점 커지기 시작한다.

각 행성의 반경은 태양까지의 거리와 행성 간의 거리에 비해 무시해도 좋을 만큼 작고, 행성의 질량 역시 태양에 비해 무시할 만큼 작아 1차 근사First Approximation에서 행성의 운동은 태양이 만드는 거대한 중력장 속에서 무시할 만한 질량을 가진 질점의 운동으로 근사할 수 있다. 태양 질량에 비해 행성의 질량을 무시해도 된다는 사실은 한 점에 고정된 태양을 초점으로 행성이 주기궤도Periodic Orbits를 그리는 운동을 한다는 의미다. 즉, 행성이 존재하기 때문에 태양의 운동이나 위치가 바뀌지 않고 다른 행성의 운동에도 영향을 미치지 않는다고 가정할 수 있다. 따라서 행성들의 운동은 태양과 8개 행성계로 이루어진 9체-문제Nine-Body Problem가 아니라 태양과 각 행성계로 이루어진 8개의 독립된 2체-문제2-Body Problem로 다룰 수 있다는 의미다. 태양과 상대적인 질량과 크기가 아주 작은 행성의 운동방정식은 태양이 만드는 중력장에서 움직이는 질점의 운동방정식과 같고, 그 해는 우리가 케플러 궤도Kepler Orbit 또는 원추곡선(Conics 또는 Conic Sections)이라고 하는 원, 타원, 포물선, 쌍곡선 및 직선의 방정식이 된다.[35] 이러한 1차 근사에서 각 행성의 운동은 동료 행성들의 영향을 받지 않고 오로지 태양의 중력에 의해 결정된 궤도를 따라 움직인다. 이러한 1차 근사가 상당히 정확한 답을 주는 이유는 행성의 질량이 태양의 질량에 비해 무시할 만하고, 크기는 태양-행성 간 또는 행성-행성 간의 거리에 비해 무시할 만큼 작은 데 있다. 굳이 예를 들자면 지구 주변, 특히 LEO를 도는 수백 개의 인공위성을 들 수 있다. 각 위성의 궤도는 다른 위성의 존재 여부와 상관없이 궤도로 진입할 때의 초기조건인 위치 및 속도(속력 및 방향)와 지구 중력에 의해 결정되고, 다른 위성의

35) 정규수, 『로켓 과학 I: 로켓 추진체와 관성유도』 (지성사, 2015), pp.284-296.

위치와 속도와는 상관없는 것과도 같다. 그러나 실제로 태양계 내의 운동이 이렇게 간단하지 않다는 사실을 이 책의 후반부에서 보게 될 것이다.

더구나 우주탐사를 꿈꾸는 사람들이 알고 싶은 것은 단순한 태양계 행성들의 궤도가 아니다. 지구 궤도에 인공위성을 띄우든가, 지구를 벗어나 다른 행성에 무인 탐사선이나 우주인이 탄 우주선을 보낼 때 필요한 방법과 수단이 관심사다. 지구에서 발사한 우주선이 다른 행성을 8-트랙으로 돌아 귀환하든가, 또는 행성의 위성 궤도로 진입하여 행성 표면을 정밀 관측하든가, 아니면 탐사용 로봇 장비를 연착륙시키는 방법이 궁금한 것이다.

2. 태양계의 위계질서는 질량이 결정

중력 지배권(SOI)

질량이 m_1과 m_3인 천체가 만드는 중력장 안에서 움직이는 작은 질량 $m_2(m_2 \ll m_1,\ m_2 \ll m_3)$의 운동을 기술할 때 어떤 좌표계를 기준으로 택하느냐 하는 것은 수치계산의 정확도와 계산의 난이도와 직결되는 문제다. m_1과 m_3의 중력이 지배적인 영역을 미리 알면 지배적인 천체의 중심에 기준좌표계를 잡고, 우주선 m_2의 궤도를 지배적인 천체가 만든 중력장 안의 케플러 궤도로 근사할 수 있으며, 다른 천체의 중력은 m_2에 끼치는 섭동Perturbation으로 다룰 수 있다.

일반적으로 m_1, m_2, m_3의 운동방정식은 다음과 같이 쓸 수 있다.

$$\frac{d^2\vec{r_1}}{dt^2} = G\frac{m_2}{r_{12}^3}(\vec{r_2} - \vec{r_1}) + G\frac{m_3}{r_{13}^3}(\vec{r_3} - \vec{r_1}), \qquad (1\text{-}1)$$

$$\frac{d^2\vec{r_2}}{dt^2}=G\frac{m_1}{r_{21}^3}(\vec{r_1}-\vec{r_2})+G\frac{m_3}{r_{23}^3}(\vec{r_3}-\vec{r_2}), \tag{1-2}$$

$$\frac{d^2\vec{r_3}}{dt^2}=G\frac{m_1}{r_{31}^3}(\vec{r_1}-\vec{r_3})+G\frac{m_2}{r_{23}^3}(\vec{r_2}-\vec{r_3}). \tag{1-3}$$

여기서 $\vec{r_1}$, $\vec{r_2}$, $\vec{r_3}$는 임의로 택한 관성좌표계에서 질점 m_1, m_2, m_3의 위치벡터로 〈그림 1-2〉에서 정의한 벡터와는 $\vec{r}=\vec{r_2}-\vec{r_1}$, $\vec{d}=\vec{r_2}-\vec{r_3}$, $\vec{R}=\vec{r_3}-\vec{r_1}=\vec{r}-\vec{d}$ 와 같이 연결된다.

식 (1-1)에서 식 (1-2)를 빼면 질점 m_1과 $m_2(\ll m_1)$가 만드는 중력장에서 m_1에 대한 m_2의 운동을 기술하는 방정식을 얻는다.

$$\frac{d^2\vec{r}}{dt^2}+G\frac{(m_1+m_2)}{r^3}\vec{r}=-Gm_3\left(\frac{\vec{d}}{d^3}+\frac{\vec{R}}{R^3}\right) \tag{1-4}$$

방정식 (1-4)의 우변이 없었다면, 방정식은 m_1과 m_2가 만드는 역제곱 중력 아래에서 움직이는 질점 $m_2(\ll m_1)$의 궤도방정식이 되고, 따라서 해는 케플러 궤도가 된다. 만약 우변이 좌변의 중력가속도에 비해 작은 양이라면 방정식의 우변은 제3의 천체 m_3의 섭동에 따른 가속도로 취급할 수 있다.

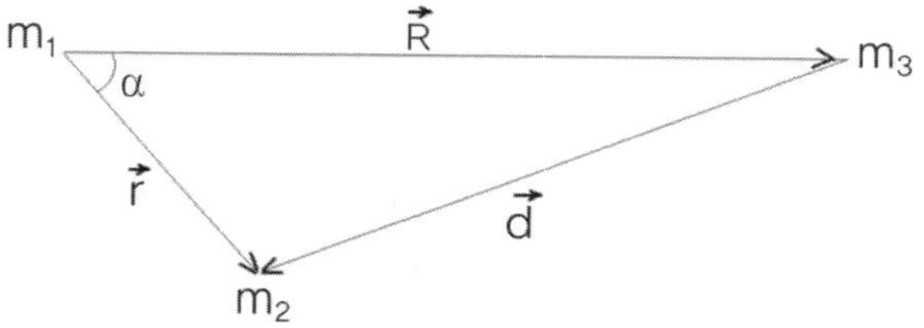

그림 1-2 SOI를 구하는 데 필요한 3체-문제를 기술하는 위치벡터의 정의.

한편, 식 (1-2)과 (1-3)에서 m_3에 대한 m_2의 운동을 기술하는 방정식을 구할 수 있다.

$$\frac{d^2\vec{d}}{dt^2}+G\frac{(m_3+m_2)}{d^3}\vec{d}=-Gm_1\left(\frac{\vec{r}}{r^3}-\frac{\vec{R}}{R^3}\right) \quad (1-5)$$

편의상 방정식 (1-4)와 (1-5)에서 좌변의 중력가속도를 주 가속도항 Main Acceleration Term이라 하고, 오른쪽 항을 섭동항Gravitational Perturbation이라고 하자.

m_1과 m_3가 만드는 중력장 속에서 m_2의 운동을 기술하는 방정식 (1-4)와 (1-5) 중 어느 것을 선택해야 유리한가를 판단하는 것이 문제의 핵심이다. 물론 정확한 해석해Analytic Solution를 구할 수 있다면 어느 방정식을 취하든 상관없겠지만, 이미 알고 있듯이 3체-문제에서 일반적인 해석해는 구할 수 없을 뿐만 아니라 수치해Numerical Solution도 초기조건에 따라 정확한 답으로 수렴한다는 보장이 전혀 없다. m_1과 m_3 및 m_2의 상대적인 거리에 따라 식 (1-4)와 (1-5)에서 섭동항과 주 가속도항의 크기가 달라지고, 섭동항이 주 가속도항보다 작은 방정식을 택하는 것이 수치계산에서 훨씬 유리할 뿐 아니라 꼭 필요하다.

만약 섭동항이 주 가속도항에 비해 매우 작다면 이 영역에서는 m_2의 궤도는 m_1(또는 m_3)과 m_2로 구성된 2체-문제의 해인 케플러 궤도가 되고, 제3의 천체(m_3 또는 m_1)에 의한 섭동으로 궤도가 이상적인 케플러 궤도에서 약간 벗어나는 꼴이 된다. 케플러 궤도를 1차 근사해로 다루어 제3의 천체에 의한 섭동항을 포함한 운동방정식 (1-4) 또는 (1-5)를 풀어 해당 영역에서 정확한 해를 구함으로써 3체-문제의 해를 구할 수 있다. 그러나 두 방정식 (1-4)와 (1-5)가 이러한 조건을 동시에 만족시킬 수는 없다. 한 방정식의 주 가속도항이 섭동항보다 크면 다른 방정식의 주 가속도항은 섭동항보다 작을 수밖에 없다. 따라서 한 방정식의 주 가속도항이 섭동항에 비해 큰 영역이 결정되면 이 영역 밖에서는 다른 방정식의 주 가속도항이 섭동항에 비해 커질 것이다. 이러한 영역을 구하는 첫 단계로 방정식 (1-4)와 (1-5)의 주 가속도항과 섭동항을 구체적으로 표시해보자.

m_1을 기준으로 기술하는 방정식 (1-4)에서 섭동항 대 주 가속도항의 비를 κ_1이라 하고, m_3를 기준으로 m_2의 운동을 기술하는 방정식 (1-5)의 경우에는 κ_3라고 하고, Q라는 양을 다음과 같이 정의하자.

$$Q = \frac{d^3}{R^3} - 1 = [1 - 2\cos\alpha x + x^2]^{3/2} - 1, \qquad (1\text{-}6)$$

$$x = \frac{r}{R}.$$

여기서 α는 〈그림 1-2〉에서 정의한 바와 같이 $\vec{r}$과 $\vec{R}$ 사이의 각이다. Q를 사용하면 방정식 (1-4)의 섭동항은 다음과 같이 쓸 수 있고,

$$-G\frac{m_3}{d^3}\left[\vec{r} + \left(\frac{d^3}{R^3} - 1\right)\vec{R}\right] = -G\frac{m_3}{d^3}(\vec{r} + Q\vec{R})$$

절댓값은 다음과 같이 표시할 수 있다.

$$G\frac{m_3}{d^3}\left|\vec{r} + \left(\frac{d^3}{R^3} - 1\right)\vec{R}\right| = Gm_3\frac{R}{d^3}[x^2 + 2\cos\alpha\, xQ + Q^2]^{1/2}$$

위 식과 주 가속도항으로부터 κ_1은 다음과 같이 쓸 수 있다.

$$\kappa_1 = \frac{m_3 x^2}{m_1 + m_2} \frac{(x^2 + 2\cos\alpha\, xQ + Q^2)^{1/2}}{(1 - 2x\cos\alpha + x^2)^{3/2}} \tag{1-7}$$

실제로 태양계의 3체-문제를 생각한다면 두 천체의 질량 차이가 아주 크다. 만약 m_1을 지구의 질량이라고 생각하고 m_3를 태양의 질량이라고 가정하면 $m_1/m_3 \simeq 3.00 \times 10^{-6}$이기 때문에 $x \ll 1$인 영역을 제외하고는 태양 중력이 지배적이다. 즉, 지구 근처의 아주 작은 영역에서만 지구 중력이 지배적이다. 따라서 식 (1-6)과 (1-7)에서 우리가 알고 싶은 κ_1 값은 $x \ll 1$인 경우로 한정된다.

$$\lim_{x \to 0} Q = -3\nu x \left[1 - \frac{1+\nu^2}{2\nu} x + \frac{3-\nu^2}{6} x^2\right] + O(x^4),$$

$$\lim_{x \to 0} Q^2 = 9\nu^2 x^2 \left[1 - \frac{1+\nu^2}{\nu} x + \left(1 - \frac{\nu^2}{3} + \frac{(1+\nu^2)^2}{4\nu^2}\right) x^2\right] + O(x^5),$$

$$\lim_{x \to 0} (x^2 + 2x\nu Q + Q^2)^{1/2} = x\sqrt{1 + 3\nu^2}$$

$$\nu = \cos\alpha.$$

지구와 태양에서와 같이 $m_1 \ll m_3$이라면 $x \ll 1$이 될 것이기 때문에 1차 근사로 κ_1과 κ_3에 관해 다음과 같은 식을 얻을 수 있다.

$$\kappa_1 = \frac{m_3}{m_1 + m_2} x^3 \sqrt{1 + 3\nu^2} \left(1 + \frac{6\nu^3}{1 + 3\nu^2} x\right) + O(x^5), \tag{1-8}$$

$$\kappa_3 = \frac{m_1}{m_2 + m_3} \frac{1}{x^2} \left(1 - 2\nu x + O(x^2)\right). \tag{1-9}$$

만약 $\kappa_1 = \kappa_3$라면 m_2의 운동을 기술하기 위해 m_1을 기준으로 하는 것이나 m_3를 기준으로 하는 것은 별반 차이가 없다. 식 (1-8)와 (1-9)

의 우변에서 첫 항들만 취하고 $\kappa_1 = \kappa_3$를 만족하는 x 값을 구해 $x^{(0)}$라고 하면 근사적인 중력 지배권(SOI: Sphere Of Influence)의 반경은 다음과 같다.[36]

$$r_{SOI}^{(0)} = x_{SOI}^{(0)} R, \tag{1-10}$$

$$x_{SOI}^{(0)} = \left[\frac{m_1(m_1+m_2)}{m_3(m_2+m_3)}\right]^{1/5} \chi,$$

$$\chi = [1+3(\cos\alpha)^2]^{-1/10}.$$

r_{SOI}는 m_1의 SOI의 반경이다. 즉, SOI의 내부인 $r < r_{SOI}$인 영역에서 m_2의 m_1에 대한 운동은 m_1의 중력에 의해 결정되고, m_3의 효과는 작은 섭동으로 생각하여 근사계산에서는 무시할 수 있다. χ는 0.8706과 1 사이의 값을 갖는다.

태양계 내의 행성의 질량을 m_1으로 생각하고 m_3을 태양의 질량이라고 가정하면 항상 $m_1 \ll m_3$이고, m_2로 대표되는 우주선이나 소행성의 질량은 무시해도 아무런 문제가 되지 않는다. 보통 r_{SOI}는 특별한 경우가 아니면 χ를 1로 취하고 다음과 같이 정의한다.

$$r_{SOI}^{(0)} = R\left[\frac{m_1}{m_3}\right]^{2/5}. \tag{1-11}$$

그러나 지구와 달의 경우에는 $(m_1/m_3)^{2/5}$ 값이 0.17217로 그리 작지 않기 때문에 Q 전개에서 가장 낮은 차수만을 취하면 오차가 너무 크다. 이러한 오차를 줄이고 좀 더 정확한 근사를 위해 식 (1-8)과

---

36) Richard H. Battin, "An Introduction to the Mathematics and Methods of Astrodynamics, Revised Edition (AIAA, 1999), pp.395-397.

(1-9)의 우변을 모두 사용하여 '뉴턴-랩선 방법Newton - Raphson Method'으로 $x_{SOI}^{(1)}$을 구하면 다음과 같은 식을 얻을 수 있다.

$$x_{SOI}^{(1)} = x_{SOI}^{(0)} \Big/ \left[1 + \frac{2\nu(1+6\nu^2)}{5(1+3\nu^2)} x_{SOI}^{(0)} \right], \qquad (1\text{-}12)$$

$$r_{SOI}^{(1)} = R x_{SOI}^{(1)}.$$

식 (1-11)을 이용해 태양계의 8개 행성의 SOI를 구해 〈표 1-2〉에 정리했다. 지구-달에 대해서는 식 (1-12)과 $r_{SOI}^{(1)} = R x_{SOI}^{(1)}$을 사용했다. x-축 방향의 SOI 반경에 흥미가 있다는 가정 아래 $\nu = 1$을 택했다. 그러나 지구-달에 대해서는 $0° \leq \alpha \leq 180°$의 양 극한 값을 주었다.

식 (1-11) 또는 (1-12)는 m_1을 중심으로 반경이 r_{SOI}인 구면 위에 m_2가 존재하면, m_1을 기준으로 m_2의 운동을 기술하거나 또는 m_3를 기준으로 기술하거나에 상관없이 주된 항과 섭동항에 의한 가속도 비가 동일하다는 것을 의미한다. m_2가 이러한 구의 안쪽에 위치하게 되면 m_1 중심에 원점을 둔 좌표계를 사용하고, m_3의 존재를 무시하면 m_2의 운동은 2체-문제로 변환되어 해는 원추곡선 중의 하나로 결정된다. m_3 영향을 포함한 완전한 운동방정식의 해는 식 (1-4) 또는 (1-5)의 우변을 섭동으로 취급하여 수치해를 구함으로써 주어진 SOI 내에서 정확한 해를 구할 수 있다. m_2가 m_1의 SOI 외부에 있을 때는 m_3 중심에 원점을 가지는 좌표계를 도입해 m_2, m_3로 구성된 2체-문제에 m_1이 섭동으로 작용하는 문제로 바꾸고, m_3 중심에 원점을 가진 기준좌표계에 대해서 정확한 수치해를 구한다.

물론 SOI 경계에서는 m_2의 위치와 속도가 양쪽 좌표계에서 매끄럽게 연결되어야 한다. 태양계 행성 간 우주선의 궤도문제 해결에서 중요한 점은 필요에 따라 태양 중심 또는 행성 중심 좌표계에서 계산하

$m_3 - m_1$	거리 (AU)	m_1/m_3	$x_{SOI}^{(0)}$	$r_{SOI}^{(0)}$ (km)
태양-수성	0.3871	1.6580e-7	1.9401e-3	112,000
태양-금성	0.7233	2.4476e-6	5.6950e-3	616,000
태양-지구	1.0000	3.0000e-6	6.1780e-3	924,000
태양-화성	1.5237	3.2268e-7	2.5323e-3	577,000
태양-목성	5.2043	9.5511e-4	0.0619	48,229,000
태양-토성	9.5820	2.8579e-4	0.0382	54,803,000
태양-천왕성	19.2294	4.3643e-5	0.0180	51,863,000
태양-해왕성	30.1037	5.1496e-5	0.0193	86,747,000
지구-달	2.5695e-3	0.0123	0.1357	$52{,}144.6 < r_{SOI}^{(1)} < 66{,}182.8$

표 1-2 태양계의 태양에 대한 8개 행성의 중력 지배권 반경과 지구에 대한 달의 중력 지배권의 거리. $r_{SOI}^{(0)}$는 행성의 중심으로부터 잰 중력이 지배적인 거리다.

되, 항상 태양 중심 좌표계에 대한 값으로 변환해야 한다는 것이다. 한 행성을 떠나 다른 행성으로 옮겨가는 궤도는 태양 좌표계에서 보면 매끄럽게 연결된 하나의 곡선으로 나타나지만, 각 행성의 SOI 내에서는 관련한 행성 중심 좌표계에 대해 쌍곡선에 가까운 궤도가 된다. 즉, 태양의 중력이 지배적인 영역에서의 궤도는 태양을 초점으로 하는 거의 완벽한 타원이 되지만, 각 행성의 SOI 내에서는 행성 좌표계에 대해 거의 이상적인 쌍곡선으로 나타난다.

SOI 개념은 '원추곡선 짜깁기 방법Patched Conics'의 이론적 근거가 되고 동시에 해를 구하는 데 필요한 데이터를 제공한다. 원추곡선 짜깁기 방법은 다체-문제를 연속되는 SOI 영역으로 나누는 것이다. 각 SOI 내에서 질점의 운동은 SOI 밖의 천체에 의한 섭동을 무시하고, 지배적인 천체의 중심에 원점이 고정된 관성계에서 천체와 질점으로 구성된 2체-문제로 취급하여 해를 구한다. 이렇게 구한 해를 SOI 밖에서 구한 해와 SOI 경계에서 매끄럽게 연결하는 방법이 원추곡선 짜깁기다.

3. 중력 지배권에 따른 통치영역 분담

우리는 공전하는 지구 위에서 당연히 느껴야 하는 원심력이나 태양 중력은 느끼지 못하지만, 지구 중력에 의한 자신의 몸무게나 잡다한 물건들의 무게는 항상 경험하고 있다. 우리가 매일 겪고 사는 세상은 지구 중력이 지배적인 세상이다. 사실 지구 중심 좌표계의 원점에서는 태양의 중력과 지구가 태양 주위를 공전하기 때문에 생기는 원심력이 정확히 상쇄되어 태양의 중력이나 원심력을 느낄 수 없다. 태양 중심에 고정된 관성좌표계에서 관측한다면 지구는 태양 중력의 영향으로 '자유낙하Free Fall운동'을 하기 때문에 태양 중력은 잴 수도 없고 느낄 수도 없다. 다만 지구는 태양 중심을 향해 떨어지는 동시에 접선방향으로 움직여 태양 중심까지의 거리를 거의 일정하게 유지할 뿐이다.[37] 즉, 지구는 태양 중력장 속에서 영원한 낙하운동을 하고 있는 것이다.

지표면에서는 지구 중심과 달리 미미한 태양 중력과 원심력의 불균형을 측정할 수 있지만, 별 의미가 없다. 똑같은 현상은 국제우주정거장(ISS: International Space Station)에도 적용된다. ISS 최초의 평균 고도는 412km였다. 고도 412km에서 지구의 중력은 지표면 값에 대해 88.2% 수준으로 여전히 강력하다. 그러나 지표면의 관측자는 ISS가 자유낙하 중이므로 ISS와 우주인은 같은 속도로 낙하하기 때문에 ISS에 타고 있는 우주인들은 중력을 느낄 수 없다고 알고 있고, ISS의 우주인들은

---

37) 정규수, 『로켓 과학 I: 로켓 추진체와 관성유도』 (지성사, 2015), pp.244-252.

지구 중력과 원심력이 서로 상쇄되어 지구 주위를 회전하는 ISS 내에서는 중력이나 관성력을 느낄 수 없다는 것을 알고 있다. 지구 주위의 원궤도를 도는 ISS에 탑승한 우주인들이 아무런 무게도 못 느끼는 '무중력 상태'에 있다고 하여 412km 고도에서 지구 중력이 소멸된 것은 아니다. 다만 ISS가 계속 자유낙하 중이므로 ISS 안에서는 모든 물체가 같은 중력가속도로 가속되니까 ISS의 구조물과 탑승한 우주인 또는 물체 사이에 지구 중력 때문에 생기는 힘의 교환이 없어 중력이 소거된 상태처럼 관측되는 것일 뿐, 우주선 안과 밖에는 여전히 중력이 존재한다.[38)]

마찬가지로 지구가 태양 중력장에서 자유낙하운동을 무한히 계속하기 때문에 태양 중력을 관측할 수 없고, 달도 지구 중력에 갇힌 상태로 태양에서 ~1AU 거리를 유지하면서 태양 중력장에서 자유낙하를 하기 때문에 태양 중력을 느낄 수 없다. 달은 지구와 함께 태양의 중력장에서 자유롭게 낙하하는 동시에 지구 중력장에 의한 자유낙하운동도 하고 있다.

지구 질량이 태양 질량에 비해 1백만분의 3밖에 안 되지만, 지구 근방 92만km 이내에서는 지구 중력이 더 지배적이다. 달의 경우는 더욱 복잡하지만, 지구 중력장과 태양 중력장이 자유낙하운동에 의해 관성력과 상쇄되면, 달 주변에서는 달의 중력만이 유일한 중력장처럼 나타난다. 앞에서 1차 근사에서 태양계 내의 각 행성 운동은 8개의 독립적인 2체-문제로 근사될 수 있음을 설명했다. 그러나 각 행성의 질량 M_P가 태양 질량 M_S에 비해 무시해도 될 만큼 작긴 하지만 중력은 질량에 비례하고 거리의 역제곱에 비례하므로 아주 짧은 거리에

---

38) 엄밀히 말하면 ISS의 질량중심에서는 지구·태양·달의 중력과 관성력이 완전히 상쇄되지만, 중심에서 벗어난 곳에서는 상쇄되지 못한 아주 미세한 기조력이 존재한다 해도 중심에서는 0이다. 하지만 공기마찰에 의한 가속도(감속도) $a_{air\ drag} \sim -10^{-6}g$는 ISS 내 모든 위치에서 일정하게 감지된다. 이것이 우리가 보통 '미세 중력Micro Gravity' 이라고 부르는 힘이다.

서는 행성의 중력이 지배적이다. 앞 절에서 우리는 한 천체의 중력이 지배적인 영역을 그 행성의 중력 지배권(SOI)이라고 소개했다. 지구에서 달 쪽으로 이동해가면 어느 시점에선가 달의 중력과 지구의 중력이 같아지는 곡면이 나타난다. 이러한 곡면을 달의 SOI라고 부른다. 어떤 천체의 SOI 내에서는 그 천체의 중력이 지배적이고, 태양의 중력 또는 다른 천체의 중력은 섭동으로 취급할 수 있으며, 계산에 사용할 좌표계도 그 천체의 질량중심 좌표계로 바꾸는 것이 편리하고 또 필요하다.

〈표 1-2〉에 태양과 8개 행성의 SOI를 구해 정리했고, 지금은 SOI의 의미를 좀 더 분석해보도록 하겠다. 태양과 행성 및 위성은 각자의 SOI를 가진다. 그러나 태양의 질량이 워낙 크기 때문에 태양의 SOI의 반경 $r_{S\,soi}$는 행성들의 SOI 반경 $r_{P\,soi}$과 항상 $r_{S\,soi} \gg r_{P\,soi}$ 관계를 유지한다. 사실 태양계 전체에서 극히 일부에 지나지 않은 행성들의 SOI를 제외한 모든 공간이 태양의 SOI다. 태양의 SOI는 프록시마 켄타우리와 알파 켄타우리의 질량으로 결정된다. 행성, 위성 및 기타 천체의 SOI 반경은 행성과 행성의 최단 거리보다도 훨씬 작고, 행성 및 기타 천체들의 SOI 밖은 모두 태양의 SOI 내부에 속한다.

우리가 LEO(Low Earth Orbit)의 대기궤도Parking Orbit에서 화성을 향해 우주선을 발사하는 경우를 생각해보자. 우주선이 LEO를 떠나 화성으로 가는 전이궤도Transfer Trajectory에 진입한 뒤부터 지구 SOI를 벗어나기 전까지는 지구 중력이 우주선의 운동을 지배하고, 지구 중력장을 벗어나야 화성으로 갈 수 있으므로 쌍곡선궤도를 따라 자유낙하 비행을 하게 된다. SOI의 경계에 도달할 즈음 쌍곡선은 점근선에 거의 접근한다. 우주선이 지구 SOI를 넘어서면 태양의 중력이 지배적인 역할을 하게 되고, 운동을 기술하는 좌표계를 지구 중심 좌표계에서 태양 중심 좌표계로 변환하면 태양 SOI 내에서 우주선의 궤도는 태양을 초점으로 하는 타원궤도Eliptic Trajectory가 된다.[39] 우주선의 목표는 화성의 SOI를 예정된 시간에 예정된 위치에서 만나는 것이므로 우주선의 타원궤도를 목표행성의 궤도와 교차하도록 정하되, 우주선과 화성이 동시에 교차점에 도달하도록 발사 시간을 정해주면 우주선은 자연스럽게 목표행성의 SOI와 조우하게 된다. 특히 태양 SOI 내의 궤도가 지구 궤도에 외접하고 화성 궤도에 내접하는 타원인 경우를 '호만 전이궤도'라고 한다. 호만 전이궤도에 대해서는 뒤에서 자세히 설명하도록 하겠다.[40]

우주선이 화성의 SOI로 들어가면 계산의 편의상 다시 좌표계를 태양 중심 좌표계에서 화성 중심 좌표계로 바꿔주고 태양 중력은 일단 무시한다. 화성의 SOI 밖에서 안으로 들어오는 우주선은 화성 중력 이탈속력보다 항상 큰 속력을 가지고 있으므로 화성 좌표계에 대한 우주선의 궤도는 쌍곡선이 된다. 여기서 우주선의 미션에 따라 화성의 대기층을 통과하게 하여 역추진 로켓을 사용하지 않고도 속도를 충분히 줄임으로써 화성의 위성 궤도로 진입할 때 필요한 Δv를 절감할 수 있다. 대기마찰과 낙하산과 역추진 로켓을 순차적으로 이용하여 표면에 연착륙을 할 수도 있다. 자유귀환궤도Free Return Trajectory[41]를 이용한 화성 관측이나 중력 부스트를 이용해 우주선의 속력을 높이고 방향을 틀기 위한 근접 비행이 목적일 수도 있다.[42] 최종 미션이 어느 것이냐에 따라 화성 SOI 내에서 최종 궤도가 달라진다.

태양계 내의 한 행성에서 다른 행성으로 가는 데는 세 가지 다른

39) 태양의 중력권을 벗어나려면 우주선은 태양 이탈속도 이상의 속도를 가져야 하고 이때 우주선의 궤도는 태양 SOI 내에서도 쌍곡선궤도가 된다.

40) 전이궤도가 반드시 호만 궤도가 될 필요는 없지만, 호만 궤도를 사용하면 추진제 절감 효과가 크다.

41) '자유귀환궤도'란 한 천체의 중력에서 벗어나지만 제2의 천체의 중력에 의해 궤도가 바뀌어 추진제 소모 없이 원래의 천체로 되돌아오는 궤도를 말한다. 되돌아오기 위해 추진제를 사용할 필요가 없어 '공짜궤도'라는 뜻의 '자유궤도'다.

42) 중력 부스트나 근접 비행 등에 대해서는 3부에서 자세히 설명할 것이다.

천체의 중력이 각각의 SOI 내에서 지배적으로 작용함에 따라 우주선의 궤도도 두 개의 쌍곡선궤도와 하나의 타원궤도가 관련된다. 출발하는 천체와 우주선, 태양과 우주선, 목표행성과 우주선은 거의 독립적인 2체-문제로 다룰 수 있다. 얼핏 보면 앞서 우리가 태양계를 1차 근사로 각 행성과 태양으로 구성된 8개의 2체-문제로 나눈 것과 비슷하지만, 자세히 보면 큰 차이가 있다. 태양계 8개 행성의 궤도나 위치를 따질 때는 좌표계가 항상 하나였다. 태양 중심에 고정된 한 좌표계를 모든 행성의 운동을 기술하는 기준좌표계로 선택할 수 있었다. 그러나 한 행성의 SOI는 그 행성의 좌표계에서 보면 고정된 영역이지만, 행성의 위성이나 대기궤도Parking Orbit를 포함한 모든 위성 궤도는 SOI와 함께 태양 주위를 공전하는 하나의 시스템이다. 각 행성의 운동은 태양의 중력에 의해서 독립적으로 결정된 타원궤도를 공전한다. 그러나 한 행성의 SOI 내에서 위성이나 인공위성의 운동은 행성계의 질량중심 좌표계에서 보면 행성의 중력장에 의해 결정되는 독립적인 원추곡선을 따르는 운동이다.

태양계 질량중심 좌표계에서 보면 각 SOI는 행성과 함께 공전하고, 각 행성은 태양에 대해 다른 궤도를 다른 속도로 움직이므로 한 행성에서 다른 행성으로 옮겨가는 문제는 행성과 우주선으로 구성된 독립적인 2체-문제가 아닌 태양-행성-우주선으로 구성된 독립적인 3체-문제로 취급해야 한다. 즉, 우주선의 운동은 출발행성-우주선, 태양-우주선, 목표행성-우주선의 연속된 2체-문제로 나눠 생각해도 되는 것처럼 보이지만, 두 행성은 태양에 대해 서로 다른 속도로 공전운동을 하고 있으므로 태양에 대한 행성과 우주선의 운동은 태양-출발행성-우주선, 태양-우주선, 태양-목표행성-우주선으로 구성된 두 가지의 3체-문제와 하나의 2체-문제로 나누어 생각해야 한다. 다행히 태양과 행성 문제는 우주선과 상관없이 이미 결정된 궤도와 속도로 움직이므로 태양–출발행성–우주선으로 구성된 3체-문제와 태양–목표행성–우주선의 3체-문제는 출발행성 SOI 내에서 얻은 행성 중심 좌표계에 대한 출발행성–우주선의 해를 태양 좌표계로 좌표 변환만 하면 태양–출발행성–우주선의 해를 얻을 수 있으므로 쉽게 풀 수 있다. 태양–목표행성–우주선 문제도 같은 방식으로 해결되므로 태양–출발행성–우주선이나 태양–목표행성–우주선 문제는 실질적으로는 출발행성–우주선 문제, 태양–우주선 및 목표행성–우주선으로 구성된 3개의 2체-문제로 다시 환원된다. 각 SOI 경계에서 양쪽에서 얻은 원추곡선의 위치벡터와 속도벡터를 매끄럽게 연결만 시켜주면, 지구–태양–화성–우주선의 4체-문제를 연속되는 원추곡선의 이어 맞추기로 해를 구할 수 있다는 의미다. 이러한 방법을 '원추곡선 짜깁기Patched Conics' 방법이라 하고 실제로 행성 간 우주계획에서 유용하게 사용하고 있다.

우주선이 한 천체의 SOI에서 다른 천체의 SOI로 넘어갈 때 그 경계면에서 우주선의 위치와 속도가 매끄럽게 연결되는 경계조건이 만족되면 행성들이 태양 주위를 공전하는 속도가 자연스럽게 해에 포함되어 3체-문제를 2체-문제 해의 범주 안에서 해결할 수 있다. 3부에서 이러한 문제를 달로 가는 궤도와 행성 간 궤도 계산에 실제로 응용해 보이겠다. 이러한 방법은 우주선의 질량이 무시할 정도로 작기 때문에 가능하다. 원추곡선 짜깁기 방법은 한 행성에서 다른 행성으로 우주선을 보내는 문제의 2차 근사해Second-Order Approximation라고 할 수 있다. 여기서 얻은 2차 근사해는 주변 행성에 의한 섭동도 고려하여 더 정밀한 수치해를 얻기 위한 초기조건으로 사용할 수 있으므로 원추곡선 짜깁기 방법은 실제 행성 간 탐사선 발사에 아주 유용하게 사용된다.

태양은 태양계 내의 모든 행성과 소행성들의 운동을 중력을 통해 관장하지만, 각 행성에 SOI라는 행성 주위의 작은 영역을 독립적으로 관장하도록 허용하고 있다. 우리는 이러한 특성을 이용해 원추곡선 짜깁기라는 궤도 설계방법을 고안할 수 있었다. 〈표 1-2〉에서 흥미로운 사실은 태양에서 거리가 멀어질수록 행성의 SOI가 태양으로부터의 거리에 비례해서 늘어난다는 것이다. 목성의 SOI가 48,229,000km인 데 반해 질량이 훨씬 작은 토성의 SOI가 54,803,000km로 더 크고, 해왕성은 86,747,000km로 목성의 SOI보다 훨씬 크다. 이는 식 (1-10)-(1-12)에서 보듯이 SOI가 태양과 행성 사이의 거리 R에 비례하는 결과다. 황제의 궁전에서 멀리 떨어진 왕국일수록 황제의 영향이 줄어드는 것처럼 태양제국의 자치공화국들의 영토와 독립성도 거리에 비례해서 커진다.

4. 중력제국의 교통법칙

역제곱 중력법칙과 운동방정식

이번 절에서는 두 질점으로 구성되고 중력 외에는 다른 힘이 작용하지 않는 일반적인 2체-문제를 분석해보자.[43] 필자는 이 시리즈의 첫째 편인 『로켓 과학 I』에서 케플러 궤도의 소개와 크기 및 모양에 대해 자세히 설명한 바 있다.[44] 지금은 타원궤도와 쌍곡선궤도 특성에 대해 좀 더 자세히 알아보도록 하겠다.

---

43) 질점Mass Point이란 유한한 질량은 가지되 크기가 없는 점으로 대표되는 물체를 지칭한다. 태양계 행성이나 위성의 궤도를 논할 때는 태양과 행성을 질점으로 대체하고 풀어도 대개의 경우 아무런 문제가 없다. 뉴턴은 밀도가 일정한 반경 R인 구형 물체가 $r > R$인 영역에서 만드는 중력은 모든 질량이 중심에 있을 때와 같다는 것을 증명하는 데 20여 년의 시간을 보냈다. 구형이 아니더라도 물체의 크기에 비해 멀리 떨어진 곳에서는 물체를 질점으로 취급해도 무난하다.

44) 정규수, 『로켓 과학 I: 로켓 추진체와 관성유도』 (지성사, 2015), pp.284-296.

질량이 m_1과 m_2인 질점이 각각 $\vec{r}_1$과 $\vec{r}_2$에 놓였을 때 이 질점들의 운동방정식은 다음과 같다.

$$m_1 \frac{d^2 \vec{r_1}}{dt^2} = + \frac{Gm_1 m_2}{|\vec{r_1} - \vec{r_2}|^3} (\vec{r_2} - \vec{r_1}), \quad (1\text{-}13)$$

$$m_2 \frac{d^2 \vec{r_2}}{dt^2} = - \frac{Gm_1 m_2}{|\vec{r_2} - \vec{r_1}|^3} (\vec{r_2} - \vec{r_1}). \quad (1\text{-}14)$$

상대좌표 $\vec{r}$과 질량중심 좌표(Center Of Mass Coordinates $\vec{r}_{CM}$을 다음과 같이 도입함으로써 두 질점에 대한 운동방정식 (1-13)과 (1-14)를 독립적인 차원의 운동방정식 두 개로 분리할 수 있다.[45)]

$$\ddot{\vec{r}} = -\frac{\mu}{r^2} \hat{\vec{r}}, \quad (1\text{-}15)$$

$$\vec{r} = \vec{r}_2 - \vec{r}_1,$$

$$\ddot{\vec{r}}_{CM} = 0, \quad (1\text{-}16)$$

$$\mu = G(m_1 + m_2),$$

$$\overrightarrow{r_{CM}} = \frac{m_1 \vec{r_1} + m_2 \vec{r_2}}{m_1 + m_2}.$$

방정식 (1-16)은 외부에서 힘을 가하지 않는 한 쉽게 적분되고, 질량 중심의 좌표는 $\vec{r}_{CM} = \vec{v}_0 t + \vec{r}_0$이 되어 등속운동을 한다는 것을 알 수 있다. 여기서 $\vec{r}_0$과 $\vec{v}_0$는 질량중심(CM)의 초기위치와 초기속도이고, $\hat{r}$은 $\vec{r}$ 방향의 단위벡터 $\vec{r}/r$을 의미한다.

45) $\dot{X}$ 는 X 를 시간에 대해 한 번 미분한 것을 표시하고 $\ddot{X}$ 은 X 를 시간에 대해 두 번 미분한 것을 나타낸다.

방정식 (1-15)는 보기에는 간단하지만, m_2와 연계되어 항상 가속운동을 하는 m_1에 원점이 고정된 좌표계를 사용하기 때문에 관성계가 아닌 좌표계를 기준으로 사용하고 있다. 따라서 항상 일정한 속도로 움직이는 CM을 원점으로 하는 관성계를 도입하는 것이 합리적이다. 식 (1-13)과 (1-14)에서 원점을 CM에 고정된 관성계로 옮기면, 방정식은 다음과 같이 쓸 수 있다.

$$\ddot{\vec{r}}=-\frac{\mu}{r^3}\vec{r}, \tag{1-17}$$

$$\mu=Gm_2^3/(m_1+m_2)^2$$
$$=Gm_1^3/(m_1+m_2)^2. \tag{1-18}$$

운동방정식 (1-17)과 (1-18)은 CM을 중심으로 움직이는 질점 m_1과 m_2의 운동을 나타낸다. m_1의 운동을 기술할 때 μ는 식 (1-18)의 첫 번째 값을 사용하고, m_2의 운동에 대해 방정식을 풀 때는 두 번째 값을 사용한다. $m_1(=m)$이 우주선의 질량이고, $m_2(=M_E)$가 지구 질량이라면 μ는 GM_E로 대체된다.[46)]

CM의 속도가 일정하다는 의미는 선형운동량 $\vec{P}_{CM}$(Linear Momentum)이 시간에 따라 변하지 않고 일정하게 보존된다는 뜻이다. 식 (1-17)을 사용하면 각운동량 $\vec{l}$이 보존되는 것을 나타낼 수 있다.

$$\vec{l}=m\vec{r}\times\dot{\vec{r}} \tag{1-19}$$

$\vec{l}$을 시간에 대해 미분을 하면 다음과 같다.

46) $GM_E=398{,}600.4418km^3s^{-2}$이고, 여기서 G는 만유인력상수다.

$$\vec{l} = m(\dot{\vec{r}} \times \dot{\vec{r}} + \vec{r} \times \ddot{\vec{r}}) \qquad (1\text{-}20)$$

식 (1-17)은 $\ddot{\vec{r}}$과 $\vec{r}$이 평행하다는 것을 보여주고 있다. 따라서 식 (1-20)의 오른쪽 항들은 모두 0이 되어 식 (1-19)로 정의된 각운동량 $\vec{l}$은 운동에 무관하게 보존되는 물리량임을 알 수 있다.

운동방정식 (1-17)은 3차원 공간에서 시간에 대한 2차 미분방정식이므로 궤도를 완전히 결정하려면 모두 6개의 적분상수를 정해야 한다. 적분상수 세트를 선택하는 방법은 여러 가지가 있지만, 통상적으로 물리학에서는 초기조건 $(\vec{r}_0, \vec{v}_0)$을 잡는 것이 보통이다. 그러나 역사적으로 항주학Astronautics에서는 다른 양들을 궤도 요소로 선택해왔다. 단위질량당 각운동량 $\vec{h} = \vec{r} \times \dot{\vec{r}}\ (= \vec{l}/m)$는 보존되는 양이다. 운동방정식 (1-17)의 양변에 $\vec{h}$로 외적(外積, Vector Product)을 취하면 다음과 같은 식을 얻는다.

$$\begin{aligned} \frac{d(\vec{h} \times \dot{\vec{r}})}{dt} &= \vec{h} \times \ddot{\vec{r}} \\ &= -\frac{\mu}{r^3}(\vec{r} \times \dot{\vec{r}}) \times \vec{r} \\ &= -\mu \frac{d}{dt}\left(\frac{\vec{r}}{r}\right). \end{aligned} \qquad (1\text{-}21)$$

$r = (\vec{r} \cdot \vec{r})^{1/2}$을 이용하면 (1-21)의 마지막 항을 쉽게 얻을 수 있다. 방정식 (1-21)은 완전미분이므로 적분하여 다음과 같이 쓸 수 있다.

$$\vec{e} = \frac{\vec{v} \times \vec{h}}{\mu} - \frac{\vec{r}}{r} \qquad (1\text{-}22)$$

여기서 무단위 양Dimensionless Quantity $\vec{e}$는 적분상수다. 궤도의 중심에서 근지점을 연결한 방향의 벡터 $\vec{e}$를 이심률 벡터Eccentricity Vector라 하고 궤도가 원궤도에서 벗어난 정도를 나타내며 궤도는 $\vec{e}$에 대해 대칭이다.[47] 마지막으로 단위질량당 총에너지 ε은 운동에너지와 퍼텐셜 에너지Potential Energy의 합

$$\epsilon = \frac{1}{2} v^2 - \frac{\mu}{r} \tag{1-23}$$

으로 나타내며, 운동방정식 (1-17)의 양변에 $\vec{r}$로 내적(內積, Scalar Product)을 취함으로써 단위질량당 총에너지 ε이 시간에 무관한 적분상수라는 것을 증명할 수 있다.

2체-문제에서 불변량은 각운동량 $\vec{l}$(또는 $\vec{h}$), $\vec{e}$ 및 에너지 ϵ 등 모두 7개가 있는 것처럼 보이지만, 7개가 모두 독립적인 양은 아니다.[48] $\vec{e}$를 정의한 식 (1-22)에서 $\vec{l} \cdot \vec{e} = 0$ 이 되는 것을 알 수 있다. 따라서 6개의 궤도 요소들만 독립적으로 보인다. 하지만 이심률 벡터를 정의한 식 (1-22)에 $\vec{r}$을 내적하여 얻은 식과 $\vec{h} \times \vec{v}$로 내적한 식에서 에너지 ε, 각운동량 $h\,(=|\vec{h}|)$ 및 이심률 $e\,(=|\vec{e}|)$ 사이에는 다음과 같은 관계식이 있음을 나타낼 수 있다.

$$\epsilon = -\frac{1}{2} \frac{\mu^2}{h^2} (1 - e^2) \tag{1-24}$$

---

47) 정규수, 『로켓 과학 I: 로켓 추진체와 관성유도』(지성사, 2015), p.291. 특히 〈그림 5-9〉 참조하라.

48) 물론 무게중심이 움직이는 선형운동량 $\vec{P}_{CM}$과 운동에너지 E도 시간에 대해 불변이지만 방정식 (1-15)의 해와는 별도다.

따라서 원래 존재할 것으로 기대했던 7개의 불변량 중 5개만이 독립적으로 정할 수 있는 양이다. 지구 중심을 초점으로 움직이는 우주선이나 인공위성이 그리는 궤도를 유일하게 결정하려면 6개의 궤도 요소를 모두 결정해야 한다. 역사적으로 궤도면의 관성계에 대한 방위를 정하기 위해 오일러 각 Ω, Ψ, Φ 3개를 사용하고 궤도의 크기와 모양을 정하기 위해 장반경Semi-major axis a와 이심률 e를 사용해 왔다. 이상의 5개 궤도 요소는 한번 정해지면 시간에 상관없이 일정한 값을 가진다.

하지만 이렇게 공간에 고정된 궤도면 상에서 크기와 모양이 결정된 궤도를 따라 도는 위성의 위치벡터 $\vec{r}$은 원지점과 근지점Periapsis을 연결한 선을 기준점 $\theta(0)=0$으로 하여 반시계방향으로 잰 각 $\theta(t)$에 의해 결정된다. $\theta(t)$는 시간 t의 함수이고 회전주기 T마다 항상 제자리로 돌아온다. $\theta(t)$는 타원운동을 하는 케플러 궤도의 독립적인 궤도 요소로 근지점부터 잰 '극좌표 각'이지만 '트루 아노말리(近點離角: True Anomaly)'라는 묘하고도 이상한 이름을 붙였다. 앞으로 우리는 트루 아노말리를 그냥 '극좌표각'이라 하고, 혼동 가능성이 있을 때는 따로 명시하겠다. 상호 중력으로 작용하는 두 물체의 운동은 3개의 Ω, Ψ, Φ과 장반경 a, 이심률 e 및 극좌표각 $\theta(t)$에 의해 완전히 결정된다. 이 6개의 궤도 요소로 두 천체의 상대운동을 기술한다.

식 (1-22)의 양변에 $\vec{r}$을 내적하고, $\vec{r}\cdot(\vec{h}\times\vec{v})=\vec{h}\cdot(\vec{v}\times\vec{r})$을 이용하여 임의의 시간 t에서 다음과 같은 궤도방정식을 구할 수 있다.

$$r=\frac{h^2}{\mu}\frac{1}{1+e\cos\theta(t)} \qquad (1\text{-}25)$$

식 (1-25)는 상호 중력에 의해 운동하는 두 질점의 질량중심을 초점Focuss으로 하는 궤도방정식이다. $e<1$이면 식 (1-25)의 분모가 어떠한 θ 값에서도 0이 될 수 없으므로 궤도는 유한하며, 물체가 주기운동을 하는 것을 알 수 있고, 궤도는 $\vec{e}$ 벡터에 대해 대칭임을 알 수 있다. 반면, $e \geq 1$이면 특정 $\theta(t)$ 값에서 식 (1-25)의 분모가 0이 될 수 있으므로 궤도는 무한대로 열려 있는 포물선이거나 쌍곡선이 된다. 서로 정면충돌할 때까지 다가오든지, 또는 멀어지든지 하는 직선운동도 특별한 경우로 포함된다.

새로운 파라미터 q를 다음과 같이 정의하자.

$$q = \frac{h^2}{\mu} = a(1-e^2) \tag{1-26}$$

에너지 식 (1-23)과 (1-24)에서 역사적으로 '비스-비바 방정식Vis-Viva Equation'으로 알려진 다음 식을 얻을 수 있다.

$$v^2 = \mu\left(\frac{2}{r} - \frac{1}{a}\right) \tag{1-27}$$

식 (1-26)에서 q와 e가 궤도 상수이므로 a 역시 궤도 상수가 된다. 식 (1-26)과 (1-24)에서 에너지 ε은 새로운 변수 a의 함수로 다시 쓸 수 있다.

$$\varepsilon = -\frac{\mu}{2a} \tag{1-28}$$

여기서 a는 타원궤도의 장반경으로 궤도의 크기를 결정하는 기본적인 파라미터다. 우리가 $\vec{e}$-축을 직교좌표계의 x-축으로, y-축은 x-축에 수직으로 잡으면 궤도상의 임의의 점은 $\vec{r}=(r\cos\theta, r\sin\theta)$으로 표시되고 $y^2=r^2-x^2$이므로 식 (1-25)에서 얻은 $r=q-ex$를 사용하면 y^2에 대해 다음과 같이 나타낼 수 있다.

$$
\begin{aligned}
y^2 &= r^2 - x^2 \\
&= (q-ex)^2 - x^2
\end{aligned}
$$

위 식은 원점이 $(0, 0)$인 직교좌표계에서 다음과 같은 방정식으로 다시 쓸 수 있다.

$$
\begin{cases}
x^2+y^2=a^2, & e=0 \\
y^2=-2qx+q^2, & e=1 \\
\dfrac{(x+ea)^2}{a^2}+\dfrac{y^2}{a^2(1-e^2)}=1, & e\neq 1
\end{cases}
\tag{1-29}
$$

식 (1-29)의 첫 번째 식은 원의 방정식이며 두 번째 식은 포물선의 방정식이고, 꼭짓점의 좌표는 $(\frac{1}{2}q, 0)$이 된다. 세 번째 식은 $e<1$일 때는 중심이 $(-ea, 0)$인 타원의 방정식이며 식 (1-26)에 따라 a 값은 항상 0보다 크다.

반면, $e>1$인 경우는 중심이 $(-ea, 0)$인 쌍곡선의 방정식이 되며 이 경우 $q(=h^2/\mu)>0$이므로 a 값을 정의한 식 (1-26)에 따라 $a<0$이다. 따라서 중력만으로 운동하는 2체-문제의 해는 원추곡선 중의 하나로 귀착된다. 쌍곡선에 대해 보통 $q=a(e^2-1)>0$로 쓰고 a 값을 $a>0$으로 다루지만 a 값을 $a<0$으로 하면 타원과 쌍곡선을 하나의 방정식으로 나타낼 수 있어 때로는 상당히 편리하다.

태양계의 기본적인 교통법칙은 단 하나, '뉴턴Issac Newton'의 '역제곱 중력법칙Inverse Square Law of Gravitation'이며, 허용된 도로는 원추곡선으로 제한된다. 물론 도로는 중력장 안에서 자유낙하하는 궤도를 의미하고, 우주선은 로켓을 이용하여 도로로 진입하든가 아니면 도로에서 벗어날 수 있다.

제 2 장

태양계의 도로망: 케플러 궤도

1. 케플러 궤도

원추곡선

지금까지는 r과 θ 간의 관계식인 궤도방정식 (1-25)를 구하고 궤도 특성을 간단히 살펴보았지만, 시간에 따라 변화하는 질점의 위치에 대해서는 고려하지 않았다. 식 (1-25)은, 운동방정식 (1-17)로 기술되는 천체 또는 질점은 식 (1-25)로 정의된 원추곡선으로 궤적이 한정된다는 것을 의미한다. 천체 또는 질점이 언제 어느 위치에 있는지는 $\theta(t)$가 시간 t의 함수로 정해질 때까지는 알 수 없다. 이러한 관점에서 보면 식 (1-25)는 운동방정식의 반쪽 해에 불과하다. 정작 구하기 힘든 과제는 θ를 시간의 함수로 구하는 것이다.

θ를 시간 t의 함수로 구하는 출발점은 식 (1-19)로 정의한 각운동량 보존법칙이다. 각운동량 보존법칙은 다음과 같이 다시 쓸 수 있다.

$$\frac{d\theta}{dt}=\frac{h}{r^2}=\frac{\mu^2}{h^3}[1+e\cos\theta(t)]^2 \quad (1\text{-}30)$$

위 식과 식 (1-25)에서 근지점을 지나는 시각을 $t=t_0$라고 가정하면 $\theta(t_0)=0$이고, 이후 임의의 θ 값이 될 때까지 경과된 시간은 다음과 같이 표시할 수 있다. 근지점부터 잰 각을 '극좌표각'이라고 하자.

$$t-t_0=\frac{h^3}{\mu^2}\int_0^{\theta}\frac{d\theta'}{(1+e\cos\theta')^2} \quad (1\text{-}31)$$

만약 식 (1-31)을 해석적으로 적분할 수 있다면 θ를 시간 t의 해석함수Analytic Function로 얻을 수 있고, 케플러 궤도는 식 (1-25)에 의해 완전히 결정된다. 따라서 근지점을 통과한 뒤 임의의 시간에서 천체나 위성의 위치와 속도를 정확하게 예측할 수 있다. $e=0$ 경우는 적분이 θ가 되고 원운동 속력이 일정하므로 원궤도 문제는 쉽게 풀린다. 그러나 e 값이 0 또는 1인 경우를 제외하면 적분 자체가 몹시 복잡하지만, 해를 구했다 해도 θ를 t의 해석함수로 변환하는 것이 불가능하다. $e=1$인 경우는 식 (1-31)의 적분이 가능하고 $\theta(t)$를 t의 함수로 푸는 것도 가능하다.[49]

원추곡선으로 알려진 곡선군은 원Circle, 타원Ellipse, 포물선Parabola 및 쌍곡선Hyperbola으로 분류된다. 우리가 원추곡선에 관심을 가지는 이유는 질량이 큰 천체가 만드는 중력장Gravitational Field 안에서 자유낙하하는 질점의 궤적은 식 (1-25)로 주어지고, 식 (1-25)는 e 값에 따라 식 (1-29)가 가리키는 원추곡선 가운데 하나이기 때문이다. 원은 타원의 특수한 경우이고 답을 쉽게 구할 수 있어 따로 설명하지 않겠다.

---

49) 정규수, 『로켓 과학 I: 로켓 추진체와 관성유도』 (지성사, 2015), pp.295-296.

$e=1$인 포물선은 자연에는 존재할 확률이 거의 없기 때문에 쌍곡선 경우만 논의하도록 하겠다.

2. 타원궤도

고정된 두 점 F_1과 F_2로부터 거리의 합이 일정한 점 P의 궤적이라는 것이 통상적으로 알고 있는 타원의 정의다. F_1과 F_2 사이의 거리가 0이 되면, 궤적은 원이 된다. 즉, 고정된 한 점으로부터 거리가 일정한 점들의 모임이 원인 것이다. 〈그림 1-3〉은 타원을 정의하는 데 필요한 양들을 보여준다. 초점인 F_1과 F_2에서 $P(x, y)$까지의 거리를 각각 r_1과 r_2라 할 때 r_1+r_2가 일정한 값을 가지는 모든 점의 집합을 타원이라고 정의한다.

〈그림 1-3〉에서 r_1+r_2의 값은 2a임을 알 수 있고, 각 점들의 좌표에서 우리는 다음과 같은 식을 얻을 수 있다.

$$[(x+c)^2+y^2]^{1/2}+[(x-c)^2+y^2]^{1/2} = 2a \qquad (1\text{-}32)$$

식 (1-32)의 좌변의 두 번째 항을 우변으로 옮기고 좌변과 우변을 제곱하여 정리하면 다음과 같은 식을 얻는다.

$$a^2-cx=a[(x-c)^2+y^2]^{1/2}$$

위 식을 다시 제곱하면 다음과 같은 타원 방정식을 구할 수 있다.

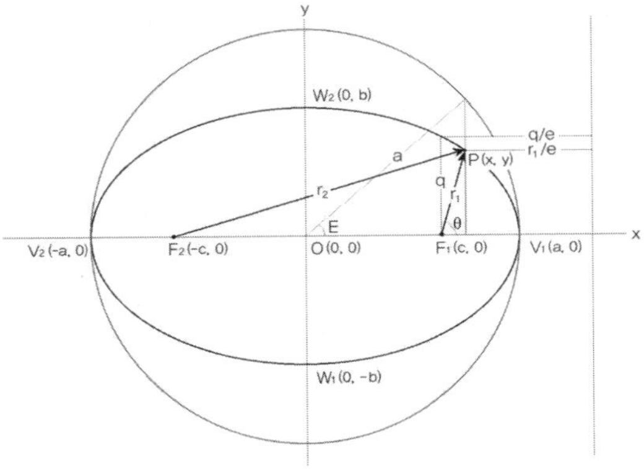

그림 1-3 타원을 정의하는 그림으로 $r_1 + r_2 = 2a$ 인 모든 점 P(x, y)의 궤적이 타원이다. $c = 0$ 이면 원이 된다.

$$\frac{x^2}{a^2} + \frac{y^2}{a^2 - c^2} = 1$$

〈그림 1-3〉에서 P 점이 W_2과 일치할 때 $r_1 (= r_2) = a$, $a^2 = b^2 + c^2$이 됨을 알 수 있다. a는 타원의 장반경, b는 단반경Semi-minor Axis이고 c는 타원의 중심에서 초점Focus까지의 거리다. 장반경과 단반경으로 위 식을 다시 쓰면 우리가 통상적으로 알고 있는 타원의 방정식이 된다.

$$\frac{x^2}{a^2} + \frac{y^2}{b^2} = 1 \qquad (1\text{-}33)$$

원점 O(0, 0)에 중심을 둔 데카르트 좌표계Cartesian Coordinate에서 식 (1-33)의 해는 항상 다음과 같이 쓸 수 있다.

$$\begin{cases} x = a \cos E \\ y = b \sin E \end{cases} \qquad (1\text{-}34)$$

여기서 E는 P(x, y)에서 x-축에 내린 수선垂線의 연장이 타원에 외접하는 반경 a인 원과 만나는 점과 중심 O(0, 0)가 만드는 선과 x-축이 만드는 각이다.

2체-문제의 해로 타원의 방정식은 식 (1-29)에서 $0 \le e < 1$인 경우로 다음과 같다.

$$\frac{(x+ea)^2}{a^2} + \frac{y^2}{a^2(1-e^2)} = 1, \quad 0 \le e < 1. \qquad (1\text{-}35)$$

여기서 e는 이심률로 장반경과 단반경으로 표시하면

$$e = \sqrt{1 - \frac{b^2}{a^2}} \qquad (1\text{-}36)$$

이 되고 최원점Apoapsis r_a와 근지점Periapsis r_p로 표현하면 다음과 같다.

$$e = \frac{r_a - r_p}{r_a + r_p} \qquad (1\text{-}37)$$

〈그림 1-3〉에서 $r_a = a + c$, $r_p = a - c$이고 $c^2 = a^2 - b^2 = (ae)^2$인 것을 알 수 있다. 근지점 r_p는 $\theta = 0$일 때이고, 최원점 r_a는 $\theta = \pi$일 때로 그 값은 각각 다음과 같다.

$$r_p = a(1-e) = \frac{a(1-e^2)}{1+e}, \qquad (1\text{-}38)$$

$$r_a = a(1+e) = \frac{a(1-e^2)}{1-e} \qquad (1\text{-}39)$$

식 (1-35)는 원점 O(0, 0)에 중심을 둔 데카르트 좌표계에서 타원을 정의한 식이다. 그러나 태양계의 행성 운동이나 지배적인 천체를 초점으로 하는 타원궤도를 따라 움직이는 인공위성과 우주선의 운동을 기술하는 데는 초점을 중심으로 하는 극좌표계Polar Coordinate System가 여러모로 유리하다. 타원은 〈그림 1-3〉과 같이 고정된 두 개의 초점에서 한 점 P(x, y)까지 거리의 합 r_1+r_2가 일정한 P(x, y)의 궤적으로 정의했고, 직교좌표계에서 타원 방정식은 식 (1-35)로 나타냄을 알았다.

이제부터는 타원을 두 개의 초점으로부터 거리에 대한 조건으로 정의하는 대신에 장반경 축에 수직인 하나의 준선(準線: Directrix)과 하나의 초점 F(c,0)에서 점 P(x, y)까지의 거리 r_1과 P(x, y)에서 준선에 수직으로 내린 직선의 길이의 비Ratio e가 일정하다는 조건을 사용해서 구할 수 있다. 여기서 편의상 r_1을 r로 표시하고 F_1에 원점을 둔 극좌표계에서 타원의 방정식을 구해보자. O(0, 0)에 원점을 둔 데카르트 좌표계의 P(x, y) 점은 F(c, 0)에 원점을 둔 극좌표계에서 표시하면 $P(x, y)$가 된다.

$$x = r\cos\theta$$
$$y = r\sin\theta$$

$\theta = \pi/2$ 때는 $x = 0$이고 y 값을 q라고 하면 r = q가 된다. 초점 F(c, 0)에서 준선까지 거리는 q/e가 되며 이 거리는 $x + r/e$과 같다.

$$x + \frac{r}{e} = \frac{q}{e} \qquad (1\text{-}40)$$

$x = r\cos\theta$를 이용하면 식 (1-40)을 중력장에서 2체-문제를 풀어 얻

은 식 (1-25)과 같은 케플러 궤도 방정식으로 변환할 수 있다.

$$r = \frac{q}{1 + e\cos\theta} \tag{1-41}$$

위 식 (1-41)을 (1-25)와 비교하여

$$q = \frac{h^2}{\mu} = a(1 - e^2) \tag{1-42}$$

를 얻을 수 있고, 식 (1-38) 또는 (1-39)에서 다음과 같은 방정식을 얻는다.

$$r = \frac{a(1 - e^2)}{1 + e\cos\theta} \tag{1-43}$$

$e = 0$이면 식 (1-25)는 원의 방정식이 되고, $0 < e < 1$이면 식 (1-25)의 분모는 θ의 모든 값에서 0이 되지 않으므로 식은 항상 유한한 주기함수인 타원의 방정식이 된다. 식 (1-25)와 (1-41)의 θ는 초점과 근지점을 연결하는 축 방향과 질점과 초점을 연결하는 선이 만드는 각으로 $F(c, 0)$에 초점을 둔 극좌표계 (r, θ)에서 각을 나타내는 변수다. 역사적으로 θ는 '트루 아노말리'라 불렀지만, 혼란이 없는 한 우리는 그냥 '극좌표각'으로 부르기로 한다. θ는 물리적인 의미가 분명하고 직관적으로 쉽게 이해되는 양이지만, 실제 계산에서는 궤도가 어떤 천체에 대해서는 쌍곡선궤도이지만 인접한 다른 천체 중력 지배권으로 들어가면 그 천체를 하나의 초점으로 하는 또 다른 원추곡선 중의 하나로 바뀐다.

이때 (1-41) 꼴의 궤도방정식을 사용하면 비행시간과 θ에 관련된 경계조건을 적용하기가 까다로울 수 있다. 이러한 문제를 해결하기 위해 도입한 각이 '에센트릭 아노말리Eccentric Anomaly' E다. 'True Anomaly', 'Eccentric Anomaly' 등 이해할 수 없는 묘한 이름이 붙은 이유는 프톨레마이오스Ptolemaios의 천동설에서 비롯되었다.[50] 이제부터는 극좌표계의 원점인 초점에서 벗어난 데카르트 좌표계의 원점에서 잰다는 의미로 E를 '에센트릭 아노말리' 대신 '타원 이심각楕圓離心角'이라고 부르기로 한다.

O(0, 0)에 원점을 둔 데카르트 좌표계에서 P(x, y)의 좌표는 다음과 같다.

$$\begin{cases} \mathrm{x} = x + \mathrm{ae} \\ \mathrm{y} = y \end{cases} \qquad (1\text{-}44)$$

여기서 c=ae를 사용했다. 데카르트 좌표계에서 타원 방정식 (1-33)의 해는 (1-35) 식으로 주어진다. 따라서 (1-35) 식을 이용해 식 (1-44)와 $\mathrm{r} = \sqrt{x^2 + y^2}$는 다음과 같이 다시 쓸 수 있다.

$$\begin{cases} x = \mathrm{a}(\cos\mathrm{E} - \mathrm{e}) \\ y = \mathrm{a}\sqrt{1-\mathrm{e}^2}\sin\mathrm{E} \\ \mathrm{r} = \mathrm{a}(1 - \mathrm{e}\cos\mathrm{E}) \end{cases} \qquad (1\text{-}45)$$

만약 E를 θ로 표시할 수 있다면 식 (1-45)를 이용해 타원운동을 기

50) 천문학에서는 'True Anomaly', 'Eccentric Anomaly', 'Mean Anomaly' 등 불가사의한 이름들이 자주 등장하는데, 이러한 이름의 기원은 프톨레마이오스 시절로 거슬러 올라간다. 당시에는 원Circle이 '완벽Perfect'을 상징했고, 원의 특성에 맞지 않는 것은 '완벽'에서 벗어난 것이기 때문에 'Anomaly'로 불렀는데, 천체를 관측한 각의 값이 천체가 원운동을 할 때 예측되는 값과 틀렸기 때문에 붙인 것이라고 생각한다.

술할 수 있다. 식 (1-45)과 $\cos\theta$ 및 $\sin\theta$를 이용하면 다음과 같은 식을 얻을 수 있고,

$$\cos\theta = \frac{x}{\mathrm{r}} = \frac{\cos \mathrm{E} - \mathrm{e}}{1 - \mathrm{e}\cos \mathrm{E}},$$

$$\sin\theta = \frac{y}{\mathrm{r}} = \frac{\sqrt{1-\mathrm{e}^2}\sin \mathrm{E}}{1 - \mathrm{e}\cos \mathrm{E}}.$$

위 식과 삼각함수 항등식을 이용해 다음의 식을 구할 수 있다.[51]

$$\tan\frac{\theta}{2} = \sqrt{\frac{1+\mathrm{e}}{1-\mathrm{e}}}\tan\frac{\mathrm{E}}{2} \qquad (1\text{-}46)$$

식 (1-35)는 O(0, 0)에 원점을 둔 데카르트 좌표계에서 타원을 기술하는 방정식이고, (1-41)은 초점 $\mathrm{F}_1(\mathrm{c}, 0)$에 중심을 둔 극좌표계에서 타원의 방정식을 나타내지만, 식 (1-45)는 같은 타원을 O(0, 0)에 중심을 둔 반경 a의 기준원Reference Circle에 대해 각 E를 사용하여 표현한 식이다.

식 (1-45)는 수학적으로 식 (1-41)보다 훨씬 단순하지만, 각 E는 타원운동을 하는 질점의 물리적 위치를 정해주는 것은 아니다. 실제 케플러 운동은 타원궤도를 따라 움직이고, θ는 〈그림 1-3〉의 x-축에서 초점을 중심으로 회전한 실제 각을 나타내며, 시간의 함수다. 실제 질점의 위치를 알기 위해서는 식 (1-46)을 사용해 E를 θ로 변환해야 한다. 시간에 대한 계산은 식 (1-45)를 사용하는 것이 편리하지만, 결과는 식 (1-46)을 이용해 실제로 천체나 우주선이 따라가는 궤도 위의 위치 $\theta(\mathrm{t})$를 계산하는 것이 필요하다.

---

51) 항등식 $\tan(\theta/2) \equiv (1-\cos\theta)/\sin\theta$를 이용하면 식 (1-46)을 구할 수 있다.

3. 쌍곡선궤도

이번에는 행성 간 우주선 발사에서 중요한 역할을 하는 쌍곡선과 같은 열린 궤도Open Trajectory의 특징을 알아보자. 쌍곡선은 고정된 두 점 F′과 F에서 거리의 차가 일정한 점의 궤적이다. 이렇게 구한 궤적의 y-축에 대한 거울상 역시 같은 조건을 만족한다. 따라서 같은 조건을 만족하는 두 개의 곡선이 존재하므로 쌍곡선이라고 부른다.

이에 따라 〈그림 1-4〉로부터 쌍곡선의 방정식은 다음과 같이 쓸 수 있다.

$$[(x+ae)^2+y^2]^{1/2}-[(x-ae)^2+y^2]^{1/2}=2a$$

위 식 좌변의 한 항을 우변으로 이동한 뒤 양변의 제곱을 취하고 정리한 후에 다시 한 번 제곱을 취하면 다음과 같은 쌍곡선의 방정식을 얻는다.

$$\frac{x^2}{a^2}-\frac{y^2}{b^2}=1 \tag{1-47}$$

$$b^2=a^2(e^2-1) \tag{1-48}$$

식 (1-47)과 (1-48)로 주어진 쌍곡선의 점근선Asymptote 방정식은 다음과 같다.

$$y=\pm\lim_{x\to\infty}\left[b\sqrt{\frac{x^2}{a^2}-1}\right]=\pm\frac{b}{a}x \tag{1-49}$$

$(-a, 0)$과 $(a, 0)$은 쌍곡선의 꼭짓점Vertices을 나타내고 $(-ae, 0)$과

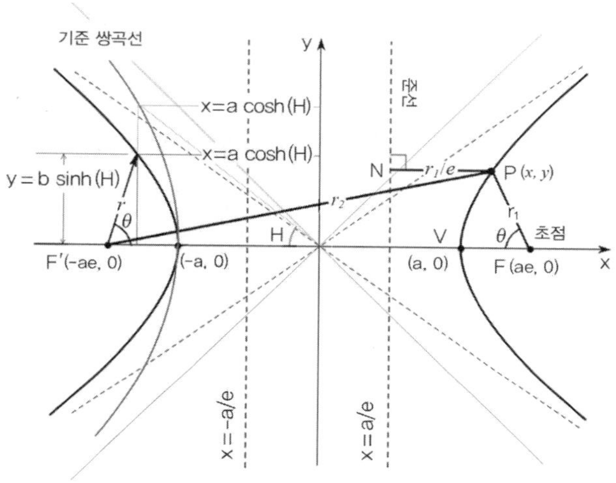

그림 1-4 쌍곡선을 정의한 그림. 원점에 중심을 둔 데카르트 좌표계에서 쌍곡선은 $r_2 - r_1 = 2a$를 만족하는 모든 P(x,y)의 궤적으로 정의된다. 한편, 하나의 초점을 중심으로 하는 극좌표계에서 타원은 쌍곡선 위의 모든 점 P(x,y)에서 초점 F(ae,0)까지 거리 r_1과 준선Directrix $x = a/e$에 내린 수선의 길이 $\overline{PN}$의 비는 일정한 e 값을 가지는 P(x,y)의 궤적으로 정의된다.

(ae, 0)은 초점을 표시한다. 중력장 안에서 자유낙하를 하는 궤도 (1-29)에서 보았듯이 $e^2 > 1$인 경우는 쌍곡선궤도가 되고, e는 a와 b로 다음과 같이 나타낸다.

$$e^2 = 1 + \frac{b^2}{a^2} \tag{1-50}$$

태양계 내의 모든 행성의 운동은 태양을 초점으로 한 타원궤도를 돌고 있으며 모행성母行星 주위를 도는 모든 위성도 모행성을 초점 삼아 타원운동을 하고, 모든 인공위성 역시 모천체母天體에 대해 같은 운동을 한다. 실제로 천문학Astronomy에서 포물선과 쌍곡선은 단 한 번만 오가는 특별한 혜성의 운동을 기술하는 것 외에 별로 관심을 끌지 않는 곡선이었다. 그러나 우주 탐사선을 지구 중력권 밖으로 보내는 것이 일상화된 지금, 항주학에서 쌍곡선은 타원궤도 못지않게 실제로 자주 사용하는 중요한 궤도로 부각되었다. 따라서 쌍곡선의 특성에 대해 좀 더 알아보는 것이 나중에 지구 이탈궤도나 행성 간 궤도를 설명할 때 크게 도움이 된다. e 값이 정확히 1인 포물선은 자연에는 실재할 수 없는 특별한 경우로 일반적인 논의에서는 생략하기로 한다.

타원궤도 경우와 마찬가지로 하나의 초점에 원점을 둔 극좌표계에서 쌍곡선 방정식을 구할 수 있다. 극좌표계에서 쌍곡선은 $P(x, y)$에서 준선Directrix에 내린 수선垂線의 길이와 $P(x, y)$에서 초점 F(ae, 0)까지 거리 $r(=r_1)$의 비가 상수 e가 되는 $P(x, y)$의 궤적으로 정의된다. 〈그림 1-4〉에서 준선 $x = a/e$에서 초점 F(ae, 0)까지 거리 $ae - a/e$는 다음과 같이 쓸 수 있다.

$$r\cos\theta + \frac{r}{e} = ae - \frac{a}{e}$$

위 식을 r에 관해 풀면 다음과 같은 극좌표로 표시한 쌍곡선의 방정식을 얻을 수 있다.

$$r = \frac{a(e^2 - 1)}{1 + e\cos\theta} \qquad (1\text{-}51)$$

식 (1-51)이 우리가 원하던 F(ae, 0)에 원점을 둔 극좌표계에서 궤도방정식이다. 여기서 $1 < e < \infty$이고 y-축에 대한 거울상인 또 다른 상이 존재하기 때문에 쌍곡선이라고 한다.

타원의 방정식 (1-43)과 마찬가지로 쌍곡선 방정식 (1-51)의 $\theta(t)$를 시간 t의 해석함수로 풀 수 없으므로 사용하기 불편한 경우가 많다. 타원의 E에 해당하는 기준쌍곡선Reference Hyperbola과 '쌍곡선 이심각(雙曲離心角: Hyperbolic Anomaly)' H를 도입하여 (1-44)와 (1-46)에 해당하는 식을 구해보겠다. 기준쌍곡선은 a=b인 경우로 점근선의 기울기는 ±1이다. 〈그림 1-4〉에서 굵은 회색 선은 기준쌍곡선을 나타내고 가는 회색 선은 점근선을 나타낸다. 타원 방정식의 해 식 (1-34)에 해당하는 쌍곡선의 방정식 (1-47)과 (1-48)의 해는 다음과 같은 쌍곡선 함수로 표현할 수 있다.

$$\begin{cases} \mathrm{x} = \mathrm{a}\cosh \mathrm{H} \\ \mathrm{y} = \mathrm{b}\sinh \mathrm{H} \end{cases} \tag{1-52}$$

여기서 cosh와 sinh는 각각 '쌍곡선 코사인Hyperbolic Cosine'과 '쌍곡선 사인Hyperbolic Sine' 함수를 나타내고 a > 0로 선택했다.52) 기준쌍곡선은 물론 다음과 같은 방정식을 만족한다. 〈그림 1-4〉에서 x와 y는 다음과 같이 됨을 알 수 있다.

$$\begin{cases} \mathrm{x} = \mathrm{ae} + x \\ \mathrm{y} = y \end{cases} \tag{1-53}$$

식 (1-53)은 타원에서 식 (1-44)에 해당하는 식이다. 식 (1-52)와 (1-53)을 x와 y 및 $\mathrm{r} = \sqrt{x^2 + y^2}$에 대해 풀면 다음과 같은 식을 얻는다.53)

---

52) 한국수학회 용어집, http://www.kms.or.kr/mathdict/list.html?start=4410&sort=ename&key=&keyword=

53) $\tan(\theta/2) \equiv (1-\cos\theta)/\sin\theta$와 $\tanh(\theta/2) = (\cosh\theta - 1)/\sinh\theta$을 이용하면 식(1-55)를 쉽게 구할 수 있다.

$$
\begin{cases}
x = a(e - \cosh H) \\
y = a\sqrt{e^2 - 1}\sinh H \\
r = a(e\cosh H - 1)
\end{cases}
\tag{1-54}
$$

식 (1-52)-(1-54)와 $\cos\theta = x/r$, $\sin\theta = y/r$을 사용하여 다음 식을 유도할 수 있다.

$$
\tan\frac{\theta}{2} = \sqrt{\frac{e+1}{e-1}}\tanh\frac{H}{2} \tag{1-55}
$$

여기서 $\tanh(H/2)$는 '쌍곡선 탄젠트' 함수를 의미한다. 식 (1-41)은 $0 \le e < 1$일 때에만 성립하는 타원 방정식이고, 식 (1-51)은 $1 < e < \infty$ 때에만 성립하는 쌍곡선을 기술하는 식이다.

그러나 식 (1-42)는 $q = h^2/\mu = a(1 - e^2) > 0$을 뜻하므로 $e > 1$인 경우 $a < 0$이라고 취급하면 타원과 쌍곡선에 대해 (1-41)과 (1-51)로 따로 쓰는 대신 식 (1-41)로 통일하여 한 가지 방정식으로 표시할 수 있다. 하지만 여기에서는 q를 $a(e^2 - 1)$로 쓰고 $a > 0$으로 취급하겠다.

타원 경우와 마찬가지로 원추곡선 짜깁기를 할 때 $\theta(t)$가 필요하지만, θ를 t의 해석함수로 풀 수가 없다. 이러한 난관을 피하는 방법이 바로 앞에서 소개한 '타원 이심각' E와 '쌍곡선 이심각' H로 표시한 궤도방정식 (1-45)와 (1-54) 및 θ를 E 또는 H로 정의한 식 (1-46)과 (1-55)는 시간에 관계된 문제를 풀 때 아주 유용하다.

4. 궤도상에서 질점의 위치와 속도 및 비행시간

지금까지 우리는 한 물체가 만드는 중력장 안에서 운동하는 질점Mass Point의 궤적이 원추곡선이라는 것과 원추곡선의 특성을 소개했다. 그러나 중력장 안에서 질점의 운동은 단순한 기하학적 곡선이 아니라 시간에 따라 궤도 위를 움직이는 질점의 위치를 시간의 함수로 구하는 동역학Dynamics의 문제다. 질점의 위치를 구한다는 것은 초점에 중심을 둔 극좌표계에서 보면 근지점과 초점을 연결한 선에서 원추곡선을 따라 이동한 극좌표각 θ를 비행시간의 함수로 결정한다는 뜻이다.

먼저 $0 < e < 1$인 타원궤도부터 생각해보도록 하자. 중력 외에 다른 힘이 작용하지 않는 경우 중력장 안에서 움직이는 물체의 각운동량 $\vec{l} = m\vec{r} \times \dot{\vec{r}}$은 항상 보존된다. 앞에서 단위질량당 각운동량 $\vec{h} = \vec{r} \times \dot{\vec{r}}$를 도입했고, 지배적인 천체의 중력장 내에서 질점의 운동방정식 (1-17)에 따라 $\dot{\vec{h}}$가 0이 됨을 알 수 있었다. $\vec{h}$는 크기가 rv_θ이고 방향은 궤도면에 수직이다. r은 초점에서 질점까지 거리이고, v_θ는 $\vec{r}$에 수직인 $\hat{\theta}$ 방향의 속도 성분이다.

시간 dt 동안 $\vec{r}$이 쓸고 지나간 면적 dA는 다음과 같다.

$$dA = \frac{1}{2} r v_\theta \, dt \tag{1-56}$$

따라서 단위시간당 $\vec{r}$이 쓸고 지나간 면적은 다음의 식처럼 위치에 상관없이 일정하다. 이것이 '케플러의 제2법칙Kepler's Second Law'이다.

$$\frac{dA}{dt} = \frac{1}{2} h \tag{1-57}$$

케플러의 제3법칙Kepler's Third Law에 의해 질점이 타원을 한 바퀴 도는 시간인 주기 T

$$T = 2\pi\sqrt{\frac{a^3}{\mu}} \tag{1-58}$$

와 타원의 면적 $A = \pi ab$를 이용하면 $dA/dt(=\frac{A}{T})$는 다음과 같이 나타낼 수 있다.

$$\frac{dA}{dt} = \frac{1}{2}ab\sqrt{\frac{\mu}{a^3}} \tag{1-59}$$

〈그림 1-5〉에서 FVP_c의 넓이 A_c는 부채꼴 OVP_c의 넓이에서 삼각형 OFP_c의 넓이를 빼줌으로써 구할 수 있다.

$$A_c = \frac{1}{2}a^2(E - e\sin E)$$

우리가 구하려는 FVP의 넓이 A는 $(b/a)A_c$와 같다. 반경이 1인 원에서 한 축 방향으로 길이를 a배만큼 늘리고 여기에 수직축 방향으로 b배만큼 늘리면 장반경이 a, 단반경이 b인 타원을 얻을 수 있다. 이러한 타원의 넓이는 단위원Unit Circle의 면적 π에 ab배를 해준 πab가 된다. 마찬가지로 영역 FVP를 수직축 방향으로만 a/b배 늘린 것이 FVP_c 영역이기에 $A = (b/a)A_c$가 된다.

$$A = \frac{1}{2}ab(E - e\sin E) \tag{1-60}$$

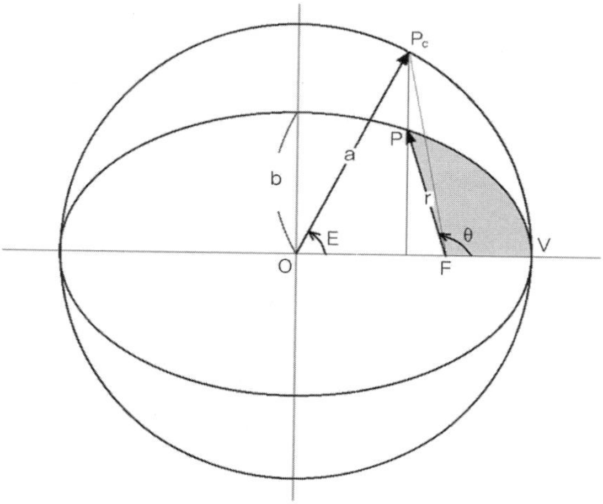

그림 1-5 장축을 지난 후 질점의 위치벡터 $\vec{r}$이 $t-t_0$ 시간 동안 쓸고 지나간 넓이가 회색으로 표시된 FVP 영역이다. FVP 영역의 넓이는 FVP_c의 넓이에 b/a를 곱함으로써 구할 수 있다. t_0는 $\theta=0$일 때의 시간이다.

면적 A는 근지점을 시간 t_0에 통과한 후 $t-t_0$ 시간 동안에 질점의 위치벡터가 쓸고 지나간 넓이이므로 A는 경과 시간에 비례하여 증가하고, 비례상수는 dA/dt가 된다. t_0는 근지점을 통과할 때의 시간을 말한다.

$$A=(t-t_0)\frac{dA}{dt}$$

식 (1-59)와 (1-60)을 위 식에 대입하고 정리하면 우리가 구하려는 다음 식을 얻는다.

$$\begin{aligned} M &= (t-t_0)\,n \\ &= E - e\sin E \end{aligned} \qquad (1\text{-}61)$$

여기서 M은 '평균 이심각(平均角: Mean Anomaly)'이라고 하는 무단위 양이지만 어떤 특정 각에 대응하는 것은 아니다. n은 '평균 각속도 Mean Motion'라는 양으로 다음과 같이 정의한다.

$$n = \sqrt{\frac{\mu}{a^3}} \tag{1-62}$$

프톨레마이오스가 "세상은 조화로워야 한다"는 편견에서 도입한 천체의 이동각을 의미하는 '아노말리Anomaly'라는 기괴한 단어를 아직도 그대로 사용하는 것이 '천문학의 아노말리Astronomical Anomaly'가 아닐까 생각한다. 실제 문제에 적용하기 위해서는 E를 M 또는 $t-t_0$의 함수로 푼 뒤에 식 (1-46)을 이용해 $\theta(t)$를 구한다. 그러나 $e=0$ 또는 $e=1$이 아니면 식 (1-61)에서 E를 $t-t_0$의 해석함수로 해를 구하는 것은 불가능하다. 하지만 궤도의 a와 e를 알면 식 (1-46)을 이용해 $\theta(t-t_0)$에 해당하는 E 값을 구할 수가 있다.

$$E(t-t_0) = 2\tan^{-1}\left[\sqrt{\frac{1-e}{1+e}}\tan\left(\frac{\theta(t-t_0)}{2}\right)\right] \tag{1-63}$$

여기서 $E(t-t_0)$는 E와 $t-t_0$를 곱한다는 뜻이 아니라 E가 $t-t_0$의 함수라는 것을 의미하니 혼동하지 않기를 바란다. θ가 $\theta(t_0)=0$에서 $\theta(t)$로 바뀌는 동안 경과한 시간 $t-t_0$은 다음과 같이 구할 수 있다.

$$t-t_0 = \frac{1}{n}[E(t) - e\sin E(t)] \tag{1-64}$$

하지만 포물선 경우는 $e=1$이며 정확한 해석해를 구하는 것도 가

능하다.[54]

$$t - t_0 = \frac{h^3}{2\mu^2}\left(\tan\frac{\theta}{2} + \frac{1}{3}\tan^3\frac{\theta}{2}\right), \quad e = 1.$$

$$\tan\frac{\theta}{2} = (\tau + \sqrt{\tau^2 + 1}\,)^{1/3} - (\sqrt{\tau^2 + 1} - \tau)^{1/3}$$

$$\tau = 3\frac{\mu^2}{h^3}(t - t_0)$$

그러나 일반적으로 $\theta(t)$를 t의 함수로 풀 수 있는 경우는 원과 포물선뿐이다.

이제부터 $1 < e < \infty$인 쌍곡선에 대해 알아보자. 단위질량당 각운동량 h는 다음과 같이 표시할 수 있다. 단위질량당 각운동량을 궤도면 안에서 데카르트 좌표계로 분해하면 다음과 같은 식을 얻는다.

$$h = x\dot{y} - y\dot{x} \tag{1-65}$$

쌍곡선에서 r, x, y는 (1-54)로 주어지고, 시간에 대한 미분은 다음과 같이 구할 수 있다.

$$\begin{cases} x = -a(\cosh H - e) \\ \dot{x} = -a\dot{H}\sinh H \end{cases} \tag{1-66}$$

$$\begin{cases} y = a\sqrt{e^2 - 1}\,\sinh H \\ \dot{y} = a\sqrt{e^2 - 1}\,\dot{H}\cosh H \end{cases} \tag{1-67}$$

54) 정규수, 『로켓 과학 I: 로켓 추진체와 관성유도』 (지성사, 2015), p.295.; Herbert Goldstein, *Classical Mechanics*, 2nd Edition (Addison-Wesley Publishing Co., Inc., 1980), pp.98–99.

식 (1-66)과 (1-67)을 식 (1-65)에 대입함으로써 각운동량을 r과 $\dot{H}$의 간단한 함수로 얻을 수 있다.

$$h = a\sqrt{e^2-1}\, r\dot{H} \tag{1-68}$$

위 식을 $dt/dH = 1/\dot{H}$에 대해 풀면 다음과 같은 식을 얻는다.

$$n\frac{dt}{dH} = e\cosh H - 1 \tag{1-69}$$

$$n = \sqrt{\mu/a^3} \tag{1-70}$$

위 식을 얻기 위해 $h = \sqrt{\mu a(e^2-1)}$를 사용했다.

식 (1-69)를 H에 대해 적분하면 경과시간 $t-t_0$를 '쌍곡선 아노말리 Hyperbolic Anomaly' H의 함수로 얻을 수 있다.

$$\begin{aligned} n(t-t_0) &= M \\ &= e\sinh H - H \end{aligned} \tag{1-71}$$

식 (1-71)은 타원궤도에 대한 식 (1-61)과 (1-62)에 대응하는 식이고, t_0는 $H=0$에서 시간을 의미한다.[55] 타원에서와 마찬가지로 위 식의 해석함수 해는 구할 수 없기 때문에 수치적인 방법으로 해를 구할 수 밖에 없다. H를 $t-t_0$의 함수로 구하고 나면 H에 상응하는 실제 질점의 위치를 나타내는 θ의 함수로 구해야 하는데, 이는 식 (1-55)로 쉽게 해결된다.

---

55) t_0는 근지점에서의 시간을 의미하며, 따라서 $t-t_0$는 근지점에서부터 잰 시간이다.

$$\theta(t-t_0) = 2\tan^{-1}\left[\sqrt{\frac{e+1}{e-1}}\tanh\left(\frac{H(t-t_0)}{2}\right)\right] \quad (1\text{-}72)$$

식 (1-72)에서 구한 $H(t-t_0)$ 값을 식 (1-71)에 대입하면 θ가 0에서 $\theta(t-t_0)$되기까지 경과한 시간 $t-t_0$을 구할 수 있다.

이 절의 마지막 과제로 궤도면 내에서 질점(행성, 위성 등)이 운동하는 궤도와 임의의 시간에 질점의 위치 (r,θ)에서 속도를 구해보자. 먼저 궤도의 초점에 원점을 둔 데카르트 좌표계에서 질점의 위치는 다음과 같이 나타낼 수 있다.

$$\vec{r} = r\cos\theta\,\hat{i} + r\sin\theta\,\hat{j}$$

여기서 $\hat{i}$, $\hat{j}$는 각각 x-축과 y-축 방향으로 고정된 단위벡터다. 위 식의 양변을 시간에 대해 미분하면 속도 $\vec{v}(=\dot{\vec{r}})$는 다음과 같다.

$$\vec{v} = (\dot{r}\cos\theta - r\dot{\theta}\sin\theta)\,\hat{i} + (\dot{r}\sin\theta + r\dot{\theta}\cos\theta)\,\hat{j} \quad (1\text{-}73)$$

각운동량 보존의 법칙 $r^2\dot{\theta} = \sqrt{\mu a(1-e^2)}$과 식 (1-43)을 이용하여 다음과 같은 식을 얻을 수 있다.

$$\begin{cases} r\dot{\theta} = \sqrt{\dfrac{\mu}{a(1-e^2)}}\,(1+e\cos\theta) \\ \dot{r} = \sqrt{\dfrac{\mu}{a(1-e^2)}}\,e\sin\theta \end{cases} \quad (1\text{-}74)$$

식 (1-43)과 (1-74)를 이용하여 (1-73)을 간결하게 나타낼 수 있다.

$$\vec{v} = \sqrt{\frac{\mu}{a(1-e^2)}} \left[-\sin\theta\, \hat{i} + (e + \cos\theta)\, \hat{j} \right] \qquad (1-75)$$

식 (1-43), (1-72) 및 (1-75)는 궤도면에 고정된 좌표계에 대한 질점의 운동을 정확하게 기술한다. 지구 중심에 원점을 둔 관성계로 옮기려면 〈그림 2-1〉에서 정의한 오일러 각을 이용하여 좌표 변환을 할 수 있다.[56]

56) William E. Wiesel, *Spaceflight Dynamics* (Irwin/McGraw-Hill, 1997), pp.112-116.

2부

실제궤도와 궤도 환경

제 1 장

항상 변하는 지구 위성 궤도

지금까지 우리는 이상적인 케플러 궤도만 분석했다. 이상적인 케플러 궤도란 식 (1-17)로 표현되는 질점의 운동궤도이며, 거리의 역제곱에 비례하는 중력 외에는 그 어떠한 힘도 존재하지 않는 경우에 해당하는 2체-문제의 해다. 이상적인 케플러 궤도의 특성은 궤도면의 방위(Orientation: Ω, Φ, Ψ), 크기(장반경 a) 및 모양(이심률 e)이 시간에 따라 변하지 않는다는 점이다. 그러나 실제궤도는 지배적으로 작용하는 역제곱 중심력Inverse Square Central Force 외에 여러 가지 섭동력Perturbative Forces에 의해 궤도의 크기와 모양뿐만 아니라 궤도면의 방위도 바뀐다.

일반적으로 섭동은 역제곱 중력에 비해 아주 작지만 경우에 따라 짧게는 며칠, 길게는 몇 달 안에 위성 궤도에 상당한 변화를 줄 수 있어 실제의 위성 궤도는 이상적인 케플러 궤도와는 상당한 차이가 생긴다. 위성 관리자는 임무 수행과 통신을 위해 위성이 어느 시간에 어느 장소에 있는지 항상 정확히 파악하고 있어야 하므로 각종 섭동에 따라 위성의 궤도가 바뀌면 '위치유지 기동Station Keeping Maneuver'을 실시하여 궤도를 원래 자리로 되돌려야 한다.

위성 궤도의 근지점이 적도의 중배효과Oblate Effects로 얼마나 바뀌는지 감을 잡기 위해 간단한 예를 들어보자.[1] 근지점 고도 300km, 원지점 고도 500km에서 경사각 30°로 선회하는 저궤도 위성의 장반경은 하루에 11°씩 회전한다.[2] 지구의 적도반경은 극반경보다 21km 정도 길다. 반경 차이는 적도반경에 비해 0.3%에 지나지 않아 겨우 이 정도 차이로 LEO에 그리 심각하게 영향을 주지 않으리라는 막연한 기대를 완전히 뒤집는 결과다.

지구 궤도 인공위성의 운동에 눈에 띄게 영향을 주는 섭동의 요인은 대략 다음과 같이 요약할 수 있다.

- 타원체 지구 효과Non-Spherical Earth Effects
- 달과 태양의 중력Third Body Forces
- 공기마찰력Aerodynamic Forces
- 태양 복사압Solar Radiation Pressure
- 기조력Tidal Force
- 태양풍Solar Wind
- 추진제 배출과 누설

만약 지구가 완전한 구형이고 밀도분포가 균일하다면 지구 표면 밖에서 관측하는 지구 중력은 항상 지구 중심을 향하고, 중심까지 거리의 역제곱에 비례하는 힘이 작용할 것이다. 그러나 실제 지구는 구형이 아니라 회전타원체Ellipsoid에 가깝다. 지구 모양이 타원체이고 질

1) 적도의 중배효과란 지구의 적도반경이 극반경보다 대략 21km 정도 더 길기 때문에 생기는 변칙중력이 위성 궤도에 미치는 효과를 말한다. 변칙중력이란 두 물체 사이의 중력이 역제곱법칙에서 벗어나는 경우를 말한다.

2) Graham Swinerd, *How Spacecraft Fly: Spaceflight Without Formulae*, pp.49–68.

량분포도 균일하지 않기 때문에 인공위성에 미치는 중력은 지구 중심을 향하지 않고 위도에 따라 조금씩 다른 방향으로 향하며, 중력의 세기도 역제곱법칙을 정확히 따르지 않는다. 이와 같은 비정상적인 중력을 '변칙중력Gravity Anomaly'이라고 한다.

더구나 실제 지구는 완전한 회전타원체가 아니며, 산과 계곡, 그리고 바다도 있으며, 대기는 기압 배치에 따라 끊임없이 움직인다. 또한 달에 의한 조석효과Tidal effect와 열염熱鹽효과Thermohaline Effects 및 바람 등에 따라 바닷물이 끊임없이 움직인다. 이와 같은 지구의 중력을 정확히 기술한다는 것은 불가능해 보이지만, 그동안 지구 중력 연구에 상당한 진전이 있었다고 판단한다.[3][4] WGS84(World Geodetic System 84)에서 채택한 지구의 장반경(Semi-major Axis: Equatorial Radius) a는 6,378,137.0m 이며 단반경(Semi-minor Axis: Polar Radius) b는 6,356,752.314140m로 그 차이는 약 21.38km다.[5]

사실 구형 지구가 생성하는 중력 퍼텐셜 에너지와 회전타원체 지구가 생성하는 중력 퍼텐셜의 차이는 0.1% 내외다. 이렇게 미약한 차이는 무시할 만도 한데, 실제로 LEO 위성에 미치는 결과는 전혀 뜻밖으로 크다. 적도도 완전한 원이 아니라 장반경과 단반경의 차이가 1 km 미만인 타원이라고 볼 수 있다. 그러나 이 차이는 초기위치에 따라 다르기는 하지만, 정지위성의 위치를 수천km의 진폭으로 주기적으로 움직이게 할 수도 있다.

지구 주변에는 대기가 존재한다. 대기는 지구 생명체들에게 생명의 근원이 되는 고마운 존재이지만 LEO 위성에게는 수명을 단축시키는 껄끄러운 존재다. 대기의 밀도는 대략 고도의 지수함수로 나타낼 수 있다. 고도 100km에서 공기밀도는 지표면 밀도의 4.00×10^{-7}배, 200km

3) 정규수, 『로켓 과학 I: 로켓 추진체와 관성유도』 (지성사, 2015), pp.244-283.

4) NIMA TR8350.2, 3rd Edition, Amendment 1, 3 Jan, 2000.

5) ibid.

고도에서는 2.11×10^{-10}배, 1,000km 고도에서는 대기압의 2.33×10^{-15}배가 된다. 공기밀도만으로 보면 공기저항은 무시해도 될 듯하지만, 위성이 받는 압력은 공기밀도와 단면적 및 속도의 제곱에 비례하고, 위성에 미치는 감속도Deceleration는 질량에 반비례한다. 수백km 고도에서 공기밀도는 매우 낮지만, 위성의 속도가 7.7km/s로 높고, 긴 시간 동안 대기저항에 노출되는 위성은 대기마찰력에 따른 영향을 더 이상 무시할 수가 없다. 시간이 흐르면 위성의 원지점은 낮아지고, 타원은 원으로 바뀌며 고도는 점점 낮아져 궤도 유지를 위해 지속적으로 위치유지용 로켓으로 궤도를 원위치로 보내지 않으면 위성은 대기권으로 진입해 추락할 수밖에 없다. 고고도에서 공기밀도는 태양 활동에 따라 수백 배 차이가 날 수 있고, 밤낮 및 계절은 물론, 위치에 따라서도 상당한 차이가 날 수 있다.

고도가 1,500km 이상이면 공기마찰 외에도 달과 태양 등의 중력 효과와 태양으로부터 받는 태양 복사압(SRP: Solar Radiation Pressure) 영향이 중요해진다. GPS(Global Positioning Satellite) 고도나 GEO에 이르면 공기마찰 영향은 사라지지만, 대신 제3천체의 섭동과 SRP가 중요해진다. 위성의 위치를 정확히 알아야 하는 미션에서는 지구의 조석간만, 태양풍, 지자기 및 다른 행성의 효과까지 고려해야 하지만, 우리는 지구의 모양이 구가 아닌 것에서 오는 이른바 'J_2 효과(J_2 Effects)', 제3천체 효과, 공기저항 및 태양 복사압 SRP 효과만 소개하기로 한다.

1. 변칙중력에 의한 궤도 변화

아무런 힘이 작용하지 않는 우주에 지구만 한 액체 덩어리가 있다고 가정하면 구성물질의 상호 중력에 의해 구球로 변형되고, 그것이

고온으로 녹은 물질이라면 냉각복사로 열을 잃으며, 온도가 내려가면서 거의 균일한 공 모양의 고체로 응고될 것이다.[6] 그러나 회전하는 액체상태의 지구는 중심으로 향하는 만유인력Gravitational Force과 회전축에 수직인 방향으로 작용하는 원심력Centrifugal Force을 받으면서 서서히 식어 고체 지각으로 둘러싸인 오늘날의 지구가 되었다고 가정할 수 있다.

이러한 과정에서 아직도 액체상태의 고온 물질은 격렬한 대류현상을 일으켜 표면으로 상승하여 이미 냉각되어 굳어진 지각에 불균일한 압력을 가하고 일부는 약해진 지각을 뚫고 나오기도 한다. 표면 근처에서 식은 액체는 주변에 측면으로 압력을 가하면서 다시 내부로 가라앉는 현상이 지속되었을 것이고, 지금도 계속되고 있다.

그 결과 지각의 두께는 일정하지 않고, 또 지각은 수평 방향으로 움직이기도 하고 솟아오르기도 한다. 지각을 뚫고 나온 용암은 식으면서 쌓여 산을 만들고, 증발된 수증기는 액체로 응고되어 바다를 만들었다. 내부 압력과 만유인력 및 원심력의 균형에 의해 형성된 액상의 회전타원체가 갖가지 불균일한 힘을 받으며 굳어가는 과정을 거치면서 불균일한 육지와 바다가 형성되었고, 지각의 운동이 아직 멈춘 것도 아니다. 해수면 아래 -10.99km(±40m)에 있는 마리아나 해구의 챌린지 심연의 바닥과 지오이드Geoid 위 8.85km에 위치한 에베레스트 정상과는 19.84km 차이가 난다.[7] 이는 극반경과 적도반경의 차이인 21.4km에 육박하는 거리다.

WGS84는 1984년 WGS에서 채택한 표준으로 GPS 시스템의 표준좌표계로 사용되며 미국의 NIMA(National Imagery and Mapping Agency)에서 관

6) 녹은 물질이 균일하고, 냉각 과정에서 대류 같은 불균일한 내부 운동도 없고, 냉각이 균일하게 일어나서 열적 스트레스도 받지 않는다는 가정 아래에서만 맞는 말이다.

7) 지오이드Geoid는 지구의 등퍼텐셜면으로 평균 해수면과 육지로의 가상적인 연장이라고 생각하면 된다.

리하고 있다.8)9) 지구의 평균적인 기하학적 모양은 WGS84에서 채택했고, 2004년에 마지막으로 개정된 기준타원체Reference Ellipsoid로 대표하게 되었다. WGS는 지도 제작, 측지학Geodesy, 항해의 표준이 되는 시스템인 지구의 기준좌표계, 기준타원체, 실제 지형도Topography 및 실제 등퍼텐셜면(Equipotential Surface: Geoid)으로 구성된다.

WGS84에서 기준타원체를 정의하기 위해 필요한 4개의 파라미터 값은 〈표 2-1〉에 준 값과 같다. 〈표 2-1〉은 지구 중심을 향하는 중력에 의한 중심력과 자전으로 인한 원심력에 의해 결정된 등퍼텐셜면이며, 동시에 지구의 이상적인 기하학 모양인 기준타원체를 정의하는 데 사용한 적도반경 a, 중배효과 J_2, 지구 자전 각속도 ω 및 $\mu = GM_E$의 값으로 정의한 수치다. 이 값들은 물론 현재 우리가 알고 있는 가장 정확한 값에 근접한 것은 사실이지만, 실제로 이 값들이 정확한 값Exact Value이라는 의미는 아니다. 즉, 유도된 극반경 값이 0.4mm까지 정확하다는 의미보다 기준타원체를 정의한 값들을 '일관성 있는 세트Consistent Set'로 이해해야 한다는 의미다. 설령 어느 한 파라미터의 값이 더 정확다고 하여 〈표 2-1〉에서 그 값만 더 정확한 값으로 대체해선 안 된다는 뜻이다. 〈표 2-1〉의 4개 파라미터 값은 지금 우리가 알고 있는 가장 일관성 있는 세트를 의미한다고 보면 된다.

지구의 기준타원체에 의한 중력 퍼텐셜Gravitational Potential은 다음과 같이 표시된다. 이러한 기준타원체 표면에서의 퍼텐셜은 모든 점에서 동일하다. 즉, 기준타원체 표면은 등퍼텐셜면이며 다음과 같이 나타낸다.10)

---

8) NIMA TR8350.2, 3rd Edition, Amendment 1, 3 Jan, 2000: http://web.archive.org/web/20120325032731/http://earth-info.nga.mil/GandG/publications/tr8350.2/wgs84fin.pdf

9) 정규수, 『로켓 과학 I: 로켓 추진체와 관성유도』 (지성사, 2015), pp.244-283.

10) "DMA TECHNICAL REPORT TR8350.2-a-(Second Printing-1 December 1987)" (Dec. 1, 1987) p. 3-22 (Eq. 3-56):http://web.archive.org/web/20120504044127/http://earth-info.nga.mil/GandG/publications/historic/historic.html

기준타원체를 정의하기 위한 4개의 파라미터 값		유도된 파라미터 값	
R_{eq}(=a: 적도반경)	6,378,137m	R_{pol}(=극반경)	6,356,752.314m
$\overline{c_{2,0}}\,(=-J_{2}/\sqrt{5})$	-484.16685×10^{-6}	f(= flattening :편평도)	1/298.257223563 (=0.00335281066474)
ω(지구 자전 각속도)	$7,292,115\times10^{-11}$rad/s	e (=이심률)	0.0818191908426
$\mu(=GM_E)$	$3.986005\times10^{14}\,m^3/s^2$	$\frac{b}{a}$	0.996647189335

표 2-1 WGS84에서 기준타원체를 정의하기 위해 채택한 4개의 파라미터 값과 유도된 파라미터 값.

$$U_g = -\frac{\mu}{r}\left[1-\sum_{n=1}^{\infty}\left(\frac{R_{eq}}{r}\right)^{2n} J_{2n}P_{2n}(\sin\theta)\right] \quad (2\text{-}1)$$

$$P_n(x) = \frac{1}{2^n n!}\frac{d^n[(x^2-1)^n]}{dx^n}$$

$$J_2 = 1.082629989\times10^{-3}$$

$$J_{2n} = (-1)^{n+1}\frac{3e^{2n}}{(2n+1)(2n+3)}\left(1-n+5n\frac{J_2}{e^2}\right),\quad n\geq1$$

J_{2n}은 다음과 같이 n이 증가함에 따라 급속히 감소한다.

$$J_4 = -2.37091\times10^{-6}$$

$$J_6 = +6.08347\times10^{-9}$$

$$J_8 = -1.42681\times10^{-11}$$

따라서 개략적인 계산을 위해 식 (2-1)을 다음과 같이 근사할 수 있다.[11]

11) 정규수, 『로켓 과학 I: 로켓 추진체와 관성유도』 (지성사, 2015), p.259.

$$U_g = -\frac{\mu}{r}\left[1-\left(\frac{R_{eq}}{r}\right)^2 J_2 \frac{1}{2}(3\sin^2\theta - 1)\right] \quad (2\text{-}2)$$

관성좌표계의 관측자가 측정하는 중력가속도 $\vec{g}_g$는 다음과 같이 계산된다.

$$\begin{aligned}\vec{g}_g &= -\vec{\nabla} U_g \\ &= g_r \hat{r} + g_\theta \hat{\theta}\end{aligned} \quad (2\text{-}3)$$

식 (2-3)에서 $\hat{r}$은 지구 중심에서 위성 방향의 단위벡터를 의미하고, $\hat{\theta}$는 궤도의 접선방향의 단위벡터를 나타내며, g_r과 g_θ는 각각 다음과 같이 주어진다.12)

$$g_r = -\frac{GM}{r^2}\left[1-3\left(\frac{R_{eq}}{r}\right)^2 J_2 \frac{1}{2}(3\sin^2\theta - 1)\right]$$

$$g_\theta = -\frac{GM}{r^2}\left[3\left(\frac{R_{eq}}{r}\right)^2 J_2 \sin\theta\cos\theta\right]$$

지구가 구球였다면 $J_2 = 0$이고 $g_\theta = 0$이 되었을 것이다. 식 (2-3)에서 $g_\theta \neq 0$이 의미하는 것은 중력가속도의 방향이 지구 중심이 아닌 $\hat{\theta}$ 방향을 가리키는 성분이 있다는 뜻이다. $\hat{\theta}$의 방향은 θ가 증가하는 방향이다. 따라서 $g_\theta \hat{\theta}$는 항상 적도($\theta = 0$) 방향으로 작용하는 것을 알 수 있고, $\theta = 45°$일 때 g_θ 값이 최댓값을 갖는다.

물론 중력가속도 크기는 $g = \sqrt{g_r^2 + g_\theta^2}$ 로 주어지고, $|g_\theta / g_r| \sim O(J_2)$로 $\hat{\theta}$ 방향의 가속도는 중심방향 가속도에 비해 0.1% 수준으로 작지

12) ibid., pp.262-263.

만, g_θ의 영향으로 LEO의 궤도면 내에서 근지점이 하루에 회전하는 각이나 궤도면과 적도면이 만나는 '교선Line of Nodes'이 하루에 회전하는 각이 작지 않다.

〈표 2-1〉에서 알 수 있듯이 적도반경은 극반경보다 21.4km 더 크다. 그 결과 극점에서 지구 중심까지 거리가 적도에서 중심까지 거리보다 짧고 원심력이 없으므로 극점의 중력가속도는 적도 위의 한 지점에서 중력가속도보다 크다. 하지만 지구 중심까지 거리가 거의 일정한 LEO를 돌고 있는 인공위성에 미치는 중력은 적도를 지날 때가 가장 크다. 적도 둘레에 분포된 추가적인 질량이 적도 상공의 LEO 위성을 좀 더 강하게 끌어당기기 때문이다. 위성이 궤도를 따라 돌 때 어느 곳을 지나거나 항상 적도 쪽을 향한 가속도 성분을 느끼기 때문에 궤도면을 교선을 중심으로 적도면 쪽으로 회전시키려는 '일종의' 토크를 받게 되고, 〈그림 2-1〉에 표시된 위성의 각운동량 벡터 $\vec{h}$는 지구 자전축을 중심으로 세차운동을 하게 된다. 그 결과 시간에 따라 Ω가 변하게 되고, 위성은 매 회전마다 다른 점에서 적도를 지난다.

지구의 중배효과Oblate Earth Effect는 궤도면의 세차운동을 일으키는 것 외에 근지점(또는 원지점)의 세차운동의 요인도 된다. 지구가 구체球體이고 밀도가 균일하다면 근지점을 포함해 위성의 궤도는 시간이 흘러도 크기, 모양, 방위가 변하지 않는 이상적인 타원궤도를 유지할 것이다. 그러나 실제 지구에서는 위성이 근지점을 지날 때 적도 근방의 추가적인 질량분포에 의한 끌림을 받게 되어 위성의 궤도는 적도 쪽으로 휘게 된다. 따라서 위성의 원지점 위치를 적도에서 먼 방향으로 돌려주는 효과로 나타난다. 따라서 원지점과 근지점을 연결한 $\vec{e}$의 방향인 Φ가 변하게 된다[〈그림 2-1〉 참조]. 지구의 중배효과로 인해 근지점이 궤도면 내에서 회전하는 현상을 '근지점의 세차운동Perigee Precession'이라고 부른다.

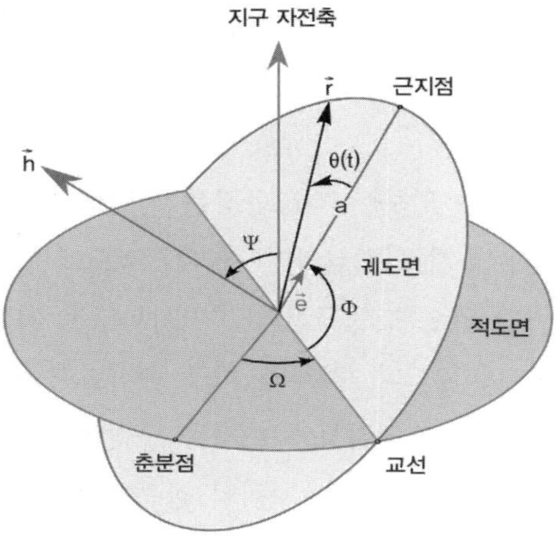

그림 2-1 지구 주위의 타원궤도를 돌고 있는 질점(인공위성)의 궤도면을 결정하기 위한 궤도 요소와 변수를 표시한 그림. 지구 자전축과 궤도면에 수직 방향 사이의 각 Ψ는 궤도 경사각(또는 i)을 나타낸다.

우리 관심사는 Ω와 Φ가 시간에 따라 바뀌는 각속도 $\dot{\Omega}\,(=d\Omega/dt)$와 $\dot{\Phi}\,(=d\Phi/d\Phi)$를 구하는 데 있다. 궤도 섭동론에서 중요한 역할을 하는 '접촉궤도Osculating Trajectory' 개념은 다음과 같이 정의할 수 있다. 섭동을 받는 2체-문제에서 어떤 순간에 섭동이 없어진다면 궤도는 2체-문제 해답인 원추곡선이 되고, 이러한 원추곡선을 그 순간의 실제궤도의 접촉궤도라고 정의한다. 실제궤도는 물론 섭동된 궤도를 말한다. 접촉궤도는 매 순간 실제궤도에 '접촉Osculating'하는 원추곡선이다. 그러한 원추곡선의 궤도 파라미터는 시간의 함수로 매 순간 조금씩 바뀐다. 접촉궤도는 실제궤도 위를 움직이는 위성과 같은 위치에서 위치벡터의 1차 미분 값과 2차 미분 값이 섭동된 실제궤도의 미분 값들과 일치하는 원추곡선이다.

어떤 물체가 임의의 힘을 받으며 움직이는 위성이나 천체의 위치벡터 $\vec{r}=\vec{r}(t, c_1, c_2, c_3, c_4, c_5, c_6)$은 초기조건을 결정하는 6개의 파라미터와 시간의 함수로 결정된다. 여기서 임의의 힘 대신 위성에 작용하는 힘이 다음과 같이 역제곱 힘에 작은 섭동 $\vec{f}_P$가 추가된 경우를 생각해 보자.

$$\frac{d^2\vec{r}}{dt^2}+\frac{\mu}{r^3}\vec{r}=\vec{f_P}(\vec{r}) \tag{2-4}$$

여기서 $\vec{f}_P$는 일반적으로 $\vec{r}$, $d\vec{r}/dt$ 및 t의 함수일 수도 있다. $\vec{f}_P$가 0인 경우는 역제곱 중력장Inverse Square Force Field에서 운동하는 2체-문제로 환원된다.

$$\frac{d^2\vec{r}}{dt^2}+\frac{\mu}{r^3}\vec{r}=0 \tag{2-5}$$

식 (2-5)에 대해서도 일반적으로 해석함수 해는 구할 수 없지만, 여기에 섭동력이 추가된 식 (2-4)의 해석함수 해를 구하는 것은 물론 불가능하다. 그러나 μ/r^3에 비해 $|f_P|$가 아주 작다면, 임의의 시간 t에서 접촉 궤도방정식 (2-5)의 해와 실제궤도의 방정식 (2-4)의 해는 시간 $t+\delta t$에서도 별반 다르지 않다고 가정할 수 있다. 물론 δt는 충분히 짧은 시간 간격이다.

식 (2-4)의 해인 실제궤도 위의 한 점 $\vec{r}(t)$에서 식 (2-5)의 해인 접촉궤도를 구하면 시간에 따라 $\vec{r}(t)$가 변화하므로 $\vec{r}(t)$에 접촉하는 원추곡선을 결정하는 6개의 궤도 파라미터 역시 시간에 따라 변한다. 따라서 실제궤도의 위치벡터 $\vec{r}(t)$는 다음과 같이 접촉궤도의 궤도 파라미터를 이용하여 나타낼 수 있다.

$$\vec{r}(t) = \vec{r}(a(t), e(t), \Psi(t), \Omega(t), \Phi(t), \tau; t) \tag{2-6}$$

여기서 $\tau = \sqrt{\mu/a^3}\,t$다. 실제궤도를 구하는 문제는 식 (2-6)으로 정의된 위치벡터가 식 (2-4)와 (2-5)를 만족하도록 궤도 파라미터 6개를 시간의 함수로 구하는 문제로 변환되었다. 위치벡터를 시간에 대해 미분하자.

$$\frac{d\vec{r}}{dt} = \sum_{k=1}^{6} \frac{\partial \vec{r}}{\partial \alpha_k} \frac{d\alpha_k}{dt} + \frac{\partial \vec{r}}{\partial t} \tag{2-7}$$

여기서 α_k는 6개의 궤도 파라미터 중의 하나를 의미한다. 식 (2-7)에서 임의의 시간 t에서 $\vec{r}(t)$에 접촉하는 원추곡선의 속도는 $\partial\vec{r}/\partial t$로 표시되고,[13] 실제궤도의 속도 $d\vec{r}/dt$와 같다.

$$\frac{d\vec{r}}{dt} = \frac{\partial \vec{r}}{\partial t} \tag{2-8}$$

이것이 접촉궤도의 정의 가운데 하나이기 때문이다. 따라서 (2-7)과 (2-8)에서 다음과 같이 α_k가 만족해야 하는 3개의 조건

$$\sum_{k=1}^{6} \frac{\partial \vec{r}}{\partial \alpha_k} \frac{d\alpha_k}{dt} = 0$$

을 얻을 수 있다. 식 (2-7)을 t에 대해 한 번 더 미분함으로써 다음과 같은 식을 얻고

13) 접촉곡선은 원추곡선이고, 원추곡선의 궤도 파라미터는 상수다. 원추곡선에서 $\vec{r}(t)$의 시간에 따른 변화는 $\theta(t)$ 또는 τ를 통해서 이루어진다.

$$\frac{d^2\vec{r}}{dt^2}=\frac{\partial}{\partial t}\left(\frac{d\vec{r}}{dt}\right)+\sum_{k=1}^{6}\frac{\partial}{\partial\alpha_k}\left(\frac{d\vec{r}}{dt}\right)\frac{d\alpha_k}{dt} ,$$

위 식에 식 (2-8)을 대입하여 다음과 같은 식을 얻는다.

$$\frac{d^2\vec{r}}{dt^2}=\frac{\partial^2\vec{r}}{\partial t^2}+\sum_{k=1}^{6}\frac{d\alpha_k}{dt}\frac{\partial}{\partial\alpha_k}\left(\frac{\partial\vec{r}}{\partial t}\right) \tag{2-9}$$

다음과 같은 퍼텐셜 함수 $U=U_0+U_P$를 도입하자.

$$\frac{\mu}{r^3}\vec{r}=\overrightarrow{\nabla}U_0$$

$$\vec{f}_P=-\overrightarrow{\nabla}U_P$$

섭동을 받는 실제궤도의 방정식 (2-4)는 퍼텐셜을 이용해 다시 쓰면 다음과 같다.

$$\frac{d^2\vec{r}}{dt^2}=-\overrightarrow{\nabla}U_0-\overrightarrow{\nabla}U_P$$

접촉궤도는 (2-5)를 만족하므로 다음과 같이 쓸 수 있다.

$$\frac{\partial^2\vec{r}}{\partial t^2}=-\overrightarrow{\nabla}U_0$$

식 (2-9)는 6개의 α_k를 결정하는 데 필요한 나머지 3개의 방정식을 제공한다. 따라서 6개의 $d\alpha_k/dt$에 대한 6개의 방정식을 얻었다.

$$\begin{cases} \sum_{k=1}^{6} \frac{\partial \vec{r}}{\partial \alpha_k} \frac{d\alpha_k}{dt} = 0 \\ \sum_{k=1}^{6} \frac{\partial \dot{\vec{r}}}{\partial \alpha_k} \frac{d\alpha_k}{dt} = -\overrightarrow{\nabla} U_P \end{cases} \tag{2-10}$$

식 (2-10)을 $d\alpha_k/dt$에 관해 풀기 위해서는 위치벡터 $\vec{r}$을 접촉궤도 파라미터로 표시해야 한다.[14]

$$\alpha = (a, e, \Omega, \Phi, \Psi, \tau)$$

실제로 $d\alpha_k/dt$를 푸는 과정은 몹시 복잡하고 지루하다.[15][16][17] 자세한 유도과정에 흥미가 있는 독자는 주석에 소개한 자료를 참조하기 바라며 여기서는 결과만 소개하기로 한다.

우리가 여기서 구하려는 섭동효과가 시간에 비례하는 궤도 파라미터는 Φ와 Ω다. 지구가 회전타원체이기 때문에 생기는 $\dot{\Omega}$와 $\dot{\Phi}$를 정리하면 다음과 같다.[18]

$$n_0 = \sqrt{\frac{\mu}{a_0^3}}; \quad \bar{a} = a_0; \quad \bar{e} = e_0; \quad \Psi = \Psi_0$$

$$\bar{n} = n_0 \left[1 + \frac{3}{2} \left(\frac{R_{eq}}{a} \right)^2 \frac{J_2}{(1-e^2)^{3/2}} \left(1 - \frac{3}{2} \sin^2 \Psi \right) \right] \tag{2-11}$$

---

14) 많은 저자들은 Φ 대신 ω를, Ψ 대신 i를 사용하는 것에 유념할 필요가 있다.

15) Richard H. Battin, *Introduction to the Mathematics and Methods of Astrodynamics*, Revised Edition (AIAA, 1999), pp.80–86; pp.476–504.

16) Hanspeter Schaub and John L. Junkins, *Analytical Mechanics of Space Systems*, Second Edition (AIAA, 2009), pp.574–583.

17) William M. Kaula, *Theory of Satellite Geodesy: Applications of Satellites to Geodesy* (Dover Publications, Inc., 2000), pp.25–40.

18) A. E. Roy, *Orbital Motion, Fourth Edition* (Taylor & Francis,2005), pp.327–335.

$$\bar{\dot{\Phi}} = \frac{3}{2}\left(\frac{R_{eq}}{a}\right)^2 \frac{J_2\,\bar{n}}{(1-e^2)^2}\left(2-\frac{5}{2}\sin^2\Psi\right) \tag{2-12}$$

$$\bar{\dot{\Omega}} = -\frac{3}{2}\left(\frac{R_{eq}}{a}\right)^2 \frac{J_2\,\bar{n}}{(1-e^2)^2}\cos\Psi \tag{2-13}$$

여기서 $\bar{n}$처럼 '바bar'로 표시된 궤도 파라미터는 '평균 이심각'에 대한 평균을 의미한다. 첨자로 '0'으로 표시된 파라미터는 이상적인 타원궤도에 대한 값을 의미하고, n_0는 섭동되기 전의 '평균 각속도'를 나타내며, Ψ는 궤도 경사각을 표시한다. 보통 궤도 경사각Inclination은 i로 표시하지만, 우리는 〈그림 2-1〉의 정의를 따른다. 지구의 중배효과에 의한 섭동은 위성에 주기적으로 작용하지만, '평균 이심각' M, Φ 및 Ω에 미치는 섭동효과는 시간이 흐르면서 누적된다. $\bar{n}$, $\bar{\dot{\Phi}}$, $\bar{\dot{\Psi}}$는 상수이므로 적분하면 다음과 같은 식을 얻는다.

$$\begin{cases} \bar{M} = M_0 + \bar{n}\,t \\ \bar{\Phi} = \Phi_0 + \bar{\dot{\Phi}}\,t \\ \bar{\Omega} = \Omega_0 + \bar{\dot{\Omega}}\,t \end{cases} \tag{2-14}$$

식 (2-14)로 기술되는 적도면과 궤도가 만나는 교점의 세차운동은 Ψ=90°가 아닌 한 피할 수 없다. 여기서 교점은 위성의 궤도와 적도면이 만나는 점을 말한다. Ψ=90°인 극궤도를 선택하면 Ω는 고정되지만, 이번에는 '장반경 축'의 세차운동(근지점의 회전)은 피할 수가 없다. 근지점의 세차운동 평균 각속도 $\bar{\dot{\Phi}}$는 궤도 경사각 Ψ가 다음의 조건을 만족하면 0이 된다.

$$\Psi_c = \sin^{-1}\sqrt{\frac{4}{5}} \qquad (2\text{-}15)$$

$$= 63.4349°\ (\text{또는 } 116.5651°)$$

Ψ가 Ψ_c보다 작으면 근지점은 궤도면 내에서 위성의 진행방향으로 돌고Prograde, Ψ가 Ψ_c보다 크면 진행방향과 반대방향으로 회전Retrograde 한다. $\Psi_c(=i_c)$를 '임계 경사각Critical Inclination'이라고 한다. 과거 구소련은 임계 경사각을 가진 궤도를 집중적으로 사용했다. 주기가 12시간이며 경사각이 63.4349°인 궤도를 '몰니야 궤도Molniya Orbit'라고 한다. 구소련은 지정학적으로 정지궤도에 중량급 위성을 발사하기도 힘들지만, 정지궤도 위성은 극지방의 관측이 힘들기 때문에 통신위성과 조기경보위성 '오코Oko'를 몰니야 궤도에 진입시켜왔다. 미사일 발사를 감지하는 오코 적외선 위성은 몰니야 궤도에서 미국의 미사일 필드Missile Field를 비스듬한 각도로 감시했고, 지금까지 85기나 발사했다. Φ나 Ω와는 달리 a, e 및 Ψ는 위성이 지구를 도는 데 따라 작은 주기적인 변화만 보인다.

지구의 중배효과의 특성을 아주 유용하게 사용한 경우가 두 가지 있다.19) LEO를 도는 '님버스Nimbus' 기상위성 시리즈와 지구자원 위성 '랜드샛Landsat' 시리즈는 하루에 Ω가 ~0.985817°로 회전하도록 발사함으로써 위성 궤도면의 태양에 대한 방위가 1년 내내 같게 만드는 것이 가능하다. 이러한 궤도를 태양동기궤도Sun-Synchronous Orbit라고 한다. 태양동기궤도로 발사된 위성의 궤도면은 1년마다 정확히 360°씩 회전한다. 1태양년Solar Year은 365.242189일이므로 태양에 대해 정확한 방위Orientation를 유지하려면 하루에 궤도면이 0.985647361°씩 회전해야 한다. 식 (2-13)에서 $\dot{\Omega}_{ss}$가 하루에 0.985647361°가 되도록 경사각 Ψ_{ss}를

19) William E. Wiesel, *Spaceflight Dynamics* (Irwin/McGraw-Hill, 1997), pp.88-90.

결정하면 궤도는 태양동기궤도가 된다. a가 6,728km이고 e가 ~0.0일 때 (2-13) 식으로 계산한 $\dot{\Omega}_{ss}$는 다음과 같다.

$$\dot{\Omega}_{ss} = -8.265389^\circ \cos(\Psi_{ss})/\text{day} \qquad (2\text{-}16)$$
$$= 0.985647361^\circ/\text{day}$$

앞서 말한 궤도가 태양동기궤도가 될 조건은 식 (2-16)을 Ψ_{ss}에 대해서 풀면 필요한 경사각을 구할 수 있다.

$$\Psi_{ss} = 96.8488^\circ$$

태양동기궤도 인공위성을 현지 시각Local Time으로 정오 무렵에 발사하면, 위성 궤도의 절반은 항상 해가 비치는 영역에 존재한다. 태양동기궤도는 극궤도에 가까우므로 지표면 전체를 밝은 태양 아래서 관찰할 수 있다. 너무 크거나 너무 작지 않은 a와 e에 대해 태양동기궤도가 되는 궤도 경사각 Ψ_{ss}가 존재한다는 사실은 지구 관측 임무를 위해서는 정말 다행이라고 할 수 있다.

지금까지 우리는 지구를 회전타원체로 가정했다. 따라서 중심에서 극점을 연결하는 극반경과 적도반경만 서로 다르고, 중심에서 적도의 모든 점은 같은 거리를 유지한다고 가정했다. 그러나 지표면과 적도면이 만나는 선은 완전한 원이 아니고 중심에서 적도까지 거리가 평균보다 1km 정도 큰 점이 두 군데 존재한다. 따라서 지구는 완전한 회전타원체라기보다 극반경과 적도반경이 21km 정도 차이가 나고, 적도도 원이 아니라 장반경과 단반경의 차이가 1km 내외인 근사적인 타원으로 볼 수 있어 지구는 3차원 타원체로 생각할 수 있다.[20]

---

20) Graham Swinerd, *How Spacecraft Fly* (Copernicus Books, 2008), pp.56-60.

그러나 정확한 '지오이드' 모델에서는 실제 지구가 지표면에 만드는 중력 퍼텐셜을 기준타원체가 만든 기준타원체 퍼텐셜과 산, 계곡, 불균일한 질량분포 등이 만든 섭동 퍼텐셜의 합으로 놓고, GPS 데이터와 중력가속도의 실측치를 사용해 실제 지구의 등퍼텐셜면을 구한다. 실제 지구의 등퍼텐셜면은 해수면이 육지 안으로 연장되었다고 생각할 때 물이 흐르지 않는 가상적인 곡면을 말한다. 이렇게 구한 지오이드의 퍼텐셜 값은 기준타원체 퍼텐셜 값과 같다고 가정한다. 지오이드 곡면은 연속적이긴 하지만 기준타원체처럼 매끄럽지 않아 영역에 따라 굴곡이 심할 수 있지만, 면 안에서는 전후좌우로 움직여도 퍼텐셜 값이 같기 때문에 면을 따라 작용하는 중력 성분은 없다. 물론 표면에 수직으로 작용하는 중력 성분은 면 안에서 위치가 바뀌면 계속 달라질 수 있다. 기준타원체 퍼텐셜을 기준으로 잡고, 섭동에 의한 중력 퍼텐셜을 구면조화함수Spherical Harmonics로 전개한다. 이상적인 회전타원체에서 벗어나는 실제 지구의 중력 퍼텐셜은 중력가속도 실측치를 사용해 짜집기한 전개계수에서 구할 수 있다.[21]

그러나 이러한 복잡한 지오이드 모델을 사용하지 않아도 적도가 타원이라고 가정할 때 생긴 효과는 스위너드Graham Swinerd가 『어떻게 우주선이 비행할까*How Spacecraft Fly*』에서 소개한 방법으로 정성적으로 이해할 수 있다.[22] WGS84에서 적도반경으로 사용한 6,378km에 비해 1km도 안 되는 차이는 상대 오차로 보면 0.015% 미만이다. 하지만 이러한 작은 차이가 국지적으로 정지해 있어야 할 GEO 위성을 장시간에 걸쳐 진폭이 수천km인 주기운동을 하게 할 수도 있다.

적도 위의 고도 35,786km(지구 중심거리 42,164km)를 도는 위성은 주기가 정확히 1항성일Sidereal Day인 23.934461223시간이 되어 지구의 자전

---

21) 정규수, 『로켓 과학 I: 로켓 추진체와 관성유도』 (지성사, 2015), pp.270-283.

22) Graham Swinerd, *How Spacecraft Fly* (Copernicus Books, 2008), pp.56-60.

주기와 일치하므로 지상에서 보면 궤도상의 한 점에 고정되어 보인다. 그러나 이러한 정지위성도 지구의 적도가 완전한 원이 아니기 때문에 경도에 따른 중력 차이에서 비롯된 위성의 표류Drift가 적지 않다. 적도상에는 지구 중심에서 평균 적도반경(6378.137km)보다 거리가 대략 1km가 긴 지점이 두 군데 존재한다. 하나는 동경 165.3°이고 또 다른 한 점은 서경 14.7° 지점이다.[23] 전자는 서태평양상의 한 점으로 그 위의 고도 35,786km인 위치를 A라고 하자. 두 번째 점은 아프리카 서쪽 끝을 지나는 적도 위의 고도 35,786km인 곳으로 B라고 하겠다.

적도가 타원이라는 것은 중력이 중심을 향하지 않는다는 의미다. 따라서 중력가속도 $\vec{g}$는 식 (3-79)와 같이 중심을 향한 $\hat{r}$ 방향의 가속도 성분 g_r과 $\hat{r}$ 에 수직인 방향 $\hat{\alpha}$의 가속도 성분 g_α로 나누어 쓸 수 있다. g_α가 작용하는 방향은 항상 A 지점과 B 지점 중에서 가까운 점을 향하고, 두 지점의 중간에서 g_α는 0이다. $g_\alpha = 0$인 점에서 중력은 중심력이 되므로 이러한 점은 안정적이라 지상에서 보는 위성의 위치가 바뀌지 않는다. 동경 75.3°와 서경 104.7°가 그러한 두 점이고, A와 B의 중간지점에 해당한다. 이 두 지점을 각각 C와 D라고 하자. 만약 적도가 완전한 원이고 적도 위의 질량분포가 균일하다면 지구와 같은 각속도로 회전하는 좌표계 내에서 GEO 위성의 위치는 고정된다. 그러나 A 지점과 B 지점 바로 밑에는 평균보다 많은 질량이 분포되어 있으므로 위성은 이 지점들로 끌린다.

A와 C 사이에 배치된 GEO 위성을 생각해보자. 위성은 A로 약하게 끌리므로 마치 미니 역추진 로켓을 작동시킨 것과 같은 효과가 나타난다. 에너지가 줄어든 위성의 궤도는 낮아지지만, 그 고도에 맞도록 위성의 속도가 조금 증가한다. 그 결과 위성은 C를 향해 움직이기 시

---

23) David A. Vallado, *Fundamentals of Astrodynamics and Applications*, Third Edition (Springer, New York, 2007) pp.665-666.

작하고 위성이 C에 도달하면 궤도는 최저가 되지만 회전좌표계에 대한 속도는 최대가 되어 계속해서 B 지점 상공으로 접근한다. 이때부터 위성은 B로 끌리므로 미니로켓으로 추진되는 것과 같이 궤도는 높아지고 회전좌표계에 대한 속도는 0으로 떨어진다. B는 계속해서 끌어당기므로 고도가 높아지면서 속도는 계속 줄어들어 회전좌표계에서 보면 A를 향해 움직인다.24) 위성이 원래 출발지점으로 돌아오면 주기운동의 한 주기가 끝나게 된다. 처음부터 안정된 지점인 C와 D에 놓인 위성은 적어도 적도가 타원인 요인으로 표류하는 일은 없다. 물론 달 및 태양의 중력과 태양의 '복사압Radiation Pressure'에 따른 궤도 변화는 영향을 준다.

위성에 미치는 중력이 거리의 '역제곱법칙Inverse Square Law'에서 벗어나게 하는 또 다른 요인은 달이나 태양 같은 제3의 질점이 위성에 미치는 중력이다.25) GEO 위성처럼 고고도 원궤도를 도는 위성인 경우, 달과 태양의 중력에 의한 섭동으로 Ω와 Φ가 하루에 회전하는 회전율 $\dot{\Omega}$와 $\dot{\Phi}$는 다음과 같이 주어진다.26)

$$\dot{\Phi}_{\mathrm{moom}} = +1.946632 \times 10^{-10}\, \mathrm{a}^{3/2}\,(4-5\sin^2\Psi)$$

$$\dot{\Omega}_{\mathrm{moon}} = -3.893264 \times 10^{-10}\, \mathrm{a}^{3/2} \cos\Psi$$

$$\dot{\Phi}_{\mathrm{sun}} = +8.869271 \times 10^{-11}\, \mathrm{a}^{3/2}\,(4-5\sin^2\Psi)$$

$$\dot{\Omega}_{\mathrm{sun}} = -1.773854 \times 10^{-10}\, \mathrm{a}^{3/2} \cos\Psi \qquad (2\text{-}17)$$

---

24) 지구와 함께 회전하는 좌표계에서 보면 정지위성은 끌어당기는 힘과 반대방향으로 가속된다! 앞으로 설명할 '공기저항의 패러독스Air Drag Paradox'과 같은 이치다.

25) 지구 위성이 느끼는 달이나 태양은 질량만 있는 점과 같기 때문에 이 천체들은 크기를 무시하고 질점으로 다루어도 아무 문제가 되지 않는다.

26) James R. Werth and Wiley J. Larson, Editors, *Space Mission Analysis and Design*, Third Edition (Space Technology Library and Microcosm Press, 2008), pp.142-144.

앞의 식에서 단위는 °/d (= degree / day)고, 궤도 장반경 a의 단위는 km다. 식 (2-17) 달의 섭동효과는 태양 섭동효과의 2.2배다.

태양과 달의 중력이 위성 궤도에 미치는 영향은 모든 궤도 파라미터에 주기적인 변화를 주지만, Ω와 Φ에는 시간과 함께 축적되는 변화Secular Variation를 준다. 특히 GEO와 같은 고고도 위성에는 태양과 달의 효과는 증가하는 반면, 지구가 타원체이기 때문에 생기는 'J_2-섭동Perturbation'과 공기저항으로 인한 효과는 감소한다. 일반적으로 GEO 이하에서는 J_2-섭동과 공기저항 효과가 지배적이지만, GEO보다 고도가 더 높아지면 태양과 달의 중력효과와 태양 복사압이 지배적인 섭동 요인이 된다.

J_2-섭동, 달 중력 및 태양에 의한 섭동 결과로 생기는 $\dot{\Omega}$ 및 $\dot{\Phi}$를 식 (2-11)-(2-13)과 (2-17)을 사용해서 구했고, 그 결과를 〈표 2-2〉로 정리했다.

대표적인 궤도		J_2 섭동 결과		달의 섭동		태양 섭동 $\Psi = 96.8488°$	
		$\dot{\Phi}$ (°/day)	$\dot{\Omega}$ (°/day)	$\dot{\Phi}$ (°/day)	$\dot{\Omega}$ (°/day)	$\dot{\Phi}$ (°/day)	$\dot{\Omega}$ (°/day)
우주왕복선	a = 6700km e = 0.0 $\Psi = 28°$	12.1526	−7.40521	0.00031	−0.00019	0.00014	−0.00009
태양동기 궤도	a = 6700km e = 0.0 $\Psi = 96.8488°$	−3.8389	0.98565	−0.00010	0.00003	−0.00006	0.00001
GPS 궤도	a = 26600km e = 0.0 $\Psi = 60°$	0.0084	−0.03363	0.00021	−0.00085	0.00010	−0.00038
몰니나 궤도	a = 26600km e = 0.75 $\Psi = 63.4349°$	0.0	−0.03008	0.0	−0.00076	0.0	−0.00034
정지궤도	a = 42164km e = 0.0 $\Psi = 0.0°$	0.0268	−0.01341	0.00674	−0.00337	0.00307	−0.00154

표 2-2 대표적인 지구 궤도에 미치는 각종 변칙중력에 의한 섭동 결과.

2. 공기저항에 따른 궤도 변화

고맙게도 지구에는 산소를 듬뿍 담은 대기가 있다. 하지만 이 고마운 공기가 우주발사체에는 치명적인 방해물로 등장하기도 하고, 때로는 '에어로 브레이킹'으로 원지점을 낮추든가, 아니면 지구로 귀환하는 우주선을 연료 소모 없이 착륙시키는 데 한몫하는 고마운 존재가 되기도 한다. 에어로 브레이킹은 상당히 유용하고 중요한 주제이지만, 이번 절에서는 우리의 관심을 공기저항이 인공위성의 고도에 미치는 영향을 예측해보는 것으로 만족하기로 한다.

대기 중에서 물체가 움직이면 마찰력이 생겨 그 반작용이 물체의 운동방향에 반대방향으로 작용하는 압력으로 나타난다. 물체의 운동에너지는 줄어들고, 물체의 줄어든 운동에너지의 일부는 열로 바뀌어 물체를 가열하고 나머지 열은 공기 중에 흩어진다. 물체의 속력이 증가함에 따라 공기는 점점 더 압축되고 속도가 음속이 되면 선수船首 충격파Bow-shock가 생성되어 주변으로 퍼져나가며, 생성된 마찰열은 물체 표면과 충격파 사이에 분포된다. 그러나 공기밀도가 작아져 공기분자의 '평균 자유경로Mean Free Path'가 우주선 또는 인공위성의 크기에 버금갈 만큼 증가하면 각각의 공기분자가 선체에 충돌하여 운동량을 전달하는 메커니즘에 의해 공기마찰이 일어난다.

공기 중에서 움직이는 물체에 작용하는 힘은 두 가지 성분으로 분해하여 생각할 수 있다. 물체의 운동방향에 반대방향으로 작용하는 공기저항Air Drag $\vec{F}_D$와 공기저항에 수직인 방향으로 작용하는 양력Lifting Force $\vec{F}_L$로 분해된다. 이 두 가지 힘은 다 같이 공기밀도 ρ와 속력의 제곱 v^2에 비례한다.

$$\vec{F} = +F_D\hat{v} + F_L\widehat{v_\perp}$$

$$F_D = -\frac{1}{2}\rho v^2 C_D A_\perp$$

$$F_L = +\frac{1}{2}\rho v^2 C_L A$$

여기서 C_D는 '저항계수Drag Coefficient', C_L은 '양력계수Lift Coefficient'라고 하며 비행체의 모양과 비행체에 충돌하는 입자와 표면의 상호작용으로 결정되는 단위가 없는 숫자이고, $A_\perp$는 비행방향에 수직인 비행체의 단면적이며 A는 평면도형Planform의 면적이다. $\hat{v}_\perp$는 $\hat{v}(=\vec{v}/v)$에 수직인 방향의 단위벡터를 나타낸다. 일반적으로 고도가 150km 이상의 고도에서는 구球이거나 제멋대로 회전하는 비대칭성 위성의 C_D 값은 대략 2.2±0.2로 근사할 수 있다.

단위질량당 F_D 또는 공기저항으로 인한 감속도Deceleration a_D는 다음과 같이 쓸 수 있다.

$$a_D = -\frac{1}{2}\frac{\rho v^2}{\beta} \tag{2-18}$$

$$\beta = \frac{m}{C_D A_\perp}$$

m은 비행체의 질량이고, β는 '탄도계수Ballistic Coefficient'라고 하며 공기저항을 받고 운동하는 물체의 비행 특성을 결정짓는 중요한 파라미터다. 비행체의 β 값이 크면 쉽게 감속되지 않고, β 값이 작으면 공기밀도가 작은 고공에서도 쉽게 감속된다. 식 (2-18)에서 보듯이 공기저항에 의한 가속은 항상 물체가 진행하는 방향과 반대방향으로 향한다. 따라서 인공위성의 경우 공기저항력 그 자체는 궤도면의 방위를

직접 바꿀 수가 없지만 궤도의 장반경과 이심률은 크게 바꿀 수 있다. 하지만 궤도의 장반경과 이심률이 바뀌면 J_2-섭동에 의해 Ω와 Φ가 바뀌게 되므로 결과적으로는 방위도 바뀐다.

LEO를 돌고 있는 위성의 경우 공기저항 때문에 에너지를 잃고 궤도 축소가 일어나고 이에 추락할 때까지 걸리는 시간을 예측하는 것은 아주 중요하다. 위성의 장반경 변화율 $\dot{a} = da/dt$ 또는 궤도의 유효기간은 평균 공기밀도 ρ와 위성의 β 값에 의해 결정된다. 인공위성이 도는 최소 궤도는 200km 정도로 낮지만, 이 고도에서도 평균 태양 활동기의 대기밀도는 $2.91 \times 10^{-10} kg/m^3$로 아주 낮다. 그러나 궤도를 도는 LEO 인공위성의 속력은 7.8km/s 정도로 높아 $a_D \simeq -8.85 \times 10^{-3}/\beta \ m/s^2$가 된다. 위성이 질량 500kg, 반경 0.75m의 구라고 가정하면 $\beta \simeq 130 \ kg/m^2$이 되고, $a_D \simeq -7 \times 10^{-5} m/s^2$가 된다. 얼핏 보기에는 그리 큰 수 같지 않지만, 이 정도의 감속도는 위성에 치명적이다. 공기저항으로 에너지를 잃은 위성은 낮은 궤도로 내려가야 한다.

여기서 재미있는 사실은 공기저항으로 위성의 속력이 줄어들기 때문에 고도가 낮아지는 것이 아니라 에너지를 빼앗겼기 때문에 고도가 낮아지고, 고도가 낮아지면 위성의 속력은 오히려 증가한다는 사실이다. 단위질량당 공기저항력 a_D 자체는 작지만 위성은 반복해서 궤도를 돌기 때문에 공기저항은 LEO 위성이 대기권으로 추락하는 주요인으로 꼽힌다. 〈그림 2-2〉는 1998년 11월부터 2009년 1월까지 국제우주정거장 ISS(International Space Station)의 고도 변화를 나타낸 것이다. 원래 ISS는 400km 내외의 고도에서 운행하도록 계획했다. 공기저항은 계속해서 ISS의 고도를 낮추고, 낮아진 고도는 우주왕복선과 자체 스러스터를 이용해 다시 고도를 높인다. ISS의 '프로그레스 모듈Progress Module'은 추력이 130.43N인 스러스터 4기로 아주 서서히 고도를 높인다. ISS는 공기저항으로 하루에 100m씩 고도가 낮아지지만, 낮아진 고도의

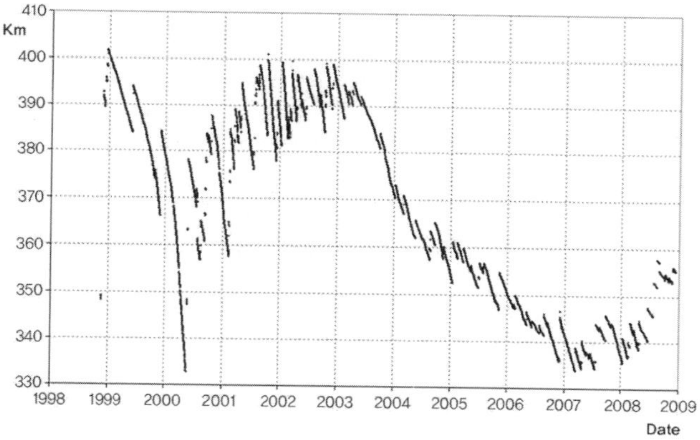

그림 2-2 1998년 11월부터 2009년 1월까지 국제우주정거장(ISS)의 고도 변화.

속도는 100m 위 고도에서의 속도보다 더 빠르다.

공기저항은 위성에 속도와 반대방향의 힘으로 작용하므로 위성의 속력이 줄어들어야 정상이지만, 실제로는 속력이 늘어나는 현상을 설명해보자. 단위질량당 총에너지 ε을 가지고 궤도를 도는 위성의 장반경 a와 궤도 속력 v_{orb}를 궤도 에너지 ε로 표시하면 다음과 같다.

$$a = -\frac{1}{2}\frac{\mu}{\varepsilon} > 0$$

$$v_{orb} = \sqrt{-2\varepsilon}$$

$$= \sqrt{\frac{\mu}{a}} > 0$$

위 식에서처럼 a가 줄어들면 궤도 속력 v_{orb}는 늘어난다. 다시 말해 공기저항은 위성의 속도를 높이고, 고도는 낮추는 역할을 한다. 이러한 현상을 '공기저항 패러독스Air Drag Paradox'라고 한다.[27] 궤도 에너

27) David A. Vallado, *Fundamentals of Astrodynamics and Applications*, Third Edition (Springer, New York, 2007), pp.671-672.

지의 변화가 $\Delta\varepsilon$이라면 궤도 속력의 변화 Δv_{orb}는 다음과 같다.

$$\Delta v_{orb} = -\Delta\varepsilon / v_{orb}$$

한편, $\Delta\varepsilon$는 공기저항에 의한 것이므로 $\Delta\varepsilon = a_D v_{orb} \Delta t$가 된다. 여기서 Δt는 감속도 $a_d(=F_D/m)$가 작동한 시간 간격이다. 위 식을 공기마찰로 인해 잃어버린 에너지 $\Delta\varepsilon$을 이용해 Δv_{orb}를 다음과 같이 다시 쓸 수 있다.

$$\Delta v_{orb} = \frac{1}{2}\frac{\rho v_{orb}^2 \Delta t}{\beta}$$
$$= -a_{D0}\Delta t \ > 0$$

정말로 신기한 점은 공기저항으로 고도가 낮아짐으로써 증가하는 궤도 속력 Δv_{orb}는 통상적으로 Δt 시간 후에 기대했던 궤도 속력손실 $a_{D0}\Delta t$와 절댓값이 정확히 일치한다는 사실이다.

Δt 동안 장반경 a의 변화 Δa는 다음과 같다.

$$\Delta a = -\sqrt{\mu a}\ \frac{\rho}{\beta}\Delta t \ < 0$$

공기저항의 결과 장반경은 줄어들고, 위성 속력은 증가했다. 공기저항으로 '에너지가 줄어들면 속력이 늘어나는 기이한 현상'은 중력장에서[28] 운동에너지와 퍼텐셜 에너지 배분 특성에서 비롯된다. 운동에너지는 $K = -\varepsilon > 0$이고, 퍼텐셜 에너지는 $P = 2\varepsilon < 0$이지만 총에너지

---

28) Herbert Goldstein, *Classical Mechanics* (Addison-Wesley Pub. Co., 1980), p.85.

는 항상 $K+P=\varepsilon<0$이다. 따라서 음의 양인 ε이 줄어든다는 것은 $|\varepsilon|$이 커진다는 뜻이다. 즉, ε이 줄어들면 줄어들수록 $K=-\varepsilon>0$ 값이 더욱 증가하므로 속력은 커져야 한다. 이것이 '저항 패러독스'의 본질이다.

다시 본론으로 돌아와서 공기저항에 의한 궤도 변화 문제를 검토해보자. 위성 궤도에 미치는 공기저항을 정량적으로 취급하려면 해면 고도에서 GEO에 이르는 고도까지 공기밀도 분포를 아는 것이 중요하다. 공기마찰이 실제로 중요한 고도는 700km 미만으로 보면 된다. 그러나 이러한 고도 영역에서는 공기밀도가 바뀌는 요인이 너무 많기 때문에 정확한 공기밀도 분포를 얻는 것은 거의 불가능하다. 공기밀도는 고도뿐만 아니라 지구상의 위치(위도, 경도), 고도, 계절, 시간, 태양의 활동 및 기상 상태 등에 따라 광범위하게 수시로 바뀌는 동적인 대상이기 때문이다. 어느 모델을 택하더라도 항상 같은 정확도를 기대할 수는 없다.

'지구의 고고도 대기 모델 MSISE-90(MSISE-90 Model of Earth's Upper Atmosphere)'에 따르면 태양 활동의 강도에 의한 공기밀도 비율이 고도에 따라 크게 바뀌는 것을 알 수 있다.[29] 태양 활동이 최대일 때의 공기밀도와 최소일 때 공기밀도의 비는 700km 고도에서 최대가 되며 660배가 넘는다. 300km에서는 대략 24배, 200km에서는 4.7배, 80km 고도에서는 태양 활동이 공기밀도에 거의 영향을 주지 않는다. 따라서 300km 이상에서는 공기밀도 변화가 워낙 심해 위성의 대기권 진입 시점을 정확히 예측하기가 곤란하다.

우리가 어떠한 모델을 사용하더라도 항상 그 모델이 유용한 지상의 위치, 계절, 시간 및 태양 활동 등을 고려하여 결과를 분석해야 한

29) MSISE-90 Model of Earth's Upper Atmosphere, 1976 in SI Units, http://www.braeunig.us/space/atmos.htm

다. 우리는 임의로 CIRA-72 모델을 토대로 하여 '고도 구간별로 지수함수로 짜깁기한 대기 모델Patched Exponential Atmospheric Model'을 〈표 2-3〉로 작성했다.

0~25km 고도 구간을 i=0, 25~30km 구간을 i=1, 30~40km 구간을 i=2 등으로 지정하면 다음과 같은 구간별 공기밀도의 경험식을 쓸 수 있다. 이 모델에서 공기밀도는 고도를 몇 개의 구간으로 나누어 구간마다 다음과 같은 지수함수Exponential Function로 표시한다.

구간 기저고도 h_i(km)	구간 기저밀도 ρ_i(kg/m³)	스케일 높이 H_i(km)	구간 기저고도 h_i(km)	구간 기저밀도 ρ_i(kg/m³)	스케일 높이 H_i(km)
0	1.225	7.249	150	2.070×10^{-9}	22.523
25	3.899×10^{-2}	6.349	180	5.464×10^{-10}	29.740
30	1.774×10^{-2}	6.682	200	2.789×10^{-10}	37.105
40	3.972×10^{-3}	7.554	250	7.248×10^{-11}	45.546
50	1.057×10^{-3}	8.382	300	2.418×10^{-11}	53.628
60	3.206×10^{-4}	7.714	350	9.518×10^{-12}	53.298
70	8.770×10^{-5}	6.549	400	3.725×10^{-12}	58.515
80	1.905×10^{-5}	5.799	450	1.585×10^{-12}	60.828
90	3.396×10^{-6}	5.382	500	6.967×10^{-13}	63.822
100	5.297×10^{-7}	5.877	600	1.454×10^{-13}	71.835
110	9.661×10^{-8}	7.263	700	3.614×10^{-14}	88.667
120	2.438×10^{-8}	9.473	800	1.170×10^{-14}	124.640
130	8.484×10^{-9}	12.636	900	5.245×10^{-15}	181.050
140	3.845×10^{-9}	16.149	1000	3.019×10^{-15}	268.000

표 2-3 해면고도에서 1000km까지 '고도 구간별 지수함수로 짜깁기한 대기 모델.' 구간 기저고도 h_i와 스케일 높이 H_i 및 구간 기저밀도 ρ_i를 나타낸 CIRA-72의 대표적인 밀도Nominal Density와 구간 스케일 높이다.

$$\rho(a) = \rho(a_i) e^{-\frac{a-a_i}{H_i}}$$
$$= \rho(a_i) e^{-\frac{h-h_i}{H_i}}, \quad h_i < h < h_{i+1} \tag{2-19}$$

여기서 $h_i = a_i - R_E$, $\rho_i = \rho(a_i)$, H_i는 i번째 고도 구간 내의 고도 변화에 따른 밀도 변화를 결정하는 '구간별 스케일 높이'라는 파라미터이며, 고도는 $h = a - R_E$, 지구 반경은 R_E이다.

장반경이 a인 원궤도를 돌고 있는 위성은 공기저항을 받아 장반경이 연속적으로 줄어들기 때문에 a와 ε은 시간의 함수가 된다. 물론 위성이 잃어버린 에너지는 대부분 공기에 전달된다. 원궤도의 경우는 에너지 관계식 $\varepsilon = -0.5\mu/a$를 시간에 대해 미분함으로써 다음 식을 얻을 수 있다.

$$\frac{d\varepsilon}{dt} = \frac{1}{2}\frac{\mu}{a^2}\frac{da}{dt}$$

$d\varepsilon/dt$는 마찰력이 매 단위시간당 한 일, 즉 파워Power와 같다.

따라서 우리는 식 (2-18)과 $v = \sqrt{\mu/a}$ 및 파워의 정의 $a_D \cdot v$로부터 $\dot{a}(= da/dt)$에 대한 식을 얻을 수 있다.

$$\frac{da}{dt} = -\frac{\sqrt{\mu a}}{\beta}\rho$$

초기 장반경 $a_I(= R_E + h_I)$가 공기저항으로 인해 $a_F(= R_E + h_F)$로 줄어들기까지 위 식을 소요된 시간 t_{IF}에 관해 풀면 다음과 같은 식을 얻는다.

$$t_F - t_I = -\frac{\beta}{\sqrt{\mu}} \int_{h_I}^{h_F} \frac{1}{\sqrt{R_E + h}} \frac{dh}{\rho(h)} \tag{2-20}$$

고도에 따른 공기밀도를 식 (2-19)와 같은 구간별 지수함수로 가정하자. 공기마찰이 중요한 저고도 영역에서는 $\Delta h_i (= h_{i+1} - h_i) \ll R_E$이므로 식 (2-20)에서 각 적분 구간에서 $\sqrt{R_E + h}$는 $\sqrt{R_E + h_i}$로 대체해도 크게 문제되지 않는다. 아래첨자 h_I는 위성의 초기 고도를 의미하고 $h_F (< h_I)$는 시간 $t_{IF} = t_F - t_I$가 흐른 뒤 공기마찰로 인해 낮아진 고도를 말한다. 만약 h_F가 0이 되는 경우는 위성이 지상으로 추락했다는 뜻이다. 위성의 고도가 h_I에서 지표면($h_F = 0$)에 충돌하기까지 소요되는 시간을 고도가 h_I인 위성의 생존시간Life Time $t_{life} (= t_{h_F = 0} - t_I)$라고 한다. 식 (2-19)와 표 〈2-3〉의 데이터를 사용하면 t_{life}는 다음과 같이 쓸 수 있다.

$$t_{life} = \beta \left\{ \frac{H_N \left[e^{(h_I - h_N)/H_N} - 1 \right]}{\rho_N \sqrt{\mu (R_E + h_N)}} + \sum_{i=0}^{N-1} \frac{H_i \left[e^{(h_{i+1} - h_i)/H_i} - 1 \right]}{\rho_i \sqrt{\mu (R_E + h_i)}} \right\} \tag{2-21}$$

여기서 $h_1 < h_2 < \dots < h_{N-1} < h_N < h_I < h_{N+1}$이라고 가정했고, h_i는 〈표 2-3〉에서 말하는 i 번째 구간의 기저고도를 가리킨다.

고도 h_I를 돌던 위성이 $h_F (\neq 0)$까지 고도가 낮아지는 데 걸리는 시간 t_{IF}는 다음과 같이 계산할 수 있다. $h_L < h_F < h_{L+1} < h_{L+2} < \dots < h_N < h_I < h_{N+1}$이고 $L < N$이라고 가정하면 $t_F - t_I$는 다음같이 쓸 수 있다.

$$t_{IF} = \beta \left\{ \frac{H_N \left[e^{(h_I - h_N)/H_N} - 1 \right]}{\rho_N \sqrt{\mu (R_E + h_N)}} + \sum_{i=L+1}^{N-1} \frac{H_i \left[e^{(h_{i+1} - h_i)/H_i} - 1 \right]}{\rho_i \sqrt{\mu (R_E + h_i)}} \right.$$

$$\left. + \frac{H_L \left[e^{(h_F - h_L)/H_L} - 1 \right]}{\rho_L \sqrt{\mu (R_E + h_L)}} \right\} \quad (2\text{-}22)$$

식 (2-21)은 고도 h_I의 원궤도를 돌고 있는 위성의 생존시간 t_{life}를 나타내고, 식 (2-22)는 고도 h_I를 돌고 있던 위성이 $h_L < h_F < h_{L+1}$인 고도 h_F로 궤도가 축소되는 데 걸리는 시간을 나타낸다.

우리는 식 (2-21)과 (2-22) 및 태양 활동이 보통인 경우의 공기밀도와 고도 관계를 보여주는 〈표 2-3〉을 이용해 원궤도를 돌고 있는 ISS의 각 고도에서 생존시간 t_{life}을 일Day 단위로 표시했다.

ISS의 생존시간을 구하기 위해 필요한 데이터는 ISS의 β 값이다. β는 다음과 같이 정의된다.

$$\beta = \frac{M_{ISS}}{C_D A_\perp}$$

M_{ISS} =450,000kg이고, 400km 정도 고도에서 구球이거나 제멋대로 회전하는 위성의 공기 저항계수 C_D는 대략 2.2 정도로 알려졌으니 $A_\perp$ 값만 알면 현재 ISS의 탄도계수를 구할 수 있다. ISS의 질량과 $A_\perp$는 꾸준히 증가했으므로 ISS가 궤도에 오른 이후 β 값도 계속 바뀌었다.

ISS는 1998년 첫 번째 모듈 '자리야Zarya'가 '프로톤Proton' 로켓에 의해 근지점 고도 409km, 원지점 고도 416km 궤도로 발사되었고, 2주 뒤 미국의 '유니티Unity' 모듈이 우주왕복선에 의해 운반, 조립되었다. 2000년에는 '즈베즈다Zvezda' 모듈이 자리야-유니티에 추가됨으로써 ISS는 우주인 거주가 가능해졌다. 이후 여러 개의 모듈과 4개의 태양광 패널이 부착되었고 총질량은 약 450톤으로 증가했다. 각 태양광 패널은 32.8kW 전력을 생산하기 위해 태양을 추적하지만 밤 부분의 궤도에 들어서면 공기마찰을 줄이기 위해 국지수평면에 평행하게 유지한다. 현재 ISS는 길이 72.8m, 폭 108m, 높이 약 20m로 알려졌다. 각 면의 넓이는 7,700 m^2, 2,160 m^2 및 1,456 m^2이다. 가장 작은 단면의 넓이는 1,456 m^2이고, 가장 넓은 면 7,700 m^2 가운데 1,500 m^2는 태양광 패널의 넓이다. 지구 그늘로 들어갔을 때는 저항을 최소로 하기 위해 태양광 패널을 지표면과 나란히 배열하여 $A_\perp$를 줄인다. 가장 작은 면의 2/3가 구조물의 단면이라고 가정하면 대략 1,000 m^2가 ISS의 최소 $A_\perp$라고 볼 수 있다. 낮 부분을 비행할 때는 패널이 태양광에 수직으로 배열되어 위치에 따라서는 1,500 m^2 패널 전체가 $A_\perp$에 기여할 수 있고 여기에 구조물의 단면과 기타 면으로부터 단면 $A_\perp$에 기여하는 넓이를 감안해 $A_\perp$의 최댓값을 3,000 m^2로 잡으면 운동방향의 평균 단면적은 대략 $1{,}500\ m^2 < A_\perp < 3{,}000\ m^2$ 정도로 추정할 수 있다. 이렇게 가정한다면 ISS의 탄도계수 β는 대략 다음과 같이 추정한다.

$$80 < \beta < 200\ \mathrm{kg/m^2}$$

〈표 2-4〉는 ISS의 β 값을 80kg/m^2, 165kg/m^2, 200kg/m^2로 가정하고, 각 고도에서 ISS의 생존시간을 계산한 값을 보여준다. β=80kg/m^2인 경우에는 400km에서 시작한 ISS의 고도는 하루 300m씩 낮아져 162일 후에는 고도 350km에 도달하고, 254일 후에는 지상과 충돌한다. β=165kg/m^2인 경우 400km 생존시간은 525일, β=200kg/m^2이면 400km에서 생존시간은 636일이다. 실제로 ISS는 100일마다 한 번씩 고도를 높이게 되어 있고, 이를 위한 추진제 양은 연간 7,500kg 정도가 된다.30) 그러나 실제로 궤도 하강속도나 궤도 존속시간은 태양 활

	β (kg/m²)	h (km)							
		100	150	200	250	300	350	400	450
t_{life} (days)	80.0	~0.0	0.12	1.61	8.47	31.09	92.44	254.35	632.37
	165.0	~0.0	0.24	3.33	17.47	64.13	190.7	524.6	1304.3
	200.0	~0.0	0.29	4.03	21.17	77.73	231.10	635.88	1580.91

표 2-4 400km 원궤도에서 돌고 있는 ISS가 공기마찰에 의해 고도가 낮아지는데 걸리는 시간을 세 가지 탄도계수로 계산한 값.

동에 따라 크게 달라질 수 있고 $A_{\perp}$를 최소가 되도록 운행할 수 있기 때문에 공식 데이터 없이 예측할 수는 없다. 일반적으로 고도 500km에서 800km 사이의 태양 활동에 따른 공기밀도 변화는 600배 이상에 달하고 태양 활동의 최저와 최고는 대략 11년마다 주기적으로 반복된다. 하지만 150km 미만에서는 태양 활동의 강도가 공기밀도에 미치는 영향은 그리 크지 않지만, 고도가 150km에 도달하면 원궤도를 돌면서 궤도가 낮아지는 것이 아니라 탄도를 그리면서 재돌입하기 때문에 150km 전후를 재돌입 고도라고 한다.

고도 $h\,(=a_h - R_E)$에서 공기저항 감속도는 다음과 같이 주어진다.

$$a_D = -\frac{1}{2}\frac{\rho_h}{\beta}\frac{R_E^2}{(h+R_E)}g_0 \qquad (2\text{-}23)$$

고도 400km에서 원궤도를 도는 ISS가 받는 공기저항은 $a_D \simeq -1.4\times 10^{-7}g_0$다. 여기서 $g_0 = 9.806\text{m/s}^2$는 지표면에서의 중력가속도다.[31] 이 정도로 작은 가속도는 일상생활에서는 전혀 느낄 수 없으리만큼 미세

30) Ulrich Walter, *Astronautics* (Wiley-VCH Verlag GmbH & Co. KGaA, 2008), p.384.

31) 400km 고도에서 공기밀도의 최소-최댓값은 대략 100배 정도 차이가 날 수 있기 때문에 a_D 값은 이러한 배경에서 이해해야 한다.

하지만, ISS를 250여 일 만에 지상으로 추락시킬 수도 있다.

3. 태양 복사압에 따른 궤도 변화

지금까지 고려한 지구가 구가 아닌 타원체이라서 생긴 J_2 효과와 태양과 달에 의한 중력 및 공기저항 외에도 위성의 궤도를 바꾸는 또 다른 중요한 요인으로 태양 복사선이 위성 표면에 입사하여 흡수되거나 반사될 때 생기는 복사압을 들 수 있다. 우리가 앞에서 다룬 공기저항은 공기분자가 물체의 표면에 충돌하여 운동량을 전달함으로써 물체 표면에 압력을 생성하는 메커니즘이었다. 이에 비해 복사압은 가스나 입자가 물체에 충돌하는 것이 아니라 정지질량이 없는 광자Photon가 물체 표면과 충돌할 때 생기는 운동량 변화가 물체 표면에 압력으로 나타난다.

태양에서 1AU 떨어진 곳에서 복사선이 수직인 $1m^2$ 평면에 조사Irradiate하는 에너지 플럭스Energy Flux는 $1{,}361\,W/m^2$다.[32] 특수상대성 이론의 결과 질량이 m인 입자의 에너지 E와 운동량 $\vec{p}$는 다음과 같다.

$$\begin{cases} E = \dfrac{mc^2}{\sqrt{1-v^2/c^2}} \\ \vec{p} = \dfrac{m\vec{v}}{\sqrt{1-v^2/c^2}} \end{cases} \qquad (1\text{-}24)$$

식 (2-24)로부터 운동량과 에너지 관계식

32) 에너지 플럭스Energy Flux는 단위시간당, 단위면적당 조사된 에너지 양을 말한다.

$$E^2 = p^2c^2 + m^2c^4 \tag{2-25}$$

을 얻을 수 있고, 광자와 같이 정지질량 m이 0인 광자의 운동량은 다음과 같이 나타낼 수 있다.

$$p = \frac{E}{c}$$

태양에서 1AU 떨어진 곳에서 태양 복사선의 에너지 플럭스가 조사하는 면에 미치는 압력은 단위면적에 조사되는 에너지 플럭스로부터 계산할 수 있다. 지구 상공 수백km에서는 공기가 희박하므로 햇빛에 수직인 면이 매초 단위면적당 받는 태양 복사에너지 E_{rad}는 1.361 kW/m^2다. 따라서 햇빛에 수직인 면이 받는 압력 p_{rad}는 다음과 같다.

$$\begin{aligned} p_{rad} &= \frac{E_{rad}}{c} \\ &= 4.54 \times 10^{-6}(1+r)\ \frac{N}{m^2} \end{aligned}$$

여기서 r은 반사계수Reflection Coefficient로 투명한 경우는 -1, 100% 흡수되면 0이고, 100% 반사되면 +1이다. p_{rad}에 의한 인공위성이나 우주선의 가속도는 다음과 같이 구할 수 있다.

$$a_{rad} = 4.54 \times 10^{-6}\frac{(1+r)A_\perp}{m_{sc}}\ N/m^2 \tag{2-26}$$

$$= 4.63 \times 10^{-7}\frac{(1+r)A_\perp}{m_{sc}}\ g_0$$

여기서 m_{sc}는 우주선의 질량이고, $A_{\perp}$는 복사선에 수직인 우주선의 단면적이다. 공기저항에 의한 가속도 (2-23)와 태양 복사선 압력에 의한 가속도 (2-26)는 고도 800km를 경계로 하여 그 중요도가 뒤바뀐다. 800km 이상의 고도에서는 태양의 복사압이 중요하고 800km 이하에서는 공기저항 효과가 중요하다. 발터Ulrich Walter는 『항주학*Astronautics*』에서 GEO의 장반경과 이심률이 매 주기마다 다음과 같이 바뀌는 것을 보여주었다.[33]

$$\delta a = 6\pi a_{rad} \frac{a^3}{\mu} e + O(e^2) \simeq 0$$

$$\delta e = 3\pi a_{rad} \frac{a^2}{\mu} + O(e^2)$$

GEO 위성인 경우 $e \simeq 0$임을 상기하면 태양 복사선은 GEO 위성의 장반경을 거의 바꾸지 않는다고 판단할 수 있다. 반면 δe는 a^2와 a_{rad}에 비례하기 때문에 GEO 위성은 LEO 위성에 비해 훨씬 영향을 많이 받는 것을 알 수 있다. 적도 위 400km 고도를 도는 LEO 위성의 δe보다 GEO의 δe가 39배 이상 크다. 고도가 높아질수록 가속도는 이상적인 값 (2-26)으로 접근한다. GEO에 배치된 통신위성의 궤도 반경은 $a = 4.2164 \times 10^7$m, 반사계수 r은 0.5, $A_{\perp}/m_{sc} \simeq 0.08 \text{m}^2/\text{kg}$라고 가정하면 매 주기마다 e는

$$\delta e \simeq 2.31 \times 10^{-5}$$

만큼씩 증가한다.

---

33) Ulrich Walter, *Astronautics* (Wiley-VCH Verlag GmbH & Co. KGaA, 2008), pp.366-370.

제 2 장

임무궤도 환경 및 특성

1. 로켓의 역할과 임무 환경

우주 임무의 다양성

축제날 밤에 화려하게 하늘을 장식하는 불꽃을 로켓으로 쏘아 올리고, 300kt급 탄두를 10기씩 한꺼번에 발사하는 것도 로켓이고, 어디를 가든지 목적지의 주소만 알면 지도 한 번 안 보고도 운전대를 잡게 해주는 GPS 위성을 쏘아 올리는 것 역시 로켓이다. 앞으로 여객기처럼 사용할 수 있는 로켓이 나온다면 우주 관광에 사용되겠지만, 그 때까지는 위에 열거한 세 가지가 로켓이 할 수 있는 일의 전부다. 다음의 〈사진 2-1〉에서 로켓이 할 수 있는 역할을 한눈에 알 수 있다.

로켓이 유용한 이유는 미리 정한 위치로 정해진 시간에 무거운 페이로드Payload를 정확히 배달할 수 있는 능력이 있기 때문이다. 현대식 로켓은 톤 단위 무게를 가진 페이로드를 12km/s 이상으로 가속할 수도 있고, 로켓의 연소가 종료될 때 속력 오차를 수cm/s 이내로 제어

사진 2-1 왼쪽은 불꽃놀이 장면, 가운데는 반덴버그에서 발사한 LGM-118A의 8기의 모의 탄두를 탑재한 MIRV들이 콰절린 환초環礁(Kwajalein Atoll) 시험장으로 낙하하는 장면이고, 오른쪽은 GPS 위성의 가상도다.

할 수 있으며, 각도 오차도 상응하는 작은 값을 가지도록 조절할 수 있다. 10,000km 사거리를 가진 ICBM의 CEP가 100m를 넘지 않기 위해서는 연소종료속도를 이 정도 정확도로 통제할 수 있어야 한다. 또는 소행성과 랑데부를 계획할 때도 같은 수준의 정밀도가 필요하다. 탄도탄과 관련한 문제 가운데 여기서는 우주 임무에 관련된 사항만 살펴보기로 한다.

인공위성과 우주선은 사용 목적에 따라 상용위성, 군용위성, 과학위성, 달 및 행성 탐사선 등으로 구분할 수 있다. 상용위성은 우리 실생활에 도움을 주는 위성으로 주로 지구 궤도에 한정되며, 수요에 따른 이윤을 창출할 수 있는 위성이다. 여기에 속하는 대표적인 위성은 통신위성, 방송위성, 기상위성, 사진위성 및 항법위성 등이다. 군용위성을 따로 구분하는 것은 사실 의미가 별로 없다. 위성기술 자체가 군용위성과 민간위성이 따로 정해진 것이 아니고, 사용 목적과 운영 주체가 군이냐 민간이냐에 따라 군용과 민수용으로 구분하기 때문이다. 하지만 우주개발 초기에 위성 개발의 필요성을 제기하고 개발을 주관한 것은 미국이나 구소련 모두 국방 관련 기관이었고, 지금도 우주 응용 첨단 연구는 국가 연구기관이 주도적인 역할을 하고 있다. 통신위성, 기상위성은 물론이고 군이 중요시하는 위성으로는 첩보위성, 항법위성 및 측지위성 등이 있다. 첩보위성에는 고해상도 광학 위성, 적외선 위성, 레이더 위성 및 전자파를 청취하는 위성 등이 있고, 군용 항공기와 군함 및 탄도탄 잠수함의 항해를 위한 항법위성, 적의 탄도탄 발사를 발사단계에서 발견하는 적외선 탐지위성과 여기서 얻은 모든 데이터를 필요한 부서에 실시간으로 연결해주는 통신위성 등이 대표적인 군용위성이다. 사실 오늘날 상용위성으로 수요가 폭발하고 있는 모든 위성기술은 군용위성을 위해 개발한 기술의 '스핀-오프Spin-off'라고 보면 거의 틀림없을 것이다.

역설적이긴 하지만, 이러한 군사기술은 결과적으로 우리의 생활수준과 문화수준을 한 단계 높였고, 첨단기술을 안방으로 끌어들였으며, 기초과학기술을 30년 전에는 꿈도 꿀 수 없었던 수준으로 올려놓았다. 이 모든 것은 지구와 하늘의 구석구석을 손바닥처럼 들여다볼 수 있는 위성 센서로 얻어낸 데이터를 통신위성을 통해 지구의 모든 지역을 실시간 연결할 수 있기 때문에 가능하다. 상용위성 궤도나 군용위성 궤도는 LEO에서 GEO까지 다양하고, 하나의 위성을 사용하기보다는 지구 전체를 망라하기 위해 여러 개의 위성을 일정한 패턴으로 배열하는 위성 군Constellation of Satellites을 사용하는 것이 보통이다.

대부분의 천체물리학자가 지지하는 '우주 표준모델Lambda-CDM model'을 구축하는 데 가장 중요한 역할을 한 것은 다름 아닌 COBE(Cosmic Background Explorer), WMAP(Wilkinson Microwave Anisotropy Probe) 및 플랑크Planck라는 하늘 전체에 대한 마이크로웨이브 배경복사를 정밀 측정한 위성들이다.[34] 2001년 6월 WMAP은 델타Delta II 7425에 실려 지구에서 태

34) https://en.wikipedia.org/wiki/Cosmic_Background_Explorer;
http://en.wikipedia.org/wiki/Wilkinson_Microwave_Anisotropy_Probe;
https://en.wikipedia.org/wiki/Planck_(spacecraft)

양의 반대쪽으로 150만km 떨어진 태양과 지구가 만든 라그랑주 포인트 EL_2(Sun-Earth Lagrange Point L_2)에 안착했다. 이 포인트 주변의 '달무리궤도Halo Orbit'에 진입한 뒤 태양의 방해를 받지 않고 하늘 전체를 1년에 한 번꼴로 관측했다. WMAP에 이어 플랑크 위성도 2010년 2월부터 2013년 10월까지 3년 8개월간 EL_2에서 하늘 전체를 관찰했다. 플랑크 위성은 WMAP보다 더 세밀한 각도로 하늘을 관찰하고 좀 더 감도가 좋은 센서를 장착하여 WMAP 데이터를 보완했다. 2015년에 발표한 플랑크 데이터 분석결과에 따르면, 우주의 나이는 137.99±0.38억 년이고, 허블 상수Hubble's Constant H_0는 67.8±0.9km/Mpc이며 우주는 30.8±1.2%의 물질과 69.2±1.2%의 암흑에너지Dark Energy로 구성된다고 보고했다.35)

2018년에는 훨씬 강력한 제임스 웨브 우주망원경(JWST: James Webb Space Telescope)을 EL_2로 발사할 예정이다. WMAP이나 허블Hubble 망원경 같은 천체 관측위성뿐만 아니라 소저너Sojourner, 스피릿Spirit, 오퍼튜니티Opportunity, 큐리어시티Curiosity 같은 무인 화성 로버Mars Rover가 화성 표면을 이동하며 둘러보고, 사진 찍고, 표토를 긁어내고 성분을 조사했다. 화성의 로버들은 얼음의 존재도 확인했고, 여러 가지 흥미로운 사진을 찍어 보냈으며 최근에는 지금도 화성 표면에 소금물 개천이 간헐적으로 흐르고 있다는 증거를 보내기도 했다. 행성 탐사선들도 목성·토성 및 그 위성들에 대한 귀중한 자료를 보내와 태양계의 근원에 대한 연구에 활기를 불어넣고 있다.

1992년 JPL의 '로버트 슈탤레Robert Staehle'는 명왕성을 발견한 '클라이드 톰보Clyde Tombaugh'에게 명왕성을 방문하는 것을 허락해달라고 '비자' 신청을 했고, 톰보는 흔쾌히 허락했다. 1997년 1월에 세상을 떠난

---

35) Planck 2015 Results, http://www.cosmos.esa.int/web/planck/publications; http://xxx.lanl.gov/abs/1502.01589

톰보의 유골 중 일부가 2006년 '뉴 허라이즌스New Horizons'에 실려 그의 행성 명왕성으로 발사되었다. 2015년 7월 14일 뉴 허라이즌스는 명왕성을 근접 비행한 뒤에 톰보가 영면할 태양계 밖의 우주공간으로 떠났다.

반 알렌 방사선대

대부분의 과학위성과 기상위성 등은 LEO 원궤도다. 궤도의 경사각은 위성이 무엇을 관측하느냐에 따라 달라진다. 적도의 강수량을 측정하는 것이 목적이라면 관측 지역이 적도 지대이므로 경사각이 35° 미만이어야 하지만, 지구의 전 지역을 관측해야 한다면 극궤도가 적합하다. 사실 NASA가 발사한 대부분의 지구 관측위성이나 국방성이 발사한 위성의 대부분은 극궤도를 돌고 있다.

이 위성들의 주기는 대략 100분 내외이며 50분 정도는 지구의 낮 부분을 관측하고 50분가량은 밤 부분을 관측한다. 위성이 극과 극을 돌아 제자리로 올 동안 지구는 그 밑에서 회전하고 있다. 따라서 한 바퀴 돌고 다시 낮 부분으로 왔을 때는 바로 직전에 보았던 지역의 옆 부분을 관측하게 된다. 극궤도를 도는 위성은 24시간 동안 지구 전체를 대략 두 번 관측한다. 한 번은 밤일 때 관측하고 한 번은 낮 동안에 관측한다.[36] 그러나 이러한 궤도를 선정할 때 고려해야 할 중요한 요소 중의 하나가 지자기 축을 중심으로 지구를 둘러싼 두 겹의 도넛 형태로 이루어진 '반 알렌 방사선대Van Allen Radiation Belt'다. 강한 방사선은 우주인의 건강뿐만 아니라 여러 가지 위성 탑재 감지기와 전자장비의 수명을 대폭 감소시킬 수도 있기 때문이다.

1958년 미국이 발사한 첫 번째 인공위성 '익스플로러Explorer-1'의 가이거-뮐러 계수기Geiger-Mueller Counter는 고도 1,000km 이상에서 급증하

36) http://earthobservatory.nasa.gov/Features/OrbitsCatalog/page2.php

는 방사선을 발견했다. 과학자들은 인공위성이 궤도에 오르기 전부터 지구자기장에 갇힌 하전입자Charged Particles가 모여 있는 영역이 존재할 가능성을 연구했지만, 미국의 익스플로러-1과 익스플로러-3에 탑재된 가이거 계수기에 의해 실제로 확인된 셈이다. 이후 지구에는 두 개의 방사선대가 있는 것이 확인되었고, 익스플로러 위성의 방사선 장치와 방사선 관측을 주관한 아이오와 대학교의 제임스 반 알렌James Van Allen 교수의 이름을 따서 '반 알렌 대Van Allen Belt'라고 한다. 반 알렌 대는 내부 방사선대Inner Belt와 외부 방사선대Outer Belt의 두 구조로 되어 있다. 외부 방사선대는 주로 지자기에 갇힌 전자들로 구성되었고, 내부 방사선대는 우주선이 상층부의 공기와 반응하여 생긴 중성자Neutron가 양자Proton와 전자로 붕괴되면서 생긴 전하들이 지자기에 의해 갇힌 곳이다. 이곳은 방사선 플럭스Flux가 높은 구역으로 방호되지 않은 전자부품이 이 구역에서 장시간 노출되면 고장 날 확률이 아주 높다. 내부 반 알렌 대는 고도 1,600km에서 13,000km 사이에 존재하고, 외부 반 알렌 대는 고도 19,000km에서 40,000km에 걸쳐 존재하며 25,000km와 32,000km 사이에서 방사선 세기가 가장 강하다.[37)]

〈그림 2-3〉에서 보듯이 내부 반 알렌 대와 외부 반 알렌 대 사이의 고도 13,000km에서 25,000km에는 비교적 방사선으로부터 안전한 영역이 존재한다. 이 영역의 고도 20,180km에 GPS 위성들이 배치되어 있고, 방사능 세기가 비교적 약한 고도 35,786km에도 GEO 위성들이 궤도를 돌고 있다. 이처럼 우리에게 아주 긴요한 주기인 1항성일과 1/2항성일에 해당하는 궤도가 방사능 강도가 약한 틈새에 있다는 것은 참으로 다행한 일이 아닐 수 없다. 그렇지 않았다면 방사능 차폐를 위해 위성의 질량과 생산비가 크게 증가할 수밖에 없었을 것이다. 아폴로 우주선들 역시 내부 방사선대의 강한 방사능 구역을 최대한

---

37) http://en.wikipedia.org/wiki/Van_Allen_radiation_belt

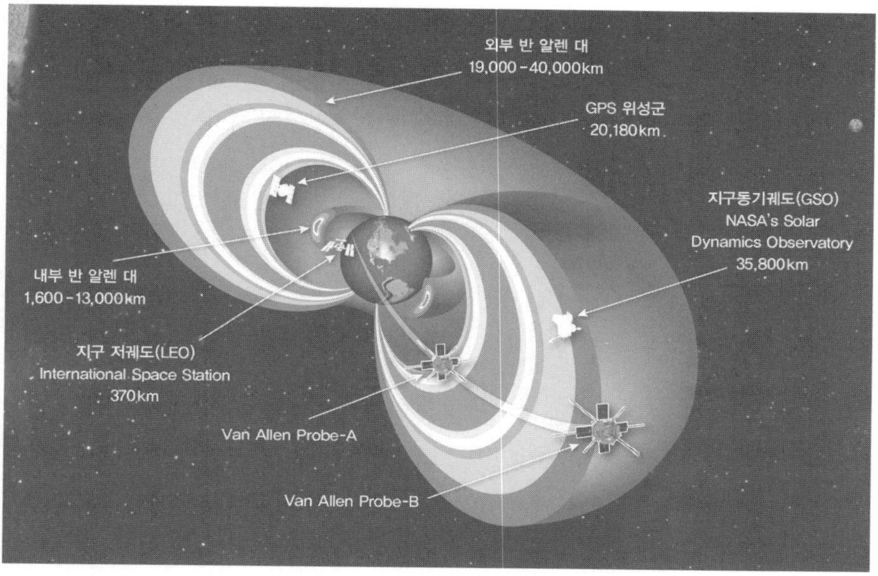

그림 2-3 가장 안쪽 하얀 테두리를 포함한 영역이 내부 반 알렌 대이고 GPS 위성 군의 바깥쪽 영역이 외부 반 알렌 대다. 외부 반 알렌 대의 방사선은 주로 광속의 전자들이고, 내부 반 알렌 대의 방사선은 주로 양자들이다.〔NASA〕 (화보 2 참조)

피하기 위해 내부 방사선대를 최단시간 안에 통과하는 궤도를 따라 비행했다.

그 결과 방사선 플럭스가 제일 강한 내부 반 알렌 대를 지나는 시간이 짧아 우주인들이 받은 방사선 양은 위험한 정도는 아니었다. 우주인들이 달 왕복 미션에서 받은 총 피폭량은 미국원자력위원회가 정한 연간 안전 상한선인 5rem의 5분의 1 미만이었다. 사실 우주왕복선이나 국제우주정거장과 거의 모든 유인 우주선의 궤도는 고도 200km 이상 600km 이하로, 방사능에서 비교적 안전한 회랑回廊에 자리 잡고 있다.

반 알렌 대가 존재하기 때문에 우리가 사용할 수 있는 지구 위성 궤도는 고도 300~1,000km 그리고 20,000km 내외와 40,000km 근방으로 제한된다. 이러한 고도 영역은 실용적인 위성 궤도의 대부분을 포함하고 있어 역시 인류에게는 큰 행운이라고 할 수 있다. 이상의 세 구역에서 활동해야 하는 위성을 설계하려면 위성의 수명을 어느 정도 늘리기 위한 방사능 차폐와 방사능에 대한 전자부품의 내구성을 키우는 '방사선 하드닝Radiation Hardening'을 해야 한다.

발사장 위도와 궤도 경사각

미션에는 다양한 위성 궤도가 필요하지만, 고정된 발사장에서 필요한 궤도로 직접 진입시킬 수 없는 제한도 있다. 위도Latitude가 Y인 발사장에서는 궤도면을 바꾸지 않는 한, 궤도의 경사각Inclination i가 Y보다 작은 궤도로 위성을 직접 발사하는 것은 불가능하다. 어떠한 궤도를 택하든 위성은 발사대와 지구 중심을 연결하는 직선상의 한 점을 지나기 때문에 항상 $i \geq Y$가 되는 것이다. 발사대가 있는 위치에서 위성을 정동 쪽으로 발사하는 경우 $i = Y$가 되어 경사각이 최소가 된다. 만약 경사각이 Y보다 작은 궤도면으로 위성을 발사해야 하는 경우에는 발사체를 이용해 궤도면을 바꾸는 기동을 실시하거나 아니면 나중에 위성의 보조로켓을 이용해 궤도면을 바꿔줘야 한다. 이러한 이유로 각국은 되도록 궤도면 수정 없이 다양한 미션 궤도로 발사할 수 있는 발사장의 위치를 선택하려 하지만, 발사체 지상 궤적의 안전문제, 보안문제 및 이웃 국가와의 문제 등으로 많은 제한을 받을 수 밖에 없다. 운 좋게 적도 근방에 발사장이 있거나 아니면 해상 발사대를 가진 발사 주체는 궤도 경사각의 문제가 없지만, 대부분의 발사는 적도에서 많이 떨어진 곳에 위치한 발사장에서 실시되고 있다.

세계에서 가장 바쁜 우주발사장으로 알려진 러시아의 플레세츠크 우주발사기지Plesetsk Cosmodrome를 예로 들어보자. 플레세츠크의 위치는 북위 62.925556° 동경 40.57778°로 북극권(66.5622°)에 가깝다. 따라서 플레세츠크에서 직접 발사할 수 있는 최소 경사각은 62.925556°이고, 이보다 경사각이 작은 궤도로 위성을 발사하려면 궤도면 변경이 불가피한데, 그러려면 값비싼 대형 로켓으로 그 대가를 치러야 한다. 이러한 이유로 위도가 낮은 발사장을 가진 국가들과는 달리 러시아는 다양한 군사적인 목적에 GEO 대신 몰니야 궤도를 즐겨 사용한다. 물론 국토의 상당 부분이 위도가 높아 GEO 위성의 가시선Line of Sight 밖에 있기 때문이기도 하지만, 플레세츠크에서 GEO로 발사할 수 있는 로켓은 프로톤Proton뿐인데 플레세츠크에는 프로톤 발사대가 없다.[38] 대신 플레세츠크에서 발사 방위를 조금 조정해 경사각 i를 63.4349°로 발사하면 근지점-원지점이 고정되는 궤도에 진입시킬 수 있다.

구소련과 러시아는 4단 로켓으로 변형한 R-7인 몰니야 로켓Molniya Rocket을 이용하여 주기가 12시간인 몰니야 궤도로 통신위성과 정찰위성을 쏘아 올렸다. 경사각 i가 63.4349°이고, 고도가 504km인 대기궤도에서 몰니야 궤도로 옮겨가는 데 소요되는 Δv는 2.43km/s인 데 반해 GEO로 옮겨가는 데는 5.175km/s의 Δv가 필요하다. 같은 발사체를 이용할 때 몰니야 궤도에 GEO보다 2배 더 무거운 페이로드를 올릴 수 있다는 계산이 나온다.[39] 대기궤도에서 몰니야 궤도로 이동하는 데는 궤도 원형화Circularization나 변경 작업이 필요 없다. 러시아는 GEO나 낮은 경사각으로 위성을 발사하기에는 불리하지만, 몰니야 궤도로 발사하는 데는 미국의 케네디 우주센터 KSC(Kennedy Space Center)보다 훨씬 유리한 위치에 있다.

---

38) 구소련 시절에는 바이코누르Baikonur에서 프로톤을 이용해 비교적 무거운 정지위성을 발사했지만, 지금은 카자흐스탄Kazakhstan에서 임대하여 사용하고 있다. 그러나 프로톤은 독성이 강한 NTO/UDMH 추진제로 사용하기 때문에 발사체 궤적을 따라 지상의 피해가 만만치 않아 발사 방위가 더욱 좁아지고 있다.

39) Charles D. Brawn *Spacecraft Mission Design*, 2nd Edition (AIAA, Inc., 1998), p.91,

2. 실용궤도의 특성

통상적으로 우주선은 발사대를 떠나는 순간부터 임무를 완수하고 폐기되는 순간까지 여러 궤도를 거친다. 우주선이 거치는 궤도는 크게 발사궤도Ascent Trajectory, 대기궤도Parking Orbit, 전이궤도Transfer Orbit, 임무궤도Operational Orbit 및 폐기궤도Disposal Orbit로 나눌 수 있다. 발사궤도란 우주선이 우주발사체에 실려 발사대를 이륙하여 발사체가 연소종료되고 분리될 때까지 동력 비행을 하는 궤도를 말한다. 발사궤도는 대기궤도 또는 전이궤도로 연결되는 것이 보통이다. 발사궤도는 가장 큰 추력과 Δv가 필요하고, 위험부담도 가장 큰 궤도로 프로젝트 가운데 가장 비싼 부분이다.

대기궤도는 임무궤도로 옮겨가기 전에 먼저 고도 170~300km LEO에 진입하여 우주선을 점검하거나 다음 우주선과 도킹을 위해 머무는 임시궤도를 말한다. 대기궤도나 발사궤도에서 임무궤도 또는 다음 단계의 궤도로 진입하는 궤도를 전이궤도라고 하며, 우주선이 임무 수행 기간 내내 머물며 임무를 수행하는 궤도를 임무궤도라고 한다. 마지막으로 인공위성이나 무인 우주선이 수명을 다하면, 다른 위성과의 충돌을 피하기 위해 폐기궤도로 옮겨 놓아야 한다. LEO 위성의 폐기궤도는 대기권으로 재돌입시켜 태우거나 재돌입 중에 산산이 부서지도록 하여 지상에 주는 피해를 방지하는 재돌입궤도를 의미한다.

반면, GEO(Geostationary Earth Orbit)나 GSO(Geosynchronous Orbit) 같은 고고도 위성의 폐기궤도는 GEO보다 조금 높은 궤도로 옮겨 놓는다. 이렇게 함으로써 다른 GEO 위성이 그 자리에서 새로운 임무를 수행할 수 있게 된다. 더 낮은 궤도로 옮기지 않고 더 높은 궤도로 옮기는 것은 GEO보다 약간 낮은 궤도에서 GEO 진입을 준비하는 GTO(Geostationary Transfer Orbit) 위성들과 충돌할 위험이 있기 때문이다.

대기궤도

위성이나 우주탐사체Space Probe를 발사할 때 직접 최종 궤도로 진입시키는 방법과 중간에 임시 궤도에 진입시킨 후 원하는 궤도로 진입시키는 두 가지 방법이 있다. 후자에 사용하는 임시 궤도를 대기궤도 또는 주차궤도라고 부른다. GEO로 진입시키거나 달에 무인 탐사선이나 유인 우주선을 보낼 경우, 또는 행성 간 탐사선을 발사할 때 주로 대기궤도를 이용해 왔다. 대기궤도를 거치는 것이 유리한 점이 많지만, 몇 가지만 열거하면 다음과 같다.

- 발사 가능 시간대Launch Window를 넓혀준다. 특히 지구의 인력권을 이탈해야 할 때 필요하다.
- 주어진 발사대 위치에서 최종 궤도 진입이 어려운 경우 대기궤도를 따라 '관성 비행Coasting'을 하면서 적절한 진입 장소Injection Point에서 전이궤도로 진입시킬 수 있다.
- 유인 달 탐사나 화성 탐사 같은 경우 지구를 떠나기 전에 우주선의 이상 유무를 최종적으로 점검하는 시간이 필요하다.
- 근지점이 고고도인 임무궤도의 경우, 대기궤도로 원지점이 임무궤도의 근지점과 같은 타원궤도를 사용하면 추진제를 절약할 수 있다.

장점이 있으면 단점도 있게 마련이다. 대기궤도의 문제점은 대개 두 가지 요인에서 비롯된다. 첫 번째 요인은 로켓엔진을 일단 중지하고 관성 비행을 한 후 다시 점화해야 한다는 점이다. 두 번째 요인은 대기궤도에서 시간을 지체하여 임무궤도에 도착하는 시간이 길어진다는 점이다. 이 두 가지 요인으로 생긴 문제에는 다음과 같은 해결책이 필요하다.

- 재점화Multiple Ignition 메커니즘 설치가 필요하다.
- '출렁거림 방지 조절판Anti-slosh Baffles'과 가속도를 약하게 발생시켜 추진제를 펌프 입구로 모으는 '얼리지 모터Ullage Motors'를 장착해야 한다.
- 관성 비행시간만큼 열 차폐 시간이 길어지므로 성능이 좋은 열 차폐 수단Thermal Shield이 필요하다.
- 배터리 수명이 더 길어야 하고, 관성유도장치의 성능이 더 개선되어야 한다.
- 관성 비행시간과 재점화 때 정확한 자세제어를 위한 자세제어 로켓Reaction Control System이 필요하다.
- 미션에 따라 대기궤도의 장단점을 비교한 뒤 대기궤도를 사용할지의 여부를 결정해야 한다.

'발사 가능 시간대'란 특정 목표궤도Target Orbit를 향해 우주발사체를 발사할 수 있는 시간대를 일컫는 말이며, 발사 가능 시간대 내에서 발사하지 못하면 다음 발사 가능 시간대까지 기다려야 한다. 발사체의 Δv 능력이 아주 크다면 아무 때나 발사해도 목표궤도에 도달할 수 있도록 궤도 변경을 자유롭게 할 수 있지만, 현실적으로는 우주발사체마다 Δv의 최댓값이 정해져 있고, 발사대의 위치 또한 고정되어 있다. 발사 가능 시간대가 따로 없는 우주발사체를 개발하거나 운용하는 것은 현재의 기술과 재정 형편으로는 불가능하다고 판단되기 때문에 주어진 Δv 한도 내에서 발사 가능 시간대를 늘리는 것은 아주 중요하다.

예를 들어 달의 근접 촬영을 위해 '레인저 시리즈Ranger Series'를 달로 발사할 때 미국 플로리다 반도의 케이프커내버럴Cape Canaveral에서 발사한 레인저의 TLI(Trans Lunar Injection)는 지구 남반부에서 이뤄졌다. 달로 발사된 레인저 달 로켓이 직경 16km인 달로 가는 회랑Moon Corridor의 입구로 속도 오차 7.15m/s 이내로 진입한다면, 중간에 약간의 궤도 보정으로 달에 명중할 수 있었다.[40] 이러한 회랑은 관성좌표계에서 볼 때 항상 지구 남반부에 고정되어 있다. 발사방위각Launch Azimuth만 조절해주면 케이프커내버럴에서 하루 두 번 달로 가는 우주선을 발사할 수 있다. 케이프커내버럴에서 발사한 우주선을 185km 고도의 원형 대기궤도를 따라 관성 비행한 후에 회랑 입구에 10.97km/s 속도로 진입시키면 달로 갈 수 있다. 이와 같이 대기궤도를 이용하면 TLI 위치를 조절할 수 있기 때문에 발사 가능 시간대가 늘어난 것이다.

GTO는 원지점의 위치는 적도 상공(또는 그 근방)이고, 고도는 GEO의 고도와 같은 35,786km인 긴 타원궤도로 근지점의 고도와 위치는 제한이 없지만, Δv의 부담이 작고 부스터가 빠른 시간 안에 대기권으로 떨어질 정도의 낮은 고도를 택하는 것이 보통이다. GTO의 경사도 Inclination i는 GTO 궤도면과 적도면 사이의 각이다. GTO를 GEO로 변환하려면 경사각은 0이 되어야 하고, 궤도는 고도 35,786km의 원궤도가 되어야 한다. GTO를 GEO로 바꿔주는 Δv가 최소가 되는 지점은 GTO의 원지점이다. GTO의 원지점에서 '순간연소 모터Kick Motor'를 사용하여

$$\overrightarrow{\Delta v} = \overrightarrow{v_{GEO}} - \overrightarrow{v_{GTO,a}}$$

만큼 속도를 바꿔주면 단 한 번의 엔진 작동으로 GTO가 GEO로 바뀐다. 이때 필요한 Δv는 다음과 같다. 여기에서 GTO의 원지점 속력 $v_{GTO,a}$는 1.64km/s이고, GEO의 속력은 3.07km/s이다.

40) http://en.wikipedia.org/wiki/Parking_orbit

$$\Delta v = 3.48\,[1 - 0.831\cos i\,]^{1/2}\ \mathrm{km/s}$$

GEO에 위성을 투입하려면 먼저 임시궤도인 GTO에 위성을 진입시키는 것이 통상적인 방법이다. 물론 아리안-5는 적도에서 5° 10′밖에 떨어지지 않은 기아나 우주센터Guiana Space Centre에서 발사하므로 GTO 대기궤도를 사용하지 않고 곧바로 GEO로 진입한다.

아폴로 프로그램Apollo Program에서는 두 가지 대기궤도를 사용했다. 첫 번째 대기궤도는 '저고도 지구 궤도인 LEO(Low Earth Orbit),', 달로 가는 전이궤도 LTO(Lunar Transfer Orbit)로 진입하기 전에 시스템의 작동상태를 점검하는 데 사용했다. 두 번째 대기궤도는 '저고도 달 궤도(LLO: Low Lunar Orbit)'로, 이를 이용한 '달 궤도 랑데부(LOR: Lunar Orbit Rendezvous)'는 1960년대가 가기 전에 달에 우주인을 보내고 안전히 귀환시키겠다는 케네디John F. Kennedy 대통령의 약속을 성사시킨 일등공신이다. LOR은 지구로 귀환할 때 사용할 로켓을 LLO에 남겨두고 달까지 내려가고 올라올 만큼의 추진제만 사용하기 때문에 달로켓의 총 Δv를 크게 줄여주었다. LOR 개념을 사용하지 않았다면 두 가지 문제 때문에 1960년대 달 착륙은 불가능했다고 본다.

직접 발사Direct Ascent와 '지구 궤도 랑데부(EOR: Earth Orbit Rendezvous)' 발사 방법은 1960년대 내에 발사를 위한 준비가 되어 있지 않았다. 더 중요한 이유는 LOR을 사용하지 않는 한 착륙로켓과 지구 귀환로켓 조합은 비교적 가늘고 길 수밖에 없었다. 가늘고 긴 로켓을 표면상태도 알 수 없는 달 표면에 수직으로 연착륙시킨다는 것은 NASA에서도 감당할 수 없는 모험이었기 때문에 랭글리 연구소Langley Research Center의 후볼트John Houbolt 팀의 주장대로 LLO 대기궤도에서 랑데부하는 LOR을 채택할 수밖에 없었다. LOR 개념은 올렉산드르 샤르게이Oleksandr Hnatovych Shargei가 제안했다.

제정러시아 당시 샤르게이는 제1차 세계대전이 일어나자 징집되어 초급장교로 임관되었고, 참전 기간 동안 공책 네 권에 행성 간 비행에 대한 자신의 아이디어를 정리했다. 러시아 혁명 이후 1917년 그는 군에서 나왔고, 장교 경력이 발각되면 처형당할 것을 염려하여 숨어 지내다 친구들의 도움으로 1900년에 태어난 사람으로 신분 세탁을 했다. 1921년에 죽은 유리 콘드라티우크Yuriy Vasilievich Kondratyuk라는 인물로 신분 세탁을 하고 기능공으로 숨어 살면서 공책에 기록한 내용을 『행성 간 우주공간의 정복Conquest of Interplanetary Space』이라는 72페이지짜리 책 2000부를 자비로 발간했다.[41] 이 책에서 샤르게이는 로켓의 운동, 달까지 왕복궤도 계산 및 모듈식 우주선 개념을 기술했다. 그는 저서에서 경제적으로 달 탐험을 하려면 우주선을 달 궤도에서 조립 및 해체가 가능한 조립식으로 제작하고, 달 궤도에 도달하면 지구로 돌아올 때 사용할 귀환선은 분리하여 궤도에 남겨두고, 조그만 착륙선으로 달에 착륙해야 한다고 주장했다. 지구로 돌아올 때는 착륙선에 부착된 조그만 이륙선을 사용해 귀환선이 기다리는 궤도로 돌아와 귀환선으로 갈아타고 지구로 돌아온다는 개념이다. 이러한 달 궤도 랑데부 LOR 방법을 채택하면 추진제를 많이 절약할 수 있기 때문에 직접 발사 방법Direct Ascent Method보다 훨씬 작은 로켓으로도 달 표면 왕복이 가능하다고 주장했다.

지구 기준 궤도

임무에 따라 궤도는 지구 궤도Geocentric Orbits, 태양 궤도Heliocentric Orbits, 행성 궤도Planetary Orbit, 달 궤도Moon Orbit 및 라그랑주 포인트 주변의 달무리궤도Halo Orbits로 나눌 수 있다. 이러한 구분은 지배적인 중력을 생성하는 천체를 중심으로 궤도를 분류하는 방법이다. 이렇게

41) http://en.wikipedia.org/wiki/Yuri_Kondratyuk

지배적인 천체가 결정되면 고도에 따라 저고도, 중고도, 고고도로 나누는 것이 보통이지만, 고도가 달라진다고 하여 궤도 특성이 크게 달라지는 것이 아니다. 인공위성 발사와 운용은 값비싼 작업이므로 모든 인공위성은 구체적인 임무를 띠고 발사되며 미리 예정된 궤도에서 맡은 임무를 수행한다. 따라서 인공위성의 실제궤도는 궤도와 지배적인 천체 또는 관성계와의 관계Reference에 의해 고도와 궤도면의 방위Orientation가 결정된다. 이러한 관점에서 인공위성을 지표면 기준 인공위성Earth Referenced Satellites, 스페이스 기준 인공위성Space-referenced Orbits과 이러한 궤도로 위성이나 우주선을 진입시키는 데 필요한 임시궤도인 대기궤도와 전이궤도Transfer Orbits로 분류할 수 있다. 스페이스 기준 위성이란 지구 외에 다른 천체에 대해 궤도면의 방위가 결정되는 위성이란 의미다.42)

지구 기준 위성 궤도는 크게 정지궤도GEO, 몰니야 궤도Molniya Orbits, 고정궤도Frozen Orbits 및 몇 주기마다 한 번씩 같은 지표면 상공을 반복해서 지나가는 반복궤도Repeating Ground Track Orbits 등으로 나눌 수 있다. 물론 지구에 대해서나 다른 천체에 대해 고정된 방위나 주기 등 아무 조건 없이 쏘아 올리는 위성도 있지만, 대부분의 위성은 고유한 임무가 주어지고, 그 임무를 효율적으로 수행할 수 있는 궤도가 따로 있다.

GEO는 주기가 지구의 자전주기와 같은 1항성일(23.9344699시간: Sidereal Day)인 궤도로 적도 상공 고도 35,786km인 원궤도로 경사각이 0인 궤도다. 위성의 주기가 지구 자전주기와 같으므로 지표면에서 GEO 위성을 관측하면 위성은 항상 한곳에 고정된 것처럼 보이기 때문에 정지위성이란 이름으로 불리는 것이다. GEO에 있는 위성은 항상 같은

42) James R. Wertz and Wiley J. Larson, Edited, *Space Mission Analysis and Design*, 3rd Edition, pp.179-188.

위치에서 지표면의 45% 정도를 가시선 내에 두고 있으므로 양 극지방을 제외한 대부분의 지표면이 120° 간격으로 배치된 3기의 GEO 위성에 의해 중복해서 가시선에 들어온다. 지상의 안테나는 위성을 잡으려고 움직일 필요가 없으므로 방송위성으로는 상당히 편리하다. 이러한 특성 때문에 GEO는 통신위성, 방송위성, 기상위성 및 조기경보위성의 궤도로 적합하다. 그러나 북위 81.3°, 남위 81.3° 이상의 지역은 가시선 밖이라 극초단파 통신 및 방송 송수신에 문제가 있고, 북극에서 발사되는 로켓을 탐지하지 못하는 단점이 있다. 위도가 45° 되는 곳에서 GEO 위성까지 전파가 왕복하는 데 걸리는 시간이 0.253초 정도로 길어 실시간 전화 통신에는 다소 불편함이 있는 것이 사실이다.

GEO에는 공기저항에 따른 궤도 파라미터의 변화는 없지만, J_2 효과와 달과 태양의 중력 및 태양의 복사선이 위성에 미치는 압력 때문에 궤도의 이심률, 경사각, 주기 등이 바뀐다. 여기에 더해 적도 둘레에 분포된 질량이 균일하지 않기 때문에 위성은 주기적으로 표류 운동을 한다. 이러한 섭동에 의한 위치 변동과 모양을 원궤도로 유지하기 위해 위성은 자체에 탑재한 추진제를 사용해 섭동효과를 상쇄시켜야 하므로 위성의 수명은 위성에 탑재한 추진제 양에 달려 있다. 2002년 3월 18일 이후에 발사된 GEO 위성은 수명이 끝나기 전 남은 연료를 이용하여 정지위성보다 약 300km 이상 높은 데 있는 정지위성의 무덤인 폐기궤도로 보내야 한다. GEO 위성을 추락시키려면 1.5km/s 이상의 Δv가 필요하지만 무덤궤도에서 폐기한다면 약 3개월간 GEO의 궤도 유지에 필요한 11m/s의 Δv밖에 소요되지 않는다. 그러나 이러한 규약이 실제로 이행되는 경우는 몇 % 안 된다.

러시아는 영토의 대부분이 고위도에 위치하고 있어 통신위성 및 조기경보위성의 대부분을 GEO 대신 궤도 경사각이 $\Psi=63.4349°$이고 근지점이 남극 상공 500km이며 원지점이 북극 상공 39,873km인 몰니야 궤도로 발사한다. 몰니야 궤도의 주기는 1항성일의 반으로 이 궤도에 있는 위성은 하루에 지구를 두 바퀴 회전하지만 대부분의 시간을 원지점이 있는 북반구 상공에서 보내므로 3기의 위성을 사용하면 24시간 통신 중계가 가능하다. 구소련/러시아는 이러한 방식으로 외진 곳에 TV 방송과 통신을 중계하는 데 사용한다. 우리는 식 (2-12)와 식 (2-15)를 통해 궤도 경사각이 $\Psi=63.4349°$이면 근지점(또는 원지점)이 고정되는 것을 보았다. 따라서 '스러스터Thruster'를 사용해 기타 섭동효과만 상쇄해준다면 몰니야 궤도는 고정된 궤도라고 할 수 있다.

몰니야 궤도와 경사각이 같고, 근지점과 원지점이 고정된 주기가 항성시Sidereal Time로 24시간인 지구동기궤도(GSO: Geosynchronous Orbit)가 툰드라 궤도Tundra Orbits다. RAAN(Right Ascension of the Ascending Node) Ω와 '극좌표각'이 각각 120°씩 차이가 나는 세 개의 인공위성을 툰드라 궤도(또는 몰니야 궤도)에 올리되 근지점이 남반구에 생기고, 원지점이 북반구에서 생기게 한다면 북반구에서는 항상 하나 이상의 위성이 가시영역에 들어온다. 양 극지방은 GEO에서 관측하기 힘든 지역이다. 미국의 알래스카 북쪽 지역과, 북부 러시아나 핀란드 노르웨이 같은 북유럽 지역은 GEO 위성에 대한 앙각이 너무 작아 GEO 사용에 문제가 많다. 툰드라 궤도나 몰니야 궤도는 고위도 영역에도 GEO보다 높은 앙각Elevation Angle을 주므로 적도 상공의 GEO 위성을 대체하거나 보좌하는 수단으로 사용할 수 있다. Φ 값을 270°로 택하면 위성의 원지점은 궤도가 가장 북쪽에 있을 때 나타나고, $\Phi=90°$를 택하면 원지점은 궤도의 남쪽 끝에 생긴다. Φ 값을 0°나 180°를 택하면 원지점은 적도 위에 놓이게 된다. 하지만 이 경우 GEO가 여러모로 더욱 편리하고 정확하기 때문에 이러한 몰니야 궤도나 툰드라 궤도는 별로 쓸모가 없다.

한편, 툰드라 궤도의 근지점은 25,250km이고 원지점은 46,300km이다. 몰니야 궤도와 툰드라 궤도는 '모빌 시스템'에 응용하거나 GEO 위성 시스템을 보완하는 위성 궤도의 후보로 떠오르고 있다. 최근에 일본이 개발, 추진하고 있는 QZSS(Quasi-Zenith Satellite System) 역시 모빌 시스템에 영상, 음성 및 데이터를 제공하는 통신 시스템이다. QZSS는 3기의 위성으로 구성되며, 궤도 파라미터는 장반경 42,164km, 이심률 0.075±0.0015, 궤도 경사각 43°±4°, RAAN Ω의 초깃값이 195°이며 초기 평균 이심각은 305°, 근지점 편각Argument of Perigee Φ는 270°±2°로 알려지고 있다. QZSS의 주목적은 고층건물 숲에 둘러싸인 도심 속에서 GPS 활용률을 높이기 위함이다. QZSS는 일본 상공에 오래 머물면서 높은 앙각을 유지하기 때문에 도심에서 위성항법에 특히 유용할 것으로 기대한다.

지구 기준 위성 시스템 중 가장 잘 알려진 것은 아마도 GPS 시스템일 것이다. GPS 시스템은 위성항해 시스템으로 지표면 또는 지구에서 가까운 곳의 위치 및 시간 데이터를 기상 상태와 관계없이 제공하는 현대 생활의 필수품이다. GPS는 미국 정부에서 개발하고 운영하지만, 전 세계 모든 사용자에게 열려 있는 위성항법 시스템이다. GPS 시스템은 우주-세그먼트(SS: Space Segment)와 통제관리-세그먼트(CS: Control Segment) 및 사용자-세그먼트(US: User Segment)로 나눈다. 우리가 관심을 가지고 있는 세그먼트는 SS 또는 SV(Space Vehicle)로 불리는 위성 시스템이다. 원래는 24기의 위성을 RAAN이 80°씩 벌어진 3개의 궤도에 각각 8기의 위성을 배치하려 했으나 중간에 계획이 바뀌어 RAAN이 60° 차이로 배열된 6개의 궤도에 4기씩의 위성을 배치하게 되었다. 궤도의 경사각 Ψ은 55°이고, 주기는 정확히 1/2항성일인 11시간 58분 2.0458초다. 지표면 어디에서 보아도 최소한 6기 이상의 위성이 항상 시선에 들어오도록 배치했다. 그 결과, 각 궤도에서 4기 위성의 분포

각도 차이는 30°, 105°, 120°, 105°로 일정하지 않았다. GPS 시스템은 현재 32기가 운용되고 있고, 고도는 20,180km다.

2015년 기준으로 고성능 FAA급 표준위치 서비스 GPS의 오차는 수평 방향으로 3.5m 미만이다. GPS는 원래 군사 목적으로 개발되었지만, 민수용으로 개방된 후에도 최고의 정확도를 가진 시그널은 군사용으로 유보했고, 민수용은 의도적으로 정확도를 낮추었다. 그러나 2000년 3월부터는 군사용과 같은 시그널을 개방했다. 그러나 고도 18km 이상 속도 51m/s 이상에서 사용할 수 있는 GPS 단말기는 순항미사일이나 탄도탄 유도에 사용될 수 있으므로 무기와 같이 취급하여 상무성의 수출허가Export License를 받도록 했다. 물론 미국에서 수입하지 않고 다른 나라에서 생산한 GPS 단말기는 ITAR(International Traffic in Arms Regulations)의 제재 없이 거래된다.

GPS의 정확도를 보완하는 방법으로 DGPS(Differential Global Positioning System)가 개발되었다. DGPS의 오차는 10cm 미만으로 보통 GPS 정확도 15m에 비해 월등히 정확하다. 정확한 측지를 통해 알고 있는 여러 곳에 GPS 단말기를 설치하고, GPS 위치 데이터와 측지 데이터 차이를 비교하여 얻은 데이터를 방송하여 임의의 위치에서 사용하는 단말기의 위치 데이터를 교정하는 시스템이다. 물론 지상 네트워크와 교정하고자 하는 단말기가 같은 세트의 GPS 위성들에서 데이터를 받는 범위 내에서 정확한 위치 보정이 가능하다. 지상의 기지에서 DGPS 데이터를 방송하는 대신 교정 데이터를 인공위성을 통해 방송하는 광역보정항법(WADGPS: Wide-Area DGPS) 시스템도 운용 중이다. 이러한 시스템은 정확히 측지된 여러 곳에서 하나 이상의 GPS 위성 데이터와 이온층Ionosphere의 상태를 분석하여 하나 이상의 위성으로 송신하여 사용자 단말기로 방송하도록 한다. 이밖에도 여러 가지 변형 DGPS 시스템이 자국 실정에 맞도록 개발 중이다.

미국의 GPS 시스템 외에도 러시아의 GLONASS 시스템이 전 세계적으로 운용 중이고, EU(European Union)가 중심이 되어 개발 중인 갈릴레오Galileo 시스템이 2019년까지 완성될 예정에 있다. 중국은 현재 아시아와 서태평양에서만 쓸 수 있는 '북두Beidou-1 시스템'을 운용 중이지만, 2020년까지는 전 세계를 아우르는 COMPASS 시스템을 개발 중에 있다. 인도 역시 인도와 북인도양에 사용가능한 지역 항법위성 시스템 IRNSS의 완성을 눈앞에 두고 있고, 일본은 자국과 아시아 및 오세아니아를 관측하는 QZSS 시스템 개발을 계속해왔으며 2017년까지는 필요한 위성 3기를 발사할 것으로 본다.

우주 기준 궤도(Space-referenced Orbits)

이상에서 우리는 GEO, 몰니야 궤도 또는 GPS 궤도와 같이 지구에 대해 기준을 잡은 위성 궤도에 대해 살펴보았고, 이제 우주에 기준을 둔 우주 기준 궤도에 대해 살펴보겠다. 태양을 관측하거나 지구를 관측하고 사진 촬영을 한다면 궤도면과 태양광이 만나는 각이 일정할 필요가 있다. 이러한 궤도를 태양동기궤도Sun-synchronous Orbits라고 하며, 하루의 반은 지구의 어두운 면을 관측하고 반은 지구의 밝은 면을 관측한다. 태양동기궤도는 궤도면이 지구 자전축을 중심으로 1항성년Sidereal Year에 정확히 한 바퀴 돌게 조정된 궤도다. 지구가 균일한 공과 같다면 자전축을 중심으로 한 세차운동은 없겠지만, 지구가 회전타원체 모양에 가깝기 때문에 $J_2 \neq 0$이므로 식 (2-13)에서처럼 a, Ψ 및 e를 선택함으로써 세차운동 각속도 $\dot{\Omega}$를 정확히 0.985647°/day 또는 1.991063×10^{-7} rad/s로 맞춰줄 수 있다. 그러나 이 조건은 a, Ψ 및 e를 유일하게 결정하는 대신 다음과 같은 관계식을 제공한다.

$$\cos \Psi_{ss} = -4.77372 \times 10^{-15} (1-e^2)^2 a^{7/2} \tag{2-27}$$

여기서 Ψ_{ss}는 태양동기궤도의 적도면에 대한 경사각이다. $|\cos\Psi_{ss}| \le 1$ 이므로 a는 다음 조건을 만족해야 한다.

$$a \le 12352.5(1-e^2)^{-4/7}\ \text{km}$$

$a = 12352.51$km는 가능한 태양동기 원궤도 반경의 최댓값이고, 이때 Ψ_{ss} 값은 180°다. 원궤도의 반경은 지구의 적도반경 $R_{eq} = 6378.137$km 보다는 커야 한다. 그러나 공기저항 때문에 고도 250km의 원궤도의 수명은 태양 활동이 보통인 경우에라도 8.4일 정도이고, 300km인 경우에도 31일을 넘지 못한다. 적어도 고도가 300km는 되어야 한다. 따라서 태양동기궤도의 장축 반경 a는 상한과 하한이 정해지고, 대응하는 궤도 경사각 Ψ_{ss}은 식 (2-27)로 결정된다.

$$6678\ \text{km} \le a \le 12352.5\ \text{km}$$

물론 $e \ne 0$인 타원궤도를 선택하면 더 큰 a 값을 취할 수도 있지만, 태양동기궤도는 거의 다 지구 관측 장비를 탑재하므로 고도가 일정한 것이 중요하다. 감지기의 정밀도와 반 알렌 대의 방사선에 따라 수명이 단축되는 것을 고려해 고도는 대략 600km에서 1,000km 내외로 잡는 것이 보통이다. 식 (2-27)을 사용해 몇 가지 흥미 있는 경우를 계산한 결과를 〈표 2-5〉에 제시했다.

같은 주기와 a 값을 가지지만 궤도 경사각 Ψ_{ss} 값은 90°보다 큰 값과 90°보다 작은 값이 존재한다. $\Psi_{ss} > 90°$인 궤도에서는 Ω 값이 하루에 0.985647°/day씩 지구의 공전 방향으로 증가하고, $\Psi_{ss} < 90°$인 경우는 Ω 값이 하루에 0.985647°/day씩 줄어야 태양과 동기궤도가 된다는 의미다. 식 (2-12)에서 $\dot{\Phi} = 0$이 되도록 Ψ_{ss} 값을 116.5651°(또는 63.4349°)

주기 T	Ψ_{ss}	장반경 a	고도 h	이심률 e
1.5 hr	83.4172°	6652.56 km	281.56 km	0
	96.5828°			
2.0 hr	77.0375°	8059.00 km	1688.00 km	0
	102.9625°			
2.4 hr	69.9250°	9100.57 km	2729.57 km	0
	110.0750°			
3.0 hr	54.7082°	10560.30 km	4189.27 km	0
	125.2918°			

표 2-5 태양동기궤도 중 몇 가지 원궤도 파라미터를 보여주고 있다.

가 되게 잡으면 근지점이 바뀌지 않고, e 값을 0이 아닌 작은 값을 택하면 태양에 대해 고정된 궤도면뿐만 아니라 근지점도 고정된 궤도를 얻을 수 있다.

지구 궤도는 지구 중력이 지배적인 영역에서 지구 중심을 하나의 초점으로 하는 타원궤도(원궤도 포함)로 고도 160km에서 2,000km 미만의 LEO, 적도 상공 고도 35,786km의 원궤도인 GEO(Geostationary Orbit) 및 LEO와 GEO 사이에 있을 수 있는 MEO(Medium Earth Orbit)[43]로 구분한다. MEO 영역은 고도가 19,000km에서 23,000km 사이의 원궤도로 주로 항법위성, 통신위성 및 측지위성이나 우주 환경을 관측하는 위성들이 사용하며 대부분의 경우 주기는 대개 1/2항성일 내외다. GPS, GLONASS 및 갈릴레오Galileo 항법위성이 이 영역에 속하는 대표적인 항법위성군Constellation이다. 이 외에도 대기권이나 우주공간의 핵실험을 탐지하기 위해 쏘아올린 벨라(Vela 1A) 위성처럼 GEO보다도 훨씬 높은 고도인 101,925km×116,528km 궤도에서 도는 위성도 있었다.

43) MEO를 ICO(Intermediate Circular Orbit)라고도 부른다.

라그랑주 포인트 주변의 달무리궤도

공통 질량중심을 회전하는 두 천체와 같은 각속도로 회전하는 좌표계 내에는 두 천체의 중력과 원심력이 정확히 상쇄되는 특수한 위치가 5개 있다. 이러한 포인트들을 그 발견자들의 이름을 따 오일러-라그랑주 포인트Euler-Lagrange Points, 라그랑주 포인트 또는 칭동점Libration Points이라고 한다. 두 천체를 연결하는 직선상에 있는 3개의 라그랑주 포인트를 L_1, L_2, L_3라고 하고, 두 천체와 등변삼각형을 이루는 점에 있는 라그랑주 포인트를 L_4, L_5라고 한다. 회전하는 좌표계 내의 라그랑주 포인트에 정확히 놓인 질점은 어떠한 힘도 받지 않는다. 따라서 두 천체와 5개의 라그랑주 포인트는 회전좌표계에서 보면 서로 상대위치를 일정하게 유지하는 고정된 점들이다. 그러나 라그랑주 포인트는 불안정한 포인트다. L_1, L_2, L_3는 안장점Saddle Points이고 L_4, L_5는 극대점이다. 따라서 주어진 라그랑주 포인트에 정확히 놓인 질점은 아무런 힘도 받지 않지만, 어떤 이유로든 질점이 라그랑주 포인트에서 조금이라도 벗어나게 되면 가속적으로 멀어지고 속력이 증가하게 된다. 자연에는 질점으로 하여금 라그랑주 포인트에서 벗어나게 하는 요인들이 무수히 많다.

여기서 흥미로운 것은 회전좌표계 안에서 움직이는 질점에는 질점의 속도벡터와 회전축에 수직인 방향으로 작용하는 '코리올리 힘Coriolis Force'이 존재한다는 사실이다. 그 결과 질점은 라그랑주 포인트에서 멀어지는 대신 포인트 근방에서 맴돌게 된다. 이러한 관점에서 보면 라그랑주 포인트는 우주선이나 작은 천체에 일종의 '개미지옥'과 같은 역할을 하고 있다. 그러나 라그랑주 포인트 그 자체는 우주선이나 작은 천체에 어떠한 힘을 행사하는 것이 아니다. 라그랑주 포인트 근방에서 일어나는 현상은 두 천체가 라그랑주 포인트 근방에 있는 우주선을 각자의 중심으로 끌어당기고, 원심력은 회전축에서 멀어지는 방향으로 관성력을 가하고, 코리올리 힘은 속도에 수직인 방향으로 힘을 가하기 때문에 그 근방에서 벗어나기 어려울 뿐이다.

이러한 복잡한 힘의 줄다리기 상황에서 우주선은 여러 가지 궤도를 그린다. 회전 평면 내에서 곡선을 그리는 '라푸노프 궤도Lyapunov Orbits', 평면에 머물지 않고 라그랑주 포인트 주위에서 복잡한 조화운동Complex Harmonic Motion을 하며 움직이는 3차원 '리사주 궤도Lissajous figure'가 그것이다. 2차원에서 리사주 곡선은 다음과 같은 방정식으로 나타낸다.

$$\begin{cases} x = A\sin(at+\delta) \\ y = B\sin(bt) \end{cases} \qquad (2\text{-}28)$$

여기서 A, B, a, b 및 δ는 상수들이다. 위 식에서 그리는 2차원 곡선은 이 상수 값에 따라 민감하게 달라진다. 만약 $A=B$, $a=b$, $\delta=\pi/2$이면 식 (2-28)은 원의 방정식이고, $a/b=2$, $\delta=\pi/2$이면 A, B 값에 상관없이 포물선의 방정식이 되며, $a=b$, $\delta=\pi/2$이면 식 (2-28)은 타원의 방정식이다. 뿐만 아니라 $a=b$, $\delta=0$인 경우는 직선의 방정식도 된다. a/b가 유리수인 경우 식 (2-28)로 표현되는 곡선은 닫힌 곡선이 되지만, 무리수이면 열린 곡선이 된다.

주어진 라그랑주 포인트를 중심으로 질점에 작용하는 모든 힘을 거리의 함수로 전개하면 질점의 운동방정식은 1차 근사에서는 조화진동 방정식이고 해는 주기해가 된다. 하지만 2차 근사 이상에서는 고차 항들이 들어오고 운동방정식은 비조화 운동방정식An-harmonic Equation이 되며 해는 근사적으로 식 (2-28) 같은 리사주 궤도로 표시할 수 있다. 이러한 해를 구하는 방법은 이 책의 후반부로 미루고 지금은 초기조건을 적절히 택하면 L_1, L_2, L_3 근방에도 주기궤도가 존재할 수 있다는 것만 언급하고 지나가겠다. 주기해가 존재하더라도 원이나 타원이 아닌 3차원에서 뒤틀린 형태의 곡선으로 나타나는데, 이러한 주기궤도를 달무리궤도라고 한다.

태양과 지구, 지구와 달은 물론 태양과 목성, 목성과 목성의 각 위성으로 구성된 상호 회전하는 두 천체 시스템은 모두 5개씩의 라그랑주 포인트를 가진다. 각 라그랑주 포인트에는 달무리궤도가 존재하고, 우리는 이곳에 천체나 태양 또는 하늘의 모든 부분을 관측하고 측정하는 관측위성을 배치할 수 있다. 달무리궤도는 두 천체가 공전하는 면뿐만 아니라 수직 방향에서도 같은 주기로 회전하지만 x-축, y-축 및 z-축(공전면에 수직인 축)의 진폭이 서로 다른 3차원 곡선을 그린다. 에너지에 따라 달무리궤도는 연속적인 궤도 무리Orbit Family를 형성하고, z-축의 위상각도Phase-Angle에 따라 궤도 무리가 두 개 존재하는데 이를 각각 '남쪽 궤도와 북쪽 궤도Southern Halo Orbits & Northern Halo Orbits' 라고 한다.

태양-지구의 라그랑주 포인트는 〈그림 2-4〉에서 보는 것처럼 지구의 공전면에 놓여 있다. 지구에서 보면 이 5개 포인트는 항상 같은 위치를 유지하는 것으로 보이고, 먼 별에 고정된 관성계에서 보면 $L_1,\ldots,L_5$와 태양 및 지구는 서로 고정된 상대 위치를 유지하면서 태양과 지구의 공통 질량중심을 중심 삼아 전체가 1년에 한 번씩 회전하는 것으로 관측될 것이다. L_1은 지구에서 태양 쪽으로 약 150만km 위치에 있고, L_2는 지구에서 태양의 반대편으로 대략 150만km 위치에 있다. L_4와 L_5는 지구와 태양으로부터 각각 1억 5천만km 떨어진 지구 공전궤도상의 두 점이다.

〈그림 2-4〉에서 보듯이 L_1은 항상 지구와 태양 사이에 고정된 점으로 지구 위성과는 달리 지구가 해를 가리는 일도 없고, 망원경과 관측감지기를 태양을 향해 고정해 놓으면 1년 365일 하루 24시간 계

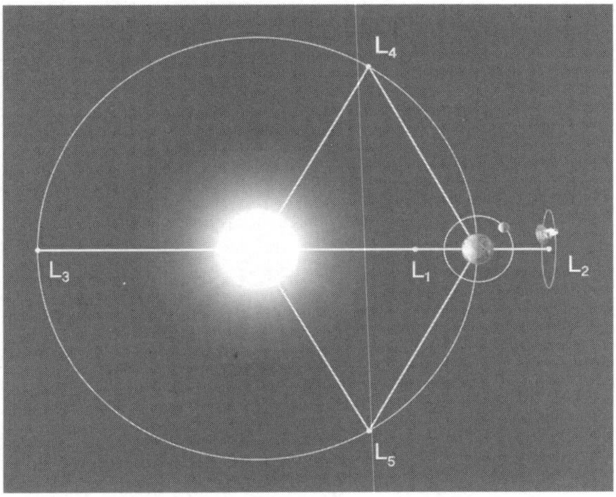

그림 2-4 태양과 지구가 만드는 5개의 라그랑주 포인트 L_1, L_2, L_3, L_4, L_5와 L_2 주위의 달무리궤도를 돌고 있는 WMAP의 상상도〔NASA〕[44] (화보 3 참조)

속 태양만 관측할 수 있다. 태양의 흑점활동은 물론, '코로나Corona'와 '코로나 입자 대량 분출'인 CME(Coronal Mass Ejection)도 놓치지 않고 관측할 수 있다. 따라서 지구를 위협하는 CME를 이르면 3일 전, 늦어도 하루 전에 예보해줌으로써 CME 피해를 최소화할 수 있도록 시간을 벌 수 있다. CME는 자기장에 붙들린 거대한 가스 버블로 몇 시간에 걸쳐 태양에서 분출된다. CME는 엄청난 양의 전자와 양자로 이루어진 플라스마다.

이러한 플라스마 덩어리가 지구와 충돌하면 충격파가 태양 쪽의 지자기장을 압축하고, 반대쪽은 길게 늘어나게 만들어 지자기장을 교란하여 지자기 폭풍을 일으킨다. 자기장이 끊어졌다가 다시 연결이 될 때 플라스마 입자들은 거의 빛 속도로 가속하여 엄청난 에너지를 분출한다. 따라서 거대한 CME가 지구를 덮치면 큰 재앙이 일어날 수

44) Lagrange Points 1-5 of the Sun-Earth system, http://map.gsfc.nasa.gov/media/990528/990528.jpg

도 있다. CME를 연구하고 태양 활동 예보를 위한 관측선의 위치로 태양-지구의 L_1이 가장 이상적이라 지금까지 ISEE-3, 제너시스Genesis, WIND, SOHO, ACE 및 DSCOVR 등 6기가 태양과 태양풍 및 CME를 연구하기 위해 발사되었고, 앞으로도 2기 이상의 발사가 계획되어 있다.[45]

L_1이 태양 관측에 최적의 위치라면 L_2는 '심우주(深宇宙: Deep Space)'를 관측하는 적외선, 자외선, X-선, γ-선 또는 마이크로파 감지기를 탑재한 관측선이나 광학망원경을 놓기에 최적의 장소다. L_2에서 태양은 항상 한곳에 위치하므로 태양광 차단은 간단하고, 태양이나 지구가 관측을 방해하지 않아 1년 365일 하루 24시간 하늘을 관측할 수 있기 때문에 1년이면 하늘의 전 구간을 관측할 수 있다. 이러한 이유로 L_2에도 WMAP, 창어Cang'e 2, HSO, 플랑크Planck 및 가이아Gaia 같은 탐사체가 발사되었고, 3기 이상이 현재 계획되고 있다. WMAP과 플랑크 위성이 L_2에서 수집한 데이터가 천문학에 획기적인 발전을 가져온 것은 잘 알려진 사실이다.

미래 인류에게 새로운 보금자리를 제공할 수 있는 위치도 라그랑주 포인트가 될 것으로 보인다. 특히 태양-지구의 L_4와 L_5는 태양열로 모든 에너지를 해결하는 무공해 인공 주거지를 건설할 수 있는 최적의 위치다. 공기가 없는 L_4와 L_5에서 햇빛에 수직인 면은 단위면적당 매초 1.361kW/m^2의 태양열을 받는다. 구름도 끼지 않고, 먼지도 없고, 항상 해가 비추는 이곳에는 매 km^2당 136만kW의 복사열이 1년 365일 하루 24시간 지속적으로 공급된다. 이 책의 4부에서 자세히 설명하겠지만, L_4와 L_5는 L_1, L_2, L_3와 달리 동역학적으로 안정된 포인트Dynamically Stable Points이므로 위치유지 기동에 필요한 추진제 소모가 극히 작을 뿐만 아니라 지구와의 교통 역시 달-지구 라그랑주 포인

45) https://en.wikipedia.org/wiki/List_of_objects_at_Lagrangian_points

트를 이용하면 추진제 소모를 최소로 할 수 있다.

반면, 지구−달의 L_1은 태양−지구의 L_4와 L_5로 나가는 최저 에너지 통로에 존재하는 우주선의 추진제 보급소 및 정비창 역할을 할 수 있는 최적의 장소이기도 하다. 이러한 이유로 미국, 러시아, 중국 및 일본 등은 라그랑주 포인트 주변의 달무리궤도 또는 랴푸노프 궤도에 지대한 관심을 보이고 있다. 실제로 우주관측선을 띄우고 있으며, 미래에는 거대한 우주정거장을 건설할 꿈도 가지고 있다.

제 3 장

느리지만 저렴한 태양계 도로망

1. 충격연소

LEO, MEO , GEO 위성과 행성 간 우주 탐사선은 목표궤도에 이르기 위해서나 임무 수행 중에 한 번 또는 그 이상 궤도 변경을 하게 된다. 아폴로 11호 우주선의 궤도 변경 과정을 보기삼아 간략히 살펴보자. 케이프커내버럴에서 발사된 아폴로 11호 우주선은 새턴-V의 제1단, 2단과 제3단 엔진에 의해 대략 190km 고도의 원궤도에 진입한다. 이것이 아폴로 우주선의 첫 번째 대기궤도이며 이 궤도를 한두 바퀴 돌면서 우주선의 상태를 점검한다. 우주선에 아무런 이상이 없다고 판단되면 제3단 S-IVB를 재점화해 '달 전이궤도Trans-Lunar Trajectory'로 진입한다. 이 과정을 TLI(Trans Luna Injection)라고 한다.

달 전이궤도를 따라 이동한 아폴로 우주선은 한두 번의 궤도 수정을 거친 뒤 달의 중력 지배권에 진입한다. 달의 뒤편에서 커맨드/서비스 모듈(CSM: Command/Service Module) 엔진을 점화해 먼저 110km×310km

인 타원궤도에 진입한 후 다시 고도 110km의 원궤도인 달의 대기궤도 LLO로 궤도 변경을 실시한다. 대기궤도를 30여 바퀴 돈 후에 CSM은 대기궤도에 두고, 달 착륙선Lunar Module에 탑승한 2명의 우주인만 달 표면에 착륙한다. CSM에는 우주인들이 지구로 귀환할 때 사용할 추진기관과 추진제가 들어 있고, 우주인 한 명이 탑승하고 있다.

CSM을 대기궤도에 남겨둠으로써, 귀환용 모듈과 추진제 및 소모품을 달 표면까지 가지고 갔다가 다시 LLO로 올라오는 데 소요되는 2×1.63km/s의 Δv를 절약할 수 있다. 지구로 귀환할 때는 착륙선에 부착된 이륙선離陸船으로 대기궤도까지 올라와 CSM으로 옮겨 타고 지구로 돌아오는 전이궤도로 진입한다. 다만 돌아올 때는 LEO 대기궤도로 진입하지 않고, 에어로 브레이킹과 낙하산을 사용하여 지구에 안착한다.

이렇게 아폴로 11호를 예로 들어 설명한 바와 같이 지구에서 달 표면까지 왕복여행을 하려면 여러 번의 궤도 변경을 거쳐야 한다. 화성이나 다른 행성으로 무인 '탐사체Probe'를 보내는 경우에도 대기궤도와 전이궤도를 거쳐 가야 한다. 궤도 변경은 궤도의 경사각과 궤도의 크기 및 모양(장반경과 이심률)을 바꾸는 것을 의미한다. '에어로 브레이킹'이나 앞으로 설명할 '중력 부스트 방법' 등을 사용하지 않는 한 모든 궤도 변경에는 로켓 추진력에 따른 Δv가 필요하다.46) 따라서 한 궤도에서 다른 궤도로 옮겨가는 데 필요한 Δv를 최소로 하는 전이궤도 진입Transfer Trajectory Injection 방법을 찾는 것이 중요하다.

하나의 원궤도에서 다른 원궤도로 옮겨가는 방법 중 Δv가 가장 작

---

46) 에어로 브레이킹Aerobraking은 지구, 화성, 금성 또는 목성처럼 대기가 있을 경우 진입 시 생기는 공기저항을 이용해 속력을 줄이는 방법을 말하고, 근접 비행Flyby 방법은 다른 천체의 옆을 스쳐 지나가면서 천체의 중력을 이용해 속력과 방향을 바꾸는 방법이다. 물론 우주선의 해당 천체에 대한 상대속력은 다가갈 때나 멀어질 때나 같지만, 태양에 고정된 좌표계에 대한 우주선의 속력과 방향은 크게 바뀔 수 있다. 이러한 방법은 자주 사용되었고 '중력 부스트' 또는 '중력새총'이라고도 한다.

은 궤도 기동Orbit Maneuvering인 '호만 전이궤도Hohmann Transfer Trajectory'에 대해 생각해보자.[47][48][49] 궤도의 크기와 모양 및 궤도면을 바꾸려면 우주선이나 인공위성의 추진기관 또는 '스러스터Thruster'라는 작은 로켓을 사용해 속도벡터의 크기나 방향 또는 둘 다를 바꿔야 한다. 전기 로켓엔진Electric Rocket Engines이나 플라스마 엔진Plasma Engine은 비추력은 크지만 추력이 약하기 때문에 위성의 속도 변화가 궤도 기동에 충분하게 변화하려면 궤도주기에 비해 긴 시간이 소요된다. 반면, 대형 로켓에 주로 사용하는 화학 추진제 로켓의 작동시간은 궤도주기에 비해 아주 짧기 때문에 로켓엔진에 의한 우주선의 속도 변화는 거의 '순간적인 변화Impulsive Change'로 취급할 수 있다. 이렇게 궤도주기에 비해 아주 짧은 시간만 작동하여 궤도를 바꾸는 로켓엔진 연소를 '충격연소(衝擊燃燒, Impulsive Burn 또는 Kick Burn)'라고 한다. 충격연소에 따라 궤도속도가 바뀐 뒤에는 새로운 속도에 의해 결정된 궤도로 탄도비행을 하게 된다. 편의상 충격연소가 진행되는 동안 우주선이 움직인 거리가 궤도 길이에 비해 무시할 만큼 작다는 가정 아래 에너지 관계식을 생각해보자.

충격연소 이전의 상태를 i로 표시하고, 이후의 상태를 f로 표시하면, 단위질량당 궤도 에너지는 다음과 같이 쓸 수 있다.

$$\varepsilon_i = -\frac{\mu}{2a_i} = \varepsilon_{kin,i}(\vec{\mathrm{v}}) + \varepsilon_{\mathrm{pot,i}}(\mathrm{r}),$$

$$\varepsilon_f = -\frac{\mu}{2a_f} = \varepsilon_{kin,f}(\vec{\mathrm{v}} + \Delta\vec{\mathrm{v}}) + \varepsilon_{\mathrm{pot,f}}(\mathrm{r}).$$

---

47) Hohmann transfer orbit, http://en.wikipedia.org/wiki/Hohmann_transfer_orbit

48) Ulrich Walter, *Astronautics* (Wiley-VCH Verlag GmbH & Co. KGaA, Weinheim, 2008), pp.185-208.

49) James R. Wertz and Wiley J. Larson, Edited, *Space Mission Analysis and Design*, 3rd Edition, pp.146-153.

여기서 a_i와 a_f 각각 충격연소 전후 궤도의 장반경을 표시하고, $\mu(=GM)$는 중력상수와 위성이 도는 천체의 질량을 곱한 값을 표시하며, ε_{kin}은 운동에너지를, ε_{pot}은 퍼텐셜 에너지를 의미한다. ε_{pot}은 천체 중심에서 위성까지의 거리 r만의 함수이고, 충격연소 전후 r은 변하지 않는다고 가정하였으므로 $\varepsilon_{pot,i}(r)=\varepsilon_{pot,f}(r)$이다. 따라서 충격연소가 위성에 전해준 충격량은 운동에너지의 변화로만 나타나고 총에너지 증감에 따라 a_i는 a_f로 바뀐다. 즉, 충격연소에 의해 궤도의 장반경 및 이심률은 바뀌지만 충격연소 지점에서 퍼텐셜 에너지가 바뀌지 않아 위성은 한 바퀴 돌면 다시 그 자리로 돌아오지만, 그 자리를 지나는 속력은 바뀌어 있다. 충격연소에 의한 에너지 변화 $\Delta\varepsilon$은 다음과 같이 나타낼 수 있다.

$$\Delta\varepsilon=\varepsilon_f-\varepsilon_i=\frac{\mu}{2}\left(\frac{1}{a_i}-\frac{1}{a_f}\right)=\vec{v}\cdot\Delta\vec{v}+\frac{1}{2}(\Delta v)^2 \qquad (2\text{-}29)$$

$\vec{v}$는 충격연소 전의 속도벡터이고, $\Delta\vec{v}$는 충격연소로 생긴 속도변화 벡터다. $\vec{v}$와 $\Delta\vec{v}$ 사이 각을 θ라고 하면 내적 $\vec{v}\cdot\Delta\vec{v}$는 $v\cdot\Delta v\cos\theta$가 되므로 $\vec{v}$와 $\Delta\vec{v}$가 평행할 때 주어진 Δv에 대해 가장 큰 $\Delta\varepsilon$ 값을 얻을 수 있고, 장반경의 변화도 가장 크다.

방정식 (2-29)는 또 다른 중요한 성질을 암시하고 있다. 충격연소는 궤도상의 어느 곳에서나 할 수 있고, 충격연소에 의해 얻을 수 있는 속도증분 Δv는 충격연소의 특성에 따라 일정한 값으로 정해진 양이다. 식 (2-29)가 보여주는 것은 궤도상에서 v 값이 가장 큰 지점에서 궤도속도 방향으로 충격연소를 해줄 때 가장 큰 효과를 볼 수 있다는 것이다. $\vec{v}$와 $\Delta\vec{v}$가 반대방향일 경우는 ε_{kin}가 가장 많이 감소된다. 즉, 가장 작은 Δv로 원하는 궤도로 옮겨가려면 v가 최대가 되는 지점에서 접선방향으로 Δv를 가해줄 때 가장 효과적이다. 다시 말해 원래 궤도(대개의 경우는 대기궤도)의 근지점에서 충격연소를 해줄 때 가장 높은 원지점에 도달할 수 있다. 이러한 현상을 '오베르트 효과Oberth Effect' 라고 한다.

2. 호만 전이궤도

원궤도의 한 점에서 행한 충격연소가 $\theta=0$이면, $a_f > a_i$이므로 충격연소 지점은 새로운 궤도의 근지점이 되고 원지점은 반대편에 생긴다. 반대로 $\theta=180°$인 경우는 $a_f < a_i$가 되어 충격연소가 벌어진 지점이 새로운 궤도에서는 원지점으로 바뀐다. 1925년 발테르 호만Walter Hohmann은 "한 평면 안에서 하나의 큰 천체를 중심으로 회전하는 두 개의 원궤도 사이를 옮겨가는 궤도 중 Δv 소요가 가장 작은 궤도는 안쪽 궤도에 외접하고 바깥쪽 궤도에 내접하는 타원궤도"라고 제안했다. 이러한 궤도를 '호만 궤도(Hohmann Trajectory 또는 Hohmann Orbit)'라고 한다.

〈그림 2-5〉는 호만 궤도를 보여주고 있다. 〈그림 2-5〉의 궤도-1은 반경이 R_1인 원이고 궤도-2는 반경이 R_2인 원이다. 호만 궤도의 초점 O에서 근지점 P까지 거리는 작은 궤도의 반경이고, 원지점 A까지 거리는 바깥쪽 원궤도의 반경과 같다. 궤도-1의 P점에서 궤도속도와 같은 방향으로 Δv_{1H}만 한 속도증분을 주면 위성은 호만 궤도 H에 진입하게 된다. v_1과 v_2는 궤도-1과 궤도-2의 궤도속도이고, v_{HP}와 v_{HA}는 각각 호만 궤도 H가 근지점 P와 원지점 A에서 가지는 궤도속도로 다음과 같이 표시할 수 있다.[50]

---

50) 비스-비바vis-viva 방정식 (1-27), $v=\sqrt{\mu\left(\frac{2}{r}-\frac{1}{a}\right)}$ 을 이용해 구할 수 있다.

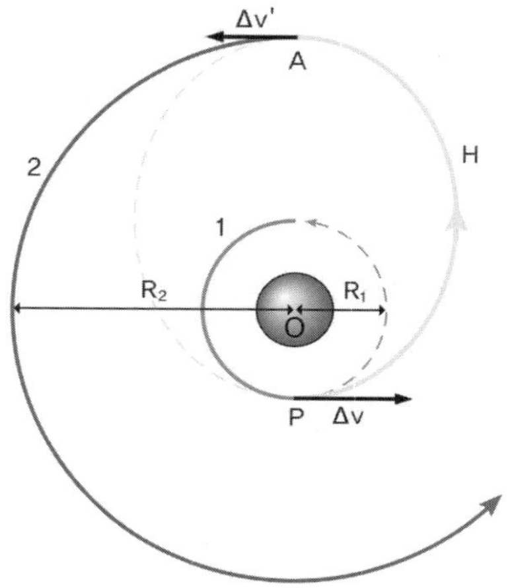

그림 2-5 호만 궤도 반경이 R_1인 궤도-1에 외접하고 반경이 R_2인 궤도-2에 내접하는 타원의 오른쪽 반을 호만 궤도라고 한다. $a_H = (R_1 + R_2)/2$는 타원 H의 장반경이다.

$$v_1 = \sqrt{\frac{\mu}{R_1}}\ ;\ v_2 = \sqrt{\frac{\mu}{R_2}}\ ,$$

$$v_{HP} = v_1\sqrt{\frac{R_2}{a_H}}\ ;\ v_{HA} = v_2\sqrt{\frac{R_1}{a_H}}\ . \tag{2-30}$$

여기서 $\mu = GM$, $G(=6.67384\times 10^{-11}Nm^2/kg^2)$은 중력상수, M은 중심 천체의 질량이다.

호만 궤도 방법을 사용하여 궤도-1을 돌고 있는 위성을 궤도-2를 돌도록 바꿔주기 위해서는 두 번의 충격연소를 수행해야 한다. 첫 번째 충격연소는 P에서 접선방향으로 속도증분이 $\Delta v_{1H} = v_{HP} - v_1$되도록 수행한다. P점은 호만 궤도의 근지점이 되지만, 호만 궤도는 최종 궤도가 아니고 중간에 사용하는 임시 궤도이기 때문에 어느 점을 P로 잡든 그 자체가 중요한 것은 아니다. 다만, 위성이 P점에서 호만 궤도를 따라 원지점 A로 이동하는 동안 궤도 정밀조정이 필요한 경우도 있고, 위성이 A점에 도달하는 순간 호만 궤도를 떠나 원궤도-2로 진입하기 위한 두 번째 충격연소를 수행해야 한다. 따라서 위성이 P에서 제대로 호만 궤도에 진입했는지 관측해야 하고, 필요한 경우 궤도의 미세조정을 행할 수도 있어야 하며, A점에서 정확한 충격연소를 실시하려면 지상 관제소에서 관측하는 것이 편리하다. 이러한 이유에서 위성이 P에서 A까지 위성의 이동을 지상에서 관제할 수 있는 관측선상에 있도록 P점을 잡는 것이 편리할 것이다. 그러나 관측점 한 곳에서 호만 전이궤도 전체를 관측하는 것은 물리적으로 불가능하다.

P에서 접선을 따라 자연스럽게 연결된 타원이 호만 궤도가 되기 위해서는 A점에서 궤도-2에 내접해야 한다. 이러한 조건을 만족하는 P점에서 속도증분 Δv_{1H}과 호만 궤도의 원지점 A에서 충격연소를 실행해 호만 궤도의 근지점 P를 끌어올려 호만 궤도를 원궤도인 궤도-2로 바꾸는 데 필요한 속도증분 $\Delta v_{H2} = v_2 - v_{HP}$는 다음과 같이 표현할 수 있다.

$$\Delta v_{1H} = |v_{HP} - v_1| = v_1\left(\sqrt{\frac{R_2}{a_H}} - 1\right),$$

$$\Delta v_{H2} = |v_2 - v_{HA}| = v_2\left(1 - \sqrt{\frac{R_1}{a_H}}\right).$$

$a_H = (R_1 + R_2)/2$와 $v_2 = v_1\sqrt{R_1/R_2}$의 관계식을 사용해 P와 A에서 속도증분은 각각 다음과 같이 다시 쓸 수 있다.

$$\frac{\Delta v_{1H}}{v_1} = f_1(x) = \sqrt{\frac{2x}{1+x}} - 1, \qquad (2\text{-}31)$$

$$\frac{\Delta v_{H2}}{v_1} = f_2(x) = \sqrt{\frac{1}{x}}\left(1 - \sqrt{\frac{2}{1+x}}\right), \qquad (2\text{-}32)$$

$$x = \frac{R_2}{R_1}.$$

x가 크다는 의미는 〈그림 2-5〉에서 두 동심원 궤도 사이의 거리가 크다는 뜻이다. $f_1(x)$는 x의 단조증가함수로 $x=1$일 때 0이고 x가 증가하면 단조롭게 증가하기 시작해 $x \to \infty$일 때 $\sqrt{2}-1$로 접근한다. 이것은 R_2/R_1 값이 커지면 a_H 값이 커지고 $\varepsilon(=-0.5\mu/a_H)$도 커지지만 P점에서 퍼텐셜 에너지는 고정되어 있으므로 속력(운동에너지)이 점근 값 $\sqrt{2}-1$로 단조롭게 증가하는 것이다.

그러나 '궤도 원형화 속도증분 Δv'라고 하는 A 점에서 호만 타원 궤도를 원궤도로 바꾸는 데 필요한 속도증분 Δv_{H2}는 x 값이 1이면 궤도 차이가 없으므로 $f_2(x)$가 0이 되고, x가 무한히 커지면 속도는 0이 되므로 방향을 바꾸는 데 필요한 속도증분도 0이 된다.[51] 따라서 $f_2(x)$는 $1 < x < \infty$에서 극댓값을 가져야 한다.

$f_2(x)$가 극댓값을 가지는 x값 x_0은 식 (2-32)를 x에 대해 미분한 값이 0이 되는 조건

$$y_0^3 - 2\sqrt{2}\,y_0^2 + \sqrt{2} = 0;\quad x_0 = y_0^2 - 1$$

에서 구할 수 있고 그 값은 $x_0 = 5.879361846$이 되고 $\Delta v_{H2}/v_1$는 극댓값 $f_2(x_0) = 0.190045619$를 가진다.

이러한 결과는 LEO로부터 정지궤도에 진입시키는 것이 만만치 않

51) 속력은 그대로 두고 방향만 θ만큼 바꾸는 데 필요한 $\Delta v = 2v\sin(\theta/2)$는 크기는 같고 사이 각이 θ인 두 벡터의 차이 $\Delta\vec{v} = \vec{v_1} - \vec{v_2}$의 크기 $\Delta v = \sqrt{v_1^2 + v_2^2 - 2v_1v_2\cos\theta}$에 $v = v_1 = v_2$라 놓으면 구할 수 있다.

다는 것을 보여주고 있다. R_1 =6,578km라고 할 때 $f_2(x)$가 극댓값을 가지는 R_2가 38,674km로 정지궤도의 반경 42,164km에 가까워 궤도 '원형화'에 필요한 속도증분이 거의 최대치에 가깝다.[52] 더구나 $f_2(x)$는 구간 $5 < x < 9$에서 아주 서서히 바뀌는 x의 함수다. 즉, 32,890km $< R_2 <$ 59,200km 구간에서는 $0.18426 < f_2(x) < 0.1900$이므로 Δv_{H2} 값은 최대치 근방인 1.434km/s $< \Delta v_{H2} <$ 1.479km/s에 머문다. 따라서 GTO에서 GEO로 궤도를 원형화하는 데 소요되는 Δv_{H2}는 거의 최댓값을 갖는다.

궤도-1에서 궤도-2로 가기 위해서는 두 번의 충격연소가 필요하고 필요한 총 속도증분은 두 번의 충격연소에 소요되는 속도증분의 합 $\Delta v = \Delta v_{1H} + \Delta v_{H2}$ $(= v_1 f(x))$으로 정의되고, 그 값은 다음의 함수로 나타낸다.

$$f(x) = \sqrt{\frac{2x}{1+x}} - 1 + \sqrt{\frac{1}{x}}\left(1 - \sqrt{\frac{2}{1+x}}\right)$$

$f_2(x)$가 극댓값을 가지므로 $f(x)$ 역시 $1 \le x < \infty$ 영역에서 극댓값을 가지며 극대가 되는 x 값 x_0는 다음 방정식의 해로 주어진다.

$$y_0^3 - 3\sqrt{2}\, y_0^2 + 2\sqrt{2} = 0; \quad x_0 = y_0^2 - 1$$

$f(x)$는 $x_0 = 15.58171874$에서 극댓값 $f(x_0) = 1.536258306$을 가지며 x가 계속 커지면 점근선 $f(x_0) = \sqrt{2} - 1$로 접근하는 것을 알 수 있다. 호만 궤도로 진입시키는 Δv_{1H}는 x와 함께 계속 증가하지만, 호만 궤도를 원형 궤도로 만드는 데 필요한 Δv_{H2}는 x가 5.879361846보다 커

52) 최댓값 근방에서 $f_2(x)$는 완만하게 바뀐다.

지면 계속 줄어들어 0으로 접근한다. x 값이 $6 < x < 60$ 구간에서는 $f(x)$ 값이 극댓값 근처에 머물기 때문에 이러한 구간 안에서 궤도-1을 궤도-2로 바꾸는 작업에는 큰 Δv가 필요하다. 호만 궤도를 이용해 적도 상공 200km 고도를 돌고 있는 위성을 적도 상공 35,786km 고도의 GEO로 궤도 변경을 하는 경우 $x_0 \simeq 6.41$이고 $f(6.41)=0.505$이 되어 $\Delta v / v_1$이 아주 큰 영역에 들어간다. 적도 상공의 LEO에서 GEO로 진입시키는 것이나 LEO에서 달의 공전궤도와 같은 원궤도에 위성을 진입시키는 것이나 거의 같은 Δv가 필요하다는 것을 알 수 있다. 고도 200km의 LEO에서 GEO에 진입시키는 데 필요한 속도증분은 $\Delta v_{GEO} = 3.932$km/s이고 LEO에서 달 궤도와 같은 궤도로 진입시키는 데 필요한 속도증분은 $\Delta v_{MOON} = 3.962$km/s로 30m/s 차이밖에 나지 않는다. 더구나 GEO는 적도 상공에 있기 때문에 발사대가 적도상에 있지 않는 한 궤도-1과 궤도-2는 한 평면 안에 존재하지 않는다. 따라서 궤도 경사각을 바꿔야 하므로 훨씬 더 큰 Δv가 소요된다.

발테르는 『항주학』에서 Δv를 다음과 같이 쓸 수 있음을 보였다.[53]

$$\Delta v = (v_1 - v_2)\left(\frac{\sqrt{R_1} + \sqrt{R_2}}{\sqrt{a_H}} - 1\right) < v_1 - v_2 \qquad (2\text{-}33)$$

식 (2-33)과 같은 호만 궤도에 소요되는 Δv는 궤도-1에서 궤도-2로 가거나 아니면 궤도-2에서 궤도-1로 가거나 다 같이 적용된다. 식 (2-33)에서 호만 궤도에 필요한 속도증분 Δv는 항상 $\Delta v < v_1 - v_2$인 것을 알 수 있다. R_2가 무한대가 되면 $\Delta v = (\sqrt{2} - 1)(v_1 - v_2)$가 되는 것을 알 수 있다.

---

53) Ulrich Walter, *Astronautics* (Wiley-VCH Verlag GmbH & Co. KGaA, Weinheim, 2008), p. 190.

에너지 경제면에서만 본다면 호만 전이는 가장 효율적인 두 번의 충격연소를 이용한 궤도 전이 방법이지만, 몇 가지 큰 약점이 있는 것도 사실이다. 첫 번째는 전이궤도 진입 시 Δv에 들어오는 오차에 아주 민감하다는 점이고, 또 다른 하나는 이동 시간이 너무 길다는 점이다. 먼저 호만 궤도의 근지점에서 궤도 진입속력Injection Speed에 수반되는 오차 δv_{1H}가 호만 궤도의 원지점의 거리 오차 δr_a에 어떻게 전파되는지 살펴보기로 하겠다. 장반경이 a_H이고 이심률이 e인 호만 궤도의 한 초점에서 근지점까지 거리를 $r_P(=R_1)$라 하고 원지점까지 거리를 r_a라 하면 다음과 같은 관계식을 만족한다.

$$a_H = \frac{r_p + r_a}{2},$$

$$r_p = a_H(1-e) \tag{2-34}$$

$$r_a = a_H(1+e) \tag{2-35}$$

여기서 r_p는 대기궤도의 반경 R_1과 같게 고정된 값이다. v_{1H}는 〈그림 2-5〉의 궤도-1에서 궤도-2로 옮겨가는 호만 전이궤도로 진입하기 위한 속도증분이다. 충격연소가 정확하게 v_{1H}라는 속도증분을 낸다면 r_a는 정확하게 R_2가 될 것이다. 하지만 현실세계에서는 v_{1H}에 필연적인 오차 δv_{1H}가 뒤따르기 마련이다. 진입 속도증분에 뒤따르는 오차 δv_{1H}가 호만 궤도의 원지점까지 거리 r_a에 파급되는 오차 δr_a는 우리의 관심사다.

식 (2-34)와 (2-35)의 양변을 자연대수를 취한 후 미세 변화를 구하고 $\delta r_p = 0$을 사용하여 정리하면 다음과 같은 식을 얻는다.

$$\frac{\delta r_a}{r_a}=\frac{2}{1+e}\frac{\delta a_H}{a_H}=\left(1+\frac{r_p}{r_a}\right)\frac{\delta a_H}{a_H} \tag{2-36}$$

위 식의 오른쪽 항을 근지점에서 진입속력의 상대오차 $\delta v_{1H}/v_{1H}$로 표시하기 위해 '비스-비바Vis-Viva 방정식'에서 다음과 같은 v_{1H}와 a_H 간의 관계식을 얻을 수 있다.

$$v_{1H}^2=\mu\left(\frac{2}{r_p}-\frac{1}{a_H}\right): \text{ 비스-비바 방정식}$$

$$=\frac{\mu}{a_H}\frac{r_a}{r_p} \tag{2-37}$$

식 (2-37)의 첫 식에서 r_p를 고정하고 미분하여 $\delta a_H/a_H$를 구한 뒤 두 번째 식을 사용하면 다음과 같은 식을 얻을 수 있다.

$$\frac{\delta a_H}{a_H}=2v_{1H}^2\frac{a_H}{\mu}\frac{\delta v_{1H}}{v_{1H}}=2\frac{r_a}{r_p}\frac{\delta v_{1H}}{v_{1H}} \tag{2-38}$$

식 (2-36)과 (2-38)에서 우리가 원하는 식을 얻을 수 있다.54)

$$\frac{\delta r_a}{r_a}=2\left(1+\frac{r_a}{r_p}\right)\frac{\delta v_{1H}}{v_{1H}} \tag{2-39}$$

식 (2-39)는 호만 궤도에서 r_a는 진입속력의 상대오차에 아주 민감하다는 것을 알 수 있다. 충격연소의 속도증분에 0.1%의 상대오차가 있다면 그 결과로 얻을 수 있는 r_a에는 $0.2(1+r_a/r_p)$ % 오차가 생긴

---

54) ibid., pp.193-195.

다. 고도 200km의 원형 대기궤도에서 달의 공전궤도에 접한 호만 궤도로 진입시키는 경우, $r_p = 6578km$이고 $r_a = 384,399km$이다. 따라서

$$\frac{\delta r_a}{r_a} = 118.87 \frac{\delta v_{1H}}{v_{1H}}$$

이므로 진입속력에 0.1%의 상대오차만 생겨도 호만 궤도의 원지점 Apoapsis에 들어오는 절대오차는 45,700km나 된다. 따라서 관성 비행 도중에 궤도의 정밀 조종을 해주는 것이 호만 전이궤도에서는 거의 필수적이라고 생각한다.

제 4 장

지상에서 대기궤도로

1. 대기궤도로 가는 길

제미니Gemini-11의 원지점 고도 1374.1km는 인류가 가장 높이 올라간 지구 궤도 기록이고, 그 다음으로 높은 기록은 아마도 허블 망원경을 수리할 때 올라간 547km로 추정한다. 대부분의 유인 프로젝트는 300km에서 400km 사이에서 이루어지고 있다. 유인 우주선뿐만 아니라 발사된 무인 위성 궤도의 90% 정도는 LEO에 국한된다. LEO 위성은 특히 지상관측이나 첩보용으로 적격이다. 고도가 낮으므로 지상을 세세히 관찰할 수 있고, 위성 궤도 설계도 비교적 간단하며, 발사 로켓도 3단 이상의 다단-로켓이나 재점화가 가능한 상단로켓도 필요 없다. 이러한 이유 외에도 LEO는 고고도 위성을 발사하거나 달이나 다른 행성으로 탐사체를 발사할 때 대기궤도로도 사용된다. 대기궤도와 호만 전이궤도를 사용하지 않고 1,000km 고도의 원궤도로 위성을 직접 발사하는 것은 비현실적인 방법이다. 따라서 우리는 모든 임무궤도를 대기궤도를 거쳐서 도달하는 것으로 가정하고, 발사궤도는 지상에서 대기궤도까지를 의미하는 것으로 간주하겠다. 대부분은 LEO를 한시적인 대기궤도가 아닌 임무궤도로 사용하면서 비교적 고도가 높은 LEO를 사용하지만, 임무궤도와 대기궤도를 굳이 구별하지 않고 설명하기로 한다. 물론 한시적인 대기궤도는 미션 수행에 지장이 없는 한도 안에서 가장 낮은 궤도인 고도 170~200km 내외의 원궤도로 잡는 것이 유리하다.

지금까지 대기궤도 또는 전이궤도에서 다른 궤도로 이동하는 방법과 Δv를 최소화하는 방법 등에 관해 설명했다. 하지만 정작 지상의 발사대에서 어떻게 대기궤도나 전이궤도로 진입할 수 있는지, 또는 Δv를 최소화하기 위해 어떠한 발사궤도를 택할 것인지는 설명하지 않았다. 위성을 발사하려면 일반적으로 4단계의 비행을 거치는 것이 보통이다. 첫 번째는 동력 비행단계Boost Phase, 두 번째는 대기궤도 비행단계, 세 번째는 전이궤도를 따라 움직이는 관성 비행단계Coasting Phase, 마지막으로 전이궤도와 목표궤도가 만나는 지점에서 충격연소를 실시해 최종 임무궤도로 진입하게 된다.[55]

동력 비행단계는 발사대에 머물고 있는 우주발사체에 실린 페이로드를 로켓을 이용해 대기궤도 진입에 필요한 속도로 가속해주는 비행단계다. 우주발사체는 페이로드를 고도 200km의 원궤도 속도 7.784km/s에 도달하게 최소한의 속도증분 Δv_{LEO}를 공급해야 한다.[56] 고도가 상승하는 동안 중력에 의해 감속되는 중력 감속과 공기저항에 의한 공기저항 감속 및 조종 감속을 포함하여 실질적으로 발사체가 공급해야 할

---

55) 대기궤도 비행단계와 관성 비행단계는 꼭 필요한 것이 아니고, 고고도 미션이나 지구 이탈 미션에 국한된다고 봐도 무방하다.

56) 고도가 200km인 LEO를 가정했다. 〈표 2-4〉에서 고도가 200km인 원궤도를 도는 ISS와 같은 β 값을 갖는 위성은 평균 1.6일 후에는 지상과 충돌하게 된다. 따라서 전이궤도로 진입하기 전에 몇 회전의 여유가 필요하다면 LEO 대기궤도의 고도는 250km 전후가 무방하다.

Δv_{LEO}는 7.784km/s보다 훨씬 크다. Δv_{LEO} 값은 발사체의 공력 설계와 발사대의 위치 및 상승궤도 선택에 따라 다르지만, 대부분 9.3km/s $< \Delta v_{LEO} <$ 10km/s 사이에 있다. 임무궤도가 LEO든, 아니면 LEO를 임시 대기궤도로 사용하든지에 상관없이 발사체의 엔진은 최소한 이 정도의 Δv를 공급해야 한다. 임무에 따라서는 대기궤도에 진입하지 않고 임무궤도로 들어갈 수 있는 전이궤도로 곧바로 진입할 수도 있다.

그러나 위성을 고고도의 원궤도로 직접 진입시키려면 발사체 주 엔진의 연소가 모두 끝나고 나서도 목표궤도에 진입하기 전에 탄도비행을 통해 고도를 높여야 한다. 얼핏 생각하기에는 추진제를 연속해서 소진시키지 않고 일부를 남겨두었다가 관성 비행을 하고 난 후에 사용하면 좋지 않을까 생각할 수도 있다. 하지만 이러한 방법은 효율적인 추진제 사용 방법이 아니다. 궤도를 높이는 것은 운동에너지다.

로켓엔진이 작동하는 동안 단위시간의 속도증분이 δv라 하면 단위질량당 운동에너지 증가 $\delta \varepsilon_k = v \delta v$는 로켓의 속력 v에 비례한다. 따라서 속력 v가 클 때 주어진 속도증분 δv에 의한 운동에너지 증가는 속력이 작을 때에 비해 훨씬 크다. 추진제를 아껴서 다음에 쓰기 위해 엔진을 끄고 관성 비행으로 고도를 높이는 경우, 중력에 의해 속도는 계속 줄어들고 퍼텐셜 에너지는 증가한다.[57] 잃어버린 속력을 만회하기 위해 엔진을 다시 작동하고 아껴두었던 추진제를 써서 다시 가속한다 해도 이미 v가 중력에 의해 상당히 감속되었기 때문에 같은 양의 추진제를 사용해도 운동에너지 증가는 연속적으로 엔진을 작동하여 추진제를 소진한 뒤에 관성 비행을 하는 경우보다 훨씬 작다. 싣고 있는 추진제를 연속해서 연소시켜 미션 수행에 필요한 최고 고도에 도달할 수 있는 운동에너지를 갖게 하는 것이 중요하다. 즉, 특

---

57) 관성 비행(자유낙하운동) 동안에는 운동에너지와 퍼텐셜 에너지의 합인 총에너지는 변하지 않는다.

별한 목적 없이 운동에너지를 퍼텐셜 에너지로 바꾸면 무조건 손해를 본다. 추진제가 소진되면 소모한 로켓은 떼어버리고 전이궤도를 따라 관성 비행을 하는 것이 효율적인 발사방법이다.

임무궤도가 아주 낮을 경우에는 관성 비행 없이 동력 비행을 통해 곧바로 최종 궤도에 진입할 수 있지만, 임무궤도의 고도가 높은 경우에는 전이궤도의 원지점에서 접선방향으로 충격연소를 사용해 최종 목표궤도로 진입하는 것이 일반적인 방법이다. 여기서 관성Coasting 비행이란 단어는 시작점에서 결정된 초기속도와 중력으로 정해진 탄도에 따라 동력을 사용하지 않고 자유낙하한다는 뜻으로 쓰인다.

목표궤도에 진입하는 방법은 무수히 많다. 우리의 관심사는 우선 가장 작은 Δv로 주어진 페이로드를 목표궤도에 올리는 방법을 찾는데 있다. 잠시 지구가 〈그림 2-6〉에서 표현한 것같이 산도 없고 공기도 없는 매끈한 공이라고 생각하고, L 점에서 지표면을 스치고 점 A에서 목표궤도 T에 내접하는 호만 궤도 H를 생각해보자. 우리가 사용하는 로켓이 궤도-I을 따라 속력 v_I으로 돌고 있었다면 L 점에서 접선방향으로 속력 $\Delta v_{I\to H} = v_L - v_I$으로 발사된 로켓은 호만 궤도를 따라 180°를 돌아 A 점에 도달하게 된다. v_L은 호만 궤도의 L 점에서의 속력이고 v_I은 궤도-I에서의 속력이다. A 점에서는 통상적인 충격연소에 의해 목표궤도에 진입하게 된다.

우리는 제3장에서 호만 궤도를 사용해 목표궤도에 옮겨갈 때 Δv가 최소가 되는 것을 보았다. $\Delta v_{H\to T}$를 A 점에서 호만 궤도 H를 목표궤도 T로 바꾸는 데 필요한 속도증분이라고 하면, L 점에서 호만 궤도로 발사된 로켓이 목표궤도로 진입하기 위한 총 속도증분은 다음과 같이 나타낼 수 있다.

$$\Delta v = \Delta v_{I\to H} + \Delta_{H\to T}$$

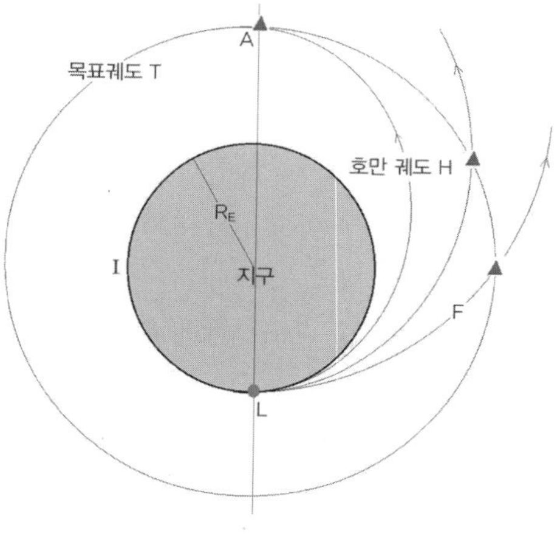

그림 2-6 Δv를 최적화하는 발사궤도Ascent Trajectory인 호만 궤도 H와 목표궤도 도착시간이 호만 궤도에 비해 훨씬 짧은 급행궤도Fast Trajectory F를 표시했다. 목표궤도는 최종 궤도일 수도 있고 대기궤도일 수도 있다. 여기서 I는 지표면을 스치는 가상적인 원궤도를 표시한다. 둥근 점 L은 발사지점을 나타내고 세모 점은 목표궤도에 진입하기 위한 충격연소를 실시하는 점들을 나타낸다.

특히 최종 궤도 T가 원궤도인 경우는 $\Delta v_{H\to T}$를 Δv_{cir}이라고 한다. 호만 궤도의 원지점에서 궤도를 원으로 만드는 데 필요한 속도증분이기 때문이다.

근지점 r_p는 지구 반경 R_E와 같고 원지점 r_a는 지구 중심에서 A까지 거리 R_A와 같다. 이로부터 호만 타원의 장반경 a_H는 $(R_A+R_E)/2$가 되고 이심률 e_H는 $(R_A-R_E)/(R_A+R_E)$가 된다.

초기 궤도 I에서 H로 진입하는 데 소요되는 $\Delta v_{I\to H}$와 호만 궤도에서 목표궤도 T로 진입하기 위한 $\Delta v_{H\to T}$는 식 (2-31)과 (2-32)를 이용하여 다음과 같이 표현할 수 있다.

$$\Delta v_{I\to H} = v_I\, f_1(x), \tag{2-40}$$

$$\Delta v_{H\to T} = v_I\, f_2(x), \tag{2-41}$$

$$x = R_A/R_E.$$

목표궤도를 고도 200km의 원궤도로 가정하면 R_A =6,578km, R_E = 6,378km가 된다. 이 경우 $\Delta v_{I\to H}=0.0076889v_I$, $\Delta v_{H\to T}=0.0076297v_I$이 되므로, 궤도 I에서 궤도 T로 호만 궤도를 따라 이동하려면 총 Δv_{total}는 다음 값을 가진다.

$$\Delta v_{total}=\Delta v_{I\to H}+\Delta v_{H\to A}=0.01532\,v_I \tag{2-42}$$

그러나 지표면에 고정된 발사대의 로켓은 궤도-I를 따라 도는 것이 아니며, 지구 중심에 대한 속도 역시 궤도-I의 속도 v_I가 아닌 발사대의 위도에 의해 결정되는 자전속도를 가질 뿐이다. 따라서 식 (2-40), (2-41) 및 (2-42)는 로켓에 의한 목표궤도 진입과 무관해 보인다.

여기서 로켓의 강력한 충격연소에 의해 순간적으로 속력을 v_L로 가속할 수 있다고 가정해보자. 로켓이 L 점에서 v_L이란 속도로 접선방향으로 발사되고 엔진이 작동을 멈춘다면 로켓은 호만 궤도를 따라 탄도비행을 하게 될 것이다. v_L은 다음과 같이 주어진다.

$$\begin{aligned} v_L &= v_I+\Delta v_{I\to H} \\ &= v_I[1+f_1(x)], \\ \Delta v_{total} &= v_L+\Delta v_{H\to T}=v_I[1+f_1(x)+f_2(x)] \end{aligned}$$

실제로 호만 궤도상의 물체가 점 L에서 점 A에 도달하기 위해서는 호만 타원궤도 주기의 1/2에 해당하는 시간이 소요된다. 목표궤도 T를 적도 상공 200km의 원궤도라고 생각하면, L에서 A까지 걸리는 시간은 43.2405분이 걸린다. 그러나 부스터 로켓이 9.4~10km/s로 가속하는 데 걸리는 시간은 5분 전후가 보통이고 이 중 대부분의 시간은 저속에서 움직이기 때문에 동력 기동으로 움직인 수평거리(1,000km 내외)는 L에서 A까지 수평거리 20,000km에 비해 5% 내외이므로 동력 비행궤도는 호만 궤도의 작은 부분에 지나지 않으므로 로켓은 정지 상태에서 v_L로 가속된 것과 별 차이가 없다.[58] 지표면과 외접하고 고도 200km의 원궤도에 내접하는 호만 궤도의 v_L은 7.966km/s가 된다. 이 경우 필요한 충격연소는 A 점에서 H를 T로 바꾸기 위해 단 한 번의 충격연소만 필요하고 $\Delta v_{H \to T}$ =60.32m/s다. 따라서 적도상의 발사대에서 상공 200km에 호만 궤도를 따라 발사하는 이상적인 로켓의 Δv '요구 성능'은 다음과 같이 계산된다.

$$\Delta v_{Hohmann} = v_1 [1 + f_1(x) + f_2(x)] = 8.031 \text{ km/s} \quad (2\text{-}43)$$

여기서 v_I =7.9098km/s이고 R =6371km다. 그러나 이러한 발사궤도는 지구가 구슬처럼 매끄럽고 공기도 없을 경우 아주 강력한 로켓을 사용할 때만 가능한 상상 속의 발사궤도일 뿐이다. 현실세계에는 공기도 존재하고 산도 존재한다. 따라서 위에서 설명한 방법은 실제로는 사용할 수 없는 가상적인 궤도를 이용하는 방법이지만, 나름대로 Δv를 최소화하는 방법을 제시하고 있다.

동력 비행 중인 로켓이 진입해야 할 전이궤도를 〈그림 2-6〉처럼 L 점에 외접하는 타원이 아니라 근지점이 지표면 아래 깊이 놓이고, L 지점에서 지표면과 교차하며 원지점이 궤도 T에 놓이는 타원이 되는 경우를 생각해보자. 해리 루피(Harry O. Ruppe)는 『항주학 소개*Introduction to Astronautics*』(Vol. 1)에서 이 문제를 자세히 다뤘고, 발사대에서 직접 관측 가능한 직선거리 한계 위치에서 궤도 T에 진입시키는 데 필요한 Δv

58) 실제로 필요한 연소종료속도는 7.9km 내외지만 로켓의 Δv는 1.5~2.1km/s의 공기마찰과 중력손실분만큼 더 커야 한다.

는 다음과 같이 됨을 보였다.[59]

$$\Delta v_{\text{line of sight}} = v_I \left[1 + 0.914 \frac{(R_A - R)}{R} + \cdots \right]$$

200km 고도의 원궤도에 진입시킬 때 발사대에서 충격연소를 직접 관측할 수 있는 전이궤도로의 진입에 필요한 최소 Δv는 다음과 같다.

$$\Delta v_{\text{line of sight}} = 8.137 \text{ km/s} \tag{2-44}$$

식 (2-43)과 (2-44)를 비교해보면 호만 궤도를 이용할 때 Δv가 106m/s만큼 더 작은 것을 알 수가 있고 R_A/R 값이 커질수록 그 차이도 계속 커진다.

현실세계에서는 순간적으로 v_L로 가속할 수 있는 로켓은 존재하지 않는다. v_L같은 속도를 얻기 위해서는 고체로켓 ICBM과 같이 빠른 로켓도 2~3분 정도 소요되고, 액체로켓으로는 5분 이상의 시간이 소요된다.[60] 특히 우주인이 타고 있을 때는 가속도를 4g 미만으로 제한해야 하므로 동력 비행시간은 더욱 길어져 8분 이상이 걸릴 것으로 판단한다. 로켓이 발사대를 이륙하여 동력 비행단계에서 대부분의 시간은 저속으로 비행하므로 이 시간 동안 호만 궤도를 그대로 따라 비행하는 것은 불가능하다. 더구나 현실세계의 지구에는 공기가 있으므로 공기저항으로 인한 속력손실을 막으려면 두터운 공기층에서 빨리 벗어나야 하므로 적어도 비행 초기에는 로켓이 수직에 가까운 비행경

59) Harry O. Ruppe, *Introduction to ASTRONAUTICS*, vol. 1 (Academic Press, 1966, New York), pp.396-399: 특히 Eq.(6.26)을 참조하기 바란다.

60) 보통 고체로켓 ICBM의 연소시간은 3분 전후이지만, 토폴Topol-M의 연소시간은 2분 정도로 알려졌다.

로각으로 상승하는 것이 필요하다.

그러나 로켓이 수직으로 상승할 경우 추력에 의한 가속도와 중력 가속도가 반대방향으로 작동하므로 중력에 의한 속력손실이 너무 크다. 대형 로켓에서는 가속도가 그리 크지 않기 때문에 공기저항에 의한 손실보다는 중력에 의한 손실이 훨씬 큰 것이 보통이다. 중력과 공기저항 및 조종에 의한 속도손실 Δv_{ags}은 구체적인 동력 비행궤도에 따라 크게 좌우된다.[61]

우리의 관심사는 동력 비행궤도를 어떻게 설정해야 Δv_{ags}를 작게 유지할 수 있는가 하는 것과, 어떻게 연소종료 시점에 미리 정해놓은 궤도상의 위치에서 매끄럽게 궤도로 진입시킬 수 있는가 하는 것이다. 우리는 동력 비행궤도에 따라 로켓에 필요한 Δv가 달라질 가능성을 보았고, Δv_{ags}도 비행궤도에 따라 바뀌리라 암시했다.

로켓을 발사장에서 발사하여 미리 정한 궤도에 올릴 수 있는 페이로드 질량은 목표궤도와 연결되는 전이궤도 선택과 전이궤도로 진입하려는 로켓이 비행하는 동력 비행궤도 선택에 따라 실제로 달라진다. 미리 정한 전이궤도에 진입하는 지점의 위치와 속도가 고정되었더라도 발사대를 떠난 로켓이 진입지점에서 적절한 속도를 가지는 동력 비행궤도는 무한히 많고 어떤 경로를 택하느냐에 따라 Δv_{ags}가 달라지고, 추진제 소모량도 달라진다.

2. 전이궤도

전이궤도는 중력장에서 자유로이 낙하하는 자유낙하궤도다. 전이궤도의 원지점은 〈그림 2-7〉에서 A로 표시되는 지점이고 발사지점에서

61) $\Delta v_{ags} = \Delta v_a + \Delta v_g + \Delta v_s$이고 Δv_a, Δv_g, Δv_s는 각각 공기저항, 중력, 조종 등에 의한 속력손실을 의미한다.

부터 잰 각은 $\Theta_T = \pi$이다. (R_T, Θ_T)는 지구 중심 좌표계에서 전이궤도의 원지점Apogee 위치를 나타내고, 연소종료 위치(R_{bo}, Θ_{bo})는 동력비행궤도가 전이궤도와 접하는 지점 I의 위치를 표시한다. (v_{bo}, γ_{bo})는 전이궤도상의 두 점 (R_{bo}, Θ_{bo})와 (R_T, Θ_T)를 반드시 지나가고 비행시간이 t_F가 되어야 하는 조건으로 『로켓 과학 I』에서 구한 람베르트 속도를 의미한다. 필자는 『로켓 과학 I』에서 '람베르트 속도Lambert Velocity'의 의미와 유도 과정을 상세하게 소개했으므로 여기에서는 그 결과를 그대로 이용하기로 한다.[62]

$$v_{bo} = \sqrt{\frac{GM_E R_T(1-\cos\phi)}{R_{bo}^2\cos^2\gamma_{bo} - R_T R_{bo}\cos(\gamma_{bo}+\phi)\cos\gamma_{bo}}} \tag{2-45}$$

$$t_F = \frac{R_{bo}}{v_{bo}\cos\gamma_{bo}} \cdot \left\{ \Lambda + \frac{2\cos\gamma_{bo}}{\lambda(2/\lambda-1)^{3/2}} \cdot \tan^{-1}\left| \frac{\sqrt{2/\lambda-1}}{\cos\gamma_{bo}\cot\frac{\phi}{2} - \sin\gamma_{bo}} \right| \right\}$$

$$,\ 0 < \lambda < 2, \tag{2-46}$$

$$\Lambda = \frac{\tan\gamma_{bo}(1-\cos\phi) + (1-\lambda)\sin\phi}{(2-\lambda)[(1-\cos\phi)/(\lambda\cos^2\gamma_{bo}) + \cos(\gamma_{bo}+\phi)/\cos\gamma_{bo}]},$$

$$\lambda = \frac{R_{bo}v_{bo}^2}{GM_E},\ \phi = S/R.$$

여기서 $G(=6.673\times10^{-11}m^3s^{-2}kg^{-1})$와 $M_E(=5.9733328\times10^{24}kg)$는 각각 중력상수와 지구 중량을 나타내고, ϕ는 사거리 각Range Angle으로 알려진 양인데 진입지점 I에서 원지점 A까지의 각도를 나타낸다. 『로

62) 정규수, 『로켓 과학 I: 로켓 추진체와 관성유도』(지성사, 2015), pp.297-328, 특히 식 (5-103)과 (5-119)을 참고하기 바란다. 식 (5-117)과 (5-119)의 맨 마지막 항의 분모 $\cos\theta_B\cot(\phi/2) - \sin\phi$는 $\cos\theta_B\cot(\phi/2) - \sin\theta_B$의 오타이다.

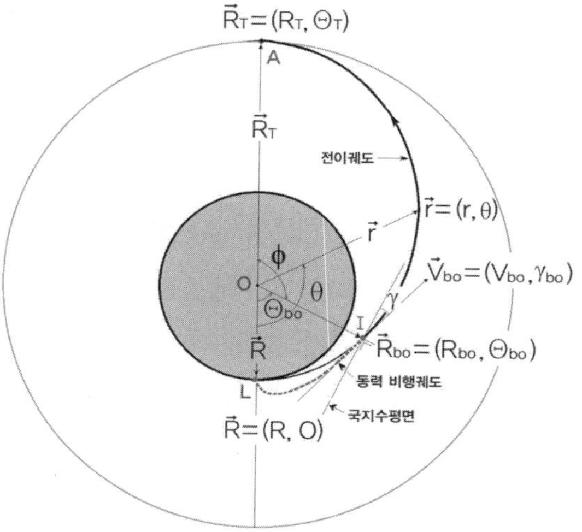

그림 2-7 L 점에서 발사된 로켓이 I 점에서 전이궤도로 진입한 후 탄도비행으로 A 점에서 목표궤도에 접하는 과정을 보여주는 그림이다. γ는 로켓 또는 우주선과 같이 회전하는 좌표계에서 국지수평면과 속도벡터가 만드는 비행경로각Flight Path Angle을 표시한다. R_{bo}와 Θ_{bo}는 진입점 I의 위치를 표시하고, $\vec{v}_{bo}$는 I에서의 연소종료속도이며 A 점을 지나는 데 필요한 람베르트 속도를 나타낸다. 점선은 동력 비행궤도, 굵은 선은 전이궤도이다.

켓 과학 I』에서 사용한 각도 표기법 대신 여기에서는 케플러 궤도를 다룰 때의 편의를 위해 좀 더 통상적인 기호로 바꿨다. 각도 ∠IOA를 라디안 단위로 표시한 것이 ϕ고, 『로켓 과학 I』에서 θ_B는 γ_{bo}에 해당된다. 식 (2-45)와 (2-46)의 의미는 다음과 같이 요약할 수 있다.

로켓엔진이 (R_{bo}, Θ_{bo}) 점에서 연소가 종료된 이후 로켓에 작용하는 힘은 중력뿐이고, 로켓은 (R_{bo}, Θ_{bo}) 점에서 주어진 속도를 가지고 지구 중력이 이끄는 대로 자유낙하운동을 하게 된다. 이러한 자유낙하궤도를 케플러 궤도라고 하며, 이 경우에는 특별히 전이궤도라고 한다. 케플러 궤도의 특징은 궤도상의 두 점 (R_{bo}, Θ_{bo}), (R_T, Θ_T)과 두 점 간의 비행시간 t_F가 주어지면 두 점을 지나는 궤도가 유일하게 결정되고, (R_{bo}, Θ_{bo})에서 속도 (v_{bo}, γ_{bo})를 '람베르트 속도(v_L, γ_L)'라고 한다.

동력 비행 중인 로켓의 속도가 람베르트 속도와 같아지는 순간 엔진을 멈추면 로켓은 시간 t_F 후에 (R_T, Θ_T) 점을 반드시 지나간다. 다른 말로 표현하면 (R_{bo}, Θ_{bo})에서 로켓의 연소종료속도가 람베르트 속도 (v_L, γ_L)와 같아지면 로켓은 t_F 후에 점 (R_T, Θ_T)를 지나간다는 뜻이다. 전이궤도에 진입하는 속도에 이르면 로켓은 연소를 종료하고 비행은 자유낙하 단계로 넘어간다. 전이궤도와 같은 평면 내에서 진입속도는 식 (2-45)로 결정되고, 비행시간 t_F는 식 (2-46)으로 결정된다.

세 점 **L, I, A**는 장반경이 $a_T = (R_T + R)/2$이고 이심률이 $e_T = (R_T - R)/(R_T + R)$인 타원 위에 있다. (2-45) 식을 이용해 얻은 v_{bo}는 I 점과 A 점을 지나는 타원을 따라 비행할 때 I 점의 속력이지만, γ_{bo}가 결정되지 않은 상태에서는 두 점 (R_{bo}, Θ_{bo}), (R_T, Θ_T)을 지날 수 있는 연소종료속력 v_{bo}와 γ_{bo}의 쌍은 무한히 많고 타원도 무한히 많다. 유일한 (v_{bo}, γ_{bo})인 람베르트 속도 (v_L, γ_L)를 구하기 위해서는 (2-46)을 통해 γ_{bo}를 t_F의 함수로 풀어 식 (2-45)에 대입해 v_{bo}를 t_F의 함수로 풀어야 한다. 그러나 식 (2-45)와 (2-46)은 독립적으로 결정되지 않고 음함수 Implicit Function로 주어졌기 때문에 일반적으로 해석해는 구할 수가 없고, 최소 에너지 조건과 같은 특수조건을 가정하든가 아니면 수치계산으로 풀어야 한다. 일반적인 경우는 수치해법을 통해 식 (2-45)과 식 (2-46)을 풀어서 v_{bo}와 γ_{bo} 값을 동시에 구해야 한다.[63]

〈그림 2-7〉은 L에서 로켓을 발사하고 L과 A 사이의 임의의 점 I에서 근지점이 L이고 원지점이 A인 타원에 진입시키는 경우를 보여주고 있다. 처음에 우리가 가정했듯이 지구는 완전한 공 모양이고, 공기도 없고, 우리의 로켓은 순간적으로 임의의 속도로 가속할 수 있다고 가정하면, L 점에서 로켓을 수평으로 $v_L(= v_p)$로 발사하면 L 점

---

63) Steven L. Nelson and Paul Zarchan, "Alternative Approach to the Solution of Lambert's Problem," *Journal of Guidance, Control, and Dynamics*, Vol. 154, No. 4, July-August, 1992, p. 1003.

에서 전이궤도로 진입할 수 있다.

여기서 발사속력 v_L은 궤도의 근지점에서 속력

$$v_p = \sqrt{\frac{2\mu_E R_a}{(R_a + R_p)R_p}} \tag{2-47}$$

과 같다. R_p는 물론 지구 반경 R_E와 같고, μ_E는 GM_E를 의미한다.

그러나 현실세계에는 이와 같은 방법은 사용할 수 없어 〈그림 2-8〉과 같은 방법을 제시하기로 한다. 공기가 거의 없는 고도 $R_p (> R_E + 200\ \text{km})$에서 속력 v_p로 수평방향($\gamma_{bo} = 0$)으로 진입한 후 엔진을 멈추면 근지점이 R_p, 원지점이 R_a인 타원에 진입하게 할 수 있다. 이 타원궤도는 더 높은 궤도로 올라가기 위한 전이궤도가 될 수도 있고, 목표궤도가 될 수도 있다. $R_p = R_E + h$이고 원지점이 R_a인 타원을 전이궤도로 택함으로써 궤도 진입 조건을 해석함수로 구할 수 있고, 로켓을 궤도 진입 위치로 유도하는 문제를 간단하게 할 수 있다. h는 근지점에서 고도를 나타내고 그 값은 최종 궤도에 따라 달리 잡을 수 있다. 만약 최종 궤도가 고도 200~300km 사이의 원궤도라면 강력한 우주발사체가 아니더라도 별도의 궤도 진입용 엔진을 사용하지 않아도 최종 궤도로 진입시킬 수 있다.

최종 궤도가 400km 이상의 원궤도나 타원궤도라면 h 값은 200km 전후를 취하고 원지점에서 궤도 진입용 엔진을 사용해 최종 궤도가 되도록 R_p를 조절하면 된다. 대부분의 경우 h =200~300km 전후로 잡는 것이 편리하리라고 판단한다. L에 위치한 발사대를 수직으로 이륙한 로켓은 Δv_{ags}를 최소화하는 궤도를 따라 전이궤도의 근지점으로 예정된 위치로 상승하며 가속한다. 로켓의 고도가 미리 정한 h에 접근하면 비행경로각 γ는 0이 되도록 조정하고 식 (2-47)로 주어진 속

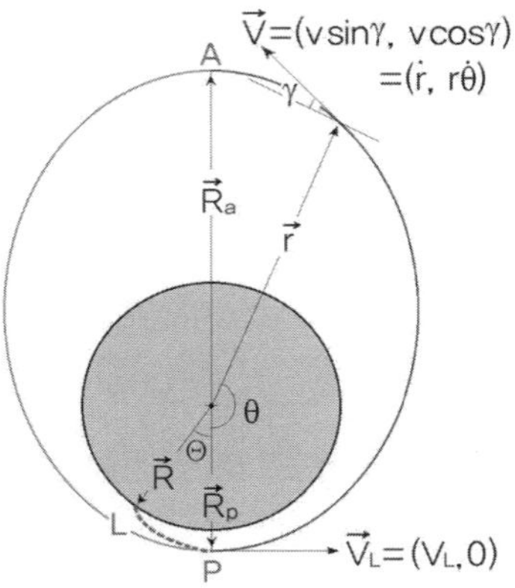

그림 2-8 L, P, A는 각각 발사 위치와 궤도 진입점(궤도의 근지점) 및 전이궤도의 원지점이다. 점선은 로켓의 동력 비행궤도를 표시하고 진한 실선은 전이궤도를 나타낸다.

력에 도달할 때 로켓엔진을 정지하면 목표로 정한 타원궤도 또는 원궤도로 진입하게 된다. 최종 목표궤도의 근지점이 연소종료 지점보다 높은 경우는 $r = R_a$에 도달하는 시점에서 적절한 충격연소를 수행함으로써 근지점의 고도를 원하는 만큼 높이거나 또는 다른 궤도로 옮겨갈 수 있다.

궤도 진입점Injection Point에서 비행경로각 γ_{bo}와 ϕ는 다음과 같다.

$$\gamma_{bo} = 0$$
$$\phi = \pi \qquad (2\text{-}48)$$

v_p를 정의한 식 (2-45)에 $R_T = R_a$와 (2-48)을 대입하면 식 (2-47)로 단순화된다. 이 경우에 식 (2-46)으로 정의된 P에서 A까지 비행시간 t_F는 식 (2-48)을 사용하면 다음의 간단한 수식으로 표현된다.

$$t_F = \frac{\pi R_p}{v_0}\left[2 - \frac{v_p^2}{v_0^2}\right]^{-3/2}, \quad v_0 = \sqrt{\frac{\mu}{R_p}}$$

v_0는 R_p를 반경으로 하는 원궤도의 궤도 속력이다. 한편, 이러한 타원의 주기 T는

$$T = 2\pi\sqrt{\frac{a^3}{\mu}} = \frac{\pi R_p}{\sqrt{2}\, v_0}\left(1 + \frac{R_a}{R_p}\right)^{3/2}$$
$$= \frac{2\pi R_p}{v_0}\left[2 - \frac{v_p^2}{v_0^2}\right]^{-3/2}$$

t_F와 T를 비교하면 예측했던 대로 $t_F = T/2$인 것을 알 수 있다.

우리는 동력 비행궤도의 끝인 동시에 전이궤도의 근지점인 $r = R_p$에서 접선방향의 속력이 v_p가 되도록 로켓을 유도하면 예정한 타원궤도로 정확하게 진입할 수 있다는 것을 보았다. 남은 문제는 〈그림 2-8〉에서 점선으로 표시된 동력 비행궤도를 어떻게 선택해야 중력저항과 공기저항 및 조종에 의한 로켓의 감속을 최소로 할 수 있느냐 하는 점이다.

3. 동력 비행궤도의 유도조종

로켓의 운동방정식

로켓이 발사대를 이륙해서 전이궤도(또는 대기궤도)에 진입할 때까지 동력 비행경로를 기술하기 위해서는 로켓의 운동을 지배하는 운동방정식이 필요하다. 지구의 중력권 안에서 운동을 기술하는 데는 지구

중심을 원점으로 하는 직교좌표계를 관성좌표계로 취급해도 괜찮다. 관성좌표계에서 로켓의 운동방정식은 다음과 같이 쓸 수 있다.

$$m\frac{d\vec{v}}{dt}=\vec{F}_T+m(t)\vec{g}(\vec{r})+\vec{F}_{ext} \qquad (2\text{–}49)$$

$$F_T=\dot{m}v_e+(p_e-p_a)A_e \qquad (2\text{–}50)$$

여기서 $\vec{F}_T$는 로켓엔진의 추력을 나타내고 크기는 식 (2–50)으로 정해진다. 〈그림 2–9〉에서 보는 것과 같이 속도벡터 $\vec{v}$와 추력 방향의 사이 각은 α로 표기했다.64) 로켓에 작용하는 힘 중 추력과 중력을 제외한 모든 힘의 합을 $\vec{F}_{ext}$라고 놓았다. 공기마찰에 의해 생기는 힘인 공기저항 $\vec{F}_D(v,r)$, 공기 흐름과 받음각에 의해 생기는 양력Lift Force $\vec{F}_L(v,r)$과 발사체를 제어하는 힘Steering Force 등이 모두 $\vec{F}_{ext}$에 포함된다. 식 (2–49)에서 $\vec{F}_T+\vec{F}_{ext}$는 가속도계에 의해 실시간으로 측정할 수 있는 물리량인 데 반해 중력항 $\vec{g}(\vec{r})$은 별도로 정한 값을 유도 컴퓨터에 미리 입력해야 하는 데이터다. 표기의 편의와 쉬운 설명을 위해 로켓에 작용하는 모든 힘은 한 평면 안에 존재한다고 가정하자. 따라서 로켓이나 우주선의 운동 역시 같은 평면 안에서만 일어난다.

로켓의 운동을 실질적으로 지배하는 모든 힘을 〈그림 2–9〉에 표시했다.65) 식 (2–49)을 풀어쓰면 다음과 같다.

$$m(t)\frac{d\vec{v}}{dt}=\vec{F_T}+m(t)\vec{g}(r)+\vec{F_D}(v,r)+\vec{F_L}(v,r), \qquad (2\text{–}51)$$

---

64) 힘의 합계인 $\vec{F}=\vec{F}_T+\vec{F}_{ext}$와 추력을 구별하기 위해 식 (1–4)에서 추력Thrust을 나타낸 $\vec{F}$를 $\vec{F}_T$로 표기했다.

65) 무게중심과 압력중심은 구별하지 않았다.

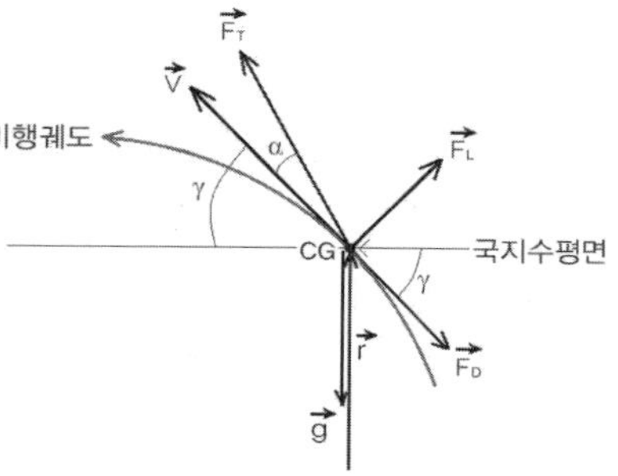

그림 2-9 로켓의 중심(CG)에 작용하는 주요 힘을 모두 표시했다.

$$\overrightarrow{F_D}(v,r) = -\frac{1}{2}\rho(r)v^2 C_D(\alpha, Re, v) A_\perp \hat{v}, \tag{2-52}$$

$$\overrightarrow{F_L}(v,r) = \frac{1}{2}\rho(r)v^2 C_L(\alpha, Re, v) A_\parallel \hat{v}_\perp,$$

$$\rho(r) = \rho_0 e^{-\frac{r-R}{H}} \tag{2-53}$$

여기서 $m(t)$는 시간 t에서 로켓의 질량이고 $\hat{v}$와 $\hat{v}_\perp$는 각각 속도 방향과 속도에 수직한 방향의 단위벡터다. 로켓이 작동 중에는 추진제가 소모되며 질량이 감소한다. 로켓의 질량이 시간 t의 함수임을 강조하기 위해 $m(t)$로 표기했다. C_D와 C_L은 비행체의 형상과 속력 v 및 레이놀즈 수Reynolds Number Re 외에 속도벡터와 추력방향의 사이각인 추력방향각Thrust Angle $\alpha(t)$에도 관련된다. $A_\perp$는 $\vec{v}$에 수직한 비행체의 단면적을 나타내고 $A_\parallel$는 평면도형 면적Planform Area을 나타낸다. $\rho_0 = 1.75kg/m^3$, H는 6.7km로 취하면 밀도를 고도의 함수로 간략하게 표시한 식 (2-53)은 개략적인 해석해를 구하는 데 사용해도 큰 문제가 없다. 그러나 수치계산을 통해 더 정확한 계산을 원할 때는

〈표 2-3〉과 같은 해면고도에서 1,000km까지 쓸 수 있는 '지수함수로 짜깁기한 모델'을 써야 한다.66)

레이놀즈 수는 유체역학에서 관성력Inertial Forces과 점성력Viscous Forces의 비로 정의하는 양으로 레이놀즈 수가 작으면 점성력이 지배적이고 흐름은 층류Laminar Flow를 형성한다. 반면, 레이놀즈 수가 크면 흐름은 난류Turbulent Flow가 된다. 로켓이나 RV 같은 형상에서는 $Re>5\times10^5$이 되어야 층류가 난류로 바뀐다. 그러나 공기 흐름의 속력 v가 1km/s 이상이면 흐름이 안정되어 층류가 난류로 바뀌는 Re 값이 이보다 10배 이상 증가하지만, v가 5km/s 이상이 되면 층류-난류 전환시점의 레이놀즈 수는 $Re>5\times10^7$일 것으로 추정된다.67) 따라서 대기를 지나가는 동력 비행궤도 문제에서는 C_D나 C_L은 레이놀즈 수에 무관하다고 가정해도 괜찮다. 그러나 재돌입 문제에서는 층류-난류 전환이 심각한 문제로 대두될 수 있다.

지구 중심에 원점을 가지는 관성좌표계에서 수직인 두 축을 x-축, y-축이라 하고 각 축방향의 단위벡터를 $\vec{u}_x$와 $\vec{u}_y$라 하자.68)

식 (2-51)은 이러한 관성좌표계에 대해 성립하는 운동방정식이다.69)

여기서 추력은 로켓의 축방향으로 작용하고, 공기저항은 로켓의 비행방향 $\vec{u}_t(=\vec{v}/v)$의 반대방향으로 작용하며 양력은 로켓의 비행방향에 수직인 방향 $\vec{u}_n$으로 작용한다. 중력은 로켓의 질량중심과 지구중심을 연결하는 방향으로 작용한다. 로켓의 무게중심에 원점을 가지고 로켓과 같이 움직이는 로켓 좌표계 $(\vec{u}_t,\vec{u}_n)$와 지구 중심에 원점을 가

66) MSISE-90 Model of Earth's Upper Atmosphere, 1976 in SI Units, http://www.braeunig.us/space/atmos.htm

67) Lisbeth Gronlund and David C. Wright, "Depressed Trajectory SLBMs: A Technical Evaluation and Arms Control Possibilities", *Science & Global Security*, 1992, v.3, pp.101-159; p.146.

68) 단위벡터(Unit Vector)는 주어진 방향을 향하는 크기가 1인 벡터를 의미한다. $|\vec{u}|=1$

69) 지구가 태양 주위를 공전하는 것이나 태양계의 은하중심에 대한 운동은 무시하자.

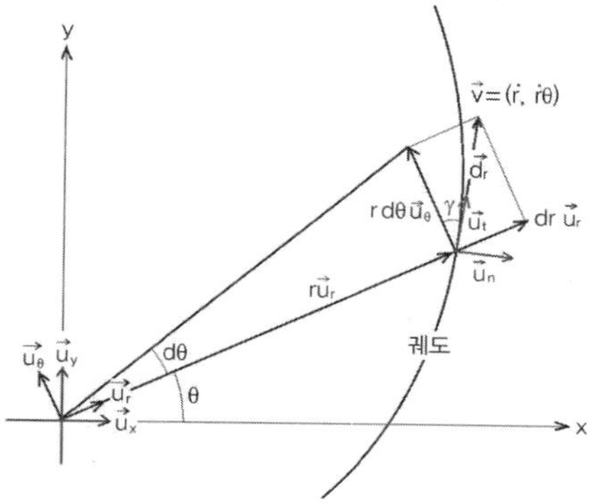

그림 2-10 비행체와 같이 회전하는 좌표계Co-Rotating Coordinate System에서 $d\vec{r}$을 $\vec{u}_\theta$와 $\vec{u}_r$축 성분으로 분해한 것을 보여준다.

지고 로켓과 같이 회전하는 좌표계Co-rotating Coordinate System $(\vec{u}_r, \vec{u}_\theta)$를 도입하면 로켓의 운동방정식이 간단해진다.

〈그림 2-10〉의 회전좌표계 $(\vec{u}_r, \vec{u}_\theta)$에서 위치벡터Radial Vector $\vec{r}$은 각속도 $\dot{\theta}$로 회전하는 것을 알 수 있다. 또한 $h=|\vec{r}\times(\dot{r}\,\vec{u}_r+r\dot{\theta}\vec{u}_\theta)|=r^2\dot{\theta}$와 $\dot{\theta}=v\cos\gamma/r$임을 알 수 있고, 방정식 (1-74)를 다음과 같이 다시 쓸 수 있다.

$$\dot{r}=\frac{\mu}{h}e\sin\theta, \tag{2-54}$$

$$r\dot{\theta}=\frac{h}{r}=\frac{\mu}{h}(1+e\cos\theta), \tag{2-55}$$

$$\begin{aligned}\vec{v}&=v\,\hat{u}_t\\&=\dot{r}\,\hat{u}_r+r\dot{\theta}\,\hat{u}_\theta\\&=(v\sin\gamma,\ v\cos\gamma)\\&=\frac{\mu}{h}[-\sin\theta\ \hat{i}+(e+\cos\theta)\ \hat{j}],\end{aligned}$$

$$v = \frac{\mu}{h}\sqrt{1+2e\cos\theta+e^2},$$

$$\dot{\theta} = \omega = \frac{v}{r}\cos\gamma,$$

여기서 $\vec{v}$는 식 (1-75)의 또 다른 표현이다. (2-54)-(2-55)를 이용하면 γ와 θ는 다음과 같이 연결되는 것을 볼 수 있다.

$$\begin{aligned}\tan\gamma &= \dot{r}/r\dot{\theta} \\ &= e\sin\theta/(1+e\cos\theta)\end{aligned} \tag{2-56}$$

〈그림 2-9〉, 〈그림 2-10〉에서 다음 관계식을 구할 수 있다.

$$\hat{u}_t = (\sin\gamma,\ \cos\gamma)$$

$$\hat{u}_n = (\cos\gamma,\ -\sin\gamma)$$

$$\hat{u}_r = \sin\gamma\ \hat{u}_t + \cos\gamma\ \hat{u}_n$$

$$\vec{v} = v\,\hat{u}_t$$

$$\dot{\vec{v}} = \dot{v}\,\hat{u}_t + v\dot{\gamma}\,\hat{u}_n$$

관성좌표계의 가속도와 회전좌표계의 가속도는 다음과 같은 관계식으로 연결된다.

$$\left.\frac{d\vec{v}}{dt}\right|_{inertial} = \left.\frac{d\vec{v}}{dt}\right|_{rotating} + \vec{\omega}\times\vec{v} \tag{2-57}$$

식 (2-57)에서 속도 $\vec{v}$는 관성좌표계에 대한 속도이고, 회전좌표계에 대한 속도 $\vec{v}_r$은 다음과 같이 정의된다.

$$\vec{v} = \vec{v}_r + \vec{\omega} \times \vec{r}$$

위에 나열한 관계식들과 식 (2-57)을 이용하여 로켓의 관성좌표계에 대한 운동방정식 (2-51)을 회전좌표계에 대한 방정식으로 다음과 같이 바꿔 쓸 수 있다.[70]

$$\vec{\omega} \times \vec{v} = -\omega v\,\hat{u}_n = -\frac{v^2}{r}\cos\gamma\,\hat{u}_n$$

$$\dot{v} = \frac{F_T\cos\alpha - F_D}{m} - g\sin\gamma, \tag{2-58}$$

$$\dot{\gamma} = \frac{F_T\sin\alpha + F_L}{mv} - \frac{1}{v}\left(g - \frac{v^2}{r}\right)\cos\gamma, \tag{2-59}$$

$$g = g_0\frac{R_E^2}{r^2}.$$

여기서 g_0(=9.80665m/s^2)는 지표면에서 중력가속도로 정의된 값이고, α는 추력방향각이며, F_D와 F_L은 각각 공기저항력의 크기 $|\vec{F}_D|$과 양력의 크기 $|\vec{F}_L|$를 나타낸다.[71] 식 (2-59)의 우변 ( ) 안의 첫 항은 '중력회전Gravity Turn'을 나타내고, 두 번째는 원심력 항이다.

초기 비행궤도: 고정 피치 프로그램(CPR)

발사대를 이륙한 직후부터 얼마 동안은 속력이 아주 낮기 때문에 식 (2-58)과 (2-59)에서 공기저항 F_D, 양력 F_L 및 v/r 항의 기여는 아

70) Ulrich Walter, *Astronautics* (Wiley-VCH Verlag GmbH & Co. KGaA, Weinheim, 2008), pp.114-119.

71) 회전좌표계에서 $\vec{v} = v\vec{u}_t$, $\vec{u}_t = (\sin\gamma, \cos\gamma)$, 및 $\vec{u}_n = (\cos\gamma, -\sin\gamma)$를 사용하여 운동방정식을 구했다.

주 작을 것이라 예측되므로 초기 비행궤도를 검토하는 과정에서는 이 항들을 무시할 수 있다. 공기저항은 대기밀도와 v^2에 비례하기 때문에 속도가 높아지기 전에 대기밀도가 높은 영역을 신속히 빠져나가는 것이 중요하다. 대기밀도는 고도의 지수함수로 감소하므로 대기층은 수직으로 올라갈 때 가장 빠른 시간 안에 벗어날 수 있다. 이러한 이유와 유도조종(G&C: Guidance and Control) 상의 이유로 우주발사체나 대륙간 탄도탄은 수직 발사대를 이용하는 것이 보편화된 발사방법이다. 우주발사체가 이륙할 때 가속도가 중력가속도 $g_0\,(=9.80665\mathrm{m/s^2})$에 비해 훨씬 크지 않는 한 γ 방정식 (2-59)의 우변에 있는 $-g_0\cos\gamma/v$ 항 때문에 급격히 기울어질 것이다. 따라서 로켓의 발사는 수직($\gamma=\pi/2$)으로 하고, v가 어느 정도 커진 뒤 발사체의 γ를 발사 방위방향으로 기울여주는 것이 상례다.72)

〈그림 2-8〉과 같은 발사궤도에 대해 운동방정식 (2-58)과 (2-59)를 풀기 위한 발사대 이륙 순간의 초기조건을 다음과 같이 할 수 있다.

$$r(0)=R_E,$$
$$\theta(0)=-\Theta,$$
$$v(0)=0,$$
$$\gamma(0)=\frac{\pi}{2}.$$

연소종료 시점 $t=t_b$에서 만족해야 할 조건은 다음과 같다.

$$r(t_b)=R_p,$$

72) 소형 로켓의 초기 가속도는 중력가속도보다 훨씬 크기 때문에 $-g_0\cos\gamma/v$에 의한 중력회전이 크게 문제되지 않지만, 대형 우주발사체의 이륙 가속도는 중력가속도에 비해 많이 작기 때문에 $\gamma=\pi/2$로 취해 속도가 작은 영역에서 중력회전 항을 0으로 만드는 것이 필요하다.

$$\theta(t_b)=0,$$
$$v(t_b)=\sqrt{2GM_E R_a/[(R_a+R_p)R_p]},$$
$$\gamma(t_b)=0,$$
$$R_p=R_E+h. \qquad (2\text{-}60)$$

t_b는 로켓의 동력 비행시간으로 로켓이 이륙한 후 연소종료까지의 '연소시간Burn Time'을 뜻한다. F_T는 알려진 양이고 로켓의 질량 $m(t)$는 매초 연소실로 공급하는 추진제 양 $\dot{m}_P$에 비례해 감소하는 양이다.

$$m(t)=m_0-\dot{m}_P t$$

여기서 $\dot{m}_P$는 상수라고 가정해도 무방하다. 로켓이 발사대를 이륙한 직후 아무런 조치를 취하지 않는다면 로켓의 운동은 다음 방정식에 의해 완전히 결정된다.

$$\begin{cases} \dot{v} = \dfrac{F_T}{m}-g_0 \\ \dot{\gamma}=0 \end{cases} \qquad (2\text{-}61)$$

위의 방정식은 다음과 같은 간단한 해를 가진다.73)

$$\begin{cases} v(t)=v_{eff}\ln\left(\dfrac{m_0}{m_0-\dot{m}_P t}\right)-g_0 t \\ \gamma(t)=\dfrac{\pi}{2} \end{cases} \qquad (2\text{-}62)$$

73) 추력에 의한 속도증분은 『로켓 과학 I: 로켓 추진체와 관성유도』(지성사, 2015), pp.195-222를 참조하기 바란다.

여기서 v_{eff}는 추력의 정의 (2-50)의 양변을 매 초마다 연소되는 추진제 질량 $\dot{m}_P$로 나눈 값으로 임의의 대기압에서 노즐출구 단면적에 대한 연소가스의 노즐 배출속도다. 식 (2-62) 우변의 첫 항은 t초 동안 로켓의 추력에 의해 가속되어 얻은 속력이고, 둘째 항은 중력에 의해 추력과 반대방향인 지구 중심 방향으로 가속된 중력손실을 나타내는 항이다. 중력에 의한 감속은 매초 $9.806m/s^2$로 로켓이 수직으로 올라가는 동안 내내 로켓의 속력을 잠식한다. 탑재한 추진제 m_P를 소진하는 데 걸리는 시간 $t_b(=m_{P0}/\dot{m}_P)$가 길면 길수록 로켓의 속도증분 Δv에서 중력에 의한 속도손실 $\Delta v_g(=g_0 t_b)$가 크다. 여기서 m_{P0}는 이륙 순간 로켓에 탑재되어 있는 추진제의 총질량이다.

공기저항에 의한 속력손실을 늘리는 한이 있어도 중력에 의한 속력손실을 크게 줄이기 위해 발사 후 고도가 100m 내외에 이르면 '피치 프로그램Pitch Program'을 시행하여 비행경로각 γ를 약간 줄여 85°내지 87°로 만들어주는 것이 통상적인 발사과정이다. 이것을 '초기 피치Initial Kick 기동'이라 하고, 초기 피치 기동으로 얻은 각을 '초기 피치각Initial Kick Angle'이라고 한다. 우리가 수직으로 로켓을 발사하여 로켓이 얼마나 높이 올라가는가를 테스트하는 것이 목적이 아니라면, 로켓의 운동방향을 목표 방위방향으로 약간 기울여줌으로써 중력회전Gravity Turn을 이용해 중력에 의한 속력손실을 줄일 수도 있고, 비행방향을 낮은 속력에서 목표 방위방향으로 바꿀 수 있기 때문에 추진제도 절감할 수 있다.

얼핏 생각하기에 식 (2-62)의 v(t) 표현에서 연소시간 t_b를 줄이는 것이 무슨 득이 되는가 의아해할 수도 있다. 어차피 로켓엔진이 종료되면 중력에 의해 속력이 계속 감속될 텐데, 연소가 조금 일찍 종료되든 나중에 종료되든 무슨 관계가 있는가 생각할 수도 있지만, t_b(또는 $\dot{m}_P$)는 연소종료 시 관성계에 대한 연소종료속력 v_{bo}(Burn Out Speed)

를 크게 좌우한다. 주어진 로켓이 무중력 진공 상태에서 연소가 종료될 때 낼 수 있는 최고속력 $\Delta v_{cap}(=\Delta v_{capability})$는

$$v_{cap} = v_{eff}\ln\left(\frac{m_0}{m_0 - \dot{m}_P t_b}\right)$$
$$= v_{eff}\ln\left(\frac{m_{initial}}{m_{final}}\right)$$

로 표시되기 때문에 t_b 값이 크든 작든지에 상관없이 일정한 값을 갖지만, 중력에 의한 감속은 $-g\,t_b$로 t_b가 크면 클수록 감속이 커져서 관성계에 대한 연소종료속력 v_{bo}는 다음과 같이 표시된다.

$$v_{bo} = v_{cap} - \overline{g\sin\gamma}\,t_b$$

여기서 $\overline{g\sin\gamma}$는 $g\sin\gamma$의 동력 비행궤도에 따른 평균값이다.

같은 로켓이라도 인위적으로 추력을 낮춰Throttle Back 운행하면 연료가 모두 소모될 때까지 시간 t_b가 길어진다. 로켓이 낼 수 있는 속력 v_{cap}는 변하지 않지만, t_b가 길어질수록 중력에 의한 감속 $\overline{g\sin\gamma}\,t_b$가 커지므로 연소종료속력 v_{bo}는 작아진다. 일단 엔진 작동이 멈추면 그 다음부터는 로켓의 운동은 중력의 영향 아래 초기속도 $\vec{v}_{bo}$로 자유낙하 운동을 시작한다. 케플러 궤도의 장반경은 동력 비행에서 얻은 v_{bo}가 커질수록 크므로, t_b가 작을수록 더 높은 궤도에 올라갈 수 있다. 더 정확하게 표현하자면 동력 비행구간에서 수직방향으로 비행하는 시간이 짧든가, 아니면 t_b가 작으면 v_{bo}가 커진다. 공기 마찰과 t_b를 줄이는 데 따른 기술적인 문제 때문에 t_b를 무조건 짧게 할 수는 없다. 그러나 수직 상승하는 시간을 되도록 줄여야 중력손실을 줄일 수 있

다. 주어진 v_{cap}을 가진 로켓의 동력 비행궤도를 어떻게 설계하느냐에 따라 연소종료속력 v_{bo}는 상당히 달라질 수 있다.[74]

우리가 수직으로 돌을 던지면 어느 정도 올라갔다가 다시 던진 곳으로 떨어진다. 하지만 약간이라도 수직에서 벗어난 각도로 던지면 돌이 운동하는 궤적은 포물선을 그리며 땅으로 떨어진다. 중력이 없는 세상에서는 초기에 기울어진 각도를 유지하며 상승하겠지만, 세상에는 중력이 있고 중력은 속도방향을 수평방향으로 휘게 하여 포물선을 그리게 한다. 이렇게 중력이 속도를 수평방향으로 휘게 하는 현상을 '중력회전'이라고 하며 동력 비행 과정에서 아주 유용하게 사용할 수 있다. 수직 발사에 성공하면 되도록 빨리 초기 피치 기동을 실시하여 비행방향을 목표궤도 방위방향으로 기울여줌으로써 중력손실을 최소로 하고 속력손실 없이 비행방향을 바꾸는 것이 v_{bo}에서 중력저항과 공기저항을 최소화하는 방법이다.

피치 프로그램에 의해 초기 피치 기동이 행해진 직후부터 t가 그리 크지 않은 발사 초기의 로켓 운동방정식은 다음과 같이 쓸 수 있다.

$$\dot{v} \simeq \frac{F_T}{m} - g_0 \sin\gamma, \tag{2-63}$$

$$\dot{\gamma} \simeq \frac{F_T \alpha}{mv} - \frac{g_0}{v} \cos\gamma. \tag{2-64}$$

위 식에서 α는 작은 값을 가진다고 가정했다. 만약 비행경로각 γ가 일정하게 변하는 경우를 가정하면, $\dot{\gamma}$는 일정한 값을 가지므로 속력에 대한 방정식 (2-63)을 쉽게 적분할 수 있다. 이 경우 $\gamma = \pi/2 + \dot{\gamma} t$로 놓을 수 있고, 식 (2-63)의 적분은 다음과 같이 구할 수 있다.

---

74) 참고로 말하면, 속도가 클 때 로켓을 이용해 방향을 바꾸는 것은 v_{bo}를 낮출 뿐만 아니라 로켓 몸체에 상당히 큰 횡적 스트레스를 가한다.

$$v - v_0 = \int_0^t \frac{F_T}{m_0 - \dot{m}_P t'} dt' - g_0 \int_0^t \sin(\pi/2 + \dot{\gamma} t) dt$$

$$= v_{eff} \ln\left(\frac{m_0}{m_0 - \dot{m}_P t}\right) - \frac{g_0}{\dot{\gamma}} \sin \dot{\gamma} t$$

v_0는 피치 프로그램에 의해 초기 피치 기동이 수행된 직후의 속력을 의미한다. v를 (2-64)에 대입함으로써 추력방향각 $\alpha(t)$에 관해 다음과 같은 식을 얻는다.

$$\alpha(t) = \dot{\gamma}\left[\frac{m(t)}{\dot{m}_P} \ln\left(\frac{m_0}{m(t)}\right) + \frac{m(t) v_0}{F_T}\right] - \frac{2m(t) g_0}{F_T} \sin(\dot{\gamma} t)$$

(2-65)

여기서 $m(t)\left(= m_0 - \dot{m}_P t\right)$는 시간 t에서 로켓의 질량을 의미한다. 식 (2-65)로 주어진 $\alpha(t)$는 $\dot{\gamma}$를 일정하게 유지하도록 하는 추력방향각이다. 유도조종 장치에서 속도에 대한 추력방향각 $\alpha(t)$를 식 (2-65)와 같이 제어하면 $\dot{\gamma}$가 일정해지고, γ는 $\gamma(t) = \gamma(t_0) + \dot{\gamma}(t - t_0)$와 같이 변한다. 여기서 t_0는 초기 피치 기동이 끝났을 때의 시간이고, $\gamma(t_0)$는 $t = t_0$에서 γ 값으로 87°-85° 근방 값을 갖는다. $\dot{\gamma}$ 값은 0보다 작은 적절한 값을 가지는 상수를 택한다. 이것을 'CPR 조종법Constant Pitch Rate Steering'이라고 한다.

공기마찰 항은 속력의 제곱 v^2에 비례하지만 이륙 직후에는 속력이 작기 때문에 마찰력은 거의 없다. 하지만 속도가 급격히 증가하고 (2-52)로 정의되는 마찰력도 급격히 증가하여 로켓의 속력을 감소시킬 뿐 아니라 기체에도 상당한 응력Stress을 가한다. 대기 중을 비행하는 물체에 작용하는 동압Dynamic Pressure Q는 다음과 같이 정의한다.

$$Q = \frac{1}{2}\rho v^2$$

지표면 근방에서 ρ는 $\rho_0 = 1.225 kg/m^3$로 크지만 속도가 낮기 때문에 Q 값은 아주 작다.[75] 이륙 순간에 Q 값은 0이다. Q 값은 속력 v가 증가하면 v^2에 비례해 증가하지만, 고도가 증감함에 따라 ρ 값은 고도의 지수함수로 감소하기 때문에 Q는 중간에서 최댓값을 가져야 한다. 대부분의 경우 고도 10~15km 사이에서 Q는 최대치에 도달하고, 동압이 최대가 되는 Q 값을 Q_{max}라고 한다. Q_{max} 값과 Q_{max}가 되는 고도 및 속도는 로켓의 비행궤도 및 공력 설계 등에 민감한 영향을 주는 파라미터다. Q_{max} 근방에서 측면 하중이 지나치지 않도록 궤도를 설정해야 하므로 고도가 10~15km 미만인 영역에서는 되도록 γ 값을 크게 유지해줄 필요가 있다. 즉, $|\dot{\gamma}|$를 작게 유지해야 한다.

중력회전에 의한 궤도 진입

실제로 위성을 발사할 때는 로켓을 수직으로 발사한 직후 γ 값을 수직에서 비행 예정 방향으로 3°~5° 기울여주면, 식 (2-59)의 중력회전 항의 영향으로 γ 값은 0을 향해 줄어든다. 속도가 작은 영역에서는 (2-59)의 중력회전 효과가 너무 크기 때문에 원심력 항이 중력회전을 상쇄시키는 속도에 이르기 전에 γ 값이 매우 급격히 감소해 공기밀도가 높은 대기 영역을 지나는 시간이 길어지거나 $\gamma < 0$이 되면 상승이 아닌 하강을 하게 된다. 따라서 초기 피치 기동 이후 고속으로 가속하기 전에 공기밀도가 높은 영역에서 빨리 벗어나려면 고도가 10~15km가 될 때까지는 γ 값을 60°에서 50° 사이의 높은 값을 유지

75) 그러나 식 (2-53)로 근사된 $\rho(z)$에서 $z = 0$일 때 공기 밀도는 $1.75 km/m^3$로 높다. 이것은 고도가 $z > 9km$ 이상에서 잘 맞는 공식을 채택했기 때문이지, 실제 값이 $1.75 km/m^3$이라는 뜻이 아니다.

하면서 비교적 속력을 느리게 유지할 필요가 있다. 이러한 요구에 대처하는 방법 가운데 하나가 앞서 소개한 피치 율(Rate)을 일정하게 유지하는 CPR(Constant Pitch Rate) 유도 프로그램이다. $\alpha(t) \neq 0$을 이용하여 밀도가 높은 지역에서 벗어난 후, $\alpha(t)$를 0으로 설정하면 중력회전이 CPR 유도를 대체하여 γ 값을 서서히 매끄럽게 줄여 나간다.[76)]

$\alpha(t)=0$으로 취하면 v(t) 방정식 (2-58)과 γ-방정식 (2-59)는 다음과 같이 쓸 수 있다.

$$\begin{cases} \dot{v} = \dfrac{F_T}{m(t)} - g\sin\gamma(t) \\ \dot{\gamma} = -\left(\dfrac{g}{v} - \dfrac{v}{r}\right)\cos\gamma(t) \end{cases} \tag{2-66}$$

통상적으로 우주발사체는 양력이 거의 없게 설계되며 $\alpha(t)$는 0으로 놓았기 때문에 식 (2-66)의 $\dot{\gamma}$ 방정식의 우변은 추력과 양력에 무관하다. 로켓의 기체는 양력이 거의 없도록 설계되고, $\alpha(t)$를 0으로 놓는 시점에는 공기밀도가 작아 양력은 무시할 수 있으므로 $\gamma(t)$ 방정식의 우변에는 중력회전과 원심력 항만 존재한다. 중력회전은 γ 값을 줄이는 역할을 하고 원심력 항은 중력회전과 반대방향으로 작용한다. 속력이 작을 때는 중력회전 항이 크지만 로켓의 속력이 높아짐에 따라 중력회전 항은 감소하고 원심력 항이 증가한다. 따라서 v가 계속 증가하면 결국 $g=v^2/r$를 만족하게 되고 $\dot{\gamma}=0$이 된다.

중력회전 유도과정을 적시에 시작하면 $\gamma(t)=0$이 될 때 v(t) 값은

$$v(t) = \sqrt{\frac{\mu}{r}}$$

76) $\dot{\gamma}$ 방정식 (2-59)에서 $\alpha=0$이면, 방정식의 우변에는 중력과 원심력 항만 존재한다. 따라서 γ는 중력회전이 지배한다.

가 되게 조종할 수 있고, 이 순간에 로켓엔진을 종료하면 로켓은 고도 $r-R_E$인 원궤도로 매끄럽게 진입한다. v 값이 r에서 궤도속력 $v=\sqrt{\mu/r}$ 이 되는 순간 엔진을 강제 종료시키면 식 (2-60)에서 요구하는 대기궤도 또는 호만 전이궤도 진입 조건을 만족하게 되고, 이때 $R_p=r$이 된다.

최적의 궤도를 설계하려면 '전산 모의비행Computer Trajectory Simulation'을 수행하여 다음 방정식을 만족하는 초기 피치 기동, CPRS 및 중력회전 궤도 조합을 찾아낼 수 있다.

$$\begin{cases} \gamma(t_{TI})=0 \\ v(v_{TI})=\sqrt{\dfrac{\mu}{R_E+h}} \end{cases} \tag{2-67}$$

중력회전을 이용하면 방향을 바꾸는 작업을 중력이 해주므로 피치 프로그램을 위한 '속력손실Steering Loss'이 없다. 그러나 공기밀도가 높은 저고도에서 $\dot{\gamma}$ 값이 크면 로켓의 측면이 받는 스트레스가 너무 커서 기계적인 안전에 문제가 생긴다. 비행 초기에 γ는 충분히 크게 유지하고 $\dot{\gamma}$ 값의 크기는 충분히 작게 유지해야 공기마찰과 횡적 스트레스를 적게 받는다. 이러한 초기 동력 궤도 프로그램을 염두에 두고 기체 설계를 한다면 기체의 무게를 많이 줄일 수 있다고 판단한다.

지금까지 우리는 대기궤도(또는 저고도 타원궤도)의 중요성과 동력 비행궤도를 설계하는 방법을 소개했다. 이 과정에서 고도 200km 전후의 원궤도 또는 저에너지 타원궤도 진입 방법을 한꺼번에 소개했고, 동력 비행궤도를 어떻게 설계해야 동체에 무리가 작고 중력에 의한 연소속력손실(중력저항: Gravitational Loss)과 공기저항을 최소로 할 수 있는지 그 방법을 살펴보았다. 물론 초기 피치 기동을 얼마나 해주어야 하고, CPR 프로그램을 언제 중력회전으로 바꿀지는 '궤도 시뮬레이션'을 통해 목표 대기궤도 또는 전이궤도 진입 조건에 맞춰 미리 결정할 수 있다. 여기에서는 동력 궤도 설계와 그 궤도를 따라가는 다양한 유도 방법Guidance Methods 가운데 한 가지 방법을 소개했을 뿐이다.

3부

행성으로 가는 길,
달로 가는 길

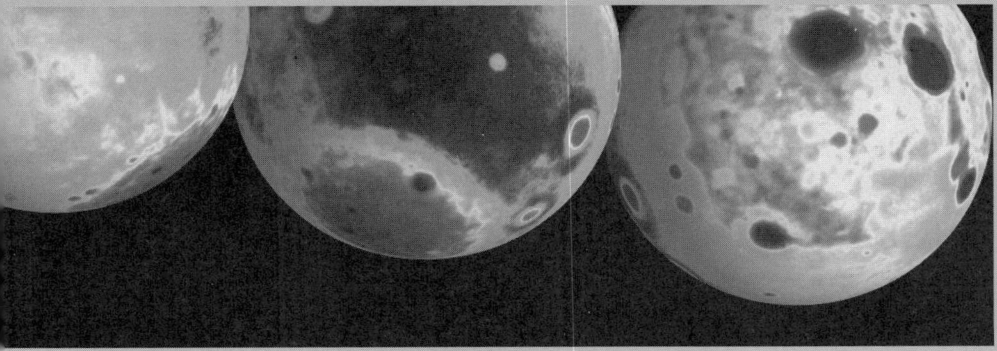

제 1 장

행성으로 가는 길

1. 태양제국과 행성자치공화국

1부 시작 부분에서 언급했듯이 태양계 행성 가운데 제일 큰 질량을 가진 목성의 질량은 태양 질량의 0.0955%이고, 두 번째로 큰 토성의 질량은 0.02858%에 불과하고, 모든 행성의 질량을 다 합쳐도 태양 질량의 0.134%밖에 안 된다. 질량이 크면 중력도 비례해서 커지므로 질량이 큰 순서로 지배적인 중력을 행사하는 공간 영역도 그만큼 커지는 것이 중력이 지배하는 세상이다. 1부 제1장에서 '중력 지배권의 반경 r_{SOI}(Sphere of Influence)'는 식 (1-11) 또는 (1-12)으로 근사할 수 있음을 보여주었다. 태양 질량을 m_S, 행성 질량을 m_P, 두 천체 사이의 거리를 R이라고 하면 행성의 r_{SOI}는 다음과 같이 다시 쓸 수 있다.

$$r_{SOI} \simeq R\left(\frac{m_P}{m_S}\right)^{2/5}$$

여기서 m_P를 그 행성의 위성 질량으로 바꾸고 m_S를 행성의 질량, R을 행성의 중심에서 위성의 중심까지 거리로 이해하면 r_{SOI}는 위성의 중력 지배권의 반경이 된다.

우주선의 관점에서 보면 각 행성과 위성의 중력 지배권을 제외한 태양계 전역이 태양의 중력 지배권이고,[1] 태양은 가장 가까운 별 'α-켄타우로스 자리(α-Centauri System)'와 중력 지배권을 놓고 영역 다툼을 할 뿐, 태양계 내에는 적수가 없다. $(m_P/m_S)^{2/5}$이 1보다 아주 작지 않다면 SOI를 식 (1-11)와 같이 공 모양으로 근사하는 대신 식 (1-12)로 SOI를 찌그러진 곡면으로 근사해야 한다. 하지만 $m_P/m_S \simeq 1$이면 R을 반으로 자르는 평면이 SOI가 될 것이다.

〈표 1-2〉에서 우리는 지구-달 시스템만 제외하고, 거의 모든 경우에 $r_{SOI}/R \ll 1$이 되는 것을 알 수 있었다. 행성과 행성 사이의 거리는 항상 r_{SOI}보다는 훨씬 크므로 이웃하는 행성의 경우라도 두 행성 사이 공간의 대부분은 태양 중력 지배권 안에 있는 것을 알 수 있다. 태양-행성의 SOI는 또 다른 행성의 SOI와 절대로 겹치지 않는다는 의미로 보면 된다. 우주선의 관점에서 보면 각 행성의 SOI를 제외한 나머지 태양계 공간은 태양의 SOI이며, 행성의 관점에서는 태양계의 모든 공간이 태양의 SOI이며 행성은 태양을 하나의 초점으로 타원운동을 한다. 행성이 태양을 하나의 초점으로 타원운동을 한다는 의미는 행성의 SOI 역시 행성처럼 태양 주위를 공전하므로 SOI 안에서는 태양의 중력과 행성이 공전궤도를 도는 속도 때문에 생긴 원심력이 상쇄되어 태양의 영향력을 거의 받지 않는 자유낙하 상태에 있다는

---

1) 행성과 위성의 SOI를 제외한다는 의미는 행성과 위성이 태양의 중력권에서 제외된다는 뜻이 아니다. 행성이나 위성의 SOI 내에 들어온 우주선 같은 질점의 국지적인 운동은 행성이나 위성이 관장하지만, SOI 밖으로 나가면 질점의 운동을 태양이 직접 관장한다는 뜻이다. 사실 모든 행성은 태양의 SOI 내에 있다. 따라서 행성과 행성의 SOI는 태양을 초점으로 하는 타원운동을 한다.

뜻이다. 따라서 행성의 SOI 내에서 일어나는 위성과 같은 천체의 운동이나 우주선의 운동은 태양 중력이 아닌 행성의 중력에 의해 지배되며 태양의 영향은 미미한 섭동Perturbation으로 취급할 수 있다. 이런 의미에서 행성은 자신의 SOI 내에서는 그 안의 천체를 독자적으로 관리하는 '자치공화국'의 지위를 확보하고 있다.

태양은 자신의 중력제국의 행성들에게 각자의 SOI 내에서는 거의 완전한 자율권을 행사하도록 허용하지만, 행성과 행성 사이의 관계만큼은 철저히 자신의 관리 아래 두고 있다. 즉, 행성의 운동과 행성의 SOI는 태양이 결정하지만, 한 행성의 SOI 내에서 위성이나 질점의 운동은 행성의 중력만으로 결정되는 소우주를 형성한다. 행성에 소속된 위성들에게 독자적인 SOI를 배분해주고, 그 안에서 나름대로 모든 물체의 운동을 관장하도록 중력 자율권을 위성에 허용한다. 하지만 행성의 SOI 내에서 허용된 자율권도 SOI 내에서 물체의 행성에 대한 상대적인 운동을 관장할 뿐, 행성의 SOI는 태양 중력의 관장 아래 케플러 궤도를 따라 움직여야 한다. 따라서 한 행성에서 다른 행성으로 가려면 태양에 대한 각 행성의 SOI 경계의 위치와 속도를 알아야 한다. 각 SOI 내에서 우주선의 행성에 대한 위치와 속도는 그 행성의 중심에 원점을 둔 좌표계에서 보면 원추곡선을 따르는 운동이지만, 태양계 내에서 위치와 속도를 알려면 태양 중심에 원점을 둔 좌표계로 좌표 변환을 해야 한다.

행성과 행성의 SOI 및 SOI 경계에서 벗어난 우주선의 궤도는 태양 중심 좌표계에서 보면 타원궤도를 그린다. 한 행성에서 다른 행성으로 옮겨가는 과정은 출발행성의 중력에서 벗어나야 하므로 출발궤도는 그 행성 좌표계에서 보면 쌍곡선궤도를 그린다. 우주선이 충분한 쌍곡선 잉여속도Hyperbolic Excess Velocity를 가지고 출발행성의 SOI 경계면을 통과하면 이내 태양의 SOI 영역으로 들어간다. 태양 SOI 내에서는 태양 중심 좌표계로 운동을 기술해야 하며, 행성의 SOI 경계를 통과한 우주선의 태양에 대한 궤도는 타원이 된다. 긴 시간을 태양에 대한 타원궤도를 따라 자유낙하한 우주선은 목표행성의 SOI 경계에 도착한다. SOI 경계부터 안쪽 궤도는 다시 도착행성의 중심 좌표계에서 기술해야 하며, 도착궤도는 쌍곡선이 된다. 목표행성의 SOI와 우주선이 어떻게 만나느냐에 따라 태양에 대한 우주선의 속력이 증가할 수도 있고, 감소할 수도 있다. 도착궤도는 행성을 도는 위성 궤도로 연결되거나 아니면 착륙을 위한 궤도로 연결될 수도 있고 근접 비행으로 행성을 지나갈 수도 있다.

미션에 따라 목표행성 SOI 내에서 우주선의 궤도는 달라진다. 그러나 어느 경우라도 출발행성에 대한 쌍곡선과 태양에 대한 타원 및 도착행성에 대한 쌍곡선 등으로 하나의 원추곡선에서 다른 원추곡선으로 전체 궤도를 분할하여 행성 간 궤도를 결정할 수 있다. 물론 각 SOI 경계에서는 서로 다른 좌표계에서 구한 원추곡선을 매끄럽게 연결해줘야 한다. 태양 중심 좌표계에서 각 행성의 SOI의 위치와 속도는 미리 알고 있으므로 이러한 연결은 태양 중심 좌표계로의 좌표 변환으로 비교적 간단히 얻을 수 있다. 이러한 방법은 모든 행성 간 여행과 달 여행에 적용되며, 그 결과가 '원추곡선 짜깁기Patched Conics'라고 알려진 근사방법으로 정확한 수치계산을 위한 출발점이다. 행성은 태양 중력에 의해 태양을 초점으로 하는 타원궤도를 돌고, 행성의 SOI 내에서 위성이나 질점은 태양 중력과 무관하게 행성 중력에 의해 행성을 초점으로 하는 타원궤도 또는 쌍곡선궤도를 돈다.

태양은 태양계라는 중력제국을 거느리고 있지만, 각 행성의 위성 및 인공위성이나 로켓의 운동 등 SOI 내부에서 질점의 운동문제는 태양이 간섭하지 않고, 각 행성의 중력에 맡긴다. 이러한 의미에서 태양은 태양계의 제왕의 위치를 차지하고, 태양계 내의 일부 영역을 각 행성에게 SOI라는 봉토 형식으로 지급하여 자율적으로 통치하게 한다고 생각하면 된다. 각 행성은 태양이라는 제왕이 지배하는 거대한 제국에서 자율권을 부여받은 조그마한 자치공화국인 셈이다. 자치공화국의 세력권은 태양으로부터 멀어질수록 커지는 것이 마치 봉건 제국과 황제 사이를 보는 것과 매우 똑같다.

2. 발사 가능 시간대와 발사 기회

행성 간 궤도는 지구와 태양 및 목표행성 사이를 움직이는 우주선으로 이루어진 4체-문제4-Body Problem다. 원추곡선 짜깁기 방법은 4체-문제를 먼저 3체-문제3-Body Problem 두 개와 2체-문제2-Body Problem 하나로 나눈다. 여기서 우주선의 질량과 크기는 지구나 태양 및 목표행성의 질량과 크기에 비해 무시할 만큼 작기 때문에 하나의 질점Mass Point으로 다룬다. 2체-문제는 태양의 SOI 내에서 질점의 운동을 말하는 것이고, 3체-문제 두 개 가운데 하나는 지구, 우주선 및 태양으로 이루어진 3체-문제를 말하고, 다른 하나는 목표행성과 우주선 및 태양으로 구성된 3체-문제를 의미한다. 그러나 이러한 3체-문제는 비교적 쉽게 2체-문제로 단순화할 수 있다. 지구나 목표행성의 태양에 대한 운동은 이미 해답을 알고 있으므로 태양, 지구, 우주선 문제는 지구-우주선의 2체-문제로, 태양, 목표행성, 우주선 문제는 목표행성-우주선의 2체-문제로 축소된다. 결국 4체-문제는 순차적으로 연결된 세 개의 2체-문제로 전환되었다.

태양이 지구와 지구의 SOI에 미치는 주 영향은 지구와 지구의 SOI를 태양을 초점으로 하는 타원궤도를 돌게 하는 것이고, SOI 내에서 질점이나 달의 운동에는 작은 섭동을 줄 뿐이다. 따라서 지구 SOI 내에서 질점이나 달의 운동은 태양의 존재를 무시하고 순전히 지구 중력에 의한 이들의 운동을 풀면 되고, 해답으로 얻은 질점의 속도벡터에 지구가 타원궤도를 공전하는 속도벡터를 더해주는 것으로 태양에 대한 질점의 상대속도를 얻을 수 있다. 태양 좌표계에서 우주선의 위치는 행성에 대한 위치벡터에 지구의 태양에 대한 위치벡터를 더함으로써 얻을 수 있다. 물론 정확하게 계산하려면 태양과 달의 영향을 모두 포함하여 수치계산을 해야 한다. 수치계산의 초기 해로 원추곡선 짜깁기로 얻은 근사 해석해(해석함수의 해)를 사용하면 다체-문제의 적분이 정확한 해로 수렴하는 것으로 알려졌다. 이와 같은 접근 방법은 목표 천체와 우주선 및 태양 관계에도 그대로 적용된다. 만약 최종 임무궤도가 지구 주변의 타원궤도 또는 원궤도라면 정밀한 태양 관측이나 또는 태양 중력에 의한 섭동을 계산할 때는 별도로 하고, 위성이나 우주선의 태양에 대한 위치나 속도는 알 필요도 없다.

태양 중심 좌표계에서 보면 지구와 목표행성(소행성 또는 혜성)은 태양을 초점으로 타원궤도를 돌고 있고, 지구를 떠난 우주선은 적절한 타원궤도를 따라 목표행성의 SOI로 진입하는 상황이다. 여기서 적절한 궤도란 목표행성의 SOI와 조우하는 전이궤도Transfer Trajectory를 뜻한다. 미션 목적에 따라 우주선의 지구 이탈속도가 결정되므로 행성의 SOI 내에 진입한 우주선은 미션이 요구하는 쌍곡선궤도를 따라 움직이고 때로는 행성에 충돌하게 할 수도 있다.

〈그림 3-1〉은 지구에서 화성으로 가는 우주선의 궤도를 원추곡선 짜깁기 관점에서 설계한 '지구 이탈궤도Earth Departure Hyperbolic Trajectory', '화성 전이궤도Trans Mars Trajectory' 및 '화성 도착궤도Mars Arrival Trajectory' 개념도다. 이러한 경우 지구와 목표행성의 상대 위치가 적당할 때까지 발사 기회를 기다려야 하고, 기회가 왔더라도 발사대의 위도와 주변의 지리적 조건에 따라 하루 중 아주 짧은 특별한 시간대에 발사해

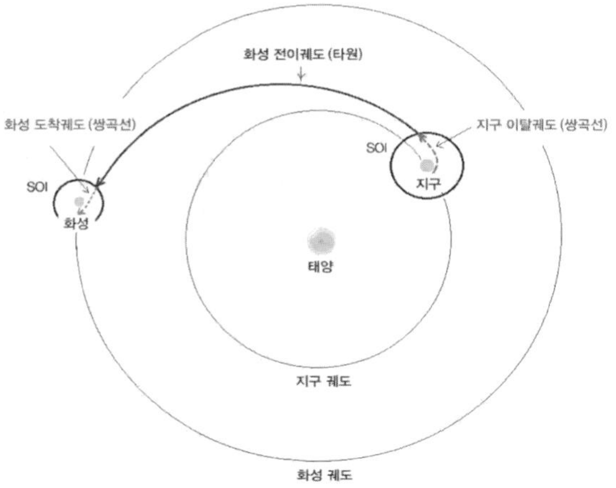

그림 3-1 지구에서 화성으로 탐사선을 보내는 '원추곡선 짜깁기'로 구성한 궤도

야만 목표궤도에 진입할 수 있는 특별한 시간대가 존재한다.

발사대의 위도와 발사방위각Launch Azimuth에 따라 직접 발사할 수 있는 위성 궤도의 경사각을 결정한다. i를 궤도 경사각, Y를 발사대의 위도, 그리고 ϕ_{az}를 발사방위각이라 하면 i는 다음과 같이 나타낼 수 있다.[2]

$$\cos i = \cos \mathrm{Y} \sin\phi_{az} \tag{3-1}$$

발사방위각 ϕ_{az}는 진북 방향과 발사 방향과의 사이 각이다. 정동으로 발사하는 경우 $\phi_{az}=90°$이므로 $i=\mathrm{Y}$가 되고, ϕ_{az}가 0° 또는 180°이면 발사대의 위도에 무관하게 극궤도Polar Orbit로 진입하지만, 모든 ϕ_{az}에 대해 $\cos i \le \cos \mathrm{Y}$가 되어 항상 $i \ge \mathrm{Y}$를 만족한다.

2) Charles D. Brown, *Spacecraft Mission Design*, 2nd Edition (AIAA Education Series, 1998), pp.53–57.

앞서 우리가 지적했듯이 위도보다 낮은 경사각을 가진 궤도로 궤도면의 변경 없이 위성을 직접 발사하는 것은 불가능하다.

발사장이 결정되면 궤도 경사각은 발사방위각과 발사장의 위도와 식 (3-1)에 의해 결정된다. 그러나 발사장의 위도 외에 안전조건에 따라서도 발사 방위가 제한될 수밖에 없다. 로켓의 발사궤도를 따른 지상궤적Ground Track은 성공적인 발사 시에도 분리된 부스터로켓 및 2단 로켓이 떨어져 사고가 나면 매우 위험하지만 특히 NTO/UDMH와 같이 독성이 강한 추진제를 사용하는 발사체 경우는 훨씬 더 위험하다. 따라서 우주발사체의 지상궤적은 인구밀집 지역을 피해야 하기 때문에 발사방위각은 더욱 선택의 폭이 적어진다.

카자흐스탄Kazakhstan에 있는 바이코누르Baikonur 우주발사장은 구소련 시절 소련의 가장 중요한 우주발사장이었고, 지금도 러시아가 임차하여 사용하고 있다. 바이코누르는 각종 소유즈Soyuz, 프로톤Proton, 드네프르Dnepr를 포함한 러시아의 거의 모든 발사체의 발사대를 구비하고 있다.

바이코누르의 발사대는 모두 북위 45.920° < Y <46.081° 사이에 분포되어 있다. 위도 조건만 본다면 바이코누르에서 발사하는 구소련과 러시아 위성의 경사각은 $45.920° < i < 46.081°$ 근방에 분포하는 것이 대부분이어야 정상이다. 그러나 국제우주정거장 ISS를 포함 거의 모든 구소련과 러시아의 위성의 궤도 경사각은 51.65°보다 크다. 미국의 우주왕복선이 비행금지 기간 중에 경사각이 51.65°인 국제우주정거장을 바이코누르에서 발사했지만, ISS 관련된 발사 외에는 중국과 몽골 상공을 피하기 위해 어쩔 수 없이 발사방위각을 25.9°, 34.8°, 60.7°, 349.1°로 제한할 수밖에 없었다.

미국의 대표적인 우주발사장인 ETR(Eastern Test Range: Kennedy Space Center)과 WTR(Western Test Range: Vandenberg Air Force Base) 및 러시아의 플

미국			러시아			
ϕ_{az} (Launch Azimuth)		i (Orbit Inclination)	ϕ_{az} (Launch Azimuth)		i (Orbit Inclination)	
					식 (3-1)	실제 값
ETR (KSC) Y=28.5°	35°	59.73°	Plesetsk Y=62.85°	76.5°	63.65°	63.2°
	90°	28.5°		41.6°	72.33°	72.0°
	120°	40.44°		13.7°	83.79°	82.5°
WTR Y = 34.5°	170°	81.77°		15.2°~ 4.8°	83.12°	82.0° ~ 86.4°
	180°	90°		4.8°	87.81°	86.4°
	300°	135.54°		341.5°	98.34°	SSO

표 3-1 미국의 ETR과 WTR에서 허용하는 발사방위각과 궤도 경사각 및 러시아의 플레세츠크 우주발사기지에서 허용하는 발사방위각과 얻을 수 있는 궤도 경사각. 식 (3-1)로 표시된 i는 식 (3-1)을 사용해 계산한 값이고, '실제 값'이란 항목은 주변의 안전을 위해 요 기동Yaw Maneuvering을 한 결과로 보인다.

레세츠크 우주발사기지Plesetsk Cosmodrome에서 허용하는 발사방위각과 궤도 경사각을 〈표 3-1〉에 정리했다. 미국 동해안의 ETR에서는 대서양을 향해 발사하고, WTR에서는 태평양을 향해 발사하므로 부스터로켓이나 2단 로켓의 낙하지점은 대양이지만, 러시아는 바이코누르와 플레세츠크는 모두 부스터와 2단이 인구밀집 지역을 피해서 낙하하도록 발사 방위를 정해야 하고, 필요한 경우 추가적인 '요 기동Yaw Maneuver'으로 위험을 피해야 한다. 이와 같이 발사대의 위치와 발사방위각이 발사하려는 페이로드 궤도 경사각에 많은 제약을 가한다는 것을 살펴보았다.

지구 기준 궤도Earth-Referenced Orbit 위성의 경사각은 발사대의 지리적인 제약은 받지만, 허용되는 경사각으로 위성을 직접 발사할 수 있는 시간대가 매일 존재한다.

이러한 시간대를 '발사 가능 시간대Launch Window'라고 한다. 그러나 태양동기궤도나 달 또는 화성과 같이 외부 천체에 연결되는 전이궤도에 진입하려면 지구와 목표행성이 가까운 거리에 위치하는 특별한 기회를 기다려야 하는데 이러한 기간을 '발사 기회Launch Opportunity'라고 한다. 발사 기회와 발사 가능 시간대가 생기는 이유에는 크게 두 가지가 있다.

첫째는 출발행성과 목표행성의 공전이고, 둘째는 지구 자전과 발사대의 지정학적 여건과 지리적 여건이다. 행성들은 태양으로부터 서로 다른 거리에서 서로 다른 각속도로 태양 주위를 공전하고 있고, 안쪽 행성의 속력은 바깥쪽 행성보다 항상 빠르다. 우주선이 도착할 시점에 목표행성의 위치가 태양에 대해 지구와 같은 쪽에 있으면 거리가 가깝지만, 태양을 중간에 두고 서로 반대쪽에 위치하면 지구와 행성 사이의 거리가 너무 멀다. 따라서 우주선이 최단 거리로 행성에 도착할 수 있는 기회는 행성마다 다르긴 하지만 몇 년에 한 번밖에 오지 않을 수도 있다.

우리가 LEO의 대기궤도Parking Orbit로부터 화성을 향해 우주선을 발사하는 경우를 생각해보자. 지구와 화성은 다 같이 거의 원궤도를 따라 태양 주위를 돈다. 그러나 지구가 태양에 더 가깝기 때문에 궤도 속도가 빠르고, 궤도 길이도 짧아 화성이 태양 주위를 한 바퀴 돌 동안 지구는 대략 두 바퀴를 돈다. 따라서 어떤 때는 지구와 화성이 태양을 사이에 두고 서로 반대편에 있어 거리가 멀어지기도 하고, 다음에는 지구와 화성이 태양에 대해 같은 쪽에 놓여 거리가 가까울 수도 있다. 지구를 중심으로 화성과 태양이 서로 정반대쪽에 있는 경우를 '충(衝, Opposition)'이라고 한다. 지구와 화성이 충이 되는 경우 두 행성 사이의 거리는 최대로 가까워진다. 지구와 화성이 완전한 원궤도를 돌고 정확히 한 평면 안에 궤도가 존재한다면 충일 때 지구와 화성 사이의 거리는 항상 일정한 최솟값을 가지겠지만, 지구나 화성의 궤도가 타원이므로 언제 충이 되느냐에 따라 두 행성 간의 거리가 달라진다. 따라서 충일 때 지구와 화성 사이의 거리는 가깝지만 매번 다르다.

〈그림 3-2〉는 2003년에서 2018년까지 일어날 충을 그린 것이다. 지구-화성의 충은 26개월마다 일어나고, 화성의 근일점Perihelion 근방에서 충이 일어나는 것은 15년 또는 17년마다 몇 주 사이에 일어난다. 화성의 근일점 근방에서 충이 일어나더라도 목성에 의한 화성 궤도의

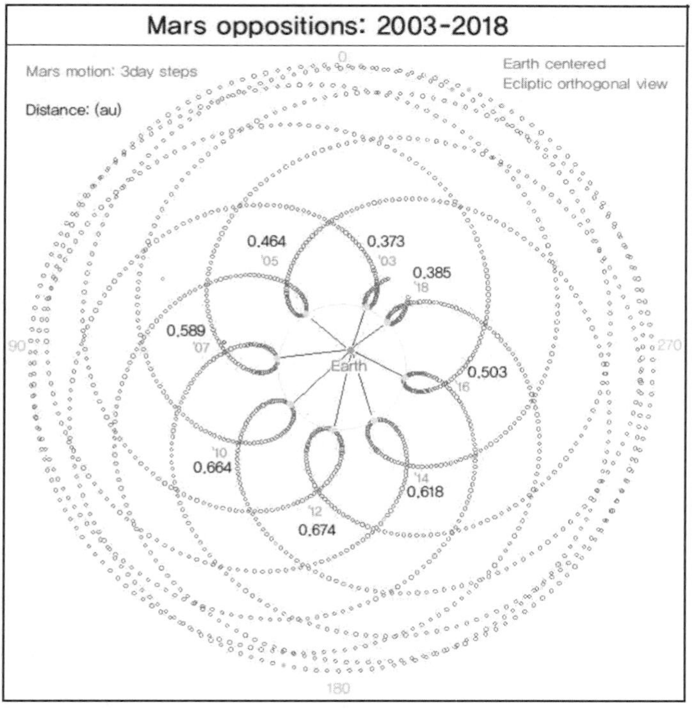

그림 3-2 2003년에서 2018년 까지 지구와 화성의 충(衝, Oppositions)을 묘사했다.[3]

3) https://upload.wikimedia.org/wikipedia/commons/archive/4/48/20131206043048%21Mars_oppositions_2003-2018.png

변화 및 지구와 화성의 공전면이 약간 어긋난 것 등에 의해 근일점 근방에서 충이 일어날 때 지구와 화성 사이의 거리는 차이가 난다. 2003년의 충은 두 행성이 6만 년 만에 가장 가까이 접근한 사건이었다. 지난 수백 년간 화성의 근일점은 태양에 더 가까워졌고, '원일점Aphelion'은 더욱 멀어졌다. 그 결과 앞으로 일어날 근일점 근방에서의 충은 지구와 더욱 가까운 거리에서 일어나겠지만 2003년 같은 충은 2287년 8월 28일까지 기다려야 한다.[4)]

지구에서 화성으로 출발하는 우주선은 충이 될 때 화성 궤도에 도달하도록 발사 기회를 택해야 한다. 화성을 예로 들었지만 같은 현상은 다른 행성에서도 일어난다. 천왕성, 해왕성 등 외행성 경우는 공전속도는 느리고 거리가 멀어 한번 충이 되면 그 후 몇 년 동안 발사 기회가 열려 있다. 특히 행성 공전으로 생긴 발사 가능 시간대를 '발사 기회'라고 한다.

둘째 이유인 자전으로 인한 발사 가능 시간대 변화에 대해 알아보자. 우리가 발사하려는 우주선이나 위성이 지구가 아닌 다른 천체를 기준으로 하는 궤도Space-referenced Orbits이거나 다른 천체와 연결되는 전이궤도 진입과 관련한 경우에 발사 가능 시간대는 특별히 흥미롭다. 화성이나 금성 등 행성으로 가기 위해 전이궤도로 들어가는 쌍곡선궤도의 잉여속도벡터를 $\vec{v}_\infty$라고 하자. $\vec{v}_\infty$는 우주선이 지구 인력을 이탈한 뒤에 가지는 속도를 가리킨다.[5)]

지구를 떠나는 쌍곡선이 지구 인력에서 벗어나는 방향은 지구 공전속도와 같은 방향이거나 반대방향을 취하는 것이 보통이다. 태양에 대한 우주선의 속력은 지구 궤도 속력 v_E에 v_∞를 더하거나 뺀 속도 $v_E \pm v_\infty$가 되고 방향은 지구 궤도의 접선방향이다. 외행성으로 갈 때

4) http://mars.nasa.gov/allaboutmars/nightsky/opposition/

5) 이에 대한 정의와 설명은 다음 절에서 자세히 다룰 것이다.

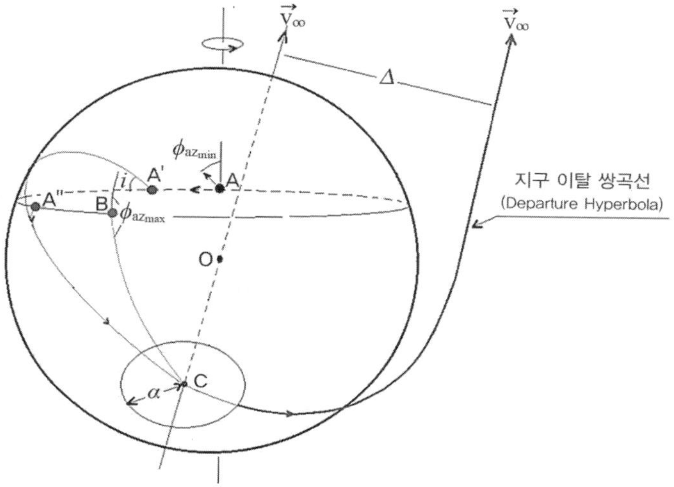

그림 3-3 발사대의 위도에 따른 '발사 가능 시간대'를 설명하는 그림.[6]

는 더하고 내행성으로 갈 때는 뺀다. 〈그림 3-3〉에서 굵은 화살선이 지구를 이탈하는 쌍곡선이라고 하자. 다른 행성까지의 거리에 비해 지구 반경은 무시할 만하므로 굵은 화살선으로 표시된 이탈 쌍곡선뿐만 아니라 지구 중심을 지나고 방향이 $\vec{v}_\infty$인 축을 중심으로 〈그림 3-3〉에 보이는 지구 이탈 쌍곡선을 회전시켜 얻은 모든 곡선이 목표 행성으로 가는 지구 이탈 쌍곡선이 된다.

〈그림 3-3〉에서 C 점을 중심으로 반경 α인 원에서 출발한 모든 쌍곡선은 반경이 Δ인 원주를 구성하고, 그 위의 모든 쌍곡선은 모두 미션을 완수할 수 있는 지구 이탈궤도가 된다. C를 중심으로 그린 반경이 α인 원을 쌍곡선 진입 원Circle of Hyperbolic Injection Points이라고 한다. 이론적으로는 위도에 상관없이 어느 발사장에서나 항상 발사할 수 있는 궤도이지만 현실은 그렇지 못하다. 문제는 발사장마다 주변

6) Charles D. Brown, *Spacecraft Mission Design*, 2nd Edition (AIAA, 1998), p.114.

상황으로 인한 발사방위각이 제한되기 때문이다. 예를 들어 ETR인 경우 발사 가능 시간대가 방위각 ϕ_{az}가 35°에서 열리고 120°에서 닫힌다. 안전 문제 때문에 이외 다른 방위각으로는 발사가 허용되지 않는다. 어떤 임의의 시간에 ETR에서 대원을 따라 C 점으로 발사하는 데 필요한 방위각이 허용된 범위 $35° \le \phi_{az} \le 120°$ 밖에 있다면 방위각이 허용된 범위에 들어올 때까지 기다려야 한다. ETR은 지구와 함께 자전축을 중심으로 회전하고 ϕ_{az}는 증가하여 $\phi_{az} = 35°$가 되는 A 점에 도달하게 된다. 이때부터 ETR의 발사 가능 시간대가 열리지만 ϕ_{az}는 계속 증가하고 $\phi_{az} = 120°$가 되면 ETR의 발사 가능 시간대는 다시 닫힌다.

여기서 ETR이 A′에서 특정 경사각 i을 가지고 C 점을 지나는 궤도로 발사할 수 있다면, A′과 C 및 지구 중심을 지나는 평면이 ETR과 같은 위도를 가진 원과 만나는 점 A″에서도 경사각 i을 가진 궤도로 발사하는 것이 가능하지만 방위각은 차이가 크다. 즉, 자전에 의해 ETR은 하루 한 번 A′과 A″을 지날 것이다. 따라서 ETR에서는 A′에서 한 번, A″에서 또 한 번 모두 두 번을 같은 쌍곡선궤도로 진입시킬 수 있다. 같은 이탈 쌍곡선으로 우주선을 발사할 수 있는 윈도가 하루 두 번 열린다는 뜻이다. 물론 궤도면을 바꾸지 않는 한 발사장의 위도보다 작은 경사각을 가진 궤도로 발사하는 것은 불가능하다. 따라서 위도가 Y인 발사대에서 대원을 따라 경사각 변경 없이 C 점으로 발사할 수 있는 궤도의 경사각은 $i \ge Y$로 제한된다.

외행성으로 발사하기 위해서는 $\vec{v}_\infty$와 $\vec{v}_E$를 같은 방향으로 잡아야 하는데, 이때 태양 방향은 $\vec{v}_E$의 왼쪽에 위치하게 되므로 이탈 쌍곡선으로 진입할 때는 항상 밤이다. 반면, 내행성으로 발사할 때는 태양에 대한 운동에너지를 줄여야 하므로 $\vec{v}_E$와 반대방향으로 $\vec{v}_\infty$를 잡아야 한다. 그 결과 태양은 항상 우주선의 오른쪽에 존재하므로 전이궤도

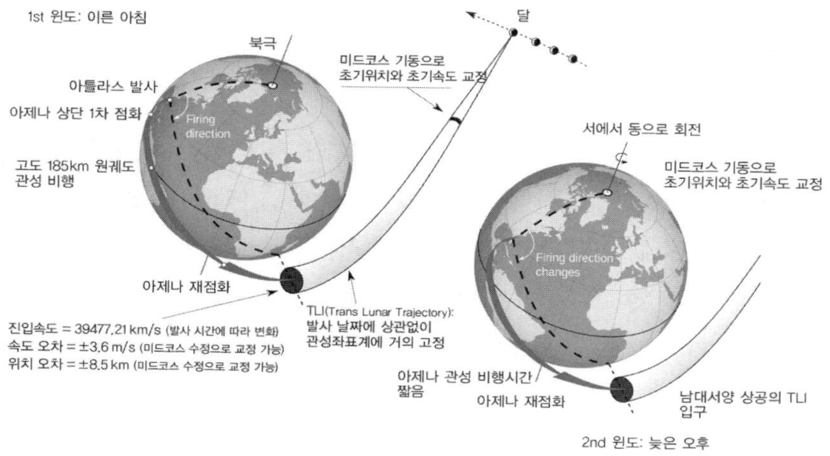

그림 3-4 레인저 프로그램에서 사용한 TLI를 보여주는 그림. 이른 아침과 늦은 오후 하루 두 번 발사 가능 시간대가 열린다.7)

진입은 항상 낮에 이루어진다.

달로 가는 전이궤도(TLI: Trans Lunar Trajectory) 진입 과정도 상황이 비슷하다. 〈그림 3-4〉는 '레인저 프로그램Ranger Program'에서 사용한 TLI를 보여준다.8) 오전과 오후 두 번 발사 가능 시간대가 열리고 달로 가는 TLI의 입구는 남대서양과 남인도양에 열려 있다.

케이프커내버럴에서는 〈그림 3-3〉의 A′에 해당하는 이른 아침에 발사하여 아프리카 동남단의 대서양 상공에서 TLI에 진입하거나 아니면 기다렸다가 케이프커내버럴이 A″ 지점에 도달할 때 발사하면 아프리카 서남쪽 남대서양 상공에서 TLI 입구로 진입하게 된다. 위치 오차는 예정된 TLI 라인을 중심으로 반경 8.8km 정도까지 허용되고,

7) https://upload.wikimedia.org/wikipedia/commons/thumb/f/fe/https://upload.wikimedia.org/wikipedia/commons/thumb/f/fe/Ranger_Parking_Orbit-en.svg/2000px-Ranger_Parking_Orbit-en.svg.png

8) 레인저 프로그램은 달 표면의 근접촬영을 위해 계획된 무인 달 탐사선으로 모두 아홉 번을 발사하여 마지막 세 번만 성공했다.

속력오차는 2.6m/s까지 허용된다. 여기서 허용된다는 의미는 달로 가는 중간에 행해지는 '미드코스 교정Mid-course Correction'을 통해 교정할 수 있는 수치 이내에 들어온다는 뜻이다.

하지만 행성 간 발사에서는 발사장의 위도로 인해 생기는 궤도 경사각 문제보다 더욱 심각한 문제가 존재한다. 지구와 목표행성의 궤도상의 배열에 따라 로켓의 성능과 상관없이 로켓을 발사하여 목표행성에 도달할 수 있는 전이궤도가 존재할 수도 있고, 존재하지 않을 수도 있다. 적합한 전이궤도가 존재하도록 지구와 목표행성이 배열되었을 때를 '발사 기회'라고 부른다. 발사 기회에서 다음번 발사 기회까지의 시간 간격을 '합의주기Synodic Period'라고 한다. 각 합의주기마다 태양에 대한 지구와 목표행성의 배열이 같거나 거의 같다. 각 행성이 같은 평면상에서 원궤도를 돌고 있다고 가정하면 합의주기는 다음과 같이 예측할 수 있다.

합의주기 S, 지구의 각속도 ω_E, 목표행성의 공전 각속도 ω_P, 지구의 주기를 행성 주기의 단위로 하면, 합의주기는 $|\omega_E - \omega_P| S = 2\pi$를 만족하고, S는 다음처럼 목표행성의 주기 T_P로 표현할 수 있다.

$$S = \left| \frac{1}{1 - 1/T_P} \right| \qquad (3\text{-}2)$$

여기서 S, T_P는 각각 연Year 단위로 표시된 합의주기와 행성의 공전주기이며, 내행성Inner Planets 경우는 $T_P < 1$이고 외행성Outer Planets 경우에는 $T_P > 1$이다. 특히 토성부터 $T_P \gg 1$이므로 발사 기회는 대략 해마다 찾아온다. 행성 간 전이궤도는 우주선이 목표행성에 도달하기 전 극좌표각True Anomaly θ의 증가가 180°보다 작으면 '타입Type I'이라 하고, $180° < \theta < 360°$이면 '타입Type II'라고 한다. 타입 I 및 타입 II 궤

도는 전이궤도가 원지점Apoasis에 도달하기 전에 목표행성에 도달하면 '클래스Class I', 원지점을 지나서 도달하면 '클래스Class II'로 분류한다.[9]

이상을 요약하면 다음과 같다. 행성 간 발사는 몇 년에 한 번씩 돌아오는 며칠간의 발사 기회 동안에만 가능하고, 하루에 두 차례, 한 번에 몇 분간만 발사 가능 시간대가 열린다. 이러한 발사 기회를 놓치면 다음번의 발사 기회 또는 발사 가능 시간대까지 기다려야 한다.

3. 전이궤도

호만 전이궤도

모든 행성 궤도가 한 평면상에 존재하고 모든 행성 궤도가 원인 경우는 원추곡선 짜깁기가 비교적 간단하다. 그러나 실제 행성이나 달 궤도는 〈표 3-2〉에서 보듯이 황도(黃道: Ecliptic)에 대해 경사각이 0°가 아니며 지구 적도에 대해서는 23.45°만큼 추가로 더 기울어졌고, 궤도도 원이 아닌 타원이다. 이러한 상황은 호만 궤도와 같은 전이궤도를 설계하는 과정을 복잡하게 만들지만, 원추곡선 짜깁기 방법은 여전히 유효하다. 우주선의 행성 간 궤도 문제를 해결하는 접근 방법으로 원궤도 LEO에서 역시 원궤도를 돌고 있는 외행성으로 호만 전이궤도를 이용해 옮겨가는 경우를 생각해보자.

각 행성의 SOI는 행성 사이의 거리나 태양과 각 행성 사이의 거리에 비해 무시할 만하므로 호만 궤도는 지구 궤도에 외접하고 목표행성 궤도에 내접하는 타원으로 보아도 무난하다.[10] 지구의 LEO에서

9) 목표행성이 외행성이면 원지점 전후로 클래스 I, II로 분류하지만, 목표행성이 내행성일 경우는 근지점의 전후에 따라 클래스를 I, II로 분류한다.

10) 목표행성이 외행성일 경우에 해당한다. 내행성인 경우는 지구 궤도에 내접하고 내행성 궤도에 외접한다.

행성	$\mu(=GM)$ km^3/s^2	R_{planet} km	이심률	평균 궤도속도 v_P (km/s)	지구 적도면에 대한 행성 궤도 기울기 (°)	황도에 대한 행성 궤도면 기울기 i_P (°)
수성	2.20321×10^4	2439.7	0.2056	47.36	30.4550	7.0050
금성	3.24859×10^5	6051.8	0.0067	35.02	26.8446	3.3946
지구	3.98600×10^5	6378.1	0.0167	29.78	23.4500	0.0
화성	4.28283×10^4	3397.	0.0935	24.08	25.2998	1.8498
목성	1.26712×10^8	71492.	0.0488	13.07	24.7547	1.3047
토성	3.79395×10^7	60268.	0.0557	9.69	25.9353	2.4853
천왕성	5.78016×10^6	25559.	0.0472	6.80	24.2230	0.7730
해왕성	6.87131×10^6	24764.	0.0087	5.43	25.2177	1.7677
명왕성	1.02090×10^3	1195.	0.2465	4.70	40.5865	17.1365
달 (지구)	4.90280×10^3	1737.4	0.0549	1.022	28.5950	5.145
태양	1.32712×10^{11}	696000.	–	–	–	–

표 3-2 태양계 행성 및 지구 달의 궤도 특성과 지구 적도면에 대한 행성 궤도의 경사각과 황도에 대한 행성 궤도면의 기울기.

충격연소로 가속된 우주선이 지구 SOI 경계에 도달하면 궤도는 태양을 초점으로 하는 타원궤도가 되고, 타원궤도의 근지점Perigee의 속도는 목표행성의 궤도를 외접하는 조건에 의해 결정된다. 지구 SOI 경계에서 우주선의 태양에 대한 상대속력 v'_∞는 다음과 같다.

$$v'_\infty = v_E \pm v_\infty$$

여기서 복부호 중 '+'는 화성과 목성 등 외행성으로 발사할 때를 나타내고, '−'는 수성과 금성 같은 내행성으로 발사할 때를 의미한다. v_E는 지구의 궤도 속력이다. 에너지 측면에서만 보면 호만 전이궤도가 가장 바람직한 궤도이다. 문제를 단순화하기 위해 지구를 포함한 모든 행성의 공전궤도가 한 평면 안에 있고 모두 원궤도라고 가정하기로 하자.

우주선을 지구에서 외행성으로 발사한다고 생각하면 v_∞는 $v'_\infty - v_E$로 정의되고 v'_∞는 지구 궤도에서 외행성 P로 연결하는 호만 궤도의 속도다. 지구 공전궤도 반경을 R_1이라 하고 목표행성의 공전궤도 반경을 R_2라 하면 호만 궤도의 반경은

$$a_H = \frac{1}{2}(R_1 + R_2) \qquad (3\text{-}3)$$

가 되고, 지구 중력 이탈 후에 우주선의 지구에 대한 상대속력인 '쌍곡선 잉여속력' v_∞는 지구 궤도에서 목표행성 궤도로 연결되는 호만 궤도가 R_1에서 가지는 속력 v'_∞에서 지구 궤도 속력 v_E를 뺀 값으로 다음과 같다.

$$v_\infty = v_E\left[\sqrt{\frac{R_2}{a_H}} - 1\right] \qquad (3\text{-}4)$$

$$v_\infty = v_E\left[1 - \sqrt{\frac{R_2}{a_H}}\right] \qquad (3\text{-}5)$$

여기서 v_E는 지구 공전 속력이다. 식 (3-4)는 외행성으로 발사할 때 v_∞ 값을 의미하고, 식 (3-5)는 내행성으로 발사할 때 v_∞를 정의한다. 호만 전이궤도의 장반경 a_H는 식 (3-3)에 의해 정해진다.

화성의 경우 $R_2 = 2.27939 \times 10^8$km이고, 지구 궤도의 장반경 R_1은 1.49598×10^8km이므로 $a_H = 1.88769 \times 10^8$km가 된다. $v_E = 29.78$km/s, R_2 및 a_H 값을 식 (3-4)에 대입하면 화성으로 발사할 때 쌍곡선 잉여속력은 $v_{m\infty} = 2.9442$km/s가 된다. 금성 궤도의 장반경은 $R_2 = 1.08208 \times 10^8$km이고 식 (3-5)에 의해 금성으로 발사하는 우주선의 쌍곡선 잉여속력은 $v_{v\infty} = 2.49512$km/s가 됨을 알 수 있다. 여기서 $\vec{v}_{v\infty}$는 $\vec{v}_E$와 반대방향의 속도다.

호만 전이궤도의 근지점에서 원지점까지 걸리는 시간이 지구 궤도를 떠나 목표행성의 SOI에 도착하는 시간Transfer Time t_H이다. 이 시간은 호만 궤도주기의 1/2에 해당하므로 t_H는 다음과 같다.

$$t_H = \pi\sqrt{\frac{a_H^3}{\mu_{sun}}} = \frac{T_E}{4\sqrt{2}}\left(\frac{R_1 + R_2}{R_1}\right)^{3/2}$$

여기서 $T_E =$ 365.25636일을 나타낸다. 화성까지 호만 궤도를 따라 이동하는 데 소요되는 기간 t_H는

$$t_{mars\,H} = 0.70872\,T_E = 258.8653\text{일}$$

식 (3-3)−(3-7)이 보여주는 것은 모든 행성이 한 평면 안의 원궤도를 돌고 있을 때 한 행성의 궤도에서 다른 행성의 궤도로 호만 전이궤도를 따라 옮겨갈 때 필요한 속도와 경과 시간일 뿐이지, 지구를 떠난 우주선이 목표행성과 랑데부를 하는 조건은 아직 고려하지 않은 결과다. 호만 궤도는 지구 궤도에 외접하고 목표행성의 궤도에 내접

하는 타원이다. 우주선이 지구 궤도를 떠나 180°를 돌아 목표궤도 위의 한 점에서 목표행성과 랑데부를 하는 조건은 아직 요구하지 않았다. 지구에서 하나의 원궤도에서 다른 원궤도로 단순히 궤도를 바꾸는 것이라면 앞의 식들은 좋은 근사해를 제공하지만, 다른 행성과 랑데부를 원하면 추가적인 조건이 필요하다. 우주선이 호만 궤도의 원지점에 도달할 때 목표행성의 SOI 경계가 우주선이 도달할 위치에 오도록 발사 시점에서 지구와 목표행성의 상대 위치를 선택해야 한다. 즉, 발사 기회를 계산에 넣어야 한다는 뜻이다.

지구를 떠난 우주선이 시간 t_H 동안 180°를 돌아 반경 R_2인 목표행성의 궤도에 도달한다고 하자. n_P를 목표행성의 '평균 각속도Mean Motion'라고 하면, 목표행성은 t_H 동안에 $n_P t_H$만큼 궤도를 따라 회전한다. 우주선을 발사하는 시점의 지구 위치와 호만 궤도 원지점 사이의 각은 180°이고 목표행성이 t_H 동안 회전한 각도 $n_P t_H$는 라디안 단위로 다음과 같다.

$$n_P t_H + \theta_{EP} = \pi$$

여기서 호만 궤도와 목표행성의 각속도가 서로 달라 θ_{EP}만큼의 '리드 앵글Lead Angle'이 필요하다. 표적이 외행성이면 각속도 ω_P를 0에서 t_H까지 적분한 값 $n_P t_H$는 π(=3.1592654rad)보다 작으므로 θ_{EP}는 0보다 큰 값을 가져야 하며, 지구에서 내행성으로 발사할 경우는 0보다 작은 값을 가져야 한다. 따라서 지구의 위치와 목표행성의 위치 사이각 θ_{EP}가 다음과 같을 때 우주선은 목표행성과 만나게 된다.

$$\theta_{EP} = \pi - n_P t_H$$

$$= \pi - \pi \left(\frac{\mu_{Sun}}{R_2^3} \right)^{1/2} \left(\frac{a_H^3}{\mu_{Sun}} \right)^{1/2}$$

$$= \pi \left(1 - \sqrt{\frac{a_H^3}{R_2^3}} \right)$$

목표행성을 화성으로 하는 경우 θ_{EM}은 0.774rad(=44.345°)가 되는 것을 알 수 있다. 여기서 우리는

$$n_P = \sqrt{\frac{\mu_{Sun}}{R_2^3}}$$

를 사용했다. 반대로 목표행성에서 지구로 돌아오는 경우, 시간 t_H는 똑같지만 n_E가 달라진다. 그 결과,

$$\theta_{PE} = \pi - n_E t_H$$

$$= \pi \left(1 - \sqrt{\frac{a_H^3}{R_1^3}} \right)$$

화성에서 지구로 돌아오는 경우 θ_{ME}는 -1.311rad(=-75.14°)가 된다. θ_{EP}와 θ_{PE}로 정해진 발사 기회는 합의주기마다 반복하여 나타난다.

지금까지 우리는 동일 평면상에서 하나의 원궤도에서 다른 원궤도를 돌고 있는 행성을 호만 궤도를 이용한 '랑데부'하는 방법을 소개했다. 이러한 가정 아래 우주선을 지구 이탈 쌍곡선궤도에 v_∞만 한 잉여속도를 주어 진입시킨다. 우주선이 지구에서 멀어지면서 점차 태양의 중력이 지배적인 영역으로 들어가고, 우주선이 따라가는 지구에 대한 쌍곡선은 매끄럽게 태양에 대한 타원궤도로 바뀐다.

그러나 태양계 행성의 궤도는 원궤도가 아니며 한 평면상에 존재하지도 않는다. 앞으로 제3장에서 자세히 소개하겠지만, 호만 궤도는 최소 에너지 궤도이긴 하지만, 비행시간이 매우 길고 발사 기회도 드물다. 더구나 실제 행성은 태양 주위의 타원궤도를 돌고 위성은 행성 주위의 타원궤도를 돌며 각 행성의 공전궤도면은 〈표 3-2〉에서 보는 것처럼 황도에 대해 조금씩 다 기울어져 있다. 이러한 실제 행성 궤도에서도 알맞은 v_∞와 알맞은 전이궤도로 우주선을 발사하면 목표행성의 SOI에 진입시킬 수 있으며, 이러한 전이궤도를 원추곡선 짜깁기 방법으로 구하는 것이 이번 절의 과제다.

실제적인 전이궤도 설계Real Transfer Trajectory Design

지구와 목표행성(표적행성)을 연결하는 전이궤도는 태양 중심 좌표계에서 보면 타원궤도로, 다음과 같은 두 가지 조건을 만족해야 한다.

(1) 우주선이 전이궤도에 진입하는 순간의 우주선 위치는 (r_1, L_1)이고, 목표행성의 SOI에 도달하는 순간의 위치는 (r_2, L_2)이며,
(2) 위의 두 점 사이를 탄도비행하는 데 소요되는 시간은 t_f다.

여기서 r_i, L_i는 각각 태양에서의 거리와 경도를 의미한다. 위의 두 조건은 시간 $t=0$에 (r_1, L_1)을 떠난 우주선이 $t=t_f$에서 (r_2, L_2)를 지나가는 타원을 구하는 문제로 람베르트 문제Lambert Problem라고 한다.[11] 이 두 조건은 지구와 태양 및 행성의 상대 위치에 따른 발사 기회를 고려하여 정한다. r_1과 r_2는 각각 태양 중심에서부터 전이궤도 진입점까지의 거리와 목표행성 SOI의 도착 지점까지의 거리다. θ_E는 지구 궤도의 근지점(r_{Ep}, L_{Ep})에서부터 잰 전이궤도 진입점의 극좌표각이고,

11) 정규수, 『로켓과학 I: 로켓 추진체와 관성유도』 (지성사, 2015), pp.297-328.

θ_P는 목표행성의 근지점 (r_{Pp}, L_{Pp})에서부터 잰 우주선이 목표행성에 도착하는 점의 극좌표각을 나타낸다. r_{Ep}는 지구 공전궤도의 근지점 거리Perihelion Radius를 의미하고 r_{Pp}는 목표행성 공전궤도의 근지점 거리를 나타낸다. L_1, L_2, L_{Ep}, L_{Pp} 등은 해당 위치의 경도를 나타내며, 모든 경도를 재는 기준은 황도상의 '춘분선Vernal Equinox'으로 잡는다. 경도는 춘분선에서부터 반시계방향으로 잰 각도를 의미하고, 극좌표각 θ_E와 θ_P는 각각 $L_1 - L_{Ep}$와 $L_2 - L_{Pp}$로 다시 쓸 수 있다.

발사 날짜(또는 전이궤도 진입 날짜)와 목표행성 궤도에 도달하는 날짜를 정하면 L_1과 L_2가 결정되고, 알려진 지구 근지점(r_{Ep}, L_{Ep})과 목표행성의 근지점 (r_{Pp}, L_{Pp})를 이용해 r_1과 r_2 값을 다음과 같이 구할 수 있다.

$$r_1 = r_{Ep}(1 + e_E)/(1 + e_E \cos\theta_E) \quad (3\text{-}6)$$

$$r_2 = r_{Pp}(1 + e_P)/(1 + e_P \cos\theta_P) \quad (3\text{-}7)$$

지구가 공전하는 황도면과 목표행성의 공전면은 각도 i만큼 경사져 있고, 전이궤도면은 태양 중심과 (r_1, L_1) 및 (r_2, L_2) 점을 지나는 면으로 황도면에 대해 경사각 i_t를 가진다. (r_1, L_1)과 (r_2, L_2) 점을 지나고 자유낙하 비행시간이 t_f인 타원은 단 하나가 존재하며 이러한 타원을 전이궤도로 택하기로 한다.

행성 간 궤도를 기술하기 위해 우리는 태양 중심에 원점을 둔 관성좌표계Heliocentric-Inertial Coordinate System를 사용하고 날짜를 표시하기 위해 줄리안 날짜(JD: Julian Days)를 사용한다.[12]

---

12) $JD = 367Y - 7\left[\frac{Y + (M+9)/12}{4}\right] + \frac{275M}{9} + D + 1{,}721{,}013.5$; 여기서 Y, M, D는 서기로 표시한 연도, 달, 일을 나타내고, 모든 나누기 값은 정수 값만 취하고 나머지는 버린다. Charles D. Brown, *Spacecraft Mission Design*, 2nd Edition (AIAA, Education Series, 1998), p.31.

발사 날짜와 목표행성에 도착 날짜가 결정되면 지구와 행성의 『천체력*The Astronomical Almanac*』 데이터에서 L_1과 L_2 및 지구와 행성의 근지점과 승교점의 경도를 읽을 수 있다. 『천체력』은 미국 해군 천문대와 영국 그리니치 천문대가 공동으로 준비하는 천체 데이터베이스다. 여기에는 행성의 위치, 근지점, 승교점 등 행성 간 비행에 필요한 모든 데이터가 4일 단위로 수록되어 있다. 이러한 데이터와 식 (3-6) 및 (3-7)을 이용해 발사 순간 태양과 지구 사이 거리 r_1과 태양과 목표행성에 도착할 때 태양과 목표행성 사이의 거리 r_2를 구할 수 있다.

우주선이 따라가야 할 전이궤도는 $(r_1, \theta_1(0))$과 $(r_2, \theta_2(t_f))$를 지나는 타원이지만, 극좌표각을 재는 기준이 되는 최근점은 아직 결정되지 않았다. θ를 t_f의 해석함수로 풀 수가 없으므로 우리는 다음과 같은 방법으로 접근한다. $t_f = JD_{arrival} - JD_{launch}$와 $\Delta L = L_2 - L_1$은 이미 결정되었으나 $\theta_1(0)$은 시행착오를 거쳐 θ_2가 $\theta_2(t_f) = \theta_1(0) + \Delta L$을 만족하도록 결정할 수 있다. 전이궤도의 진입속도는 대부분 지구 공전속도와 거의 같은 방향이거나 반대방향으로 향한다. 따라서 전이궤도 진입점은 궤도의 최근점Periapsis 근방이거나 최원점Apoapsis 근방에 있다. 우리가 구하고자 하는 $\theta_1(0)$의 값을 바꾸면 비행시간 t가 바뀐다.

첫 번째 시도로 화성이나 목성 같은 외행성으로 연결되는 전이궤도에는 $\theta_1(0) = 0$를 취하고, 금성 같은 내행성으로 연결된 전이궤도인 경우는 $\theta_1(0) = \pi$를 취하는 것이 보통이다. $(r_1, \theta_1(0))$과 $(r_2, \theta_2(t_f))$ 사이의 비행시간이 주어진 t_f와 일치할 때까지 $\theta_1(0)$ 값을 바꾼다. 이러한 과정을 통해 t는 빠르게 t_f로 접근하며, 궤도는 우리가 찾고자 하는 전이궤도로 빨리 접근하게 된다.

$\theta_1(0)$을 목표행성에 따라 0 또는 π를 택하고, (3-6)과 (3-7)에서 얻은 r_1과 r_2 값을 사용해 전이궤도의 이심률Eccentricity e_t를 다음과 같이 구할 수 있다.

$$e_t = \frac{r_2 - r_1}{r_1 \cos\theta_1 - r_2 \cos\theta_2} \tag{3-8}$$

식 (3-8)의 e_t 값과 (r_1, θ_1)에서 전이궤도의 최근점 거리 r_{tp}와 장반경 a_t를 구할 수 있다.

$$\begin{cases} r_{tp} = r_1 \dfrac{1 + e_t \cos\theta_1}{1 + e_t} \\ a_t = \dfrac{r_{tp}}{1 - e_t} \end{cases} \tag{3-9}$$

전이궤도상의 극좌표각 θ는 전이궤도의 최근점에서 잰 극좌표각을 나타낸다. 전이궤도 방정식은 다음과 같다.

$$r = \frac{a_t(1 - e_t^2)}{1 + e_t \cos\theta} \tag{3-10}$$

이렇게 두 점만 지나는 조건으로 정해진 타원은 무한히 많다. 그러나 두 점 사이의 비행시간이 t_f로 조정되면 우리가 원하는 궤도가 유일하게 결정된다. 비행시간 t_f는 전이궤도의 '타원 이심각Eccentric Anomaly' E를 사용해 비교적 간단히 표현할 수 있다.

$$\begin{cases} t_2 - t_1 = \dfrac{E_2 - e_t \sin E_2}{\sqrt{\mu_S / a_t^3}} - \dfrac{E_1 - e_t \sin E_1}{\sqrt{\mu_S / a_t^3}} \\ \Delta\vartheta \quad = 2\tan^{-1}\left\{\sqrt{\dfrac{1+e_t}{1-e_t}} \tan\left(\dfrac{E_2}{2}\right)\right\} - 2\tan^{-1}\left\{\sqrt{\dfrac{1+e_t}{1-e_t}} \tan\left(\dfrac{E_1}{2}\right)\right\} \end{cases}$$

(3-11)

식 (3-11)의 타원 이심각 E는 식 (1-46)에 의해 극좌표각 θ로 표현할 수 있다. 여기서 $\Delta\vartheta = \theta_2 - \theta_1$, $t_f = t_2 - t_1$이고, t_0는 전이궤도의 최근점을 지날 때 시간, t_1과 t_2는 전이궤도의 진입점과 도달점을 지날 때 시간이며, E_2와 E_1은 각각 진입위치와 도달위치의 타원 이심각을 의미한다. 수치계산을 통해 만족할 만한 (r_1, θ_1), (r_2, θ_2)와 t_f를 얻을 때까지 계속한다. 만족할 만한 (r_1, θ_1), (r_2, θ_2)와 t_f를 얻었다고 가정하자. 행성 간 전이궤도의 경우 외행성으로 발사할 때는 r_1은 전이궤도의 최근점 r_{tp} 근처 값을 갖게 되고, 내행성으로 발사할 때는 r_1은 최원점 값에 근접한 값을 갖게 된다. 최근점에서는 $\theta = 0$과 $E = 0$이 된다.

식 (3-8)-(3-11)을 $t = t_f$가 될 때까지 반복하여 계산하면 전이궤도의 a_t, r_{tp}, e_t를 계산할 수 있으므로 전이궤도의 크기(a_t)와 모양(e_t)과 (r_1, θ_1) 및 (r_2, θ_2)가 결정된다. 이제 전이궤도에 남은 문제는 황도면에 대한 궤도 경사각 $i_t(=\Psi)$, r_1에서 속도 $\vec{v}_t = (v_{st}, \gamma_t)$를 정하는 문제다. 전이궤도와 지구 궤도의 국지수평면과 $\vec{v}_E$와 $\vec{v}_t$가 만드는 비행경로각 γ_E와 γ_t는 식 (2-56)을 사용하면 다음과 같이 결정된다.

$$\begin{cases} \gamma_E = \tan^{-1}\left(\dfrac{e_E \sin\theta_E}{1 + e_E \cos\theta_E}\right) \\ \gamma_t = \tan^{-1}\left(\dfrac{e_t \sin\theta_1}{1 + e_t \cos\theta_1}\right) \end{cases} \tag{3-12}$$

위 식에서 θ_E는 지구 공전궤도의 최근점부터 잰 각이고, θ_1은 전이궤도의 최근점부터 잰 각이다. v_{st}를 $r = r_1$에서 우주선의 태양에 대한 상대속력이라 하고, μ_S를 태양의 '표준중력 파라미터Standard Gravitational Parameter' GM_S라고 하면 $\mu_S = 1.327124399355 \times 10^{11}\ km^3/s^2$가 되고, v_{st}는

다음과 같은 값을 갖는다.

$$v_{st} = \sqrt{\frac{2\mu_S}{r_1} - \frac{\mu_S}{a_t}} \tag{3-13}$$

지금까지는 지구를 마치 하나의 점과 같이 취급했지만, 지구도 SOI의 반경이 92,4000km나 되는 천체다. 지표면에서 지구 중력을 이탈하려면 11.2km/s의 초기속력이 필요하고, 공기마찰로 인한 감속을 고려하면 로켓의 속도증분 'Δv'가 이보다 더 커야 지구 중력에서 벗어날 수 있다.

행성 간 우주선은 보통 고도 200km 내외의 대기궤도에 올라간 후 발사 가능 시간대에 맞춰 목표행성과 랑데부하는 전이궤도로 진입한다. 지구 중력에서 벗어나야 하므로 SOI 내에서 우주선의 궤도는 쌍곡선이 되어야 하며, 지구 중력을 벗어나고도 추가속력 $\vec{v}_{HE}$를 가져야 태양 중력을 거슬러 다른 행성까지 비행할 수 있다. 이러한 $\vec{v}_{HE}$를 '쌍곡선 잉여속도Hyperbolic Excess Velocity'라고 하며 지구를 떠나는 쌍곡선의 점근선Asymptote을 따라가는 우주선의 지구에 대한 상대속도다.

지구 궤도를 떠나 전이궤도로 진입하는 우주선의 속도 $\vec{v}_{st}$는 지구 궤도속도 $\vec{v}_E$와 잉여속도 $\vec{v}_{HE}$의 합으로 정의된다.

$$\vec{v}_{st} = \vec{v}_E + \vec{v}_{HE} \tag{3-14}$$

식 (3-14)에서 v_{HE}에 대해 다음과 같은 식을 얻을 수 있다.

$$v_{HE}^2 = v_{st}^2 + v_E^2 - 2v_E v_{st} \cos\varphi \tag{3-15}$$

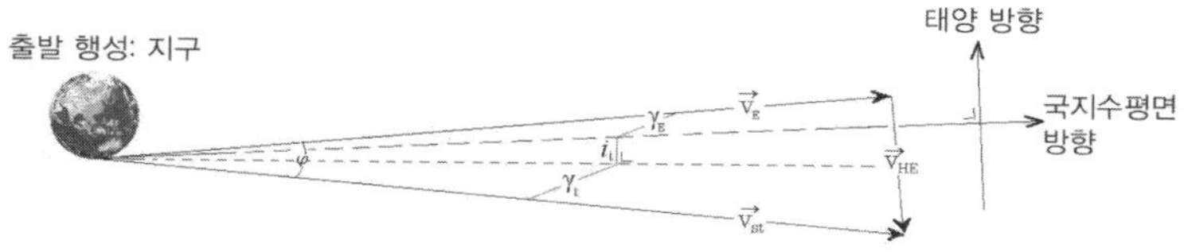

그림 3-5 식 (3-14)를 그림으로 나타내고, 이탈궤도의 비행경로각을 보여주고 있다.

식 (3-15)에서 φ는 $\vec{v}_{st}$와 $\vec{v}_E$ 사이의 각이다.

〈그림 3-5〉는 식 (3-14)를 그림으로 나타낸 것이다. 지구와 태양을 연결한 선에 수직한 국지수평면Local Horizon과 지구의 공전속도 $\vec{v}_E$가 만드는 비행경로각 γ_E, 목표행성으로 연결되는 전이궤도에 진입하는 우주선의 속도 $\vec{v}_{st}$가 태양에 대한 국지수평면과 만드는 비행경로각 γ_t, $\vec{v}_E$와 $\vec{v}_{st}$ 사이 각 φ 및 황도면에 대한 전이궤도면의 경사각 i_t를 보여준다. 만약 지구와 목표행성이 다 같이 원궤도이고, 한 평면 안에 있다고 가정하면 $\gamma_E = \gamma_t = \varphi = i_p = i_t = 0$이 된다. γ_E과 γ_t는 각각 황도면과 전이궤도면에서 잰 각도인 반면, i_t는 황도면과 전이궤도면 사이 각이므로 〈그림 3-5〉와 같이 표시할 수 있다. 지구 중심을 원점으로 단위구를 그리면 $\vec{v}_E$, $\vec{v}_{st}$, 태양 방향에 수직인 직선 및 $\vec{v}_{HE}$가 단위구와 만난 점들이 구면삼각형을 이룬다.

직각 구면삼각법을 사용하면, $\vec{v}_{st}$와 $\vec{v}_E$ 사이의 각 φ를 다음과 같이 구할 수 있다.

$$\cos\varphi = \cos i_t \cos(\gamma_E + \gamma_t) \tag{3-16}$$

아래첨자 't'는 전이궤도에 관한 양을 의미한다. 식 (3-16)의 오른쪽 항에서 전이궤도면의 황도면에 대한 경사각 i_t는 아직 정해지지 않았다. i_t를 구하려면 황도면, 전이궤도면 및 목표행성의 궤도면 사이의 관계를 보여주는 그림이 필요하다. 〈그림 3-6〉은 궤도면 사이의 관계 및 낀 각들을 보여준다. 모든 각은 1AU 반경을 가진 구면 위에서의 각이며, 각들의 관계는 구면삼각함수 관계식으로 이해해야 한다.

〈표 3-2〉에서 알 수 있듯이 지구 외에 모든 행성의 공전궤도는 황도에 대한 경사각 i_P가 0이 아니다. 또한 대부분의 우주발사장의 위도는 북위 28.5° 이상에 위치해 있어 이러한 발사장에서 직접 목표행성의 궤도면으로 위성을 발사하는 것은 불가능하므로 전이궤도의 경사각을 바꾸는 것은 행성 간 우주선 발사에서 필수적인 과정 가운데 하나다.

우주선의 속도가 빨라지면 궤도면 변경에 많은 추진제를 소모해야 하므로 속력이 낮은 단계에서 발사체를 이용해 궤도면 변경과 전이궤도 진입을 한꺼번에 실시하여 에너지 절약을 최대로 하는 것이 보통이다. 전이궤도는 황도면에서 벗어나 태양 중심, 지구 중심 및 도착 예정시점에서 목표행성의 중심을 지나는 평면 위에 놓이게 발사궤도를 조절해준다.

〈그림 3-6〉에서 i_t는 전이궤도의 황도Ecliptic Plane에 대한 경사각, i_P는 목표행성 궤도의 경사각, i_{tP}는 전이궤도면의 목표행성 궤도면에 대한 경사각이고, α는 c의 대응각이다. 목표행성의 '승교점(昇交點, Ascending Node)'을 Ω, 발사 시점에서 지구의 경도는 L_1, 목표행성의 경도를 L_2라 하면, '강교점(降交點, Descending Node)'은 $\Omega+180°$로 주어지고 α, a, b′ 등은 다음과 같다.

$$\begin{cases} \alpha = 180 - i_P \\ a = (\Omega + 180°) - L_1 \\ b' = L_2 - (\Omega + 180°) \end{cases} \quad (3\text{-}17)$$

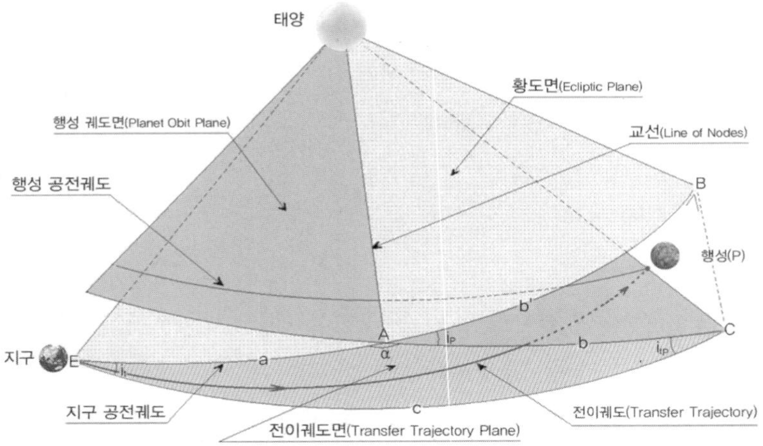

그림 3-6 지구의 공전궤도면(황도)과 목표행성의 궤도면 및 전이궤도면의 관계를 보여주는 그림. A는 강교점을 나타낸다. [13]

여기서 a, b, c는 태양에서 반경 r_1인 구면 위의 구면각Spherical Angles을 나타내고, 아래첨자 'P'는 목표행성Planet을, 'E'는 지구Earth를 나타낸다. 경도는 황도면 내에서 측정한다. 목표행성이 결정되면 i_P 값은 〈표 3-2〉에서 읽을 수 있다. 우주선을 발사할 시점의 지구 위치 L_1과 목표행성의 위치 L_2는 황도면 내에서 춘분선으로부터 반시계방향으로 잰다.

따라서 목표행성의 승교점 Ω 및 α, L_1, L_2, a 및 b' 값과 구면삼각법을 이용해 b와 c 및 i_t 값을 계산할 수 있다. 직각 구면삼각형 ABC에서 b, c , i_t 및 i_{tP}는 다음과 같이 구할 수 있다.[14]

13) Charles D. Brown, *Spacecraft Mission Design*, 2nd Edition (AIAA, 1998), p.108의 Fig.6.10 참조.

14) https://en.wikipedia.org/wiki/Spherical_trigonometry

$$
\begin{cases}
b = \tan^{-1}\left(\dfrac{\tan b'}{\cos i_{\mathrm{P}}}\right) \\
c = \cos^{-1}(\cos a \cos b + \sin a \sin b \cos \alpha) \\
i_{\mathrm{t}} = \sin^{-1}\left(\dfrac{\sin \alpha \sin b}{\sin c}\right) \\
i_{tp} = \sin^{-1}\left(\dfrac{\sin \alpha \sin a}{\sin c}\right)
\end{cases}
\qquad (3\text{-}18)
$$

식 (3-18)은 구면삼각형 ABC과 구면삼각형 EAC에 '사인 법칙Sine Rule' 및 '코사인 법칙Cosine Rule'을 적용한 결과다.15) 실제 금성으로 우주선을 발사하는 문제에 흥미가 있는 독자는 찰스 브라운 책에 주어진 예제를 참고하기 바란다.16)

전이궤도를 설계하는 문제는 경사각이 i_{t}인 전이궤도면이 목표행성의 궤도면과 만나는 시점에 전이궤도가 목표행성과 만나도록 지구 이탈궤도의 이탈 후 잉여속도 $\vec{\mathrm{v}}_{\infty}$의 크기와 방향을 정하는 문제다. 식 (3-18)에 의해 i_{t} 값이 정해졌으므로 식 (3-12), (3-13), (3-16) 및 (3-18)을 사용해 φ를 정할 수 있다. $\vec{\mathrm{v}}_{\mathrm{E}}$와 $\vec{\mathrm{v}}_{\mathrm{st}}$ 및 φ 값을 모두 알고 있으므로 식 (3-15)를 이용해 v_{HE} 값도 정할 수 있다.

4. 지구 중력권을 이탈하는 쌍곡선궤도

지구 SOI 내의 쌍곡선궤도에 대해 살펴보기로 하자. r_{p}는 지구 중심에서 우주선의 속도가 $\mathrm{v}_{\mathrm{inj}}$가 되는 점까지 거리Radius를 나타내며 보통 쌍곡선의 근지점 $\mathrm{r}_{\mathrm{p}}(=\mathrm{R}_{\mathrm{E}}+\mathrm{h}_{\mathrm{p}})$가 진입점이 되고 h_{p}는 근지점의 고

15) ibid.

16) Charles D. Brown, *Spacecraft Mission Design*, 2nd Edition (AIAA Education Series, 1998), pp.105-119.

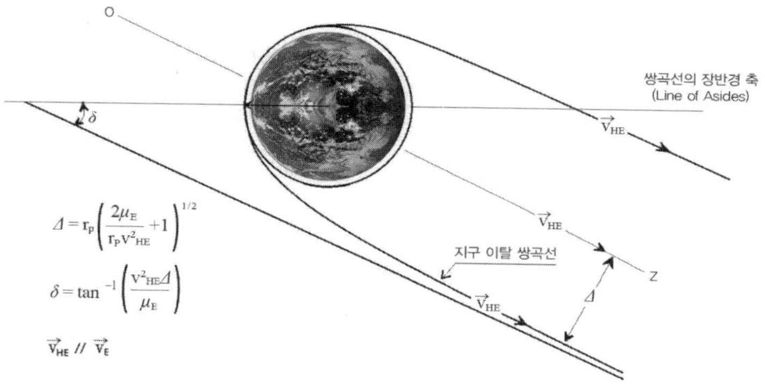

그림 3-7 지구 이탈 쌍곡선궤도 $\vec{v}_{HE}$의 방향은 지구의 운동방향 $\hat{v}_E$와 같게 취하는 것이 유리하고, 크기는 지구에 대한 쌍곡선 잉여속력이다.

도다. 〈그림 3-7〉을 oz-축을 중심으로 회전시키면 이탈 쌍곡선궤도로 이루어진 곡면을 얻는다. 곡면 위의 모든 쌍곡선은 가능한 지구이탈 전이궤도로 사용할 수 있다. 태양은 지구 위쪽에 있다고 가정하고 〈그림 3-7〉을 그렸다. 따라서 화성, 목성 등 외행성으로 발사하는 우주선은 지구 공전속도와 거의 같은 방향의 점근선을 가진 쌍곡선궤도로 진입하므로 항상 밤에 궤도 진입이 이루어진다.[17] 반대로 금성과 수성 같은 내행성으로 발사하려면 지구 궤도에서 가지는 에너지를 줄여야 하므로 지구 공전방향과 반대방향으로 발사한다. 따라서 전이궤도 진입은 항상 낮에 이루어진다.

태양에 대한 전이궤도 진입속도 $\vec{v}_{st}$(v_{st}와 비행경로각 γ_t)는 결정했지만, 지구 좌표계에 보는 전이궤도 진입속도 v_{inj}은 식 (3-19)와 같고, LEO 대기궤도에서 진입하는 비행경로각은 0이 되는 것이 보통이다. 지구 중심에서 쌍곡선 진입점까지 거리 r_p 값은 지구 대기궤도의 궤도 반경과 같다고 가정할 수 있다. 지구 중력에서 탈출하고 난 후 태

17) 낮에 진입하는 궤도로 진입시킬 수도 있지만 지구 자전방향과 반대방향으로 회전하는 대기궤도를 이용해야 하기 때문에 추진제 소모가 너무 많아 사용하지 않는다.

양을 초점으로 하는 타원과 매끄럽게 연결되는 데 필요한 쌍곡선 잉여속력 v_{HE}는 식 (3-15), (3-16) 및 (3-18)에 의해 결정되고, 근지점 거리 r_p는 대기궤도 반경으로 결정되었다.

따라서 지구 이탈 쌍곡선은 r_p와 v_{HE}에 의해 완전히 결정된다. 쌍곡선의 특성을 이용하여 이탈 쌍곡선의 궤도 파라미터들은 r_p와 v_{HE}의 함수로 구할 수 있고, 결과는 다음과 같다.

$$\begin{cases} v_{inj} = \sqrt{\dfrac{2\mu_E}{r_p} + v_{HE}^2} \\ a = \dfrac{\mu_E}{v_{HE}^2} \\ e = 1 + \dfrac{r_p}{a} \\ \Delta = r_p\sqrt{\dfrac{2\mu_E}{r_p v_{HE}^2} + 1} \end{cases} \qquad (3\text{-}19)$$

$$\begin{cases} \delta = \cos^{-1}\left(\dfrac{1}{e}\right) \\ \tan\dfrac{\theta}{2} = \sqrt{\dfrac{1+e}{1-e}}\tanh\dfrac{H}{2} \\ t = \dfrac{e\sinh H - H}{n} \\ n = \sqrt{\dfrac{\mu}{a^3}} \end{cases} \qquad (3\text{-}20)$$

지금까지는 태양까지 거리나 지구에서 행성까지 거리에 비해 지구의 SOI 반경 92,4000km는 무시할 수 있었기 때문에 SOI 경계에서는 지구 이탈 쌍곡선은 이미 점근선에 충분히 가까워졌을 것이라고 가정했다. 이러한 가정 아래 지구 궤도속도 $\vec{v}_E$에 우주선의 쌍곡선 잉여속도 $\vec{v}_{HE}$를 더한 속도가 지구 궤도를 떠나 목표행성으로 가는 데 필요한 속도라고 놓음으로써 $\vec{v}_{HE}$를 결정할 수 있었다. SOI 경계면에서 우주선 속력 v_{SOI} 가운데 지구 인력 기여도인 $2\mu_E/R_{SOI}$와 태양 중력 아래에서 목표행성으로 가는 데 필요한 v_{HE}의 기여도 v_{HE}^2를 비교해보면 이러한 가정이 상당히 타당하다는 것을 알 수 있다. 금성으로 발사할 때 v_{HE}는 ~4.442km/s 정도이고, 화성의 경우도 비슷한 값을 가진다.[18] 금성의 경우, v_{SOI} 값은 다음과 같다.

$$
\begin{aligned}
v_{SOI} &= \sqrt{\frac{2\mu_E}{R_{SOI}} + v_{HE}^2} \\
&\approx v_{HE}(1 + 0.0216)
\end{aligned}
$$

여기서 SOI 경계에서는 쌍곡선궤도의 속력이 점근선 값인 v_{HE}의 2.2% 이내에 속한다는 것을 알 수 있다. 따라서 SOI의 경계면에서 우주선은 지구에 대해 $\vec{v}_{SOI}$ 대신 점근선에서 속도인 $\vec{v}_{HE}$를 가진다는 가정이 상당히 정확하다고 볼 수 있다. 물론 실제로 항성 간 로켓이나 달로 가는 우주선의 궤도 설계를 약식계산인 원추곡선 짜깁기만으로 하지는 않겠지만, 약식계산 결과는 계획의 타당성을 수립할 때 필요한 추진기관의 속도증분 Δv를 예측하는 목적으로 사용하기에는 충분히 정확하다고 본다.

목표행성을 근접 비행하는 경우 목표행성에 가장 가까이 접근하는 최근점 $r_{Pp}(=r_{Planet\ periapsis})$와 목표행성 도착 쌍곡선의 '임팩트 파라미터(Impact Parameter 또는 Semi-minor Axis)' Δ'과의 관계, 그리고 이탈 쌍곡선

18) Charles D. Brown, *Spacecraft Mission Design*, 2nd Edition (AIAA Education Series, 1998), p.119.

의 점근선과 우주선의 태양에 대한 속도 등을 계산하는 문제는 제3장 3절에서 중력 부스트와 관련해 자세히 다루게 될 것이다. 여기서는 목표행성의 위성 궤도로 진입하는 문제를 간단히 살펴보고 4절을 끝내기로 한다. 목표행성을 지나가면서 짧은 시간에 관측하는 대신 행성의 위성 궤도에 머물면서 행성을 관측하면 많은 과학 정보를 수집할 수 있다. 따라서 이러한 미션에서는 위성 궤도 진입이 필수적이다.

전이궤도가 정해지면 우주선이 목표행성에 접근하는 임팩트 파라미터 Δ', SOI를 통과하는 속력 $v_\infty (= v_{\infty a})$가 결정되고, 미션 요구에 따라 행성 좌표계에서 최근점 r_{Pp}가 정해진다. 우리가 아무런 조치도 취하지 않는다면, $v_{\infty a}$로 SOI를 통과해 SOI 내부로 들어온 우주선은 쌍곡선궤도를 그리며 $r = r_{Pp}$를 지나 같은 속력 v_∞로 행성의 SOI를 이탈하거나 아니면 행성과 충돌하게 된다. 그러나 역추진 로켓을 사용하여 속력을 줄여준다면, 행성 중력권에서 이탈하거나 충돌하는 대신 행성의 위성 궤도에 진입시킬 수 있다. 최근점에서 원궤도 속력 v_o는 다음과 같다.

$$v_o = \sqrt{\frac{\mu_P}{r_{Pp}}}$$

따라서 우주선을 r_{Pp}에서 원궤도로 진입시키려면 최근점에서 '충격연소'에 의해 행성 궤도로 진입하는 데 필요한 Δv를 공급해야 한다. 필요한 Δv는 다음과 같다.

$$\Delta v = \sqrt{\frac{2\mu_P}{r_{Pp}} + v_\infty^2} - \sqrt{\frac{\mu_P}{r_{Pp}}} \quad , \qquad (3\text{-}21)$$

그 값만큼 감속시켜야 원궤도에 진입할 수 있다. Δv는 r_{Pp}만의 함수이기 때문에 r_{Pp}를 조정함으로써 Δv를 최소로 줄이는 것이 가능하다. 식 (3-21)을 r_{Pp}로 미분하고 0으로 놓음으로써 Δv를 최소로 하는 r_{Pp} 값과 Δv_{min} 값은 다음과 같음을 알 수 있다.

$$\begin{cases} r_{Pp\,min} = \dfrac{2\mu_P}{v_\infty^2} \\ \Delta v_{min} = \dfrac{v_\infty}{\sqrt{2}} \end{cases} \tag{3-22}$$

그러나 v_∞ 잉여속력으로 SOI를 통과해 행성으로 다가가는 우주선을 행성의 위성으로 만드는 데 반드시 원궤도일 필요는 없다. 원궤도 대신 고에너지 궤도인 이심률이 큰 타원궤도로 진입시킨다면 Δv를 더욱 줄이는 것이 가능하고, 때로는 지구와 통신을 위해서라도 필요하기도 하다. 즉, 최근점 r_{Pp}는 되도록 낮게, 최원점은 되도록 높게 잡아주면 Δv는 더욱 작아진다. 물론 행성을 장기적으로 자세히 관찰하려면 낮은 원궤도가 가장 바람직하다.

제 2 장

달로 가는 길

1. 달 탐사의 역사와 달 궤도의 특성

달 탐사의 역사

하늘에서 맨눈으로 점이 아닌 구조가 보이는 크기를 가진 천체는 태양과 달뿐이다. 누구나 아는 이유 때문에 태양에 가려는 사람은 없지만, 달은 아리따운 공주들이 살고 있는 낭만적인 동화의 대상이 되어왔다. 1950년대 말 달에 갈 수 있는 로켓이 등장하자 구소련과 미국은 마치 '하늘 사격장의 표적'인 양 달을 향해 로켓을 발사하기 시작했다.

1958년 8월 17일 미국이 '파이오니어Pioneer 0'의 발사를 시작으로 같은 해 9월 23일 구소련은 '루나Luna E-1 No.1'을 발사했다. 이후로 지금까지 미국, 구소련과 러시아, 중국, 일본 및 인도는 모두 114회의 무인 탐사선Un-manned Probes과 9회에 걸쳐 '아폴로 유인 우주선Apollo Manned Spacecraft'을 달로 발사했다. 1959년 10월 4일 구소련은 달의 뒷면을 촬영하기 위해 루나 3호를 발사했고, 인류에게 숨겨왔던 달의 뒷모습을 처음으로 우리에게 보여주었다. 1966년 2월 3일 구소련은 사상 처음으로 달 표면에 '루나 9호'를 연착륙시켰으며 4월 3일에는 루나 10호를 달 궤도에 진입시켜 최초의 달 인공위성을 만들었다. 같은 해 6월 2일 미국도 '서베이어Surveyor 1'을 달에 연착륙시켜 아폴로의 달 착륙을 위한 데이터를 확보하는 데 성공했다. 이후 각종 달 탐사 위성들은 달 표면을 구석구석 사진 찍어 보냈고, 몇몇 무인 탐사선들은 토양을 채취하여 지구로 귀환하기도 했다. 1968년 9월 18일 발사된 '존드Zond-5'를 비롯해 존드-6, -7, -8 및 루나 20호는 모두 샘플을 채취한 뒤 지구로 귀환하는 데 성공한 무인 탐사선들이다.

일본은 1990년 3월 '히텐Hiten'을 발사한 뒤에 지오테일Geotail, 노조미Nozomi 및 셀레네Selene(카구야Kaguya)를 발사했고, 중국은 창어嫦娥, Chang'e-1, 창어-2, 창어-3 및 창어-5T1을 달로 보냈으며, 인도 역시 달 탐사선 찬드라얀Chandrayaan-1을 발사했다. 일본, 인도 중국의 달 탐사선들은 달 중력의 정밀지도를 만들기 위한 데이터를 수집했고, HD 화질의 달 표면 사진을 촬영하는 데 성공했으며, 달의 극지방에서 물의 존재를 확인하는 등 여러 가지 과학적인 탐사를 수행해왔다. 2013년 12월 1일 중국의 창어-3는 달 표면 연착륙에 성공함으로써 중국은 구소련(러시아)과 미국에 이어 세 번째로 달 연착륙에 성공한 국가가 되었다.

매스콘과 달 궤도 특성

행성의 위성들을 크기순으로 배열하면 가니메데Ganymede, 타이탄Titan, 칼리스토Callisto 및 이오IO에 이어 지구의 달이 그 다섯 번째이지만, 암석질 행성의 위성 중에는 제일 크다. 지구의 달보다 큰 위성은 모두 목성과 토성과 같은 가스 행성의 위성이다. 만약 달의 질량이 조금만 더 컸다면 지구-달 시스템은 유일한 쌍행성 시스템Binary Planet

System이 되었을 것이다. 지구–달 시스템의 형성에 대해서 가장 유력한 가설은 지구가 막 생겨난 약 45억 년 전에 '테이아Theia'라고 하는 화성 크기의 소행성이 지구와 충돌하면서 테이아와 지구의 충돌 잔해물의 상당 부분이 지구 주변에 모여 오늘날 우리가 달Moon이라고 하는 천체가 되었다는 것이 그 내용이다. 이러한 충돌 가설은 달의 코어Core가 왜 작은지를 설명할 수 있고, 아폴로 탐사에서 가져온 암석의 티타늄Titanium 동위원소 비율이 지구의 티타늄 동위원소 비율과 거의 동일하다는 것도 설명할 수 있다. 운석을 분석하면 화성의 산소와 텅스텐 동위원소 비율과 지구의 비율은 뚜렷하게 다른 반면, 지구와 달의 동위원소 비율은 거의 일치하고 있다. 이것이 원시 지구와 테이아의 충돌설이 각광받게 된 과학적 근거다.

미국은 2011년 9월 10일 델타Delta II 7920H-10을 사용해 GRAIL-A와 GRAIL-B라고 이름 붙인 두 개의 쌍둥이 위성을 달 궤도로 발사했다.[19] GRAIL은 달 중력의 정밀지도를 작성하는 데 필요한 중력 데이터를 수집하도록 설계되었다. 각 GRAIL 탐사체는 서로가 송수신하는 텔레메트리Telemetry와 지상 장비에서 보내는 신호로부터 상호 간의 거리 변화를 측정해 중력가속도 변화를 얻는다. GRAIL 탐사선은 상호 거리 변화를 '미크론Micron' 단위로 잴 수 있다. 따라서 GRAIL 데이터에 따라 〈그림 3-8〉과 같은 달의 초정밀 중력지도를 얻을 수 있었다.

〈그림 3-8〉의 왼쪽과 오른쪽 달의 짙은 영역(화보 4의 붉은색)과 가운데 달의 짙은(파란색) 영역은 중력가속도의 차이가 1.2cm/s^{2}이므로 저고도 달 궤도(LLO) 위성에는 바다 밑의 암초처럼 위험하다. 위성이 붉은색으로 표시된 영역 위로 지나가면 위성은 밑으로 당겨지고, 옆으로 지나면 붉은색 영역으로 끌리게 되며, 파란색 영역을 지나면 그 반대 현상이 일어난다. 이러한 변칙중력Gravity Anomaly을 만드는 질량이 몰려

---

19) GRAIL은 'Gravity Recovery and Interior Laboratory'의 머리글자를 따서 지은 이름이다.

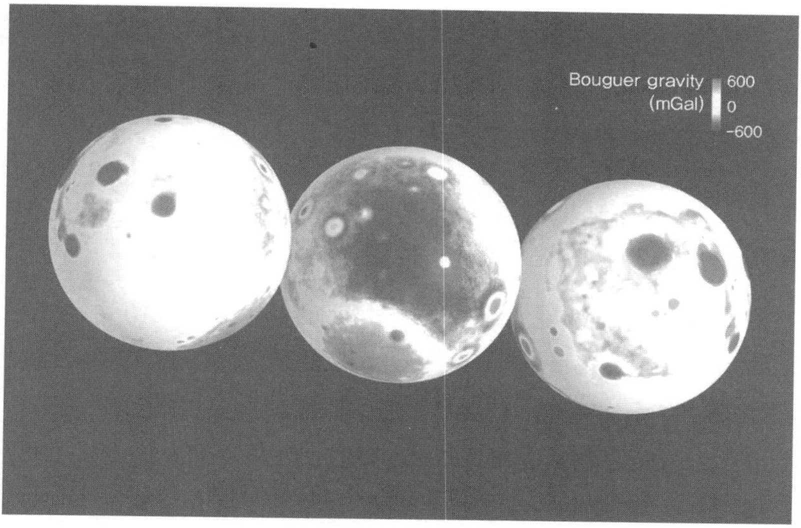

그림 3-8 GRAIL에서 측정한 달의 중력가속도 변화를 mGal 단위로 그렸다. 가장 진한 붉은색은 평균값보다 600mGal(=0.6cm/s²)만큼 증가된 부분을 보여주고, 가장 짙은 파란색은 −600mGal(=−0.6cm/s²)만큼 줄어든 영역을 표시한다. 1mGal은 1cm/s²의 가속도를 나타낸다.[20] (화보 4 참조)

있는 특별한 구역이 생기는 이유 또한 GRAIL 팀이 밝혀냈다.[21] 달이 형성된 초창기에 달은 아주 무거운 운석들과 충돌했다고 믿었다. 아주 강력한 충돌은 대형 운석공을 만들었고 강력한 열은 주변의 물질을 녹였으며 녹은 물질은 운석공을 채웠다. 녹은 암석의 밀도가 주변의 암석보다 높아 운석공이었던 곳의 밀도도 주변보다 높아져 달의 지표면 밑에 '고밀도 영역(Mascon: Mass Concentration)'이 형성되었다는 주장이다. 운석공 자리는 녹은 암석으로 메워져 겉보기에는 평탄한 지역으로 보이지만, 밀도가 높은 고밀도 영역이 된 것이다.

아폴로 16호가 미션을 끝내고 지구로 돌아오기 직전인 1972년 4월 24일, 우주인들은 PFS-2라는 하전입자와 달의 자장을 측정하는 작은

20) http://www.space.com/21364-moon-gravity-mascons-mystery.html

21) ibid.

위성을 89km×122km 고도에 내려놓았다. 그러자 PFS-2의 궤도는 모양과 고도가 급격하게 요동하기 시작했다. 불과 2.5주 만에 고도가 10km까지 떨어져 표면을 스쳤고, 다시 48km까지 고도가 치솟았지만 35일 만인 1972년 5월 29일 달 표면과 충돌하고 말았다. 이보다 8개월 앞서 궤도에 배치된 PFS-1이 비교적 안정된 궤도를 유지했던 것과는 아주 다른 결과였다. 1971년 8월 4일부터 데이터를 송신하던 PFS-1도 1973년 1월 달 표면에 충돌함으로써 미뤄뒀던 종말을 맞이했다. PFS-1과 PFS-2 운명이 사뭇 달랐던 원인은 궤도 경사각에 있던 것으로 추후에 판명되었다. 달에는 5개의 거대한 '매스콘Mascon'이 존재하고, 매스콘은 중력가속도를 1% 가까이 변화시키며, 그 결과 고도 100km 이내의 위성이 매스콘 주변에 들어오는 위성을 밑으로 또는 옆으로 당겨 궤도를 불안정하게 만든다. 근본적으로 LLO(Low Lunar Orbit)는 불안정하고, LLO 위성은 조만간 달 표면과 충돌할 수밖에 없었던 것이다. 미션 관계자는 몰랐지만, PFS-1의 궤도는 LLO에 존재하는 '고정된 궤도Frozen Orbit' 4개 가운데 하나 근처에 배치되었기 때문에 비교적 오랫동안 충돌을 모면할 수 있었던 것으로 판명되었다.22)

달 위성의 궤도면과 달의 적도면이 만나는 경사각이 27°, 50°, 76° 및 86°일 때 궤도는 안정적이고, 위성의 수명도 거의 무한대인 '고정된 궤도'라고 볼 수 있다.23) 운이 좋았던 PFS-1의 경사각은 '고정된 궤도' 근방인 28°였고, 운이 없었던 PFS-2는 무심한 미션 관계자들에 의해 경사각이 11°인 궤도로 투입되었던 것이다. 만약 '고정된 궤도'가 아닌 궤도에 올린 고도 100km의 LLO는 두 달에 한 번꼴로 위치유지를 위한 기동을 해줘야 하고, 한 달에 한 번 이상은 고도가 30km까지 떨어지는 것을 감수해야 한다.

---

22) 고정된 궤도Frozen Orbit란 궤도 파라미터를 적절히 선택하여 중심 천체의 변칙중력 등에 의한 위성의 표류를 최소화한 궤도를 말한다.

23) http://science.nasa.gov/science-news/science-at-nasa/2006/06nov_loworbit/

매스콘이 생긴 원인이 무엇이든 간에 매스콘은 달을 태양계 내에서 중력이 가장 불균일한 천체로 만든 것이 사실이다. 달에는 우리가 바다라고 부르는 다섯 곳에 '매스콘'이 있다. '비의 바다Mare Imbrium', '맑음의 바다Mare Serenitatis', '위난의 바다Mare Crisium', '습기의 바다Mare Humorum' 및 '감로주의 바다Mare Nectaris' 등이 매스콘 지역이다.

지구의 달은 통상적인 태양계 행성의 위성과 모행성의 질량비로 볼 때 매우 클 뿐만 아니라 아주 가까이 있다. 중력 자체만 놓고 보면 태양이 지구에 미치는 단위질량당 힘이 달이 지구에 미치는 힘보다 2배 이상 크지만, 거리 변화에 따른 중력의 영향력은 달이 훨씬 크다. 지구에 미치는 기조력Tidal Force은 달이 단연 지배적이고, 그 결과 지구의 밀물과 썰물은 거의 달에 의해 좌우된다.

지구가 자전하지 않는다면 지구의 질량중심과 달의 질량중심을 연결한 선상에서 달 쪽과 반대쪽으로 바닷물이 솟아오르겠지만, 지구는 자전을 하고 솟아오른 물은 지구와 함께 자전하는 방향으로 움직이려 한다. 한편, 달은 솟아오른 물을 끌어당기므로 솟아오른 물은 어느 정도 각도를 두고 평형을 유지하며 〈그림 3-9〉에서 보는 바와 같이 지구는 물밑에서 자전하는 모양이 된다.

솟아오른 바닷물은 중심선에서 벗어난 각도로 달을 끌어당겨 중심을 연결하는 선에 수직인 방향의 힘을 만들며, 그 결과 달의 각운동량을 증가시키는 토크Torque가 생성된다. 이러한 기조력에 의해 달의 각운동량은 조금씩 증가하고, 바닷물과 지면의 마찰에 의해 지구의 자전에너지와 자전하는 각운동량은 감소한다. 물론 지구-달 시스템의 각운동량이나 총에너지는 변화가 없지만, 달의 운동에너지는 증가해야 하므로 달의 궤도는 나선형을 그리면서 지구로부터 1년에 3.82cm씩 멀어지는 결과를 낳는다. 달이 얻은 에너지만큼 지구는 조석효과에 의한 마찰로 에너지와 각운동량을 잃는다.

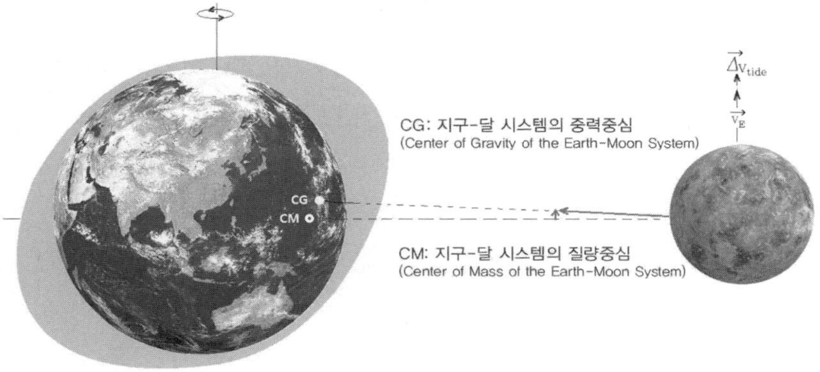

그림 3-9 달에 의한 기조력에 의해 바닷물이 솟아오른 모양을 과장해서 그렸다. 달의 인력과 지구 자전에 의한 마찰력이 균형을 잡은 상태의 바닷물 속에서 지구가 자전하고 있는 형국을 보여주고 있다. 질량중심과 중력중심이 일치하지 않는다.

달과 달의 궤도 파라미터

지구－달 시스템은 지구와 달의 공통Common 질량중심(CM: Center of Mass)을 중심 삼아 회전하고 있다. 공통 질량중심은 지구 중심으로부터 달 쪽으로 4671km 떨어진 지점이고, 달 중심으로부터는 지구 쪽으로 379,729km 떨어진 곳이다. 달의 질량 m_p는 7.3477×10^{22}kg으로 지구 질량의 0.0123배, 평균 반경은 1,737.10km, 표면에서 중력가속도는 $1.622\,m/s^2$로 지구 표면 중력가속도 g의 0.1654배에 해당하고, 달 표면에서 이탈속도는 2.38km/s로 지구 표면 이탈속도의 0.243배에 지나지 않는다. 태양계의 위성－행성 시스템 중에서 위성의 질량 대 모행성의 질량비가 카론Charon－명왕성Pluto 시스템 다음으로 크다.

〈표 3-3〉에는 달로 가는 궤도 계산에 필요한 궤도 요소가 정리되어 있다. 달 공전면의 황도면Ecliptic에 대한 경사각은 5.145°이지만 달의 공전면은 세차운동을 하고, 달의 교선Line of Nodes도 황도를 따라 18.612958년을 주기로 장동(章動, Nutation)을 한다. 이 때문에 황도면에

궤도 파라미터		파라미터 값
장반경	a	3.84399×10^5km
이심률	e	0.0549
항성 기준 주기Sidereal Period	$T_{sidereal}$	27.321582 d
태양 기준 주기Synodic Period	$T_{synodic}$	29.530589 d
궤도속도	V_{orb}	1.022km/s
황도에 대한 경사각	i	−5.145°~5.145°
자전축 기울기(황도에 대한)	i_{ep}	1.5425°
자전축 기울기(공전면에 대한)	i_{mp}	6.688°
적도반경	$R_{M\ eq}$	1.73814×10^3km
편평도flattening $(r_{equator} - r_{pole})/r_{equator}$	f	0.00125

표 3-3 지구에서 달로 가는 궤도 계산에 필요한 달의 궤도 파라미터.

대한 궤도 경사각은 -5.145°와 5.145° 사이에서 18.613년을 주기로 변한다.

따라서 지구의 적도에 대한 경사각은 $18.295° \le i \le 28.585°$ 사이에서 변한다. 미국의 달로켓 발사장의 위도가 북위 28.4667°이고, 대서양과 맞닿은 '케네디 스페이스 센터 KSC(Kennedy Space Center)'로 정해진 것은 결코 우연이 아니다. KSC에서 궤도면 변경 없이 발사할 수 있는 궤도의 최소 경사각은 28.4667°다. KSC는 궤도면 변경 없이 우주선을 달의 공전면으로 직접 진입시킬 수 있는 '발사 기회'가 18.613년마다 찾아오는 우주발사장이다. 1865년 프랑스의 소설가 '쥘 베른Jules Verne'은 대포를 수직으로 쏘아 올려 지구 이탈속도에 도달하면 달로 갈 수 있다고 가정했고, 그러한 대포의 적절한 발사장소로 플로리다의 탬파타운Tampa Town을 선정했다. 쥘 베른은 발사대의 위도를 27° 7′N과 경도 82° 9′W로 명시했다.

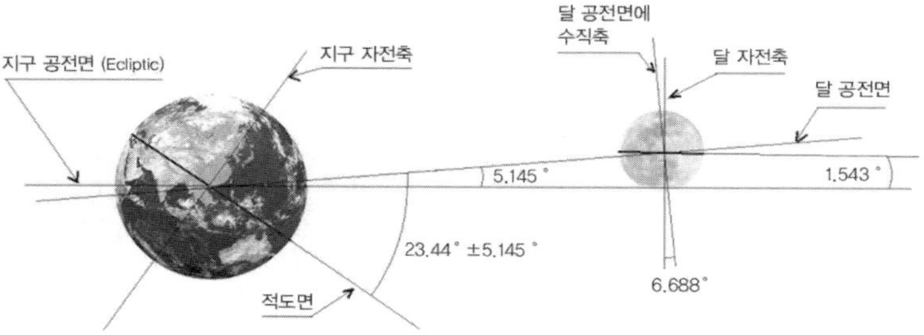

그림 3-10 지구-달 시스템의 지구 공전면(황도: Ecliptic)에 대한 지구 적도면의 경사각, 달의 공전면의 경사각, 달 공전면에 대한 자전축의 경사각 등이 표시되어 있다.

〈그림 3-10〉에는 황도Ecliptic에 대한 지구 적도면의 경사각, 황도에 대한 달 공전면의 경사각 및 달 공전면에 대한 달 자전축의 경사각 등 기하학적 데이터를 표시했다.

2. 달로 가는 궤도의 원추곡선 짜깁기

제1장에서는 지구에서 다른 행성으로 우주선을 발사할 때 '원추곡선 짜깁기Patched Conics' 방법이 매우 유용하다는 것을 소개했고, 미션의 예비설계 목적으로 원추곡선 짜깁기가 충분한 역할을 할 수 있음을 보았다. 달로 가는 궤도에도 이 방법을 그대로 적용할 수 있다. 그러나 달의 경우 행성의 경우에 비해 정확도는 많이 떨어질 것으로 예측된다. 그 첫 번째 이유는 달과 지구의 질량비가 행성과 태양의 질량비에 비해 너무 크다. 두 번째 이유는 달의 SOI 반경이 달과 지구 사이 거리에 비해 무시하기에는 너무 크다. 마지막으로 태양의 섭동이 비교적 크다는 것을 들 수 있다. 이와 같은 이유로 달로 가는 궤도의

원추곡선 짜깁기는 행성 간 원추곡선 짜깁기보다는 덜 정확할 것으로 예측하지만, 미션 궤도의 예비설계를 하는 데는 유용하게 사용할 수 있다고 본다. 문제를 단순화하기 위해 달로 가는 전이궤도와 달의 공전궤도가 같은 평면상에 존재한다고 가정하기로 한다.

달 미션을 계획할 때는 대략 다음과 같은 과정을 거친다.24)

- 전이궤도의 근지점Perigee의 고도와 속력 및 비행경로각Flight Path Angle을 설정한다.
- 전이궤도가 달의 SOI와 만나는 위치를 설정하고 소요되는 비행시간을 계산한다.
- SOI 경계에서 주어진 우주선의 위치, 속력, 비행경로각으로 결정되는 도착궤도Arrival Trajectory를 계산한다.
- 도착궤도가 미션에 부적합한 것으로 판단되면 전이궤도의 초기 조건을 재설정하고 위의 과정을 반복한다.
- 도착궤도가 미션 목적에 적합한 경우, 비행시간에서부터 역산하여 발사 일자를 결정한다.

달 전이궤도의 고도, 속력 및 비행경로각

전이궤도의 최근점Periapsis에서 고도와 속력 및 비행경로각은 전이궤도에 진입하기 전의 대기궤도Parking Orbit의 고도와 경사각에 의해 결정된다. 행성 간 전이궤도와 마찬가지로 모든 위성으로 가는 전이궤도 역시 대기궤도로부터 진입한다고 가정하자. 대기궤도의 장점 중의 하나는 '발사 가능 시간대Launch Window'를 크게 넓혀주는 것이다. 지구 중력을 이탈하는 발사 가능 시간대는 수십 초에서 수 분 내외일 수

24) Charles D. Brown, *Spacecraft Mission Design*, 2nd Edition (AIAA, Education Series, 1998), pp.136-137.

있는데, 대기궤도를 사용하면 이것을 수 시간대로 늘릴 수도 있다. 두 번째 장점은 마지막 엔진 연소위치를 조절할 수 있게 해준다. GEO 또는 몰니야Molniya 궤도로 발사하거나 아니면 달이나 다른 행성으로 발사하는 경우 마지막 엔진 연소위치가 바람직하지 않은 경우가 흔하다. 이런 경우 대기궤도를 사용함으로써 임무궤도 진입을 위한 마지막 엔진 연소위치를 최적의 위치로 선택할 수 있다. 유인 우주선을 달이나 화성으로 발사할 때는 우주인의 안전을 위해서 지구 귀환이 비교적 쉬운 지구 궤도에서 마지막 점검을 하는 것이 필수적이다.

'아폴로 11호'는 고도가 191.1km인 원궤도를 대기궤도로 사용했고, 아폴로 12호는 185×189.7km인 원에 가까운 타원궤도를 이용했으며, 아폴로 15호와 17호는 거의 동일한 169×171km 고도의 대기궤도를 이용했다. 대기마찰 때문에 이러한 낮은 궤도의 우주선은 몇 회전 못하고 대기권으로 추락하므로 그 전에 전이궤도에 진입해야 한다. 대기궤도에서 지구 이탈용 엔진Earth Departure Stage을 사용하여 TLI(Trans Lunar Insertion)에 필요한 Δv를 얻어 전이궤도에 진입하게 된다.

대기궤도를 아폴로 11호의 대기궤도와 같은 고도 191.1km의 원궤도로 선택하고, 호만 전이궤도를 사용한다면, TLI에 소요되는 속도증분은 $\Delta v = 3.1337 km/s$이고 달 궤도에 도달하는 데 119.467시간이 소요된다. 그러나 아폴로 11호와 같은 유인 우주선인 경우 비행시간은 우주인이 사용하는 산소, 물, 음식과 같은 소모품 질량과 우주인의 스트레스 등의 심각한 문제와 직결된다. 따라서 경제성과 비행시간 사이에서 타협점을 찾는 것이 중요하다.

〈그림 3-11〉에는 달로 가는 호만 궤도와 그 밖에 비행시간을 단축하기 위한 궤도를 예시했다. 아폴로 11호의 고도 $r_1 = 191.1 km$인 대기궤도에서 비행경로각 γ가 0이 되도록 충격연소가 이뤄진다고 가정해 보자. 달의 공전궤도 반경을 R이라 하고, TLI가 이뤄진 근지점 P와

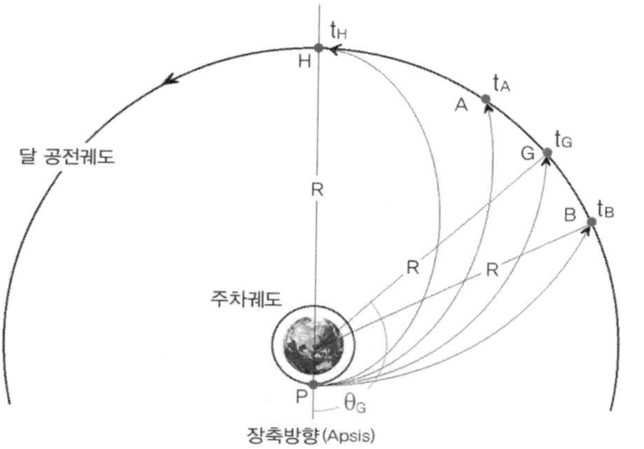

그림 3-11 달 궤도와 만나는 여러 가지 전이궤도를 보여주는 그림. EPO(Earth Parking Orbit)을 P 점에서 떠나 H 점에 내접하는 타원의 반쪽은 호만 궤도를 나타낸다. $\theta = 180°$인 경우는 호만 전이궤도가 되고, $\theta < 180°$이면 호만 궤도보다 비행시간이 짧은 전이궤도를 나타낸다.

원지점 H를 연결한 선Apsis을 기준으로 P 점부터 잰 각을 θ라 하면 달 궤도를 만나는 전이궤도의 장반경은 다음과 같다.

$$a = \frac{r_p}{1-e} \tag{3-23}$$

달 궤도와 만나는 점이 H, A, G, B로 바뀜에 따라 이심률 e는 계속 커지고, 그 결과 a 역시 계속 늘어난다. P 점에서 대기궤도 속력 v_p와 P 점에서 전이궤도상의 우주선 속력 v_{tp}, 이심률 e는 다음과 같이 정할 수 있다.

$$v_{tp} = \sqrt{\frac{2\mu_E}{r_p} - \frac{\mu_E}{a}} = v_p\sqrt{1+e}$$

$$v_p = \sqrt{\frac{\mu_E}{r_p}}$$

$$e = \left(\frac{v_{tp}}{v_p}\right)^2 - 1$$

달 궤도를 임의의 점 G에서 만나는 경우, CM에서 G 점까지 거리는 항상 R 이므로 원추곡선의 방정식 (1-43)과 (3-23)을 사용해 장반경 축에서부터 잰 각 θ_G(True Anomaly)를 다음과 같이 정할 수 있다.

$$\cos\theta_G = \frac{r_p(1+e) - R}{eR} \tag{3-24}$$

θ_G 값이 0에서 180° 사이에서 변하는 데 따라 발사에서 G 점까지 비행시간 t_G는 계속 바뀐다. 이러한 비행시간은 근지점에서 반경 r_p, 비행경로각 γ 및 진입속도 v_{tp}에 따라 달라진다. TLI가 $r = r_p$에서 이뤄진다면 $\gamma = 0$이 되고, 전이궤도의 a, e와 달 궤도와 만나는 각도 θ_G 및 비행시간 t_G는 v_{tp}의 함수로 구할 수 있다.

θ_G는 식 (3-24)에 의해 결정되고 비행시간은 식 (1-61)과 (1-62)에서 구할 수 있다. 근지점 $r = r_p$에서 시간을 0으로 취하면 $\theta = \theta_G$에서 시간 t_G는 다음과 같다.

$$t_G = \frac{E_G - e\sin E_G}{n_G} \tag{3-25}$$

여기서 E_G는 G 점에서 타원 이심각이고 n_G는 G 점을 지나는 전이궤도의 '평균 각속도'를 뜻하며 다음과 같이 정의한다.

$$n_G = \sqrt{\frac{\mu_E}{a^3}}$$

t_G를 구하기 위해서 필요한 E_G와 θ_G의 관계식은 식 (1-46) 또는

$$E_G = 2\tan^{-1}\left[\sqrt{\frac{1-e}{1+e}}\tan\left(\frac{\theta_G}{2}\right)\right] \quad (3\text{-}26)$$

으로 주어진다.

비행시간 t_f 대 TLI 속력 v_{tp}와의 관계를 살펴보기 위해 r_p =191.1km $\gamma=0$, R =384,399km를 가정하고 달 궤도까지 도착하는 데 소요되는 시간 t_f(Flight Time)를 계산해 〈표 3-4〉로 요약했다. 전이궤도와 달의 공전면은 같은 평면 안에 있다고 가정했고, 지구 반경 R_E와 $\mu_E(=GM_E)$에는 다음과 같은 값을 사용했다.

$$R_E = 6378.1 \text{ km}$$

$$\mu_E = 3.986004418 \times 10^5 \text{ km}^3\text{s}^{-2}$$

아폴로 11호의 대기궤도 근지점 값 r_p =6569.2km을 사용했고, 충격연소에 의해 궤도에 진입했다고 가정했지만, 실제 아폴로 11호의 TLI에서 r_p와 γ 값은 〈표 3-4〉에서 사용한 값과 다를 수 있다. 〈표 3-4〉는 호만 전이궤도와 포물선(e=1) 사이에서 바뀌는 전이궤도에 따라 비행시간은 119.4664037시간에서 50.60009469시간 사이에서 바뀌고 있음을 나타낸다. 〈표 3-4〉에서 보여주는 흥미로운 사실은 포물선과 호만 궤도 진입속력 차이는 92.940m/s에 지나지 않지만, 비행시간은 68.866시간이라는 큰 차이를 보인다는 점이다.

V_{tp} (TLI 속력: km/s)	e (이심률)	$\theta_{arrival}$ (°)	E_G (Rad)	t_f (h: flight time)
10.9231478	0.966395	180.000	3.14159	119.4664037
10.9270	0.967782	176.906	2.72554	88.2962
10.9300	0.968863	175.875	2.58376	88.2962
10.9350	0.970665	174.578	2.40121	81.4268
10.9400	0.972467	173.539	2.25027	76.5972
10.9450	0.974271	172.648	2.11636	72.8556
10.9500	0.976075	171.855	1.99301	69.8006
10.9550	0.97788	171.135	1.87655	67.2212
10.9600	0.979686	170.471	1.7646	64.9918
10.9650	0.981493	169.852	1.65543	63.0312
10.9700	0.9833	169.27	1.5476	61.2838
10.9750	0.985108	168.719	1.43986	59.7094
10.9800	0.986918	168.195	1.33091	58.2786
10.9850	0.988728	167.695	1.21933	56.9685
10.9900	0.990538	167.216	1.10334	55.7615
11.0000	0.994163	166.31	0.84693	53.6031
11.0050	0.995976	165.881	0.695685	52.631
11.0100	0.99779	165.466	0.51028	51.7193
11.0150	0.999605	165.063	0.213634	50.8615
11.0160	0.999968	164.984	0.0606925	50.6959
11.01605	0.999986	164.98	0.039927	50.6877
11.01606	0.99998977	164.979	0.0342984	50.686
11.016085	0.999999	164.977	0.0114913	50.6819
11.01608816142646	~1.0	164.976796	0.0	50.60009469

표 3-4 비행시간 t_f(h: 시간) 대 전이궤도 진입속력(km/s). $0.966395 \le e < 1.0$이므로 전이궤도는 타원궤도임을 알 수 있다.

다시 말해 TLI 속력을 0.84% 올리면 비행시간을 58% 줄일 수 있다는 결론이다. 이러한 시간 차이는 속력 차이 때문에 생기는 것이 아니라 우주선이 달 궤도와 만나는 점이 H에서 A, G, B로 바뀜에 따라 달까지 비행거리가 크게 줄어들었기 때문이다. 호만 궤도에서 포물선이 되기 직전까지 이심률의 값은 $0.966395 \le e < 1.0$을 만족하므로 우

리가 찾는 전이궤도는 쌍곡선이 아닌 타원인 것을 알 수 있다. 하지만 이심률이 포물선에 근접하므로 전이궤도는 극도로 길게 늘어난 타원이다.

물론 달 궤도와 우주선이 만나는 것으로 미션이 완료되는 것은 아니다. 달의 위성 궤도로 진입하거나 근접 비행 후 지구로 돌아오거나 또는 근접 비행 후 다른 표적으로 향할 수도 있다. 최종 임무궤도로 진입시키려면 추진제를 소모하여 필요한 Δv를 공급해야 한다. 이러한 모든 경우를 감안하면 호만 궤도가 가장 에너지 효율적인 것은 맞다. 그러나 유인 탐사와 같은 우주 미션에서는 에너지 경제보다 시간 경제가 훨씬 중요할 수가 있다. 따라서 시간과 에너지 경제 사이에서 적절한 타협점을 찾는 것이 필요하다.

3. 전이궤도와 달 도착궤도

앞 절에서 고도 191.1km인 EPO(Earth Parking Orbit)에서 달의 공전궤도인 반경 R =384,399km인 원궤도를 만나는 전이궤도는 타원이고, 비행시간을 TLI 속력의 함수로 계산하는 방법을 소개했다. 그러나 실제 TLI 문제에서는 달의 SOI 자체가 지구의 인력권 내에 있을 뿐만 아니라 R에 비해 무시할 수 없는 크기를 가졌다. 그 결과 우주선이 따라가는 전이궤도는 타원이며 SOI 경계와 만나는 위치가 전이궤도에 크게 영향을 준다. 지구-달 시스템의 SOI 반경은 이미 알고 있으므로 전이궤도와 SOI 경계면과 만나는 포인트는 〈그림 3-12〉에서와 같이 각도 λ를 지정해줌으로써 정해진다. 전이궤도면과 달의 공전면이 같다고 가정했기 때문에 위치 지정이 간단해졌다.

전이 타원궤도

달 궤도는 반경이 384,399km인 원궤도라고 가정하고 전이 타원궤도와 같은 평면에 있다고 가정하자. TLI 시점에서 전이궤도의 근지점은 $r_0=r_p$, 비행경로각 $\gamma_0=0$, 진입속력 $v_0=v_{tp}$, 도착각 λ가 주어지면 전이 타원궤도가 결정된다. 초기조건 r_0와 v_{tp}로부터 단위질량당 총에너지 ε, 장반경 a 및 이심률 e는 다음과 같이 결정된다.

$$\varepsilon_1=\frac{1}{2}v_0^2-\frac{\mu_E}{r_0}$$

$$a_1=-\frac{1}{2}\frac{\mu_E}{\varepsilon_1}$$

$$e_1=1-\frac{r_p}{a_1}$$

초기조건은 전이궤도를 결정한다. 다음으로 필요한 작업은 전이 타원궤도가 달의 SOI를 만나는 점에서 지구 중심까지 거리 r_1, 속력 v_1 및 비행경로각 γ_1을 구하는 것이다. r_1 값은 〈그림 3-12〉에서 이미 알고 있는 R(=384,399km), 임의로 선택한 λ와 SOI 값을 이용해 전이궤도와 SOI의 접점에서 궤도 파라미터들을 구할 수 있다.[25]

$$r_1=\sqrt{R^2+SOI^2-2R\cdot SOI\cdot\cos\lambda}$$

$$v_1=\sqrt{\frac{2\mu_E}{r_1}-\frac{\mu_E}{a_1}}$$

---

25) 보통 $SOI=R\,(m_M/m_E)^{2/5}$를 이용해 계산한 66,200km를 사용하지만 m_M/m_E는 비교적 크므로, 식 (1-11) 대신 식 (1-10)과 (1-12)를 사용하는 것이 적절하다.

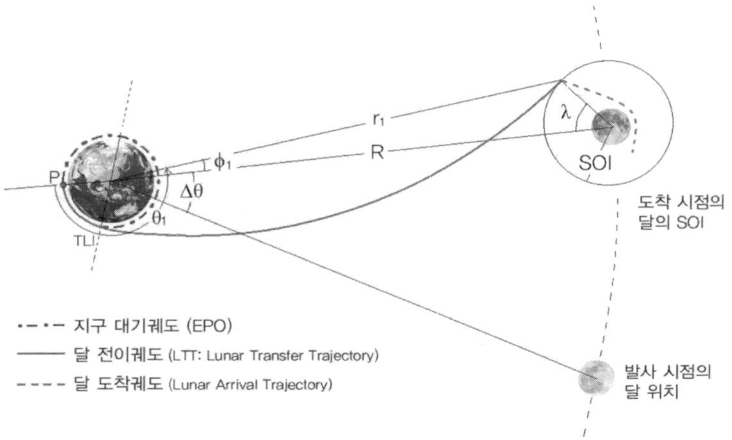

그림 3-12 달로 가는 궤도의 원추곡선 짜깁기.

$$\begin{cases} \phi_1 = \cos^{-1}\left(\dfrac{R^2 + SOI^2 - r_1^2}{2Rr_1}\right) \\ \theta_1 = \cos^{-1}\left(\dfrac{r_p(1+e_1) - r_1}{e_1 r_1}\right) \end{cases} \tag{3-27}$$

비행경로각 γ_1은 (2-56)을 사용하여 구할 수 있다.[26]

$$\gamma_1 = \tan^{-1}\left(\frac{e_1 \sin\theta_1}{1 + e_1 \cos\theta_1}\right) \tag{3-28}$$

SOI 경계에서 지구 중심 좌표계에 대한 거리 r_1, 속력 v_1, 각 θ_1 및 γ_1이 결정되면, 달 중심에 고정된 좌표계에서 측정한 r_2, v_2 및 γ_2를 계산하여 SOI 내의 도착궤도를 구할 수 있다. 〈그림 3-13〉에는 EPO

26) 정규수, 『로켓 과학 I: 로켓 추진체와 관성유도』 (지성사, 2015), p.316 : θ를 γ로, Ψ를 θ로 바꾸면 식 (3-28)이 된다.

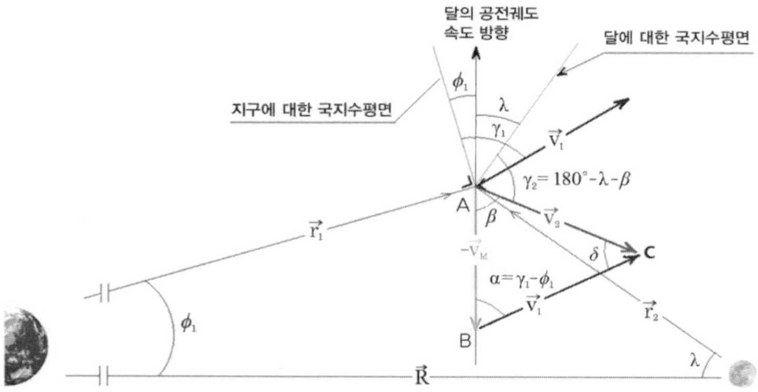

그림 3-13 SOI에 도착하는 점 A, 지구 좌표계에 대한 속도 $\vec{v}_1$, 같은 속도를 달 중심에 고정된 좌표계서 측정한 도착궤도 속도 $\vec{v}_2$를 정의하는 그림.27)

에서 시작된 타원궤도가 달의 SOI를 만나는 점을 A로 표시했다. 지구 좌표계에서 달 좌표계로 원점을 옮겼다는 것은 원점만 옮긴 것이 아니라 지구 좌표계에서 측정한 속도에 $-\vec{v}_M$을 더해주어야 한다는 뜻이다. 여기서 $\vec{v}_M$은 지구에 대한 달의 공전 속도다.

지구에 대한 속도 $\vec{v}_1$에 $-\vec{v}_M$이 더해져 달 좌표계에서 측정한 우주선의 속도 $\vec{v}_2$는

$$\vec{v}_2 = -\vec{v}_M + \vec{v}_1 \tag{3-29}$$

으로 표시된다. 지구의 국지수평면에 대한 비행경로각은 γ_1이고 달의 국지수평면에 대한 비행경로각은 γ_2다. 식 (3-29)로 정의된 3개의 벡터로 이뤄진 삼각형 ABC의 세 각은 〈그림 3-13〉에서 보는 것처럼 β, α, δ를 정의한다.

27) Charles D. Brown, *Spacecraft Mission Design*, 2nd Edition (AIAA Education Series, 1998), p.139, Fig. 7.6 참조.

〈그림 3-13〉에서 $\gamma_2 = 180° - \lambda - \beta$와 $\alpha = \gamma_1 - \phi_1$ 임을 알 수 있다. △ABC에서 v_1과 v_M을 알고 있고, 식 (3-27)과 (3-28)을 사용해 사이각 $\alpha (= \gamma_1 - \phi_1)$를 구할 수 있으며, v_2와 나머지 두 각 β와 δ 값도 구할 수 있다. 따라서 γ_2 값도 정해진다.

$$v_2^2 = v_M^2 + v_1^2 - 2v_1 v_M \cos\alpha$$

v_1, v_2, v_M 값을 알고 있으므로 △ABC에서 β와 δ를 다음 식을 써서 구할 수 있다.

$$\beta = \cos^{-1}\left(\frac{v_M^2 + v_2^2 - v_1^2}{2v_2 v_M}\right)$$

$$\delta = 180° - \alpha - \beta$$

SOI 내의 도착궤도를 구하기 위해 단위질량당 에너지를 계산하자.

$$\varepsilon_2 = \frac{1}{2}v_2^2 - \frac{\mu_M}{r_2}$$

여기서 μ_M은 중력상수와 달의 질량을 곱한 양인 $\mu_M = 4902.8 km^3/s^2$이고, r_2는 SOI 반경과 같다. 장반경 a_2는 다음과 같이 구할 수 있다.

$$a_2 = -\frac{1}{2}\frac{\mu_M}{\varepsilon_2}$$

이심률 e는 각운동량 h, 장반경과 다음 식을 이용해 구할 수 있다.

$$e_2 = \sqrt{1 - \frac{h^2}{a_2 \mu_M}}$$

$$h = r_2 v_2 \cos \gamma_2$$

SOI 경계면에서 최근점까지 소요되는 비행시간 t_f는 다음과 같이 구할 수 있다. SOI 경계에서 θ 값은 θ_2로 주어진다.

$$\theta_2 = \cos^{-1}\left[\frac{a_2(1-e_2^2) - r_2}{e_2 r_2}\right] \tag{3-30}$$

여기에 대응하는 '쌍곡선 이심각Hyperbolic Eccentric Anomaly' H_2는 (1-55)식과 (3-30)식을 이용해 다음과 같이 구한다.

$$H_2 = 2\tanh^{-1}\left[\sqrt{\frac{e_2 - 1}{e_2 + 1}} \tan\left(\frac{\theta_2}{2}\right)\right]$$

우주선이 SOI 경계에 들어선 순간부터 최근점에 도달하는 비행시간 t_{f2}는 다음과 같다.

$$t_{f2} = \frac{e_2 \sinh H_2 - H_2}{n_2}$$

$$n_2 = \sqrt{\frac{\mu_M}{|a_2|^3}}$$

마지막으로 도착궤도의 달에 대한 근지점 반경 r_{p2}는

$$r_{p2} = a_2(1 - e_2)$$

를 이용해 계산할 수 있다. 따라서 TLI부터 달의 근지점에 도착할 때까지 소요된 총시간은 TLI부터 전이 타원궤도를 따라 SOI 경계면에 도착하는 데 걸리는 시간 t_{f1}과 SOI 경계면에서 쌍곡선궤도를 따라 근지점 r_{p2}에 도착하는 시간의 합으로 정해진다.

$$t_f = t_{f1} + t_{f2}$$

여기서 t_{f1}은 식 (3-25)-(3-26)에서 전이궤도 파라미터를 사용하고, SOI와 접점에서 θ값은 θ_1으로 취함으로써 계산할 수 있다.

$$\begin{cases} E_1 = 2\tan^{-1}\left[\sqrt{\dfrac{1-e_1}{1+e_1}}\tan\left(\dfrac{\theta_1}{2}\right)\right] \\ t_{f1} = \dfrac{E_1 - e\sin E_1}{n_1} \\ n_1 = \sqrt{\dfrac{\mu_E}{a_1^3}} \end{cases}$$

달 궤도의 평균 각속도 $\dot{\theta}_M = 13.177°/d$를 이용해 TLI 시점에 달이 있어야 할 위치를 계산할 수 있다. TLI 시점의 달의 위치는 다음과 같이 결정된다.

$$\theta_{M\,TLI} = \theta_1 - t_{f1}\,\dot{\theta}_M$$

TLI가 실시되는 시점에 달은 지구 좌표계에서 θ가 $\theta_{M\,TLI}$ 되는 위치에 있어야 t_{f1} 후에 전이궤도와 달의 SOI가 (r_1, θ_1)에서 각도 λ로 만난다.

물리량	기호	파라미터 값
달의 공전속력	v_M	1.023 (km/s)
달 궤도의 장반경(Semi-major Axis)	a_0	384,400 (km)
달의 SOI(Sphere of Influence)	r_{SOI}	5.6337×10^4 (km)[28]
전이궤도의 경사각(달 궤도에 대한)	i_t	0
$G M_E$	μ_E	3.9860044×10^5 (km^3/s^2)
$G M_M$	μ_M	4902.8 (km^3/s^2)
전이궤도의 근지점	r_p	6569.2 (km)
SOI 경계와 전이궤도가 만나는 점의 위치를 나타내는 각	λ	44.78°
TLI 시점에서 비행경로각	γ_0	0°
달이 시간당 공전하는 각도	$\dot{\theta}_M$	0.549042°(per hour)
전이궤도 근지점 r_p에서 우주선의 속력	v_0	10.9416 (km/s)

표 3-5 TLI(Trans Lunar Injection) 때 초기조건.

〈표 3-5〉는 초기조건에 대한 가정으로 LEO 주차궤도로부터 달의 SOI까지 궤도설계에 필요한 파라미터 값을 요약했다. 또 지금까지 개발한 공식을 이용하여 원추곡선 짜깁기 방법으로 LEO 대기궤도에서 출발한 우주선이 달을 근접 비행하는 궤도의 근사해를 구했고, 궤도 파라미터를 〈표 3-6〉에 요약했다. 초기조건으로 사용한 대기궤도는 아폴로 11호와 같은 191.1km 고도의 원궤도를 택했고, TLI 진입도 같은 고도에서 이뤄진다고 가정했다. 대기궤도에서 달의 SOI까지 이동하는 전이궤도의 근지점은 $r_p = 6569.2$km가 되고, 비행경로각은 $\gamma_0 = 0$다. TLI 속력 v_0와 달의 SOI와 전이궤도가 만나는 각 λ 값을 바꾸면

28) 통상적으로 사용하는 최저 차수의 식 (1-11) 대신 식 (1-10)과 식 (1-12)을 사용하여 오차를 줄였다. 식 (1-11)로 계산한 SOI는 66,183km이지만, 식 (1-12)과 SOI를 만나는 각 $\lambda = 60°$ 를 고려한 SOI는 59,799.3km다.

부분 궤도	궤도 파라미터	기호	파라미터 값
전이궤도 Transfer Trajectory (Geocentric Coordinate System)	단위질량당 에너지	ε_1	$-0.817855 (km^2/s^2)$
	장반경(Semi-major Axis)	a_1	2.43687×10^5 (km)
	SOI 경계면에서 지구 중심까지 거리	r_1	3.546690×10^5 (km)
	지구 중심 좌표계에서 본 SOI 경계면에서 우주선의 속력	v_1	0.814712 (km/s)
	지구 중심-달 중심 연결선과 지구 중심-SOI 접점을 연결하는 선 사이의 각	ϕ_1	6.57264°
	TLI에서 SOI 접점까지 극좌표각(True Anomaly)	θ_1	171.604°
	SOI 접점에서 전이궤도상의 비행경로각	γ_1	75.2574°
	전이궤도의 '평균 각속도(Mean Motion)'	n_1	$5.24834 \times 10^{-6} (s^{-1})$
	이심률(Eccentricity)	e_1	0.973042
	TLI에서 SOI 접점 도달까지 소요된 시간	t_{f1}	60.5338 (hr)
도착궤도 Arrival Trajectory (Moon-centered Coordinate System)	〈그림 3-13〉의 삼각형 ABC의 세 각	α	68.6848°
		β	46.2387°
		δ	65.0765°
	SOI 접점에서 극좌표각(달 좌표계에 대한)	θ_2	167.238°
	SOI 접점에서 비행경로각(달 좌표계에 대한)	γ_2	88.9813°
	SOI 접점에서 달 중심까지의 거리	r_2	5.6337×10^4 (km)
	달 중심좌표계에 대한 우주선의 SOI 진입속력	v_2	1.05089 (km/s)
	달에 대한 우주선의 운동에너지	ε_2	$0.465158 (km^2/s^2)$
	쌍곡선궤도의 장반경 (< 0)	a_2	-5270.04 (km)
	도착궤도의 이심률	e_2	1.02122
	평균 극좌표각	n_2	$1.83021 \times 10^{-6} (s^{-1})$
	도착궤도의 근지점(달 중심까지)	r_{p2}	111.804 (km)
	SOI 경계에서 근지점까지 가는 데 소요 시간	t_{f2}	12.9256 (h)
	TLI에서 달의 도착궤도 근지점 도달 시간	t_f	73.4594 (h)
	TLI 시점과 SOI 도달 시점의 달 위치 차이	$\theta_{Mat\ TLI}$	32.2356°

표 3-6 〈표 3-5〉에서 명시한 초기조건에 따라 결정된 전이궤도와 달 SOI 내부의 도착궤도 파라미터.

달을 근접 비행하는 우주선의 최근점 r_{p2}가 바뀐다. 달 궤도의 최근점의 고도를 100km 전후로 만들기 위해 v_0를 바꿔가면서 계산한 결과 λ 값을 44.78°로 취할 경우 $v_0=10.9416$km/s가 되고, 아폴로 11호처럼 TLI에서 LLO까지 비행시간이 73시간 20분 전후가 되는 것을 알 수 있다. v_0가 지구 이탈속력 이상이 되면 t_f는 훨씬 짧아진다.

〈표 3-6〉에서 보았듯이 전이궤도의 이심률이 $e=0.973042$로 극도로 늘어난 형태의 타원이고, 도착궤도의 이심률은 $e=1.02122$로 포물선에 가까운 쌍곡선이다. 도착궤도의 최근점의 고도를 수십km 이내로 허용하고 속도를 조절하면 포물선궤도에 접근하는 도착궤도와 달 이탈궤도를 얻을 수 있다. 그러나 달의 반경이 0이 아닌 한 포물선이 될 수는 없다. 그러나 파라미터 값을 적절히 택하면 '8' 자 모양을 그리고 다시 지구로 돌아오는 '자유귀환궤도Free Returning Trajectory'를 설계하는 것이 가능하다는 것을 보여주고 있다.

〈표 3-5〉에 제시한 초기조건으로 출발한 궤도는 TLI부터 r_{p2}(최근점)까지 비행시간이 73.46시간으로 아폴로 11호의 비행시간과 거의 일치한다. 근접 비행이 아니고 아폴로 11호처럼 달 궤도로 진입하는 경우에는 역추진 로켓에 의한 LLO 진입 과정이 필요하고 시간도 추가로 소요된다.

〈표 3-7〉에서 보는 바와 같이 달의 SOI는 구球가 아니기에 $r_{SOI}^{(1)}$는 지구-달의 중심을 연결하는 직선과 달의 중심에서 SOI의 한 점을 지나는 직선이 만드는 각 λ의 함수로 나타난다. 〈그림 1-2〉에서 m_1을 달, m_3를 지구라고 하면 α는 〈그림 3-13〉의 λ에 해당한다. 〈표 3-7〉은 식 (1-10)-(1-12)을 이용해 구한 결과다. λ 값이 0이면 $r_{SOI}^{(1)}$는 최솟값은 52144.6km이고, λ 값이 증가하면 $r_{SOI}^{(1)}$도 증가해 $\lambda=90°$에서 최댓값이 66182.8km에 이른다. $r_{SOI}^{(1)}$의 최댓값은 $r_{SOI}^{(0)}$와 같다. λ 값이

λ	$\cos\lambda$	$r_{SOI}^{(0)}$	$r_{SOI}^{(1)}$
0°	1.0	66182.8	52144.6 (km)
30°	0.888816	66182.8	53981.6 (km)
60°	0.5	66182.8	59799.3 (km)
70°	0.342020	66182.8	62424.3 (km)
80°	0.173648	66182.8	64780.4 (km)
90°	0.0	66182.8	66182.8 (km)
120°	−0.5	66182.8	65633.8 (km)
150°	−0.866025	66182.8	64621.6 (km)
180°	−1.0	66182.8	64369.0 (km)

표 3-7 지구와 달을 연결하는 선에서부터 잰 각 λ에 따른 SOI 반경의 변화.[29]

90°이상 계속 증가하면 $r_{SOI}^{(1)}$ 값은 서서히 감소해 180°에서 64369.0km 값을 갖는다. SOI는 지구−달 축을 중심으로 한 회전 대칭성을 가지고 있다. 우리는 SOI 반경을 구할 때 사용한 식 (1−10)은 $x/R \ll 1$이라는 가정 아래 구했다. 태양과 모든 행성의 SOI는 이러한 조건을 만족하지만, 지구−달 시스템은 $x_{SOI}^{(0)}=0.172172$로 $x_{SOI}^{(0)} \ll 1$이라는 전제 조건을 만족하지 않는다. 따라서 최저 차수로 계산한 SOI $x_{SOI}^{(0)}$ 공식

$$x_{SOI}^{(0)} = \left(\frac{m_1}{m_3}\right)^{2/5} \qquad (1-10)$$

은 지구−달 시스템에 적용하기에는 적합하지 않다. 이러한 이유로 식 (1−10)을 보완하기 위해 한 차수 높은 근사로 해서 얻은 식 (1−12)로 $x_{SOI}^{(1)}$을 소개했다.

29) 식 (1−10)과 식 (1−12)을 이용해 얻은 값.

제3장

자연이 베푸는 '무한 동력'

1. 호만 궤도와 태양계 탐사 범위

1925년 독일의 공학자 발터 호만Walter Hohmann은 『천체의 접근 가능성*Die Erreichbarkeit der Himmelskörper*』이라는 104쪽짜리 책을 발표했다.[30] 호만은 이 책에서 지배적인 천체의 중력장 내에서 움직이는 우주선이 하나의 원궤도에서 다른 원궤도로 궤도 변환을 할 때 추진제 소모가 가장 작은 궤도를 제시했다. 이러한 궤도는 큰 원궤도에 내접하고 작은 원궤도에 외접하는 타원이라는 것을 밝혔고, 오늘날 우리는 이러한 타원을 '호만 궤도Homann Transfer Orbit'라고 한다.

출발하는 원에서 호만 궤도로 진입하기 위해 되도록 가장 짧은 시간에 필요한 속도증분 델타 v(Δv_1)를 주기 위해 충격연소를 실시하고, 목표궤도와 접점에 도착하는 순간 원궤도 진입을 위한 또 다른 충격

30) Walter Hohmann, *The Attainability Of Heavenly Bodies* (NASA 번역): https://archive.org/details/nasa_techdoc_19980230631

연소로 '궤도 원형화Circularization'에 필요한 추가적인 델타 v(Δv_2)를 공급한다. 하나의 원궤도에서 다른 원궤도로 이동하기 위해 필요한 총 델타 v($\Delta v_t = \Delta v_1 + \Delta v_2$)는 호만 궤도를 따를 때 최소가 된다.[31] 호만 궤도는 지구의 대기궤도에서 MEO나 GEO 등 높은 궤도로 궤도를 변경하든가 또는 LEO의 대기궤도에서 금성, 화성, 목성 등 다른 행성으로 우주선을 보낼 때 추진제를 최소로 사용할 수 있는 궤도로 제안되었고, 실제로도 유용하게 사용되고 있다.

미국의 물리학자 로버트 고다드Robert Hutchings Goddard는 1919년 「고고도高高度에 도달하는 방법A Method of Reaching Extreme Altitudes」이라는 제목을 붙인 본문 69쪽에 부록으로 사진을 첨부한 『스미소니언 보고서Smithsonian Miscellaneous Collections』를 발표했다.[32] 보고서에서 그는 고체로켓을 이용하여 고고도에 이르는 방법을 설명했고, 진공 중에서도 로켓이 작동함을 보이기 위한 실험과 설명에 상당 부분을 할애했다. 맨 마지막에 이러한 로켓에 화약을 장착하고 달의 어두운 부분을 명중시키면 망원경으로 달에 도착한 것을 확인할 수 있다고 썼다. 이 보고서는 큰 반향을 일으키는 동시에 〈뉴욕 타임즈New York Times〉의 '개념 없는 사설'로[33] 고다드는 마음에 큰 상처를 입기도 했다.[34] 1936년에 고다드가 발표한 「액체로켓의 개발Liquid-Propellant Rocket Development」[35]이라는 보고서와 함께 1919년의 고다드의 보고서는 로켓 발전사에 중요한 역할을 했다고 판단한다.

---

31) 자세한 설명은 2부 제3장을 참조하기 바란다.

32) Robert H. Goddard, "A Method of Reaching Extreme Altitudes", *Smithsonian Miscellaneous Collections*, Vol. 71, No. 2, 1919: http://www.clarku.edu/research/archives/pdf/ext_altitudes.pdf

33) "A Severe Strain on Credulity", *New York Times*, 1920 editorial, January 13, 1920- page 12, column 5, http:// graphics8.nytimes.com/packages/pdf/arts/1920editorial-full.pdf

34) 정규수, 『로켓 꿈을 쏘다』(웅진씽크빅, 2010), pp.38-52.

35) Robert H. Goddard, *In Rockets* (Dover Publications, INC., 1946): 1919 보고서와 1936 보고서를 묶은 책이다.

1929년 출간된 헤르만 오베르트Hermann Julius Oberth의 저서 『우주여행의 길*Ways to Spaceflight*』[36]과 더불어 고다드가 발표한 1919년 보고서 및 박사학위 논문으로 부적절하다고 거절당한 내용을 호만이 자비로 출간한 『행성 공간으로의 로켓*Rocket into Planetary Space*』[37] 은 후학들에게 큰 자극제가 되었다. 이러한 책과 보고서는 독일의 폰 브라운Wernher von Braun, 구소련의 코롤료프Sergei Korolev와 글루시코Valentin Petrovich Glushko 등 제2세대 '쥘 베른 키드Jules Verne Kids'들에게 현대식 로켓을 개발하도록 강한 '모티브'를 제공했다. 이들은 강력한 화학로켓을 개발하는 한편, 호만 전이궤도를 이용한 우주개발을 꿈꾸었다. 1942년 폰 브라운이 개발한 A4가 1톤의 페이로드를 싣고 200km를 비행한 뒤, 2년 후에는 V2라는 현대식 액체추진로켓이 실전용 탄도탄으로 등장했다.

제2차 세계대전 후 미국과 구소련의 미사일 경쟁은 로켓 개발을 믿을 수 없는 빠른 속도로 진전시켰다. 미국과 구소련이 벌인 핵미사일 개발경쟁에 인적·물적 자원이 최우선적으로 지원되었고, 국가의 사활이 걸렸다는 공포감이 추진력으로 작용했다. 그 결과 로켓 개발은 상상을 초월하는 속도로 진행될 수 있었다. 세계 최초의 로켓 고다드의 '넬Nell'이 고도 12.5m, 비행거리 56.1m를 2.5초 동안 비행한 것이 1926년 3월 16일이고, 이후 16년 뒤 A4라는 현대식 대형 액체로켓이 1톤을 싣고 최고 고도 80km, 비행거리 193km를 비행한 것이 1942년 10월 3일이었다. 다시 15년이 지난 1957년 10월 4일 구소련의 코롤료프는 근지점 고도 215km, 원지점 고도 939km인 지구 궤도에 질량 83.6kg의 '스푸트니크Sputnik-1'이라는 인류 최초의 인공위성을 올려

36) Hermann Oberth, *Ways to Spaceflight:* https://archive.org/download/nasa_techdoc_19720008133/19720008133.pdf : 이 책은 *The Rocket into Planetary Space*의 확장판으로 알려졌다.

37) Hermann Oberth, *The Rocket into Planetary Space* (Oldenbourg Wissenschaftsverlag GmbH, Muenchen, 2014).

보내는 데 성공했다. 또다시 12년이 흐른 1969년에는 로켓의 이륙중량이 2970톤이고, LEO에 140톤, TLI에 48.6톤을 진입시킬 수 있는 초대형 우주발사체 '새턴Saturn-V'를 사용해 세 명의 우주인을 달 궤도에 보냈다. 그중 두 명은 달 표면에 내려갔다가 달 궤도에 남아 있던 동료 한 명과 다시 합류해 무사히 지구로 귀환하는 데 성공했다.

구소련과 미국이 오직 상대방을 이기기 위해 시작한 달 경쟁은 미국의 압도적인 승리로 싱겁게 끝났다. 달 착륙이 한 번, 두 번 성공함에 따라 첫 번째 달 착륙 때 느꼈던 희열과 감동은 희미해지고, 달이나 화성 경쟁은 구소련과 미국에 더 이상 큰 의미가 없었다. 달 탐험과 화성 탐험은 어느덧 국민들의 관심에서 사라지고, 군부에게는 군사적인 가치가 없을뿐더러 정치인들에게는 경제적인 부담만 주는 헛돈 쓰는 프로젝트로 인식되었다. 아폴로 계획의 성공 이후 미국과 구소련이 우주 예산을 대폭 삭감하자 우주 관련 연구진과 사업체는 앞길이 보이지 않는 허탈한 상황을 맞게 되었다. 그때까지 대규모 우주개발 프로젝트는 미국과 구소련의 대립 상황에서 시작되었고, 처음부터 과학적·실용적·경제적 측면을 거의 도외시한 국가의 자존심과 군사적 우위 확보만을 생각한 사업으로 장기적으로는 지속이 불가능한 한시적인 사업 특성을 가지고 추진되었던 것이다. 그 부작용으로 국민들의 우주개발에 대한 반감 내지 무관심을 불러왔고, 우주계획은 예산 삭감의 가장 손쉬운 표적이 되고 말았다.

그러나 냉철히 생각하면 우주개발이 침체기에 빠져든 데는 정치가나 국민의 관심을 끌지 못한 데에 근본적인 문제가 있었다. 국민의 기대 속에서 시작된 사업이 성공한 뒤에는 사업을 지원해준 국민과 정치가들에게 내세울 득이 되는 경제적·과학적인 결과를 내든가, 아니면 연결된 다음 계획이 완수되면 그러한 결과를 낼 수 있다는 희망을 보여줘야 하는데 달 계획에는 그것이 없었다. 이 점이 콜럼버스

Christopher Columbus의 미 대륙 발견과 다른 점이다. 당시 우주계획의 유일한 목표는 달 경쟁에서 이기는 것이었고, 그 결과 어느 한쪽이 이기든 지든 더 이상 사업을 계속해야 할 명분이 없어질 수밖에 없었다.

달에 우주인 세 명을 보내기 위해 미국은 새턴-V를 개발했고, 구소련은 우주인 두 명을 달에 보내기 위해 N-1을 개발했다.[38] 사실 현재 기술과 가용예산으로 개발할 수 있는 우주발사체도 새턴-V급을 크게 능가할 수는 없을 것으로 보인다. 미국이 개발하려는 초대형 로켓 SLS나 러시아가 개발하겠다고 발표한 '예니세이Yenisei' 등도 질량과 크기 성능 등 모든 분야에서 새턴-V의 사양을 크게 웃돌지 않는 것만 봐도 앞으로 수십 년 안에는 새턴-V급 이상의 우주발사체를 기대하기는 힘들다. 다시 말해, 화학로켓의 물리적인 한계와 경제적인 한계에 이미 도달했다는 것이 필자의 생각이다.

1961년까지는 우주 탐사에 호만 궤도를 사용하는 것이 로켓의 크기와 무게를 줄일 수 있는 유일한 방법으로 생각했다. 태양계 행성을 탐사하기 위해 호만 궤도를 사용할 때 각 행성마다 소요되는 Δv와 비행시간을 예측해봄으로써 화학로켓으로 태양계 행성을 어디까지 탐사할 수 있는지 알 수 있다. 〈표 3-8〉은 지구에서 태양계의 모든 행성과 명왕성으로 가는 호만 궤도 파라미터를 정리한 것이다. v_p는 행성의 궤도속도(km/s), v_{EH}는 호만 궤도의 진입속도, Δv_E는 호만 궤도로 진입하는 데 필요한 Δv, $\Delta v_{circular}$는 지구와 행성을 연결하는 호만 궤도 최원점Apoapsis에서 호만 궤도를 목표행성 궤도로 원형화하는 데 필요한 Δv다. v_{ED}는 지구 LEO를 돌고 있는 우주선이 최근점Periapsis r_p (=6,700km)에서 지구 중력에서 벗어나기 위해 가져야 할 속도를 지구 좌표계에서 본 속력을 의미하고, T_f는 지구를 떠난 우주선이 호만

38) N-1은 네 차례 발사시험에 실패한 후 폐기되었으나 성능과 크기 및 중량은 새턴-V에 필적할 만했다.

행성	v_p (km/s)	v_{EH} (km/s)	$\Delta v_E (= v_{E\infty})$ (km/s)	v_{ED} ($r_p = 6700$ km)	$\Delta v_{circular}$ (km/s)	T_f (year)
수성	47.8719	22.2518	−7.53285	13.2563	−9.6114	0.2888
금성	35.0214	27.2889	−2.49573	11.1899	−2.7070	0.3999
화성	24.1292	32.7294	+2.94477	11.2985	2.6490	0.7087
목성	13.0560	38.5782	+8.79358	14.0111	5.6433	2.7319
토성	9.6220	40.0822	+10.2976	15.0010	5.4389	6.0852
천왕성	6.0852	41.0676	+11.2829	15.6936	4.6565	16.0842
해왕성	5.4285	41.4392	+11.6546	15.9629	4.0520	30.6650
명왕성	4.7399	41.5984	+11.8138	16.0795	3.6864	45.5406

표 3-8 지구에서 내행성 및 외행성으로 연결되는 호만 궤도의 파라미터. 여기서 '−' 부호는 지구 공전궤도속도에서 빼주어야 할 속력이라는 의미고, '+' 부호는 지구 공전궤도속도에 보태주어야 할 속력이라는 의미다. $\Delta v_E (= v_{E\infty})$는 지구 이탈 쌍곡선 잉여속도다. 여기서 Δv_E는 $v_{EH} - v_{Ep}$이고, $v_{Ep} = 29.7847$km/s다.

궤도를 따라 목표행성 궤도에 도착하기까지 소요되는 시간을 연year 단위로 표시한 것이다. 지구에서 다른 행성으로 가는 호만 궤도는 태양좌표계에서 보면 타원이지만, SOI 내의 궤도를 지구 중심 좌표계에서 보면 쌍곡선궤도다. 따라서 Δv_E는 지구를 떠나는 '이탈 후 잉여속도Hyperbolic Excess Velocity' v_∞라 하기도 하고 때로는 $\sqrt{C_3} = v_\infty$로 하기도 하지만, 모두 태양 중심 좌표계에 대한 속력이다. v_{Ep}를 지구의 공전궤도속력 29.7847km/s라 하면, Δv_E는 $v_{EH} - v_{Ep}$인 것을 알 수 있다.

미션을 설계하는 사람들 입장에서 보면 Δv_E와 v_{ED} 및 비행시간 T_f가 가장 관심이 높은 파라미터다. Δv_E에는 LEO 대기궤도에서 행성간 전이궤도로 진입시키는 EDS(Earth Departure Stage)의 최소 성능이 필요하고, v_{ED}에는 부스터를 포함한 발사체 전체에 대한 요구사항이 들어있다. 지구 중심에서 거리가 r_p인 위치에서 지구 이탈궤도 진입속도

Hyperbolic Injection Velocity v_{ED}는

$$v_{ED} = \sqrt{2\mu_E/r_p + (\Delta v_E)^2}$$

가 되고 지구 중심에서 r인 위치에서 속력은

$$v = \sqrt{2\mu/r + (\Delta v_E)^2}$$

로 표시된다. v_{ED}는 지구 중심 좌표계에 대한 속력이다. 원추곡선 짜깁기 개념에서는 SOI 경계에 도달하면 지구 이탈 쌍곡선은 이미 점근선에 도달한 것으로 보기 때문에 $v = \Delta v_E$로 취급한다. Δv_E는 지구 이탈 쌍곡선 잉여속력 $v_{E\infty}$다. 실제로도 2~3% 내에서 $v_{soi} \simeq \Delta v_E$인 것을 알 수 있다. 물론 우주선은 LEO 대기궤도를 돌고 있는 상태에서 지구 이탈용 로켓 EDS(Earth Departure Stage)를 사용해 태양 좌표계에 대해 Δv_E만큼 가속해야 하고, 목표행성 주위에 인공위성을 진입시키려 한다면 여기에 추가로 인공위성 궤도 진입을 위한 Δv가 필요하다. 새턴-V 같은 초대형 로켓을 사용하지 않는 한, 호만 궤도만으로 행성에 인공위성을 진입시키는 것은 목성의 현실적인 한계라고 본다.

〈표 3-8〉에서처럼 지구의 대기궤도에서 '지구 이탈 로켓엔진Earth Departure Stage Engine'을 가동한다 해도 수성에 가려면 지구에 대해 7.53km/s 이상의 지구 공전궤도 이탈용 $v_{E\infty}$가 필요하고, 목성에 가려면 8.79km/s 이상의 $v_{E\infty}$가 필요하다. 수성이나 목성의 위성 궤도에 진입하려면 추가적인 Δv가 소요된다. 슈퍼 발사체를 사용하지 않는 한 화학로켓에 유용한 페이로드(m=500kg?)를 탑재하고 호만 궤도를 사용하여 행성 궤도 진입을 실시할 수 있는 행성은 안으로는 금성, 밖으로는 화성이 한계로 보인다.

이 넓은 태양계에서 화학로켓을 이용하여 탐사할 수 있는 곳은 아주 작은 구역에 지나지 않았다. 목성, 토성, 천왕성, 해왕성, 명왕성 및 황도에 대해 경사도가 비교적 큰 모든 영역은 새턴-V에 버금가는 화학로켓을 사용하거나 '원자력 로켓Nuclear Rocket' 등 언젠가는 가능할 하이테크 로켓을 기다려야만 했다. 1961년도까지는 이러한 결론을 확실한 사실로 받아들였다.

호만 궤도를 사용하여 태양계 외곽의 행성이나 소행성을 탐사할 수 없는 이유가 화학로켓의 성능 문제 말고도 또 있다. 〈표 3-8〉은 토성 궤도까지 편도비행만 하는 데 약 6.1년 걸리는 것을 보여준다. 토성 밖으로 나가면 비행시간은 더욱 급격히 늘어나 천왕성은 16.1년, 해왕성은 30.7년, 명왕성까지는 45.5년이나 걸린다. 편도비행에 15년 이상 걸리면 그 시기 안에 고장 날 확률이 높고, 준비기간 10여 년을 포함해 25년 이상 프로젝트 팀을 유지하는 것도 힘들어 설사 로켓의 파워와 경제성이 보장되는 경우라도 현실적으로 프로젝트 추진이 곤란하다. 장거리 여행에는 역시 '속력'이 필요하다는 결론을 내릴 수밖에 없다. 어떻게 속력을 올리느냐 하는 것이 문제인데, 그 답이 바로 '미노비치 이야기'다.

2. 미노비치 이야기

1961년 이른 봄, UCLA(University of California at Los Angeles)에서 수학과 물리학 전공의 대학원 3년차인 마이클 미노비치Michael Minovitch는 제트추진연구소 JPL(Jet Propulsion Laboratory)에서 '서머 잡Summer Job'을 하기로 했다. 미노비치는 JPL의 두 부서에서 제안을 받았는데, 그중 하나는 빅터 클라크Victor Clarke가 주도하는 '궤도 그룹Trajectory Group'이었고, 다른 그룹은 윌리엄 멜버른William Melbourne이 책임자인 '이론 그룹Theoretical Group'이었다. 미노비치는 이론적인 과제를 하는 멜버른 그룹을 선택했다. 하지만 JPL에서는 당시 '매리너 계획Mariner Program'에서 궤도 프로그램을 맡은 그룹을 돕도록 미노비치를 클라크 그룹으로 배정했다. 클라크 그룹에서 미노비치에게 내준 과제는 주어진 시간에 정해진 두 점을 지나는 원추곡선의 장반경과 이심률을 정하는 람베르트 문제였다. 클라크는 당시 자기 그룹에서 접근하던 방법과는 다른 방법을 찾아보라고 미노비치에게 요구했다.[39] 미노비치는 맡은 문제를 해결했고, 그에 만족한 클라크는 1961년 7월 21일에 미노비치가 얻은 결과를 JPL 기술보고서로 제출했다.

과제로 내준 문제를 해결하는 동안 미노비치는 목표행성으로 접근하는 3차원 공간의 자유낙하궤도Free Fall Trajectory를 정하는 일명 '제한된 3체-문제(R3BP: Restricted 3-Body Problem)'의 해법에 흥미를 느끼기 시작했다. 우주선이 목표행성으로 접근하는 중에도 태양은 계속 중력을 행사하고 동시에 목표행성도 우주선에 중력을 작용한다. 제한된 3체-문제란 질량이 큰 두 개의 천체가 만드는 중력장 안에서 질량을 무시해도 될 만큼 작은 질점이 자유낙하하는 운동의 해를 구하는 문제다. 이때까지 이 문제의 정확한 해를 어떻게 구해야 하는지 아무도 몰랐다. 이 문제 해결에 몰두하는 동안 미노비치는 행성 중심 좌표계Planet Centered Coordinate System를 태양 중심 좌표계Sun Centered Coordinate System로 변환하는 과정에서 우주선이 공전하는 행성의 궤도 에너지를 흡수하거나 행성에 에너지를 빼앗김으로써 태양에 대한 운동 방향뿐만 아니라 속력을 높이거나 낮출 수도 있다는 것을 깨달았다. 행성과 우주선의 총에너지는 항상 보존되지만, 행성과 우주선은 운동에너지를 서로

39) Richard L. Dowling, et al., *The Origin of Gravity-Propelled Interplanetary Space Travel*, www.gravityassist.com/IAF1/IAF1.pdf

주고받을 수 있다. 이는 행성이 태양 주위를 궤도속도 $\vec{v}_p$로 공전하기 때문에 가능하다. 미노비치는 우주선이 근접 비행으로 행성 부근을 통과하면 행성에 접근하기 전과 근접 비행 후 우주선의 운동에너지를 어느 좌표계에서 보느냐에 따라 운동에너지가 같을 수도 있고, 다를 수도 있다는 것을 감지했다.

행성에 고정된 좌표계에서는 우주선의 운동에너지는 변화가 없고 방향만 바뀌지만, 태양 중심 좌표계에서 보면 임의의 방향으로 움직이던 우주선을 행성이 나포해서 끌고 다녔으므로 행성이 우주선에 대해 일을 했거나 또는 우주선이 행성에 대해 일을 한 것이므로 우주선의 운동에너지는 항상 바뀔 수밖에 없다. 물론 이 과정에서도 우주선과 행성의 총에너지는 보존된다. 이러한 현상을 이용하면 추진제를 사용하지 않고도 우주선의 방향과 속력을 바꿀 수 있고, 행성과의 근접 비행을 연쇄적으로 행하면 우주선의 속력과 방향을 태양계 내 어디라도 갈 수 있을 만큼 변화시킬 수도 있다는 뜻이 된다.[40] 행성 간 우주비행에 중요한 것은 태양에 대한 상대속도다. 내행성을 가든 외행성을 가든 지구에서 멀리 떨어질수록 더 빠른 상대속력이 필요하지만, 화학 추진제로 달성할 수 있는 로켓의 속력 성능에는 한계가 정해있다. 미노비치는 어떤 행성을 근접 비행할 때 태양에 대한 상대속력을 바꿀 수 있다는 것을 깨닫고, 행성의 에너지를 나눠받음으로써 로켓의 속력을 필요한 만큼 증속 또는 감속시켜 화학로켓의 태생적인 한계를 뛰어넘을 수 있다고 생각했다.

미노비치가 풀려고 했던 문제는 목표행성의 중력에 의해 방향이 꺾인 우주선이 새로운 궤도를 따라 우주선을 발사한 행성으로 다시 돌아오는 왕복비행에 관한 문제였다.[41] 미노비치는 문제 해결을 위해

40) 참고로 속력의 변화 없이 방향만 바꾸려 해도 많은 양의 추진제가 소모된다.

41) 이것이 바로 '자유귀환궤도Free Returning Trajectory'로 알려진 문제다.

다음과 같이 구상했다. 한 행성에서 발사된 우주선은 그 행성의 중력이 태양의 중력보다 강한 영역 내에서는 행성 중심 좌표계를 사용하고 태양 효과를 완전히 무시함으로써 행성—태양—우주선 문제를 행성—우주선의 2체-문제로 바꾸고, 여기서 얻은 근사적인 해석해는 케플러 궤도가 된다. 한편, 태양의 중력이 지배적인 영역에서는 태양 중심 좌표계에서 행성의 중력을 완전히 무시하고 태양—우주선이 만족하는 2체-문제의 해석해를 구한 뒤 태양과 행성의 중력이 같아지는 SOI 경계에서 행성 좌표계에서 구한 결과와 위치 및 속도가 같아야 한다는 경계 조건을 만족하도록 궤도 파라미터를 조정하면 태양—행성—우주선에 대한 근사적인 해석해를 얻을 수 있다.

미노비치가 구상한 방법은 오늘날 우리가 원추곡선 짜깁기Patched Conics라고 하는 방법이고, 제한적 3체-문제를 수치적으로 푸는 방법의 시작점이다.42) 우주선이 제2 행성의 SOI로 진입하게 되면 같은 방법으로 해를 확장할 수 있다. 이와 같이 얻은 해를 행성—태양—우주선—행성으로 이루어진 4체-문제를 수치적으로 풀 때 해의 초기 값으로 사용하면 수치해가 4체-문제의 정확한 해로 신속히 수렴할 것으로 보았다.43)

왕복궤도 문제를 해결하기 위해 필요한 행성 좌표계를 태양 좌표계로 바꾸는 과정에서 발견한 행성과 우주선 간의 에너지 교환과 이에 따른 우주선의 태양에 대한 속도 변환은 지금까지 탐사 불가능한 영역으로 생각했던 태양계의 모든 영역을 초강력 로켓을 사용하지 않고도 탐사가 가능한 영역으로 바꿔놓았다. 미노비치는 추진제 대신 중력을 이용하는 새로운 태양계 탐사방법을 발견했고 이를 '중력추진

---

42) R3BP는 3체-문제의 3체 중 하나의 질량이 미미해 두 천체가 만드는 중력에 아무런 변화도 주지 않는다고 가정한 것이다.

43) How Did Minovitch Discover (Create) His New Theory Of Space Travel? http://www.gravityassist.com/

Gravity Propulsion'이라고 이름 붙였다. 이 방법을 이용하면 로켓은 필요한 탐사 장비를 탑재하고 가장 가까운 행성(예를 들면 금성)을 근접 비행할 수 있는 성능만으로도 충분하다. 이러한 성능을 가진 로켓은 태양계 어디든지 같은 탐사 장비를 나를 수 있다. 중력에 의해 감속과 가속이 되고 방향과 경사각 변환을 할 수 있기 때문에 페이로드 질량이 크고 작고는 문제가 되지 않는다. 100톤을 금성까지 보낼 수 있다면 100톤을 명왕성 너머 태양계 밖으로 보낼 수도 있다는 의미다. 델타Delta-II급의 비교적 작은 화학로켓으로 '로버Rover'를 화성 표면에 연착륙시킬 수 있다. 중력추진의 의미는 같은 로켓을 사용하여 같은 로버를 대기가 있는 태양계 천체의 어디든지 착륙시킬 수 있다는 뜻으로 보면 된다. 이러한 방법은 '중력새총Gravity Slingshot', '중력보조Gravity Assist', '중력 부스트Gravity Boost' 또는 중력추진 등 다양한 이름으로 불렸고, 이름도 다양한 태양계 탐사 프로젝트에 활용되었다.

태양계 외각 행성을 탐사하거나 착륙하려면 여러 개의 행성 또는 같은 행성을 순서대로 근접 비행하여 속력을 증가시키거나 감소시킨다. 우주선을 발사하는 행성을 P_1, 가장 가까운 행성을 P_2라고 하면 우주선은 P_1, P_2, P_3, P_4,..., P_N을 근접 비행하도록 궤도를 설계함으로써 목표행성인 P_N까지 갈 수 있고, P_i 등은 같은 행성일 수도 있다. 원리적으로는 지구에서 출발한 우주선이 금성을 근접 비행한 후 지구를 근접 비행하고 다시 금성을 근접 비행하며 속력을 축적할 수도 있기 때문이다. P_N 또는 그 전의 행성을 이용하여 속력을 줄일 수 있으므로 위성 궤도에 진입시켜 행성을 관찰하든가 아니면 착륙시킬 수도 있다.

미노비치는 이러한 연속적인 행성의 근접 비행을 태양과 하나의 행성 및 우주선의 R3BP로 분해하고, 각 R3BP는 다시 원추곡선 짜깁기 방법으로 구간별 근사해를 구한 뒤에 정확한 R3BP의 수치해를 구하는 초기조건으로 이용하여 근접 비행 문제의 정밀한 수치해를 얻게 되었다.

마침내 1961년 10월경 대학원 3년차 '마이클 미노비치'는 이 방법을 제안했고, 1962년 4월경에 그가 완성했다. 미노비치는 자연이 준비해 놓은 일종의 '우주여행용 무한 동력'을 찾아낸 것이다. 그러나 적어도 중력 부스트를 시작할 첫 번째 행성까지는 로켓 파워를 이용해 자력으로 가야 한다. 즉, 몇 번을 갈아타고 목적지를 무료로 가더라도 첫 구간 차표는 사야 한다는 뜻이다. 뒤에 5부 제3장에서 간략히 소개하겠지만, ITNS(Interplanetary Transport Network System)를 사용하면 첫 구간 차표를 대폭 할인받을 수 있는 가능성도 존재한다. 우주는 인류(?)를 위해 정말 여러 가지를 배려해주고 있음을 느낄 수 있다. 이러한 숨겨놓은 보물을 어디까지 찾아낼지는 우리에게 달려 있다.

미노비치의 방법을 사용한 행성 간의 탐사는 매리너Mariner 10의 지구–금성–수성 경로, 파이어니어Pioneer 10의 지구–목성–성간Interstellar 경로, 파이어니어 11의 지구–목성–토성–성간 경로, 보이저Voyager 1호의 지구–목성–토성–성간 경로, 보이저 2호의 지구–목성–토성–해왕성–성간 경로, 지구–목성–황도 밖Out of Ecliptic 경로를 빠져나간 율리시즈Ulysses, 지구–금성–지구를 거쳐 목성으로 간 갈릴레오 등이 중력 부스트를 이용한 대표적인 행성 간 여행 실적표다.

2015년에는 지구–목성–명왕성을 거쳐 태양계 밖으로 향한 '뉴 허라이즌스New Horizons가 명왕성을 스쳐 지나갔다. 뉴 허라이즌스는 목성을 지날 때 4km/s의 중력 부스트를 받았고, 빠른 속력으로 여행을 계속하고 있다. 외행성으로 가기 위한 중력 부스트를 받으러 금성으로 향한다 해도 태양에 대한 속도가 증가한 우주선은 외행성으로 향하면서 필요한 만큼 추가적인 중력 부스트를 받음으로써 목표행성까지 비행시간을 대폭 줄이는 것이 가능하다.

미노비치의 '중력 부스트' 방법은 1960년대에서 2000년대까지 이룩한 획기적인 세 가지 태양계 탐사 방법 가운데 첫 번째 방법이다. 또 다른 하나는 역시 R3BP의 특수한 문제인 'CR3BP(Circular Restricted 3-Body Problem)'의 해에 근거한 '라그랑주 포인트Lagrange Points' 주변의 '달무리궤도Halo Orbit'다. 마지막으로 1990년대에서 2000년대에 걸쳐 발견한 완전히 새로운 태양계 여행 방법은 '행성 간 무료 우주지하철'이라 할 수 있는 ITNS 개념이다. 이 세 가지 우주여행 방법은 모두 3체-문제가 지닌 특성에 근거하고 있다. 우주여행 문제를 2체-문제로 생각하는 대신 3체-문제로 취급함으로써 질적으로 새로운 우주여행 방법이 등장하게 된 것이다. 3체-문제를 단순히 2체-문제에 제3의 천체가 미치는 섭동을 고려해 좀 더 정밀한 수치해를 구하는 '정량적인 문제'가 아니라, '본질적인 문제'로 접근함으로써 '3체-문제이기 때문에 존재하는 새로운 특성'을 발견했고, 이러한 특성을 우주개발에 적용하는 새로운 지평을 열게 된 것이다. 그 이전에는 생각하지 못했던 새로운 현상이 나타났고, 우리는 이러한 현상을 이용하여 우주 탐사를 경제적으로 보다 더 멀리, 더 빨리 갈 수 있게 되었다. 한 구간을 가는 차표로 '여러 구간(여러 행성)'을 갈 수 있고, 여러 구간을 지날수록 속력은 더욱 빨라져 목적지까지 여행 시간이 점점 빨라지는 여행 방법이 '중력 부스트'에 의한 행성 간 여행 방법이다.

지금 인류는 중력과 관성력의 조합을 섬세하고 미묘하게 다루는 법을 터득해가고 있다. 아무것도 없는 허공을 중심으로 주기궤도를 도는 것이 달무리궤도다. 지구 궤도에서 10년 걸려 측정하던 하늘 전체에 대한 관측을 달무리궤도에서는 1년 안에 할 수 있고, 훨씬 정밀한 데이터를 얻을 수 있게 된 것도 3체-문제의 특성을 이용한 '달무리궤도'를 개발했기 때문에 가능했다. 또한 달무리궤도는 행성 간 여행을 거의 공짜로 가능하게 해주는 우주의 숨은 '무료 지하철'로 알려진 ITNS의 출발역이면서 중간역 역할도 한다.[44] 이 책의 5부에서 달무리궤도에 대해 자세히 소개하기로 한다.

3. 중력 부스트

태양 중심 좌표계에서 태양 중력에 의해 자유낙하하는 우주선은 타원궤도를 따라 움직인다. 타원형 전이궤도를 따라 운동하는 우주선이 예정된 위치에서 근접 비행을 하려는 행성의 SOI에 도착하면 태양 중력은 무시하고 행성 중력만으로 우주선의 운동을 기술하는 것이 원추곡선 짜깁기의 요점이다.

SOI 경계부터 SOI 내부에서 우주선의 운동을 기술하려면 기준좌표계를 태양 중심 좌표계에서 행성 중심에 고정된 행성 좌표계로 좌표변환을 해야 한다. 행성의 SOI 밖에서는 태양 중력이 지배하고, 우주선의 운동은 태양에 대해 타원운동을 한다. 행성의 SOI 내에서 우주선은 행성 중력에 잡혀 행성 중심으로 자유낙하하는 작은 질점이다.

행성의 SOI 외부에서 SOI 내부로 들어오는 우주선의 속력은 행성 중력의 이탈속도를 항상 상회하므로 SOI 내부의 자유낙하궤도는 쌍곡선궤도를 그린다. SOI 내에서 쌍곡선궤도는 최근점과 접근하는 도착 쌍곡선의 점근선과 최근점을 지나 밖으로 나가는 이탈하는 쌍곡선의 점근선에 따라 결정된다.

도착 쌍곡선의 잉여속도벡터Hyperbolic Excess Velocity Vector $\vec{v}_{\infty a}$와 이탈 쌍곡선의 잉여속도벡터 $\vec{v}_{\infty d}$는 행성 중심 좌표계에 대한 크기는 같지만, 〈그림 3-14〉에서 보는 것처럼 행성의 중력은 $\vec{v}_{\infty a}$의 방향을 각도

44) 1980년대 초에 유행하던 TV 만화영화 시리즈 중에 「은하철도 999」라는 프로가 있었다. 그 시리즈 작가가 과연 IPS를 알았을까?

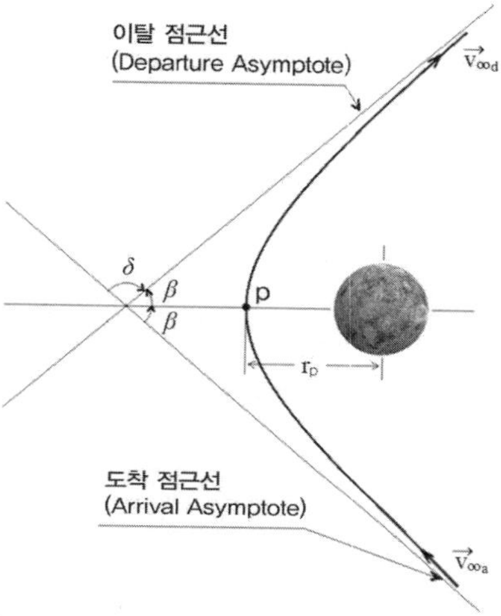

그림 3-14 도착 점근선, 이탈 점근선, 도착하는 쌍곡선의 잉여속도 $\vec{v}_{\infty a}$, 이탈하는 쌍곡선의 잉여속도 $\vec{v}_{\infty d}$, 점근선 각도 β, 회전각 δ 및 최근점 p를 보여준다.

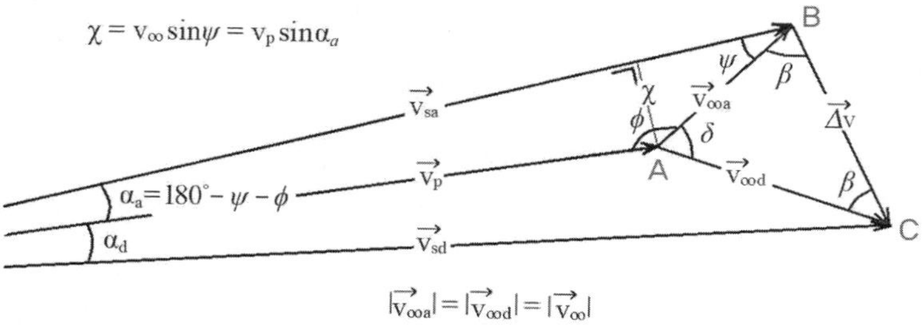

그림 3-15 행성의 SOI 경계에서 우주선의 도착 점근선의 잉여속도 $\vec{v}_{\infty a}$와 이탈 쌍곡선의 잉여속도 $\vec{v}_{\infty d}$는 행성 좌표계에서 등변삼각형 ΔABC를 만든다.

δ만큼 회전시켜 $\vec{v}_{\infty d}$가 되게 한다. 도착 점근선의 잉여속도는 지구 공전궤도에서 목표행성 공전궤도로 이동하는 전이궤도가 결정한다. 〈그림 3-15〉는 행성의 SOI 경계에서 우주선의 도착 쌍곡선의 잉여속도 $\vec{v}_{\infty a}$와 이탈 쌍곡선의 잉여속도 $\vec{v}_{\infty d}$는 등변삼각형 ΔABC를 만드는 것을 보여준다. 행성에 대한 속력은 $v_{\infty a} = v_{\infty d} (= v_{\infty})$로 변함이 없지만, 태양에 대한 목표행성의 SOI 진입속도 $\vec{v}_{sa}$ 와 태양에 대한 목표행성 이탈속도 $\vec{v}_{sd}$의 크기는 큰 차이가 날 수도 있다. 태양에 대한 SOI 진입속도 $\vec{v}_{sa}$와 이탈속도 $\vec{v}_{sd}$는 각각 $\vec{v}_{\infty a}$와 $\vec{v}_{\infty d}$에 행성의 공전궤도속도 $\vec{v}_p$를 더한 것과 같다. $\vec{v}_{sa}$는 전이궤도상의 우주선이 목표행성의 SOI에 도착할 때 우주선의 태양에 대한 상대속도 벡터를 나타내고, $\vec{v}_{sd}$는 목표행성의 최근점을 지난 우주선이 목표행성의 SOI를 이탈하는 우주선의 태양에 대한 상대속도 벡터를 의미한다. 한편, $\vec{v}_{\infty a}$는 행성에 진입하는 우주선이 SOI에서 행성에 대한 쌍곡선 잉여속도를 나타낸다. $\vec{v}_p$는 목표행성이 태양 주위를 도는 공전속도로 태양에 대한 상대속도를 의미한다.

지구를 출발한 우주선이 태양에 대해 $\vec{v}_{sa}$라는 속도로 목표행성에 도달하여 목표행성의 중심에서 최근점 r_p까지 접근한 후에 태양에 대해 $\vec{v}_{sd}$라는 속도로 목표행성의 SOI를 떠난다고 가정할 때 $\vec{v}_{sa}$와 $\vec{v}_{sd}$ 및 $\overrightarrow{\Delta v}$의 관계는 다음과 같이 정의할 수 있다.

$$\begin{cases} \overrightarrow{v_{sa}} = \overrightarrow{v_p} + \overrightarrow{v_{\infty a}} \\ \overrightarrow{v_{sd}} = \overrightarrow{v_p} + \overrightarrow{v_{\infty d}} \end{cases} \tag{3-31}$$

$$\overrightarrow{\Delta v} = \overrightarrow{v_{sd}} - \overrightarrow{v_{sa}} \tag{3-32}$$

식 (3-31)에서 정의한 벡터를 구하고 그 의미를 살펴보는 것이 이 절의 과제다. 지금까지 목표행성을 랑데부하는 데 필요한 전이궤도를 설계하는 방법을 소개하면서도 목표행성을 랑데부한 후 우주선의 미션이 무엇인지는 고려하지 않았다.

우주선을 다른 행성으로 보내는 목적은 다음 네 가지 가운데 하나이다. 첫 번째는 행성에 충돌시키는 것이고, 두 번째는 근접 비행 후 되돌아오든가 아니면 다른 목표로 향하는 것이다. 세 번째 목적은 목표행성의 위성 궤도로 진입하는 것이고, 네 번째는 로봇 관측선이나 탐색기를 행성에 연착륙시키는 것이다. 우주개발 초창기에는 달에 충돌시키는 것 외에 별다른 목적이 없었다. 이때만 해도 달이나 목표행성에 맞추는 것 자체가 엄청난 기술이었고, 충돌하기 전까지 찍은 사진은 세계 최초로 얻는 귀중한 과학적 자료와 선전 자료가 되었다. 요즘도 일부러 충돌시키는 경우가 있지만, 이러한 계획적인 충돌은 특별한 목적을 가지고 설계된다. 충돌로 생긴 분진을 궤도를 도는 동료 위성이 분석하여 물의 존재를 확인하거나 충돌로 인공지진을 유도하여 천체의 내부 구조에 대한 자료를 확보하는 경우다. 두 번째의 근접 비행 목적은 주로 미노비치 방법을 이용해 심우주Deep Space로 나가는 데 필요한 추가적인 속력을 얻기 위해 하나 또는 그 이상의 행성에 대해 근접 비행을 실시하는 것이다.

세 번째 목적인 인공위성을 목표로 하거나 네 번째 목적처럼 연착륙을 시키려면 추가로 많은 양의 추진제를 사용해야 하므로 우주선이 목표행성에 도달할 때 충분한 추진제를 탑재하고 있어야 가능하지만, 긴 시간 동안 천체를 관찰하기 위해서는 필수적인 요구사항이다. 물론 행성에 하나 또는 그 이상의 위성이 있다면, 위성이나 행성을 이용해 우주선의 속력과 방향을 바꿔가면서 행성계 근처에 되도록 오래 머물면서 관찰 시간을 늘리는 방법도 사용하고 있다.

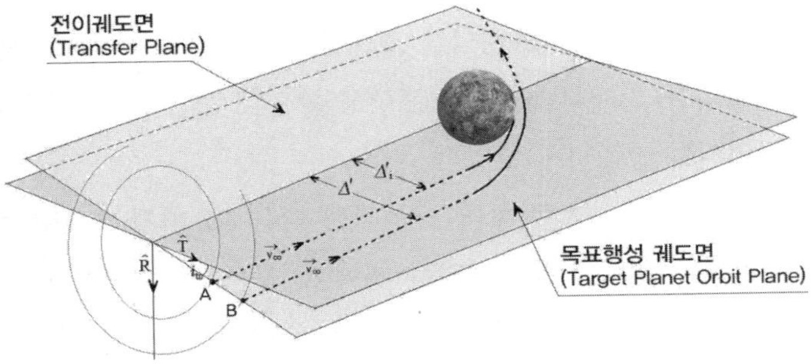

그림 3-16 목표행성에 도착하는 쌍곡선 점근선Hyperbolic Asymptotes이 SOI 경계에서 점근선에 수직인 평면 'B-평면'과 만나는 점 A, B를 보여주며 전이궤도면과 목표행성 궤도면 사이의 경사각이 i_{tp}고, 적절한 '충격연소'를 통해 우주선을 목표행성 궤도면으로 진입시킬 수도 있고 Δ' 값도 바꿀 수 있다. 왼쪽의 동심원은 임팩트 파라미터 서클을 나타낸다.

이제 근접 비행에 대해 좀 더 자세히 살펴보고 중력 부스트로 얻을 수 있는 속력 증감과 방향 전환을 계산하는 방법을 소개하기로 한다. 행성에 접근하는 궤도설계란 목표행성의 표면 또는 대기층에서 어느 정도 거리를 유지할지 결정하는 것이라 할 수 있다.

도착궤도는 목표행성의 SOI 외부에서 내부로 진입하는 우주선의 궤도이므로 우주선은 행성의 이탈속력보다 높은 속력 $v_{\infty a}$로 SOI를 통과해 행성 근처로 진입한다. 따라서 행성 좌표계에서 보면 우주선은 잉여속도 $\vec{v}_{\infty a}$를 가진 점근선을 타고 행성으로 접근하며, 행성의 중력에 의해 쌍곡선궤도를 그린다. 이러한 쌍곡선은 $v_{\infty a}$와 쌍곡선의 '단반경Semi-minor Axis' 또는 물리학에서 '임팩트 파라미터Impact Parameter'라고 하는 Δ'에 의해 완전히 결정된다.[45] 〈그림 3-16〉에서 'B-평면B-Plane'은 행성의 중심을 지나는 $\vec{v}_{\infty a}$에 평행한 직선과 SOI가 만나는 점에 접하는 평면이라고 생각하면 된다. 접점을 중심으로 반경 Δ'을

45) 임팩트 파라미터는 접근하는 쌍곡선의 점근선과 목표행성의 중심 사이의 수직거리를 뜻한다.

Δ'_i, Δ'_a 등으로 바꿔가면서 그린 동심원을 '임팩트 파라미터 서클 Impact Parameter Circle'이라고 하자.

임팩트 파라미터 Δ'는 쌍곡선의 목표행성에 대한 최근점 r_P와 $v_\infty(=v_{\infty a})$의 함수로 다음과 같이 표시할 수 있다.

$$\Delta' = r_P\sqrt{\frac{2\mu_P}{r_P v_\infty^2}+1} \tag{3-33}$$

식 (3-33)을 r_P에 대해 풀면 다음 식을 얻을 수 있다.

$$r_P = -\frac{\mu_P}{v_\infty^2}+\sqrt{\left(\frac{\mu_P}{v_\infty^2}\right)^2+\Delta'^2} \tag{3-34}$$

$v_\infty(=v_{\infty a})$는 구해야 하는 파라미터이지만 r_p는 우리가 설정하는 양이라고 보면 된다. 먼저 이 값들을 알고 있다고 가정하고, R_P를 목표행성의 반경이라고 하자. 식 (3-34)에서 $r_P \leq R_P$이면 행성에 충돌할 것이고, 행성에 대기가 있고 대기층을 포함한 행성의 반경을 R_{Pa}라 하면 $R_P < r_P < R_{Pa}$인 경우는 최근점이 대기층을 지나게 된다. 대기층을 충분히 두텁게 지나갈 경우는 '에어로 브레이킹Aero-braking'을 통해 원궤도 진입이 가능하고 연착륙도 가능하지만, 타거나 표면으로 추락할 수도 있다. $r_P \geq R_{Pa}$인 경우는 최근점이 행성의 대기층 밖이므로 행성에 잡히거나 충돌하지 않고 목표행성 주위를 지나 이탈 쌍곡선을 따라 $v_{\infty d}$의 잉여속력으로 목표행성을 떠난다. 행성 좌표계에서 보면 우주선은 방향만 바뀔 뿐, 속력은 도착할 때나 이탈할 때나 똑같이 $v_\infty(=v_{\infty d}=v_{\infty a})$다. 미션에서 요구하는 최근점 r_P가 결정되면 식 (3-33)에 따라 임팩트 파라미터 서클의 반경 Δ' 값이 정해진다.

만약 $\Delta' \le \Delta'_{i}$이면 $r_P \le R_P$이 되어 우주선은 행성에 충돌할 것이고, $\Delta'_{i} \le \Delta' \le \Delta'_{a}$인 경우는 최근점이 대기권 내에 존재하므로 우주선의 일부 궤도가 대기권을 통과하게 된다. $\Delta' > \Delta'_{a}$이면 행성에 충돌하지 않고 대기권을 통과하지도 않으면서 행성 가까이로 지나 행성의 인력권에서 벗어난다. 이러한 경우에는 태양에 대한 우주선의 속력이 증가할 수 있다. 행성을 근접 비행함으로써 생기는 태양에 대한 우주선의 속도 변화가 미노비치가 제시한 중력 부스트의 근간이 되는 것이다.

(r_1, θ_1)에서 지구를 떠난 우주선이 비행시간 t_f 후에 (r_2, θ_2)에서 목표행성의 SOI 경계와 만난다. 목표행성의 SOI 내에서 쌍곡선은 행성 중심에서 쌍곡선까지 거리가 가장 짧은 최근점 r_P와 이심률 e에 의해 완전히 결정된다. 대부분의 미션에서는 r_P는 조절해야 하는 파라미터다. 전이궤도가 목표행성의 SOI를 만나는 점에서 태양에 대한 우주선의 속력 v_{sa}는 식 (1-27)을 사용해 구한다.

$$v_{sa} = \sqrt{\frac{2\mu_S}{r_2} - \frac{\mu_S}{a_t}} \tag{3-35}$$

위 식에서 r_2는 전이궤도가 목표행성의 SOI 경계를 만나는 점에서 태양 중심까지의 거리다. v_{sa} 외에도 접점에서 목표행성의 태양에 대한 비행경로각 γ_P와 전이궤도의 비행경로각 γ_{t2}도 필요하다.

$$\begin{cases} \gamma_P = \tan^{-1}\left(\dfrac{e_P \sin\theta_2}{1 + e_P \cos\theta_2}\right) \\ \gamma_{t2} = \tan^{-1}\left(\dfrac{e_t \sin\theta_2}{1 + e_t \cos\theta_2}\right) \end{cases} \tag{3-36}$$

전이궤도 진입위치 (r_1, θ_1) 및 목표행성의 SOI를 만나는 점의 위치 $(r_{2,} \theta_2)$와 관련 속도, 각도 및 비행시간을 구하는 공식은 이미 1장 3절에서 논의했다. 〈그림 3-15〉의 두 벡터 $\vec{v}_{sa}$와 $\vec{v}_P$ 사이 각 α_a는 다음과 같이 나타낼 수 있다.

$$\alpha_a = \cos^{-1}\{\cos i_{tP} \cos(\gamma_{t2} - \gamma_P)\} \tag{3-37}$$

식 (3-37)의 i_{tP}는 식 (3-18)에서 이미 결정되었다. 목표행성에 대해 〈그림 3-5〉와 같은 분해도를 그리고, 직각 구면삼각형의 코사인 법칙을 적용하면 식 (3-37)을 얻을 수 있다. 쌍곡선 잉여속력 $v_\infty (= v_{\infty a})$은 〈그림 3-15〉와 식 (3-37)에서 다음과 같이 구할 수 있다.

$$v_\infty^2 = v_{sa}^2 + v_P^2 - 2v_P v_{sa} \cos\alpha_a \tag{3-38}$$

식 (3-38)에서 오른쪽 항들은 모두 정해진 양이므로 v_∞가 결정된다. v_∞, v_P 및 α_a 값을 이용해 ψ도 다음과 같이 됨을 알 수 있다.

$$\psi = \sin^{-1}\left\{\frac{v_P \sin\alpha_a}{v_\infty}\right\} \tag{3-39}$$

목표행성 SOI 내에서 쌍곡선의 이심률 e와 a 및 β는 다음과 같음을 알 수 있다.

$$\begin{cases} a = \dfrac{\mu_P}{v_\infty^2} \\ e = 1 + \dfrac{r_P}{a} \\ \beta = \cos^{-1}(1/e) \end{cases} \tag{3-40}$$

〈그림 3-15〉에서 삼각형 ΔABC의 $\overrightarrow{\Delta v} = \vec{v}_{sd} - \vec{v}_{sa} (= \vec{v}_{\infty d} - \vec{v}_{\infty a})$의 크기는 $\delta = 180^\circ - 2\beta$와 코사인 법칙으로 구할 수 있다.

$$\Delta v = 2v_\infty \cos\beta \tag{3-41}$$

우주선이 최근점 r_P까지 접근하고 다시 SOI를 이탈하는 과정에서 SOI를 통과하는 순간 태양 좌표계에 대한 우주선의 속력 v_{sd}를 구하는 데 필요한 모든 파라미터 값을 구했고, 이 값들을 사용해 $\vec{v}_{sd}$를 구할 수 있다.

$$\begin{cases} v_{sd} = \sqrt{v_{sa}^2 + (\Delta v)^2 - 2v_{sa}\Delta v \cos(\beta \pm \psi)} \\ \alpha_d = \dfrac{v_P^2 + v_{sd}^2 - v_\infty^2}{2v_P v_{sd}} \end{cases} \tag{3-42}$$

여기서 α_d는 이탈하는 점근선이 행성의 공전속도 $\vec{v}_P$와 만드는 각이고, 도착 점근선이 휜 각Deflection Angle δ는 $180^\circ - 2\beta$로 주어진다.

식 (3-31)에서 행성의 SOI를 떠나는 우주선의 태양에 대한 속력v_{sd}는 $\vec{v}_p$와 $\vec{v}_{\infty d}$가 일직선상에서 같은 방향으로 향할 때 v_{sd}가 최대가 된다. 이 경우 〈그림 3-15〉에서

$$\alpha_d = 0$$

$$\delta_m = \pi - \phi$$

$$v_{sd} = v_p + v_{\infty d}$$

임을 알 수 있다. 그러나 $\delta_m = \pi - 2\beta_{max}$이 되어야 하므로, β_{max}와

$(\Delta v)_{max}$는 다음과 같다.

$$\begin{cases} \beta_{max} = \frac{1}{2}\phi \\ (\Delta v)_{max} = 2v_{\infty}\cos\beta_{max} \end{cases} \tag{3-43}$$

여기서 아래첨자 'max'은 v_{sd}를 최대로 한다는 의미를 나타낸다. $(\Delta v)_{max}$의 최댓값은 $\phi=0$일 때 얻어진다. $\phi=0$이 되는 조건은

$$\vec{v}_{\infty a} = -\vec{v}_{\infty d} \tag{3-44}$$

를 만족할 때만 가능하다. 이것은 탄성충돌Elastic Collision이 되어 도착하는 쌍곡선의 점근선이 방향을 180° 바꾸는 것으로 행성이 반경이 0일 때만 가능하다. 이때 우주선의 태양에 대한 속력 변화는 $2v_{\infty}$가 된다.

$$\lim_{r_P \to 0}(\Delta v)_{max} = 2v_{\infty}$$

그러나 최근점이 행성의 반경(대기가 있는 경우는 대기권을 고려)보다 커야 하므로 v_{sd}의 행성의 질량이 한 점에 놓인 경우와 같은 최댓값을 얻을 수 없다. 식 (3-42)를 살펴보면 복부호 중 '+' 때는 v_{sd}가 증가하고 '−' 때는 감소하는 것을 알 수 있다.

우리는 행성을 근접 비행함으로써 태양에 대해 우주선이 속력을 줄이거나 높일 수 있고 방향 전환도 할 수 있는 것을 보았다. 이러한 현상을 잘 이용하면 현재의 화학로켓으로도 호만 전이궤도를 사용할 때보다 훨씬 짧은 시간 안에 태양계 구석구석을 탐사할 수 있고, 실제로 이러한 방법이 통상적으로 사용되고 있다. 이러한 유용한 방법

을 1961년까지 간과했다는 사실이 신기하기도 하지만, 이 방법을 발견하고 구체적으로 계산하는 방법까지 마련한 미노비치 업적이 슬그머니 역사 속에 파묻힌 것은 매우 애석한 일이다. 막상 알고 보니 너무 쉬워 어느 한 사람에게 그 공을 다 주기가 아까웠는지 미노비치의 일은 '콜럼버스의 달걀'이 되고 만 것 같다.

4부

중력과 관성력의 절묘한 협력

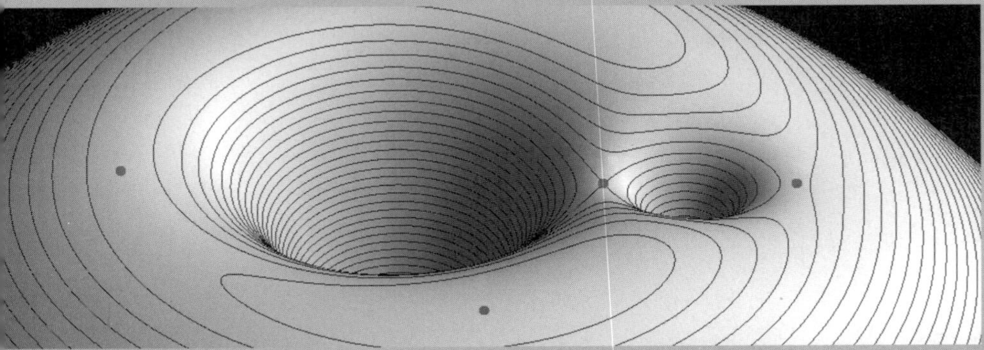

제 1 장

왜 우주선의 운동을 3체-문제로 생각해야 하나?

1. 3체-문제의 이해

3체-문제는 세 개의 천체로 이루어진 중력장에서 각 천체의 운동을 기술하는 문제로 뉴턴 이후 수백 년 동안 연구되어 왔다. 뉴턴이 만유인력과 운동법칙을 발표하면서 행성들의 운동이 태양을 초점으로 하는 타원을 따라 움직인다는 케플러의 세 법칙을 만유인력과 운동법칙으로 설명했다.[1] 이로써 행성의 운동은 케플러 궤도에 의해 정확히 기술되는 듯이 보였다.

하지만 케플러 궤도는 태양과 행성 외에 다른 행성 또는 혜성에 의해 항상 섭동을 받으므로 운동궤도는 정확한 케플러 궤도에서 항상 조금씩 벗어날 수밖에 없었다. 상호 중력에 의해 움직이는 태양계 천

1) Sir Issac Newton, *The Principia-Mathematical Principles of Natural Philosophy* translated by I. Bernard Cohen and Anne Whitmn (University of California, 1999, Berkeley, California), pp.791-944.

체에 대해 좀 더 정확한 해답을 얻으려면 최소한 세 개의 천체가 만드는 중력장 안에서 천체들의 운동을 기술하는 3체-문제로 확장해야 할 필요가 있었다. 3체-문제는 2체-문제에 천체 하나를 추가한 문제라 복잡해진 것은 사실이지만, 물리학자들은 3체-문제도 2체-문제와 같이 해를 구할 수 있을 것으로 생각했다.

그러나 시간이 흐르면서 3체-문제의 해석해를 구하는 것이 불가능하다는 것을 깨닫게 되었다. 적분 가능한 2체-문제에 천체 하나를 추가함으로써 적분 불능Non-integrable으로 문제가 질적으로 바뀐 것이다. 역제곱 중력으로 상호작용하는 세 개의 천체로 이루어진 3체-문제의 일반적인 해답을 구할 수 없는 것이 밝혀지자, 두 행성 가운데 한 천체 질량을 거의 0이라고 가정한 제한된 3체-문제를 도입했다. 이렇게 간소화된 3체-문제를 '제한적 3체-문제Restricted 3-Body Problem' 또는 간단히 'R3BP'라고 한다. 하지만 이 조건만으로는 문제가 해결되지 않자, 물리학자들은 R3BP의 무거운 두 천체가 공통 질량중심을 중심으로 회전하는 'CR3BP'라는 '회전하는 제한적 3체-문제Circular Restricted 3-Body Problem'를 도입했다. 이렇게 3체-문제를 극도로 제한하자 3체-문제는 그동안 좀처럼 보여주지 않던 속내를 조금씩 내보이기 시작했다.

이 특수한 3체-문제는 레온하르트 오일러Leonhard Euler, 루이 라그랑주Joseph-Louis Lagrange, 앙리 푸앵카레Henri Poincare 및 조지 윌리엄 힐George William Hill 등이 집중적으로 연구했다.2) 1767년 오일러는 태양과 하나의 행성이 함께 회전하는 좌표계에서 관측할 때 태양과 행성을 연결하는 직선 위에 움직이지 않는 점 3개가 있음을 발견했다. 그로부터 5년이 흐른 1772년에 라그랑주는 오일러가 발견한 3개의 고정점 외에 주 천체 2개와 질점이 만든 등변삼각형의 꼭짓점 역시 고정점이라는

---

2) A. E. Roy, *Orbital Motion*, 4th ed. (Taylor & Francis Group, 2005, New York, N.Y. 10016), p.118.

것을 발견했다. 오일러가 발견한 3개의 고정점Fixed Point을 지금 우리는 동일 직선상의 라그랑주 포인트CLP: Collinear Lagrange Points 또는 동일 직선상의 칭동점(秤動點, Collinear Libration Points)이라 하고 L_1, L_2, L_3로 표시한다. 라그랑주가 발견한 2개의 고정점을 '삼각형 라그랑주 포인트(TLP: Triangular Lagrange Points 또는 Triangular Libration Points)'라고 하며 L_4, L_5로 표기한다. 따라서 공통 질량중심을 회전하는 두 천체에 고정된 좌표계에서 보면 두 천체가 만드는 중력과 회전좌표계에서 생기는 원심력이 상쇄되어 아무런 힘도 미치지 않는 점이 모두 5개가 존재한다.[3) 우리가 질점Mass Point이라고 하는 질량이 거의 없는 천체를 어느 라그랑주 포인트에 놓더라도 이 질점은 회전하는 좌표계에서는 움직이지 않는다.[4)]

라그랑주는 CR3BP에서 L_1의 위치를 구하는 방정식을 제시했다. 라그랑주 포인트의 위치는 두 개의 주 천체 사이의 질량으로 결정되는 단일 파라미터 $\mu = m_2/(m_1 + m_2)$에 의해 완전히 결정된다. 여기서 m_1, m_2 시스템의 대칭성을 고려하여 $m_2 < m_1$이라 가정하고 $0 < \mu \le 1/2$ 구간만 고려하기로 한다. $m_2 > m_1$인 경우는 m_1, m_2의 역할을 바꾸면 되기 때문이다.

L_1, L_2, L_3가 '유효 퍼텐셜 곡면Effective Potential Surface' 위의 '안장점Saddle Point'으로 나타나는 데 반해, L_4와 L_5는 유효 퍼텐셜 곡면 위의 '극대점Local Maximum Point'으로 나타난다. 이러한 의미에서 모든 라그랑주 포인트는 불안정한 평형점이다. 라그랑주 포인트에 놓인 작은 천체나 우주선이 주변 행성에 의한 작은 섭동이나 또 다른 요인에 의해

---

3) Hanspeter Schaub & John L. Junkins, *Analytical Mechanics of Space Systems*, 2nd Edit. (AIAA, 2009), pp.508-528.

4) 질점이란 질량은 가지되 크기가 없는 질량을 가진 점이라는 의미로 쓰인다. 질점의 질량은 두 개의 천체에 영향을 끼치지 않을 정도로 작다고 가정해야 R3BP라는 설정에 들어맞는다.

라그랑주 포인트를 이탈하면, 퍼텐셜 언덕을 내려오면서 질점이 속도를 얻게 된다. 회전좌표계에서는 중력이나 원심력과는 달리 움직이는 질점에만 작용하는 코리올리 힘이 존재한다. 코리올리 힘은 회전좌표계에 대해 움직이는 질점의 속도와 회전축에 수직인 방향으로 작용하는 힘이다. 코리올리 힘은 질점을 다시 라그랑주 포인트 근처로 되돌리려는 힘으로 작용한다. 따라서 라그랑주 포인트는 정적으로Statically는 불안정하지만, 동적으로Dynamically는 안정된 평형점이 될 가능성이 있다.

라그랑주는 태양과 목성이 만드는 L_4와 L_5에 소행성과 암석 등이 모여 있을 것으로 예측했고, 1세기가 더 지난 1906년 독일의 천문학자 막스 볼프Max Wolf가 직경이 135km인 소행성 '588 아킬레스588 Achilles'를 L_4에서 발견했다. 소행성 588 아킬레스의 발견을 시작으로 지금까지 5,250개 이상의 소행성이 L_4, L_5에서 발견되었다. 이 소행성들을 일컬어 '목성의 트로이 소행성Jupiter Trojan'이라고 하며, 직경이 1km 이상인 것만도 100만 개 이상이 있을 것으로 추정한다. 목성의 트로이 소행성 군단은 L_4 또는 L_5 주변에서 말발굽Horse Shoe 또는 올챙이Tadpole 형태의 궤도를 돌고 있다.

오일러, 라그랑주 이후 100여 년이 더 흐른 뒤, 1882년 스웨덴의 안데르스 린드스테트Anders Lindstedt는 통상적인 섭동방법Perturbation Method으로 풀 때 발산하는 미분방정식의 해를 유한한 주기함수로 근사하는 방법을 제안했다. 이후 앙리 푸앵카레는 지금 우리가 린드스테트-푸앵카레 방법Lindstedt-Poincare Method이라고 부르는 근사해법으로 발전시켰다. 이 방법은 주기함수의 각속도를 '재규격화Re-normalization'함으로써 시간에 따른 '발산항Secular Terms'을 제거하여 비선형 미분방정식의 근사해Approximate Solution를 유한한 주기함수로 구하는 방법이다.[5)]

---

5) Vasile Marinca & Nicolae Heribsanu, *Nonlinear Dynamical Systems in Engineering*, pp.9-29.

푸앵카레는 3개 또는 그 이상의 천체가 중력에 의해 움직일 때, 다체-문제의 해는 열린 궤도Open Trajectory, 충돌궤도, 공진궤도, 주기궤도와 한 종류의 궤도에서 다른 종류로 변환되는 등 안정된 궤도와 불안정한 궤도가 복잡하게 얽힌 매우 혼란스러운 상황으로 판단했다. 이러한 상황을 '카오스Chaos'라고 한다. 해석해가 없는Non-integrable 3체-문제에서 카오스가 어떻게 실체를 드러내는지 알아보기 위하여 알레산드라 셀레티Alessandra Celleti와 에토레 페로치Ettore Perozzi가 『천체역학 *Celestial Mechanics*』에서 설명한 방법을 소개하겠다.[6]

태양, 지구 및 목성으로 구성된 3체-문제를 생각해보자. 먼저 목성이 없다고 가정하면 우리 문제는 태양과 지구만의 2체-문제로 간소화되고, 지구의 운동은 안정된 케플러 궤도를 따라 일어난다. 이제 우리가 질량이 아주 작은 천체를 원래 목성 위치에 놓는다고 생각해보자. 이 작은 천체는 지구에 눈에 띌 만한 영향을 미치지 않기 때문에 지구는 2체-문제에서 결정된 타원궤도를 따라 움직일 것이다. 이제부터 목성의 질량을 조금씩 증가시켜 지구에 아주 작지만 눈에 띌 만한 영향을 준다고 가정해보자. 태양-지구-천체 시스템은 적분 가능한 태양-지구 시스템에서 벗어나기 시작하고, 지구는 주기함수인 타원궤도에서 아주 조금 벗어난 열린 궤도를 따라 움직이겠지만, 원래 타원궤도에 근접한 모양을 그릴 것이다. 아직까지는 2체-문제로 취급하고 '작은 목성'의 영향은 섭동Perturbation으로 취급하면 근사적으로 적분이 가능하며 이러한 경우의 지구 운동은 비교적 정확하게 기술할 수 있다. 즉, 목성이 없을 경우 태양-지구로 구성된 2체-문제는 적분 가능한 문제였지만, 목성이 질량을 늘려감에 따라 문제가 '의사 적분 가능한Quasi-integrable'으로 바뀌어 간다. 여전히 태양-지구 문제는 2체-문제

6) Alessandra Celleti and Ettore Perozzi, *Celestial Mechanics* (Springer-Praxis Pub. Ltd, Chichester, 2007, UK), pp.32-33.

로 취급할 수 있고, 제3의 천체인 목성의 섭동효과는 급수로 전개해 그 영향을 계산할 수가 있다. 그러나 섭동 파라미터인 목성의 질량이 계속 증가하면 목성－지구의 중력을 태양－지구 중력 시스템의 부차적인 섭동으로 취급할 수 없는 3체-문제로 변환된다. 3체-문제 운동 방정식은 비선형 연립미분방정식으로 표시되므로 정확한 해는 구할 수 없고, 섭동이 작은 경우에는 급수해로 적분을 구할 수 있다. 섭동이 아주 작으면 첫 한두 항만 고려하면 충분하다. 하지만 섭동이 커지면 급수에서 더 많은 항을 고려해야 하는데 이 과정에서 더욱 고차의 비선형 항이 들어오게 된다. 3차 이상의 비선형 항은 섭동이 없을 때 운동방정식이 가지는 각속도(또는 고유진동수)와 공진하는 항을 생성해 초기조건에 극도로 민감한 해를 만들어낸다. 즉, 초기조건이 아주 조금만 달라도 시간이 흐르면 그 결과에 큰 차이가 나게 되어 장기적인 궤도 예측이 불가능해지는 '카오스' 현상이 운동을 지배하게 된다.

목성의 질량이 0일 때는 2체-문제와 동일하므로 태양－지구의 운동방정식은 적분이 가능하지만 질량이 조금씩 증가하면 '의사 적분 가능'으로 바뀌고, 질량을 계속해서 키워 가면 완전히 '적분 불능'이 되고, 결과는 예측 불능인 '혼돈 상태Chaotic System'가 된다. 실제로 목성의 질량은 지구 질량의 318배나 되기 때문에 지구 궤도에 미치는 섭동효과를 무시할 수는 없지만, 지구로부터 워낙 먼 거리에 있어 목성 때문에 지구 궤도가 수백만 년 안에 혼돈궤도가 될 가능성은 별로 없겠지만, 목성의 질량이 지금보다 수백 배 커진다면 태양계 행성들은 두 개의 태양을 가진 시스템에서 혼돈궤도를 따라 움직일 것으로 추정할 수 있다. 이 경우 지구의 궤도는 초기조건에 따라 어떤 궤도는 주기궤도Periodic Orbit가 되고, 또 어떤 궤도들은 비주기궤도가 된다. 비록 주기궤도라 하더라도 아주 작은 섭동만 받아도 궤도가 극적으로 바뀌고, 언젠가는 태양계를 이탈할 수도 있다. 궤도는 초기조건에 극히 민감하여 이러한 시스템에서는 장기적인 궤도 예측은 불가능하다. 비록 3체-문제에서 운동도 뉴턴 중력과 운동방정식 및 초기조건에 의해 결정되지만, 초기조건에 극도로 민감하여 장기적인 예측이 불가능하며, 해는 '카오스'가 지배적이다.

태양계에는 행성 8개와 행성에 딸린 위성 및 혜성, 소행성, 준행성 및 '카이퍼 벨트Kuiper belt'에 존재하는 암석과 얼음 등 다양한 물체들로 구성되어 있다. 태양의 중력은 그 미치는 영역도 단연 제일 커서 태양계 내의 모든 천체는 태양을 초점으로 하는 타원을 그리며 돌고 있다. 과거에는 만유인력에 의해 움직이는 태양계는 한 치의 착오도 없이 규칙적인 운동을 반복하는 안정된 시스템이라는 것이 지배적인 생각이었다. 그러나 거시적으로는 기계적이고, 예측 가능한 태양계 내의 운동도 세부적인 면에서 2체-문제로는 이해하기 힘든 상황들이 계속 발견되어 왔다.

태양 주위를 공전하는 천체로 행성도, 혜성도 아닌 물체를 통틀어 켄타우로스(Centaur: Minor Planet)라고 한다. 지금까지 57만 개의 켄타우로스가 목록화로 되었는데 매달 3,000개 이상의 새로운 켄타우로스가 발견되고 있다. 이들의 궤도는 목성, 토성, 천왕성 및 해왕성 사이에 분포하고, 거대 행성의 영향으로 궤도 자체가 불안정하여 거대 행성 궤도를 넘나들다 보니 궤도는 수백만 년을 넘기지 못하고 바뀐다.[7)]켄타우로스는 소행성Asteroids과 혜성Comets의 궤도 특성을 모두 가지고 있기 때문에 반은 사람이고 반은 말인 켄타우로스로 불리게 되었다. 직경이 1km 이상인 것만도 4만 4,000여 개가 있을 것으로 추산하고 있다.[8)]

---

7) http://en.wikipedia.org/wiki/Centaur_(minor_planet)

8) J. Horner, N. W. Evans & M. E. Bailey, *Simulations of the Population of Centaurs I: The Bulk Statistics* Mon. Not. R. Astron. Soc. (2 Feb. 2008), pp.1-15; http://arxiv.org/pdf/astro-ph/0407400v1.pdf

'목성의 트로이Jupiter Trojan'에는 이 소행성들을 끌어당기는 질량이 있는 것도 아니다. 하지만 트로이는 태양과 목성의 중력과 회전하는 시스템의 원심력이 조화를 이루어 만든 소행성들의 울타리 없는 감옥과 같고, 감옥의 교도관 역할을 하는 것은 '코리올리 힘'이다.[9] 이와 같은 트로이 소행성들은 그 후 화성과 해왕성에서도 발견되었고, 최근에는 지구에서도 발견되었다. 화성도 L_4에 1개, L_5에 6개의 트로이 소행성이 존재하는 것이 확인되었고 앞으로 얼마나 더 발견될지는 알 수 없다.

핀란드의 오테르마Liisi Oterma가 발견한 혜성 오테르마Oterma는 현재 목성과 토성 사이를 도는 일종의 혜성으로 근지점은 목성 궤도 밖이고, 원지점은 토성 궤도 안쪽이지만, 궤도가 고정되지 않고 끊임없이 바뀌고 있다. 1943년 발견된 오테르마는 이후 화성과 목성 사이에서 원에 가까운 타원궤도를 도는 것으로 확인되었다. 오테르마는 1937년 경에 목성의 중력권으로 들어가게 되었고, 목성 근처에서 궤도가 바뀌어 화성과 목성 사이의 원궤도가 되었는데, 1963년에 다시 목성과 조우하게 되었다. 그 결과 다시 목성과 토성 사이를 도는 켄타우로스로 돌아간 것으로 판명되었다.

그 밖에도 태양을 중심으로 도는 행성 궤도에 이웃하는 행성들이 지나가며 계속해서 섭동을 준다. 이러한 섭동은 서로 밀어내기식의 효과를 줄 수 있고, 안정된 공진궤도를 형성할 수도 있다. 국지적으로는 지구, 화성, 목성, 토성 같은 행성은 물론 달까지도 그 주변에서 중력을 지배적으로 행사하는 영역이 있고, 이러한 영역 안에서는 태양이나 그 밖의 행성들의 효과는 무시하고 지배적인 천체의 효과만 고려해도 물체의 운동을 상당히 정확하게 기술할 수 있는 것이 사실이다. 하지만 태양과 하나의 행성이 이루는 2체-문제는 물론이고, 각

9) 라그랑주 포인트 및 그 근처에서 질점의 운동은 4부와 5부에서 자세히 다룬다.

각의 행성과 그 행성에 소속된 위성이 만드는 2체-문제마다 각각 5개의 라그랑주 포인트를 만든다. 더구나 이러한 라그랑주 포인트들은 두 천체와 같이 회전하는 좌표계를 따라 계속 움직인다. 소행성의 궤도가 이러한 라그랑주 포인트 중의 하나와 만나게 되면 궤도는 극히 불안정해지고, 여기에서 연결되는 '자유낙하 통로'를 통해 완전히 다른 궤도로 옮겨 타는 현상이 일어날 수 있다. 오테르마의 궤도 갈아타기가 그 좋은 예라고 할 수 있다.10)

사실 태양계 내의 궤도 문제는 다체-문제다. 지구에서 달로 탐사선을 보내는 경우를 생각해보자. 크게 보면 지구는 태양이 만드는 중력장에서 케플러 운동을 하고 있고, 달은 이러한 지구 주위를 27.321582일(Sidereal Month)마다 1회씩 공전하면서 지구와 함께 태양 주위를 공전한다. 태양—지구—달은 이미 3체-문제를 형성한다. 여기에 우리가 달로 보내고자 하는 탐사선까지 합치면 4체-문제가 된다. 탐사선을 발사하려면 이러한 4체-문제의 운동방정식을 수치적분하여 궤도를 정하면 정확하겠지만, 수치적분한 답이 정확한 해로 수렴하려면 수치적분을 위한 초기조건이 정확해야만 해가 수렴한다. 달 탐사선 궤도 문제는 지구—달—우주선으로 구성된 3체-문제를 지구—우주선과 달—우주선 식의 연속하는 2체-문제로 다루어서 얻은 근사적인 '해석해 Analytic Solution'를 초기조건으로 사용하여 태양, 지구, 달 및 우주선 문제를 수치적으로 적분해서 필요한 답을 얻었는데, 결과는 성공적이었다. 우주선의 궤도를 정하기 위해 2체-문제로 접근할 경우에는 케플러 궤도의 원추곡선 특성 외에 정성적으로는 특별한 점이 별로 없다. 하지만 같은 문제를 3체-문제로 접근할 때는 정량적으로 차이가 좀 있지만, 정성적으로는 완전히 다른 세계를 보게 된다. 2체-문제에서 볼 수 없었던 3체-문제의 새로운 특성이 우리가 생각하는 우주선의

10) Shane D. Ross, "The interplanetary transport network", *American Scientist* 94(3), pp.230–237.

운동에 어떠한 영향을 주는지 살펴보고, 어떻게 이용할 수 있는지 소개하는 것이 4부의 목표다.

아무것도 없는 라그랑주 포인트 주위를 회전하는 '달무리궤도'라는 주기궤도가 존재하여 가장 이상적인 우주 관측이나 태양 관측 위성의 위치를 제공하고, 달 뒤편과 하루 24시간 1년 365일 통신을 중계할 수 있는 이상적인 위치를 제공하기도 한다. 더구나 이러한 달무리궤도는 거의 에너지 소모 없이 한 라그랑주 포인트에서 다른 라그랑주 포인트로 자유낙하하는 'ITN(Interplanetary Transport Network)'이라는 6차원 위상 공간 내 통로의 관문 역할을 한다는 것도 밝혀졌다.11) 이러한 자유낙하 통로를 '행성 간 슈퍼 고속도로 IPS(Inter Planetary Super High Way)'라고도 한다. 우주탐사를 3체-문제로 접근함으로써 2체-문제에서는 만날 수 없었던 새로운 차원의 우주탐사 방법도 가능해진 것이다. "신은 디테일 속에 있다"는 말이 있다. 개괄적으로 보면 별것 아닌 것처럼 보여도 꼼꼼하게 잘 들여다보면 숨어 있는 새로운 사실을 발견할 수 있다는 뜻일 것이다.12)

혜성 오테르마가 목성 안쪽에서 거의 완전한 원궤도를 돌다가 어떻게 다시 목성과 토성 사이의 궤도로 옮겨갔는지 살펴보자. 1937년 오테르마가 목성 궤도에 접근할 때 태양과 목성이 형성한 라그랑주 포인트 L_2와 L_1을 거쳐 목성 궤도의 안쪽으로 들어갔으며, 1963년 다시 목성과 근접하게 될 때 L_1과 L_2를 통해 목성 궤도 밖으로 나오게 되었다. 이러한 궤도 변경은 자연이 마련해준 일종의 '무료 도로'인 자유낙하 통로를 이용해 에너지 소모 없이 '공짜'로 성취할 수 있었던 것이다. 켄타우로스들이 목성과 해왕성 사이에서 궤도를 서로 넘나드

---

11) Shane D. Ross, "The Interplanetary Transport Network", *American Scientists*, Vol. 94, 2006, p.230.

12) 어원은 "The good God is in the detail"에서 파생된 관용구로, 지금은 "The Devil is in the detail"이라고 변형되어 쓰이고 있다.

는 것도 태양과 목성, 태양과 토성, 태양과 천왕성이 만드는 L_1과 L_2를 통과하는 무료 도로망을 통해 이루어진 것으로 보인다. 여태까지는 이러한 현상들을 '주변 행성에 의한 섭동Perturbation 결과'라고 한마디로 표현했고, 별로 중요치 않은 사소한 세부사항으로 취급했다. 그러나 자연이 이용하는 이러한 행성 간 무료 도로망은 인간이 만든 무인 탐사선도 이용할 수 있다. 이러한 사실은 이미 태양–지구의 라그랑주 포인트 EL_1을 돌면서 태양풍의 표본을 채취하고 회수할 목적으로 발사한 '제너시스 탐사체Genesis Probe'에서 증명되었다. 〈그림 4-1〉은 제너시스의 발사궤도와 태양–지구가 만든 L_1 주위의 달무리궤도 및 지구로 귀환하는 궤도를 보여주고 있다.

일반적인 3체-문제는 해석해를 구할 수도 없고, 어떻게 풀어야 하는지, 유일한 해가 있기나 한지 분명치가 않다. 이러한 3체-문제를 정

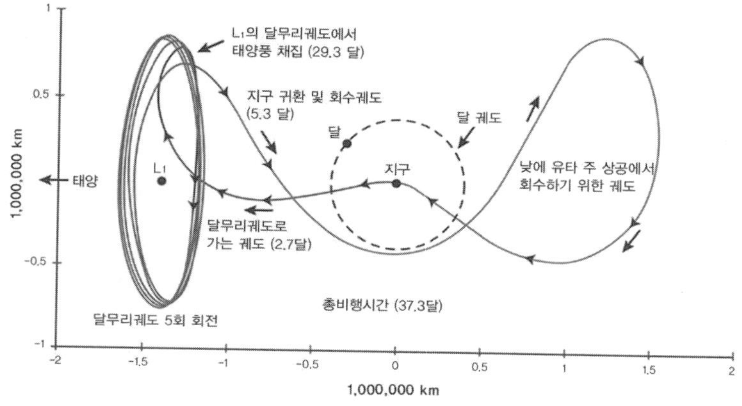

그림 4-1 제너시스가 태양 지구의 L_1으로 진입하여 '달무리궤도'를 다섯 번을 선회하며 태양풍 표본을 채취한 후 지구로 귀환했다. 그러나 표본을 미국에서 낮에 회수하기 위해 L_2를 돌아 3백만km를 우회하는 궤도를 택했다. 표본 채집에 성공했고, 미리 지정한 미국 유타 주 상공으로 진입하는 데까지도 성공했으나 낙하산이 작동하지 않아 대부분의 표본이 파괴되었다.[NASA][13]

13) http://upload.wikimedia.org/wikipedia/commons/1/11/Genesis_Mission_Trajectory_and_Flight_Plan.jpg

성적으로 이해하고, 특별한 경우의 근사해Approximate Solution나마 구해보기 위해 CR3BP가 제안되었지만, CR3BP의 해는 현실적으로도 아주 중요한 의미를 가지는 것으로 판명되었다.

2. 라그랑주 포인트의 정성적 이해

지구는 태양이 만드는 중력장 안에서 평균 궤도속력 $v_E = 29.78 km/s$로 태양을 초점으로 하는 타원궤도를 따라 돌고 있다. 지구의 공전궤도는 장반경 149,598,261km에 이심률 0.01671인 타원이지만, 편의상 지구의 궤도를 원이라고 가정하자. 다른 행성들의 섭동이 없다고 가정한다면 반경이 R인 원궤도를 도는 질점의 궤도속력은 다음과 같이 주어진다.

$$v_{orbit} = 29.78\sqrt{R_{SE}/R}\ km/s \quad (4-1)$$

여기서 R_{SE}는 태양 중심에서 지구 중심까지 평균거리로 지구의 공전궤도의 반경이고, R은 태양 주위의 가상적인 원궤도의 반경이다. 만약 지구의 질량이 무시될 만큼 작아서 태양의 중력이 모든 곳에서 지배적이라면, 식 (4-1)은 지구보다 안쪽 궤도의 궤도속력이 항상 v_E보다 크고 지구보다 바깥쪽 궤도의 궤도속력은 항상 v_E보다 작다는 것을 보여주고 있다.

그러나 지구 질량은 태양 질량의 3×10^{-6}배밖에 안 되지만, 지구 주변에서는 지구 중력이 지배적이 될 수 있다. 이러한 영역을 지구의 SOI라 하며, SOI의 의미와 역할은 이미 1부 제1장에서 자세히 소개했다. 원점이 태양과 지구의 공통 질량중심에 있고, 지구와 같은 각속도로 원점을 중심으로 회전하는 회전좌표계를 도입하자.[14] 이 좌표계에서 보면 지구와 태양은 고정된 두 개의 천체다. 지구와 태양을 연결하는 직선을 그리고, 이 직선상에서 지구와 태양 사이에 위치한 한 점 P를 생각해보자. P에 있는 질점에는 태양이 끌어당기는 중력과 회전하기 때문에 생기는 원심력이 작용한다. 만약 지구의 중력이 작용하지 않는다면 그 점에 놓인 질점의 속력은 식 (4-1)로 주어지기 때문에 회전좌표계의 각속도보다 빠른 각속도로 회전하게 된다.

하지만 P 점에서 보면 태양의 반대편에 위치한 지구는 태양의 중력과 반대방향으로 P에 놓인 질점을 끌어당긴다. 결과적으로 지구의 인력은 P점의 질점을 끌어당기는 태양의 중력을 약화시키는 역할을 해서 질점의 궤도속력이 식 (4-1)로 정해진 값보다 작아진다. R_P 값을 지구와 태양 사이 거리 R_{SE}로부터 차츰 줄여 나가면 어느 특정한 R_P 값에서 궤도의 공전주기가 지구의 공전주기와 같아지는 점 P가 반드시 존재한다. 우리는 이러한 점을 L_1이라고 하며, 태양 중심에 원점을 두고 지구와 같이 회전하는 회전좌표계에서 보면 L_1 점은 움직이지 않고 고정된 점으로 보인다. 다시 말해 회전좌표계에서 보면 L_1 점에 있는 질점에는 어떠한 힘도 작용하지 않는 것과 같다.

L_2와 L_3 점의 반경은 R_{SE}보다 크다. 만약 지구 중력을 무시한다면 이 두 점에서 궤도속력은 지구의 궤도속력 v_E보다 작다. 그러나 지구 중력과 태양 중력은 이곳의 물체를 태양 중심 방향으로 끌어당긴다. 결과적으로 L_2와 L_3에서는 태양과 지구의 중력이 한 방향으로 작용하기 때문에 궤도속력이 증가하게 마련이다. 다시 말해 R_{L_2}와 R_{L_3} 값을 R_{SE} 값부터 늘려나가면 지구의 공전주기와 같은 공전주기를 갖는 R_{L_2}와 R_{L_3}가 존재한다. 이 두 점 역시 지구와 함께 회전하는 좌표계

14) 태양과 지구 대신 태양과 임의의 행성 또는 지구와 달같이 회전하는 한 쌍의 천체에는 다 같이 적용된다.

에서 보면 고정된 점이다. 이와 같은 점이 3개가 존재한다는 것을 처음으로 발견한 사람은 스위스의 수학자이며 물리학자 '레온하르트 오일러Leonhard Euler'였다. 그러나 이러한 점들은 오늘날 '오일러 포인트'라기보다는 '라그랑주 포인트'로 더 잘 알려져 있다. L_1, L_2 및 L_3는 무거운 두 천체를 연결하는 일직선상에 존재하기 때문에 '선형 라그랑주 포인트Linear Lagrange Points'로 불린다.

태양과 지구와 같이 회전하는 두 개의 천체로 이루어진 시스템에는 L_1, L_2 및 L_3 외에도 L_4와 L_5라는 두 개가 더 있어 모두 5개의 라그랑주 포인트가 존재한다. 1772년 라그랑주는 5개의 라그랑주 포인트를 모두 구해 발표했고, 그 후로 5개를 모두 라그랑주 포인트로 부르게 되었다.[15] L_4와 L_5는 지구 공전궤도상에 있는 두 점으로 두 천체와 L_4 또는 두 천체와 L_5는 등변삼각형의 꼭짓점에 놓여 있다. L_4는 회전 방향의 앞쪽에 있는 점이고, L_5는 회전 방향의 뒤쪽에 존재한다.[16] L_4와 L_5를 '등변삼각형 라그랑주 포인트Equilateral Lagrange Points'라고 한다. 앞으로 차차 설명하겠지만, 라그랑주 포인트 주변에는 주기를 가진 궤도와 준주기궤도(Quasi-periodic Orbit: 리사주 궤도)들이 존재할 수 있다. 이러한 이유로 이 점들을 '칭동점'이라고도 부른다.

3체-문제는 일반적으로 해석해를 허용하지 않으나 오일러-라그랑주 포인트 문제와 같은 특수한 경우에는 예외적으로 근사적인 해석해를 구할 수 있다. 태양과 지구가 만드는 L_1 점은 태양과 지구 사이에 존재하고 지구에서 대략 150만km 떨어져 있다. 항상 태양을 바라볼 수 있는 위치에 있으므로 태양 관측용 위성에는 최적의 장소라고 할 수 있다. 사실 L_1의 유효 퍼텐셜은 안장점으로 지구나 태양 쪽으로

---

15) Ulrich Walter, *Astronautics* (Wiley-VCH Verlag GmbH & Co. KGaA, Weinheim, 2008), pp.318–322.

16) 〈그림 4-3〉와 〈그림 4-4〉를 참고하기를 바란다.

약간만 벗어나면 퍼텐셜이 낮은 쪽으로 가속되어 L_1에서 이탈하게 되지만, 코리올리 힘 때문에 태양-지구 축에 수직인 평면 안에서 L_1을 중심으로 비교적 안정된 주기궤도를 허용할 수도 있다. L_2와 L_3 역시 모두 안장점이다. 모든 라그랑주 포인트들은 '정적으로 불안정 Statically Unstable'하지만, '동적으로는 안정'될 수도 있다. 특히 L_4와 L_5는 두 개 천체의 질량비가 $m_2/m_1 \leq 0.0400642$인 경우 동적으로 안정된 궤도Dynamically Stable Orbits를 가진다. 라그랑주 포인트 L_1의 특수한 위치 때문에 NASA는 태양 관측 플랫폼 ISEE-3를, 유럽의 ESA는 SOHO를 태양-지구의 $L_1(EL_1)$ 달무리궤도에 배치했다.

태양-지구 시스템의 L_2 점은 태양 복사선이나 태양풍을 비교적 쉽게 피하면서도 우주배경 복사선을 측정하거나 또는 하늘 전체를 연속적으로 관측하기에 가장 적합한 장소로 꼽힌다. 이러한 이유로 과거에 WMAP과 플랑크Planck 같은 우주배경 복사선 관측 플랫폼을 L_2에 배치했고, 2018년 제임스 웨브 우주망원경을 그 위치에 발사할 예정으로 있다.[17)18)] 물론 이 궤도들은 주기적으로 궤도-표류를 교정해 주어야 하지만 추진제 소요는 그리 많지 않다. 이와 같은 관점에서 3체-문제는 우주탐사에서 좀 더 심각하게 관심을 가져야 할 대상이라고 생각한다.

---

17) http://map.gsfc.nasa.gov/mission/observatory_l2.html

18) http://www.jwst.nasa.gov/

제 2 장

라그랑주 포인트

1. 제한적 3체-문제의 유효 퍼텐셜

m_1, m_2 및 m_3로 구성된 3체-문제에서 m_1과 m_2는 주 천체의 질량이고 m_3는 m_1, m_2에 비해 거의 무시할 만한 세 번째 천체의 질량이다. m_1과 m_2는 공통 질량중심CM을 중심으로 일정한 각속도 ω로 회전한다고 가정하고, 세 번째 천체의 운동을 기술하는 기준좌표계에 m_1과 m_2와 같은 각속도로 회전하는 좌표계를 택하기로 한다.

회전하는 좌표계에서 보면 m_1과 m_2는 고정된 질점이고, 세 번째 천체는 고정된 두 개의 질점이 만드는 중력장 안에서 운동하는 상황이 된다. 회전축이 지나는 CM을 원점으로 선정하고 각속도벡터 $\vec{\omega}$를 z-축으로, m_1과 m_2가 회전하는 평면을 x-y 평면이라고 하자. 우리의 가정에 따라 CM과 각속도는 다음과 같다.

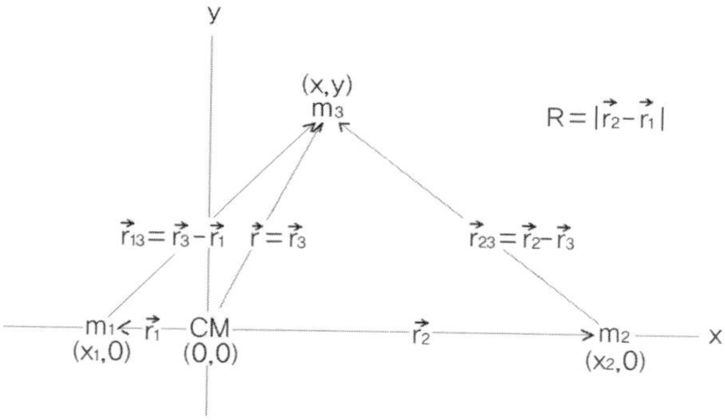

그림 4-2 방정식 (4-4)를 푸는 데 필요한 기호를 설명하는 그림.

$$m_1\vec{r_1}+m_2\vec{r_2}=0, \tag{4-2}$$

$$\omega^2=\frac{G(m_1+m_2)}{r_{12}^3}, \tag{4-3}$$

$$\vec{\omega}=\omega\hat{k}.$$

여기서 $\hat{k}$는 z-축 방향의 단위벡터다. 식 (1-3)과 (2-57)로부터 회전 좌표계에서 $\vec{r}$에 위치한 m_3가 만족해야 하는 운동방정식은 다음과 주어진다.

$$\left(\frac{d^2\vec{r}}{dt^2}\right)_r=G\frac{m_1}{\rho_1^3}(\vec{r_1}-\vec{r})+G\frac{m_2}{\rho_2^3}(\vec{r_2}-\vec{r})-2\vec{\omega}\times\left(\frac{d\vec{r}}{dt}\right)_r-\vec{\omega}\times(\vec{\omega}\times\vec{r}) \tag{4-4}$$

식 (4-4)를 얻는 과정에서 $\vec{v}=\vec{v}_r+\vec{\omega}\times\vec{r}$을 사용했다. 아래첨자 r은 회전좌표계에 대한 값을 의미한다. 여기서 $\rho_1=|\vec{r_1}-\vec{r}|$, $\rho_2=|\vec{r_2}-\vec{r}|$이고 $(d\vec{r}/dt)_r$와 $(d^2\vec{r}/dt^2)_r$은 회전하는 좌표계에서 속도와 가속도를

나타낸다. 식 (4-4)를 간단히 표시하기 위해 m_1, m_2를 연결하는 선을 x-축으로 삼고, x-축과 z-축에 수직인 축을 y-축으로 도입하자. m_1과 m_2 위치를 각각 $(x_1,0,0)$ 및 $(x_2,0,0)$이라고 하자. 회전으로 생긴 원심력 항은 다음과 같이 다시 쓸 수 있다.

$$-\vec{\omega}\times(\vec{\omega}\times\vec{r}) = \omega^2(x\,\hat{i}+y\,\hat{j})$$

여기서 $\hat{i}$, $\hat{j}$는 각각 x-축, y-축 방향의 단위벡터를 나타낸다. '유효 퍼텐셜Effective Potential'이라고 하는 새로운 함수 Φ를 다음과 같이 정의할 수 있다.

$$\Phi = \frac{1}{2}\omega^2(x^2+y^2) + G\frac{m_1}{r_{13}} + G\frac{m_2}{r_{23}}, \tag{4-5}$$

회전좌표계에서 $\vec{r}$에 위치한 m_3가 만족해야 하는 운동방정식 (4-4)는 다음과 같이 간단히 표시할 수 있다.

$$\frac{d^2\vec{r}}{dt^2} + 2\vec{\omega}\times\frac{d\vec{r}}{dt} = \vec{\nabla}\Phi \tag{4-6}$$

위 방정식 양변에 $d\vec{r}/dt$를 내적Scalar Product함으로써 식 (4-6)을 완전미분 형태로 변환시킬 수 있다.[19]

$$\frac{d\vec{r}}{dt}\cdot\frac{d^2\vec{r}}{dt^2} = \frac{1}{2}\frac{d}{dt}\left(\frac{d\vec{r}}{dt}\cdot\frac{d\vec{r}}{dt}\right) = \vec{\nabla}\Phi\cdot\frac{d\vec{r}}{dt} = \frac{d\Phi}{dt}$$

---

19) Richard H. Battin, *An Introduction to the Mathematics and Methods of Astrodynamics, Revised Edition* (AIAA, Inc., Reston, VA, 1999), p.372.

위의 식은 쉽게 적분되고, 결과는 단위질량당 에너지 보존법칙이 된다.

$$\frac{1}{2}v^2 - \frac{1}{2}\omega^2(x^2+y^2) - G\frac{m_1}{r_{13}} - G\frac{m_2}{r_{23}} = E_0 \qquad (4\text{-}7)$$

우리가 가정한 회전좌표계에서 m_1과 m_2 위치는 고정되었고, 따라서 $R = |\vec{r_1} - \vec{r_2}|$는 고정된 값을 가진다. 식 (4-2)와 R의 정의를 사용하면 x_1과 x_2를 m_1과 m_2 및 R로 표시할 수 있다.

$$x_1 = -\frac{m_2}{m_1+m_2}R;\ x_2 = \frac{m_1}{m_1+m_2}R$$

여기서 다음과 같은 무단위 변수Dimensionless Variable를 도입하자.

$$\xi = \frac{x}{R};\ \eta = \frac{y}{R};\ \zeta = \frac{z}{R},$$

$$\mu_1 = \frac{m_1}{m_1+m_2};\ \mu_2 = \frac{m_2}{m_1+m_2};\ v_0^2 = G\frac{m_1+m_2}{R}$$

새로운 무단위 변수로 식 (4-5)을 다시 쓰면 회전좌표계에서 유효 퍼텐셜 Φ는 다음의 '무단위 유효 퍼텐셜Dimensionless Effective Potential' U로 나타낼 수 있다.

$$\Phi = \omega^2 R^2 U = v_0^2 U$$

여기서 $v_0 = R\omega$로 정의되는 속력이고, 무단위 유효 퍼텐셜 U는 다

음과 같이 주어진다.[20]

$$U = \frac{1}{2}(\xi^2+\eta^2) + \frac{\mu_1}{\sqrt{(\xi+\mu_2)^2+\eta^2+\zeta^2}} + \frac{\mu_2}{\sqrt{(\xi-\mu_1)^2+\eta^2+\zeta^2}}, \tag{4-8}$$

$$\frac{1}{2}v^2 - U = \varepsilon_0 < 0. \tag{4-9}$$

여기서 v와 ε_0는 각각 다음과 같이 정의된 속력과 에너지이다.

$$v = \frac{V}{V_0},$$

$$\varepsilon_0 = \frac{E_0}{V_0^2} < 0.$$

위와 같이 정의된 v와 ε_0는 무단위 속력과 무단위 '단위질량당 총 에너지'를 의미한다. ε_0는 초기조건에 의해 결정되는 적분상수로 '야코비 상수Jacobi Constant'라고 한다. 특히 $v=0$일 때 식 (4-9)는

$$-U = \varepsilon_0 \tag{4-10}$$

라는 '제로-속력 곡면(ZVS: Zero-Relative-Velocity Surface)'으로 알려졌고, 초기 조건에서 결정된 ε_0 값으로 출발한 물체가 갈 수 있는 한계를 정해주는 식이다.[21] v가 0이 되면 물체는 더 이상 그 방향으로는 나갈 수가

---

20) 식 (4-7)와 식 (4-8)를 살펴보면 여기서 정의한 U는 통상적으로 퍼텐셜의 정의와 부호가 반대로 되어 있기 때문에 〈그림 4-3〉 및 기타 퍼텐셜 그림은 통상적인 퍼텐셜인 $V=-U$를 그린 것이다. 우리에게 익숙한 표현은 $v^2/2+V=\varepsilon_0$이다.

21) $\zeta=0$, 또는 $\zeta=\text{const.}$인 경우에 제로-속력 곡선(ZVC: Zero Velocity Curve)이라고 한다.

없고 되돌아가게 되므로 식 (4-10)은 주어진 초기 에너지로 출발한 물체가 도달할 수 있는 영역을 정해주는 식이 되는 것이다.

〈그림 4-3〉은 (4-10)으로 표시되는 유효 퍼텐셜 곡면Effective Potential Surface을 보여주는 그림이다. 그림 전체는 유효 퍼텐셜 곡면을 나타내고, 그 위의 각 곡선들은 주어진 ε_0 값에 해당하는 등퍼텐셜 곡선Equipotential Curve을 표시한다. 〈그림 4-3〉은 $\mu=0.1$인 가상의 천체 쌍에 대한 유효 퍼텐셜 곡면이지만, 정성적으로는 임의의 질량 m_1, m_2을 가지는 임의의 두 개 천체가 만드는 곡면도 같은 구조를 가진다. 이 그림은 유효 퍼텐셜에 대한 상당히 많은 정보를 시각적으로 보여준

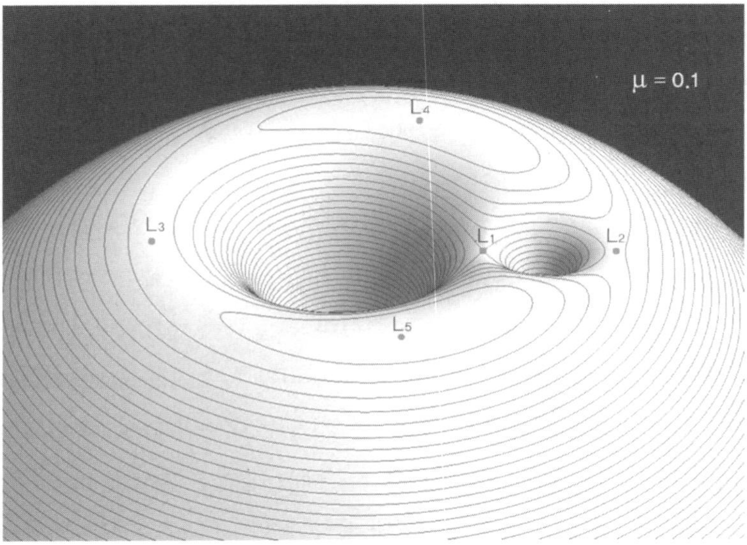

그림 4-3 유효 퍼텐셜 곡면과 라그랑주 포인트를 보여주는 그림. 임의로 1번 천체와 2번 천체의 질량비를 $\mu=0.1$이라 했다. ε_0 값을 바꿔가며 그린 $-U$와 제로-속력 곡선 및 라그랑주 포인트를 나타낸다. 가운데 동심원은 무거운 천체가 지배적인 영역을 나타내고, 오른쪽 작은 동심원은 가벼운 천체의 중력이 지배적인 영역을 나타낸다.[22] (화보 5 참조)

22) 태양-지구 시스템의 μ 값을 사용하면 지구 주위의 동심원은 바늘처럼 보인다.

다. 만약 ε_0 값이 어떤 하한 값보다 작으면 제로-속력 곡선은 m_1 주변의 원형곡선Circular Curve이 되어 m_2의 존재가 m_3에 거의 영향을 미치지 않는다.[23] 이러한 영역은 〈그림 4-3〉에서 m_1과 m_2의 동심원으로 대표되는 ZVC로 표시되었다.

차츰 ε_0 값을 늘려 ε_0 값이 어떤 특정한 값에 도달하면 제로-속력 곡선 ZVC는 L_1을 통해 m_2의 영향권으로 확장되어 m_2를 감싸고 있는 거의 원형곡선의 ZVC와 연결된다. 하지만 아직 m_1의 영향권에서 완전히 벗어난 것은 아니며 한 바퀴 돈 뒤에 다시 m_1을 감싸는 곡선으로 연결되는 닫힌곡선을 형성한다. 다시 말해 초기 에너지 ε_0를 가지고 m_1을 떠나는 우주선은 m_1과 m_2로 구성된 중력계를 오갈 수는 있지만, 아직 이탈하기에는 초기속력이 모자란다는 뜻이다. 여기서 중요한 사실은 $m_1(\gg m_2)$은 퍼텐셜이 높은 에너지 산맥으로 둘러싸여 있지만, m_2 방향으로 좁은 샛길이 마련되어 다른 방향에 비해 낮은 초기속력으로 m_1을 출발한 물체도 퍼텐셜 산맥을 지나갈 수 있다는 점이다.

〈그림 4-4〉는 지구-달 시스템을 그렸지만 이와 같은 설명은 어떠한 CR3BP에도 적용된다. 울리히 발테르Ulrich Walter는 지구-달 시스템에서 ε_0 값을 바꿔가면서 ZVC를 그렸다.[24] $\varepsilon_0 < -1.594174$에서는 지구를 감싸는 ZVC와 달을 감싸는 ZVC가 만나지 않으나 $\varepsilon_0 = -1.594174$가 되면 두 곡선은 L_1을 통해 연결되는 것을 보여주었다. ε_0 값이 조금 더 증가해 $\varepsilon_0 = -1.586081$에 이르면 지구에서 출발한 ZVC는 L_2를 통해 지구와 달을 넘어 밖으로 연결된다.[25] ε_0 값이 1.586081보다 조금 더

---

23) $\varepsilon_0(-|\varepsilon_0|)$가 작다는 것은 $|\varepsilon_0|$가 0보다 많이 크고, 초기속력이 작다는 뜻이다.

24) Ulrich Walter, *Astronautics* (Wiley-VCH Verlag GmbH & Co. KGaA, Weinheim, 2008), p.329.

25) 발테르는 지구-달의 CM에 중심을 둔 관성좌표계가 아닌 움직이는 천체인 지구에 중심을 둔 좌표계를 사용했기에 ε_0 값이 필자가 제시한 값과는 약간씩 차이가 있다.

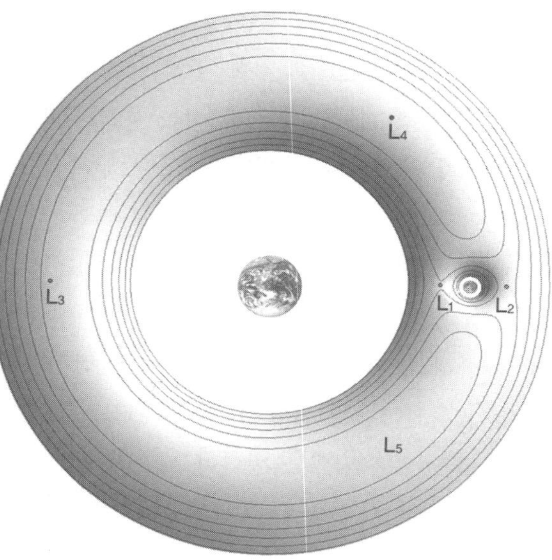

그림 4-4 달과 지구가 만드는 제로-속력 곡선과 5개의 라그랑주 포인트(화보 6 참조)

큰 에너지로 출발한 우주선(S/C: Space Craft)이 지구와 달의 L_2(LL_2)를 지나갈 수 있다고 해서 지구의 중력에서 완전히 벗어난 것은 아니며, 이후로 태양과 지구가 만드는 ZVC를 고려해야 된다는 의미다. 〈그림 4-3〉과 〈그림 4-4〉가 이러한 사실을 보여주고 있다. 〈그림 4-4〉는 m_1 $-m_2$ 시스템이 생성한 5개의 라그랑주 포인트를 보여준다.

선형 라그랑주 포인트 L_1, L_2, L_3는 불안정한 안장점이지만 유효 퍼텐셜 산맥의 골짜기를 타고 넘어가는 샛길의 정상점들인 데 비해 등변삼각형 라그랑주 포인트 L_4, L_5는 코리올리 힘에 의해 안정된 산봉우리에 해당된다. L_1은 가장 낮은 초기속력으로 m_1에서 m_2로 넘어갈 수 있는 샛길의 정상이고, L_2는 L_1보다 퍼텐셜 에너지가 약간 더 높지만 m_1에서 m_1, m_2 시스템이 만든 퍼텐셜 산맥을 지나가는 샛길의 정상이다. L_2를 지나는 데 필요한 초기속력보다 더 높은 속력으로 출

발하면 L_3를 통해 m_1, m_2가 만든 퍼텐셜 장벽을 지나가는 샛길이 열린다. L_4와 L_5는 유효 퍼텐셜의 가장 높은 두 개의 극대점이다. 큰 초기속도로 발사된 우주선은 충분히 작은 $|\varepsilon_0|$ 값을 갖기 때문에 L_1, L_2, L_3를 통하지 않고도 어느 방향으로든 지구의 중력에서 이탈할 수 있음은 물론이다.

회전하는 제한적 3체-문제인 CR3BP에서 초기 에너지 ε_0 값을 바꿔가면서 그린 ZVC를 살펴보면, 두 가지 흥미로운 사실을 발견할 수 있다. 〈그림 4-4〉에서 지구의 중력이 지배적인 영역과 달의 중력이 지배적인 영역이 확연히 구별된다. L_1을 기점으로 지구 쪽은 지구가 지배적이고, 달 쪽으로는 달의 영향력이 커지기 시작해서 어느 거리 이상으로 달 쪽으로 들어오면 ZVC가 달 주변을 동심원처럼 둘러싸 마치 지구의 영향력이 거의 없는 달의 독무대가 존재한다. 이러한 유효 퍼텐셜의 특성은 제1장에서 논의한 SOI 개념의 기본이 된다.

태양계는 8개의 행성과 수백만 개의 미니 천체를 거느리는 태양으로 구성되었다. 태양은 태양계의 전체 질량의 99.86%를 차지하는 거대한 질량으로 중력을 통해 태양계의 끝까지 지배하고 있다. 엄밀한 의미에서 태양계 내에서 소형 천체의 운동은 9체-문제로 다뤄야 하지만, 몇십 년 전까지만 해도 2체-문제로 다룰 수밖에 없었다. 2체-문제로도 어느 정도 정확한 궤도 계산에 성공할 수 있었던 이유는 태양계 안에서 각 천체의 SOI가 태양과 천체 사이의 거리에 비해 아주 작고, 행성 사이의 거리가 충분히 멀어 제2의 행성에 의한 섭동이 목표 행성으로 향하는 우주선의 궤도에 큰 영향을 줄 수 없어 원추곡선 짜깁기 방법이 좋은 근사방법이 될 수 있었다.

〈그림 4-3〉과 〈그림 4-4〉는 다체-문제를, 해답을 알고 있는 연속되는 2체-문제로 전환할 수 있음을 보여주는 동시에 또 다른 가능성을 내포하고 있다. 〈그림 4-4〉는 L_1이 가장 작은 $\varepsilon_0(<0)$로 지구 중력권

에서 달의 SOI로 넘어가는 통로라는 것을 보여준다. 즉, L_1을 통과하는 궤도를 사용하면 가장 작은 Δv로 달의 중력권으로 들어갈 수 있다는 뜻이다. 같은 이유로 L_2는 가장 작은 Δv로 지구–달의 퍼텐셜 우물에서 벗어나는 관문이 된다는 것을 의미한다. 하지만 L_1이나 L_2는 지구와 달과 우주선이 만드는 3체-문제의 특성이고, 따라서 우주선의 경제적인 궤도는 연속되는 2체-문제의 해답인 케플러 궤도 이어 맞추기가 아닌 연속되는 3체-문제 짜깁기가 필요하다는 결론에 도달하게 된다.

2. 라그랑주 포인트

태양과 지구 또는 지구와 달이 만드는 5개의 라그랑주 포인트와 지구와 함께 회전하는 좌표계에서 중력과 원심력의 합으로 표시되는 단위질량당 유효 퍼텐셜 에너지가 같은 점들로 이루어진 '힐 곡선Hill Curve'이라고 알려진 '등에너지 곡선Equipotential Curve'을 〈그림 4-5〉에 표시했다. 〈그림 4-5〉에서 L_1, L_2, L_3는 지구와 달을 연결하는 직선상에 있는 3개의 라그랑주 포인트이고, L_4, L_5는 등변삼각형 위에 있는 2개의 라그랑주 포인트를 나타낸다.

〈그림 4-5〉에서 보듯이 L_1, L_2, L_3 포인트에 있는 물체는 지구와 태양을 연결하는 직선 방향에서 조금만 벗어나도 유효 퍼텐셜의 물매('비탈진 정도'라는 의미)에 의해 하얀색 화살표 방향으로 더욱 밀어낸다. 반대로 태양과 지구를 연결하는 직선에 수직인 방향으로 벗어나면 되돌려 보내는 힘이 작용한다. 하얀색 화살표는 라그랑주 포인트에서 밀어내는 힘을 의미하고, 회색 화살표는 라그랑주 포인트로 되돌려 보내는 힘을 의미한다. 즉, L_1, L_2, L_3는 유효 퍼텐셜 곡면의 안장점이

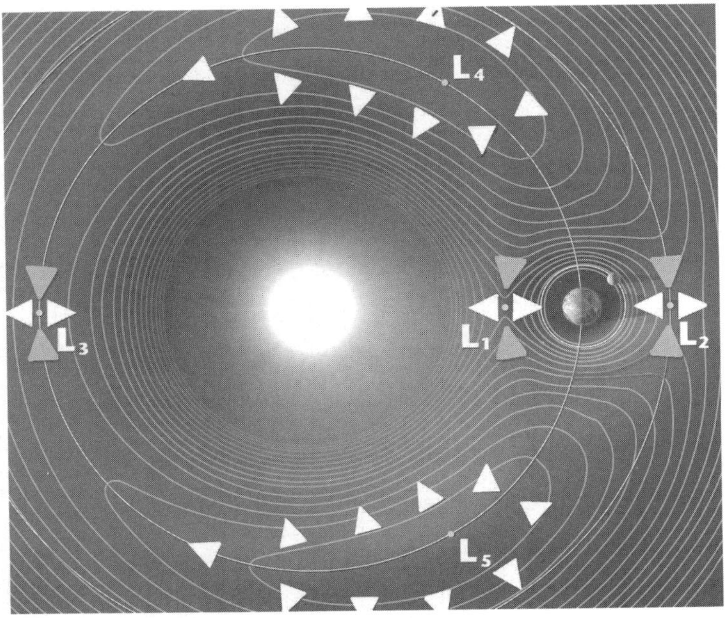

그림 4-5 태양과 지구가 만드는 5개의 라그랑주 포인트가 불안정한 평형점이라는 것을 보여주는 그림이다. 회색 화살표는 인력의 방향을 표시하고 하얀색 화살표는 척력의 방향을 표시한다.〔NASA〕26) (화보 7 참조)

다. 한편, 라그랑주 포인트 L_4와 L_5는 유효 퍼텐셜의 국지적 극대점으로 L_1, L_2, L_3에 비해 모든 방향으로 경사가 완만하고 점에서 벗어난 물체를 서서히 밀어낸다. 이 점들 주변은 화살표 끝이 모두 밖을 향하고 있다. 이렇게 보면 라그랑주 포인트들은 모두 불안정한 균형 상태에 있다. 라그랑주 포인트의 이러한 특성은 태양–지구의 라그랑주 포인트에 국한된 성질이 아니며, 회전하는 모든 천체 쌍의 라그랑주 포인트에 공통된 성질이다.

〈그림 4-5〉에서 보듯이 라그랑주 포인트에서 벗어난 물체는 퍼텐셜의 물매에 의해 속력 $\vec{v}$로 가속된다. 라그랑주 포인트에 정지해 있

26) http://map.gsfc.nasa.gov/media/990529/990529.jpg

던 물체가 어떤 이유로든 그 위치에서 벗어나면 $\vec{\nabla}\Phi$에 의해 $\vec{v}$로 가속되고, 또는 처음부터 속력을 가지고 라그랑주 포인트 영역으로 진입하는 경우도 있다. 그러나 운동방정식 (4-6)에 의하면 물체에 작용하는 힘은 $\vec{\nabla}\Phi$가 전부가 아니다. 어떤 경우든 회전좌표계에 대해 속도 $\vec{v}$를 가진 물체는 코리올리 힘 $-2\vec{\omega}\times\vec{v}$에 의해 속도에 수직인 방향으로 가속되며, 그 결과 라그랑주 포인트 근처에서 벗어나는 것을 막아준다.

회전좌표계에서 운동을 기술했으므로 원심력과 코리올리 힘이 운동방정식에 들어오게 되었다. 원심력은 회전하는 좌표계 안에 정지한 물체에도 작용하지만, 코리올리 힘은 회전좌표계에서 움직일 때에만 작용하는 힘이다. 모든 라그랑주 포인트는 정적으로는 불안정한 균형점인 반면, 코리올리 힘의 도움을 받아 동적으로 안정적인 균형점이 될 수도 있다는 의미다.

우리가 라그랑주 포인트 가운데 어느 하나에 놓여 있는 질점을 미세한 힘으로 옆으로 움직이게 했다고 가정해보자. 질점이 라그랑주 포인트에서 가속적으로 멀어지면 그 라그랑주 포인트는 '동적으로 불안정한 평형점'이고, 질점이 라그랑주 포인트에서 멀어지는 대신 그 주위를 배회한다면 그 포인트는 '동적으로 안정적인 균형점'이라고 할 수가 있다.

회전하는 좌표계 내에서 라그랑주 포인트 주변에서 움직이는 질점의 운동방정식은 식 (4-6)−(4-8)에서 구할 수 있다. 방정식 (4-6)을 무단위 변수들로 바꾸면 운동방정식을 다음과 같이 쓸 수 있다.

$$\ddot{\xi} - 2\dot{\eta} = \frac{\partial U}{\partial \xi} \tag{4-11}$$

$$\ddot{\eta} + 2\dot{\xi} = \frac{\partial U}{\partial \eta} \tag{4-12}$$

$$\ddot{\zeta} = \frac{\partial U}{\partial \zeta} \tag{4-13}$$

식 (4-11)과 (4-12)의 좌변에서 두 번째 항은 코리올리 힘에 의한 가속도를 나타낸다. 여기서 $\dot{\xi}= d\xi/d\tau$, $\ddot{\xi}= d^2\xi/d\tau^2$, $\dot{\eta}= d\eta/d\tau$, $\ddot{\eta}= d^2\eta/d\tau^2$, $\ddot{\zeta}= d^2\zeta/d\tau^2$를 의미하고 τ는 $\tau=\omega t$로 정의된 무단위 시간변수다. 방정식 (4-11)－(4-12)에 '부록 A'의 식 (A-2)－(A-4)를 대입함으로써 우리는 다음과 같은 운동방정식을 얻을 수 있다.

$$\ddot{\xi} - 2\dot{\eta} = \xi - \frac{\mu_1(\xi+\mu_2)}{[(\xi+\mu_2)^2+\eta^2+\zeta^2]^{3/2}} - \frac{\mu_2(\xi-\mu_1)}{[(\xi-\mu_1)^2+\eta^2+\zeta^2]^{3/2}}, \tag{4-14}$$

$$\ddot{\eta} + 2\dot{\xi} = \left\{1 - \frac{\mu_1}{[(\xi+\mu_2)^2+\eta^2+\zeta^2]^{3/2}} - \frac{\mu_2}{[(\xi-\mu_1)^2+\eta^2+\zeta^2]^{3/2}}\right\}\eta, \tag{4-15}$$

$$\ddot{\zeta} = -\left\{\frac{\mu_1}{[(\xi+\mu_2)^2+\eta^2+\zeta^2]^{3/2}} + \frac{\mu_2}{[(\xi-\mu_1)^2+\eta^2+\zeta^2]^{3/2}}\right\}\zeta. \tag{4-16}$$

어떤 점에 있는 질점에 작용하는 총력이 0인 점을 평형점Equilibrium Point이라고 한다. 만약 m_3에 작용하는 실질적인 힘이 0이 되는 점이 존재한다면, 식 (4-16)은 그러한 평형점은 반드시 $\zeta=0$인 평면 위에 있어야 한다는 것을 보여준다. 모든 평형점은 $\zeta=0$인 평면, 즉 $\xi-\eta$ 평면 안에만 존재할 수 있다. 방정식 (4-15)에서 η축 방향의 힘이 없을 조건은 식 (4-15)의 우변이 0이 되는 것이다. 다시 말해, 하나의 조건은 $\eta=0$ 이 되는 것이고, 또 다른 조건은 식 (4-15)의 우변의 중괄호 안의 양이 0이 되는 것이다. 따라서 평형점이 될 조건은 다음과 같이 두 가지 조건으로 요약된다.

$$\xi - \frac{\mu_1(\xi+\mu_2)}{[(\xi+\mu_2)^2]^{3/2}} - \frac{\mu_2(\xi-\mu_1)}{[(\xi-\mu_1)^2]^{3/2}} = 0\ ;\ \eta=0\ ;\ \zeta=0, \tag{4-17}$$

$$1 - \frac{\mu_1}{[(\xi+\mu_2)^2+\eta^2]^{3/2}} - \frac{\mu_2}{[(\xi-\mu_1)^2+\eta^2]^{3/2}} = 0\ ;\ \eta\neq 0\ ;\ \zeta=0 \tag{4-18}$$

여기서 $\mu_2=\mu$, $\mu_1=1-\mu$이고 $\mu=m_2/(m_1+m_2)$를 나타낸다. 식 (4-18)은 $|\xi+\mu_2|=|\xi-\mu_1|$일 때 만족되고 이로부터 삼각형 평형점의 ξ-축 좌표는

$$\xi = \frac{1}{2}-\mu \tag{4-19}$$

가 되는 것을 알 수 있다. (4-19)로 정해진 ξ 값을 식 (4-18)에 대입함으로써 삼각형 평형점의 η-좌표 값을 얻을 수 있다. 이렇게 얻은 2개의 평형점은 m_1, m_2와 함께 등변삼각형의 꼭짓점에 위치하는 것을 알 수 있고, 이 포인트들을 라그랑주 포인트 L_4와 L_5라고 부른다. 이 점들의 좌표는 다음과 같다.

$$L_4 = \left(\frac{1}{2}-\mu,\ +\frac{\sqrt{3}}{2},\ 0\right), \tag{4-20}$$

$$L_5 = \left(\frac{1}{2}-\mu,\ -\frac{\sqrt{3}}{2},\ 0\right). \tag{4-21}$$

끝으로 또 다른 평형점 조건인 $\eta=0, \zeta=0$을 식 (4-14)에 넣으면,

일직선상에 존재하는 3개의 라그랑주 포인트를 구할 수 있다. 방정식 (4-17)의 우변이 0이 되는 모든 점을 찾아내기 위해 〈그림 4-6〉과 같이 정의한 변수들로 식 (4-17)을 다시 쓰면 다음과 같다.

$$\xi-(1-\mu)\frac{\xi-\xi_1}{|\xi-\xi_1|^3}-\mu\frac{\xi-\xi_2}{|\xi-\xi_2|^3}=0 \qquad (4\text{-}22)$$

이 경우 평형점들이 모두 ξ-축 위에 있다는 점을 사용했다. 〈그림 4-6〉에서 정의한 ξ_1과 ξ_2는 각각 $1-\mu$와 $-\mu$를 나타내며 CM 시스템에서 m_1, m_2의 ξ-축 좌표를 의미한다.

〈그림 4-6〉을 분석해보면 $\xi_{L1}-\xi_1>0$, $\xi_{L1}-\xi_2<0$; $\xi_{L2}-\xi_1>0$, $\xi_{L2}-\xi_2>0$; $\xi_{L3}-\xi_1<0$, $\xi_{L3}-\xi_2<0$, $\xi_{L1}-\xi_2<0$인 것을 알 수 있고, 이러한 특성을 이용해 식 (4-22)에서 L_1, L_2, L_3의 ξ-좌표 $\xi_{Ln}(n=1,2,3)$을 구하는 식을 다음과 같이 표시할 수 있다.

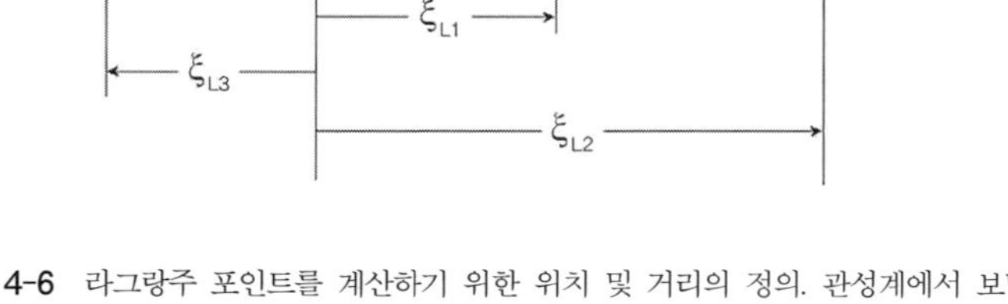

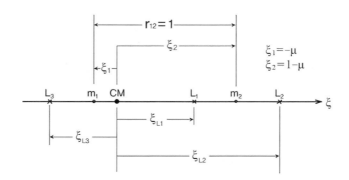

그림 4-6 라그랑주 포인트를 계산하기 위한 위치 및 거리의 정의. 관성계에서 보면 L_4는 m_2보다 앞서서 m_1, m_2와 같은 각속도로 CM을 중심으로 도는 점이고, L_5는 m_2 뒤에서 같은 각속도로 회전하는 점이지만, 회전좌표계에서 보면, m_1, m_2는 물론 L_4, L_5는 움직이지 않는 고정점들이다.

$$\xi_{L2}-\frac{1-\mu}{|\xi_{L2}-\xi_1|^2}-\frac{\mu}{|\xi_{L2}-\xi_2|^2}=\xi_{L2}-\frac{1-\mu}{(\xi_{L2}+\mu)^2}-\frac{\mu}{(\xi_{L2}-1+\mu)^2}=0,$$

$$\xi_{L1}-\frac{1-\mu}{|\xi_{L1}-\xi_1|^2}+\frac{\mu}{|\xi_{L1}-\xi_2|^2}=\xi_{L1}-\frac{1-\mu}{(\xi_{L1}+\mu)^2}+\frac{\mu}{(\xi_{L1}-1+\mu)^2}=0,$$

$$\xi_{L3}+\frac{1-\mu}{|\xi_{L3}-\xi_1|^2}+\frac{\mu}{|\xi_{L3}-\xi_2|^2}=\xi_{L3}+\frac{1-\mu}{(\xi_{L3}+\mu)^2}+\frac{\mu}{(\xi_{L3}-1+\mu)^2}=0.$$

(4-23)

이 식들은 다시 다음과 같이 변형해 하나의 식으로 쓸 수 있다.

$$\begin{aligned}&\xi^5-(2-4\mu)\xi^4+(1-6\mu+6\mu^2)\xi^3\\&+\left[2\mu-6\mu^2+4\mu^3+\ell_1(\mathrm{L})(1-\mu)+\ell_2(\mathrm{L})\mu\right]\xi^2\\&+\left[\mu^2(1-\mu)^2-2\ell_1(\mathrm{L})(1-\mu)^2+2\ell_2(\mathrm{L})\mu^2\right]\xi\\&+\left[\ell_1(L)(1-\mu)^3+\ell_2(L)\mu^3\right]=0\end{aligned} \tag{4-24}$$

여기서 $\ell_1(\mathrm{L})$과 $\ell_2(\mathrm{L})$는 식 (4-22)-(4-23)에서 보듯이 라그랑주 포인트 L_1, L_2, L_3에 따라 변하는 부호를 나타내는 양으로 〈표 4-1〉에 정리했고, 식 (4-24)로 계산한 선형 라그랑주 포인트 위치를 〈표 4-2〉에 제시했다.

〈표 4-2〉에서 L_1은 태양과 행성 사이에 있지만, 태양의 질량이 행성에 비해 많이 큰 탓에 L_1은 행성인 $m_2(\ll m_1)$ 쪽으로 치우쳐 있다. 태양-지구 시스템에서는 L_1은 CM에서 지구 쪽으로 0.9900304R만큼 떨어진 곳에 위치한다. 지구와 태양 사이의 평균거리 R이 149,600,000km이므로 CM에서 148,110,000km인 곳이고, 지구에서 태양 쪽으로 1,490,914km인 지점에 L_1이 존재한다. 지구와 달의 L_1은 지구에서 달 쪽으로 321,710km, 또는 달에서 지구 쪽으로 62,690km

	L_1	L_2	L_3
$\ell_1(L)$	−1	−1	+1
$\ell_2(L)$	+1	−1	+1

표 4-1 어느 라그랑주 포인트를 계산하느냐에 따라 선택해야 할 부호를 표시해주고 있다.

$m_1 - m_2$	거리 (A.U.)	$\mu = \frac{m_2}{m_1+m_2}$	L_1 (CM−m_2) ξ_0 / Γ	L_2 (CM−m_2) ξ_0 / Γ	L_3 (CM−m_2) ξ_0 / Γ
태양−수성	0.3871	1.6580e−7	0.9961956 4.0229705	1.0038161 3.9772606	−1.0000001 1.0000001
태양−금성	0.7233	2.4476e−6	0.9906826 4.0567621	1.0093707 3.9446203	−1.0000010 1.0000021
태양−지구	1.0000	3.0000e−6	0.9900304 4.0607985	1.0100302 3.9407836	−1.0000012 1.0000026
태양−화성	1.5237	3.2268e−7	0.9952515 4.0287153	1.0047630 3.9716447	−1.0000001 1.0000003
태양−목성	5.2043	9.5420e−4	0.9323579 4.4462127	1.0688383 3.6228064	−1.0003976 1.0008353
태양−토성	9.5820	2.8571e−4	0.9547502 4.2905165	1.0460683 3.7411770	−1.0001190 1.0002500
태양−천왕성	19.2294	4.3641e−5	0.9757450 4.1512126	1.0245649 3.8580637	−1.0000182 1.0000382
태양−해왕성	30.1037	5.1493e−5	0.9743765 4.1600688	1.0259641 3.8502730	−1.0000215 1.0000451
지구−달	2.5695e−3	0.01215	0.8369153 5.1475932	1.1556820 3.1904259	−1.0050626 1.0106912

표 4-2 태양과 행성 및 지구−달에 대한 일직선상의 라그랑주 포인트까지 거리와 Γ 값을 정리했다. 거리는 CM으로부터 잰 무단위 거리이고, Γ는 식 (4−31)로 정의된 양이다. m_1은 태양(지구−달 시스템에서는 지구) 질량을 나타내고 m_2는 수성, 금성, 지구 등 행성(또는 달)의 질량을 의미한다.

인 곳에 존재한다. 태양과 지구의 L_2는 지구에서 태양과 반대쪽으로 1,500,520km인 곳에 있고, 지구와 달의 L_2는 달의 뒤편으로 59,840km 지점에 있다. L_3는 CM에서 보면 태양의 뒤쪽으로 거의 정확히 태양과 행성 사이의 거리 R만큼 되는 지점에 자리 잡고 있다.

3. 라그랑주 포인트의 안정성

m_1과 m_2의 질량중심 CM을 원점으로 회전하는 좌표계에서 무시할 만한 질량 m_3를 가진 제3의 천체운동은 방정식 (4-14)-(4-16)으로 결정된다. 여기서 $\xi(t), \eta(t), \zeta(t)$는 $\xi = x(t)/R$, $\eta = y(t)/R$, $\zeta = z(t)/R$로 정의된 무단위 변수이고 R은 m_1과 m_2 사이의 거리다. 이 좌표계에서 원점은 m_1과 m_2의 질량중심이고, 이 시스템의 라그랑주 포인트의 위치는 $(\xi_0, \eta_0, 0)$로 표시할 수 있다. 회전좌표계에서 $(\xi_0, 0, 0)$으로 표시되는 태양계 주요 천체 쌍에 대한 L_1, L_2, L_3의 정확한 ξ_0 값은 〈표 4-2〉에서 알 수 있고, L_4, L_5에 대한 $(\xi_0, \eta_0, 0)$ 값은 식 (4-20) 및 (4-21)로 주어진다.

3체-문제 중 특별한 경우 정확한 해를 구할 수 있는 경우가 바로 CR3BP의 라그랑주 포인트였다. 이 포인트에 놓인 질점의 운동방정식은 정확하게 풀 수 있으며, 질점들의 궤도는 $m_1 - m_2$ 시스템의 CM 주위를 m_1, m_2와 같은 각속도로 회전한다.[27] 앞서 우리는 모든 라그랑주 포인트는 유효 퍼텐셜 곡면 위에서 퍼텐셜의 ξ, η, ζ에 대한 미분이 0이 되는 점으로 정의했다. 퍼텐셜 곡면 위의 평형점으로 정의한 점들이 어떤 특성을 가졌는지 살펴보는 것은 라그랑주 포인트 근

27) 여기서 질점이란 m_1, m_2가 형성한 중력장에 영향을 줄 수 없는 질량이 아주 작은 우주선(S/C)이나 소행성들을 의미한다.

방에서 질점의 운동을 이해하는 데 크게 도움이 된다. 라그랑주 포인트 근방에서 질점의 운동을 기술하기 위해서는 라그랑주 포인트를 원점으로 잡는 것이 편리하다.

라그랑주 포인트 주변에서 움직이는 질점의 좌표를 다음과 같이 도입하자.

$$\xi = \xi_0 + \sigma_\xi(\tau);\ \eta = \eta_0 + \sigma_\eta(\tau);\ \zeta = \zeta_0 + \sigma_\zeta(\tau) \qquad (4\text{-}25)$$

새로운 변수 σ_ξ, σ_η, σ_ζ에 대한 운동방정식은 식 (4-11)-(4-13)에 (4-25)로 정의한 변수를 대입하여 얻을 수 있지만, 운동방정식은 아직도 적분이 불가능하다. 그러나 방정식의 우변을 라그랑주 포인트를 중심으로 전개하여 선형화Linearization함으로써 라그랑주 포인트 근방에서 해의 성질을 알아볼 수는 있다.

우변을 라그랑주 포인트에서 선형화함으로써 다음과 같이 구할 수 있다.

$$\ddot{\sigma}_\xi - 2\dot{\sigma}_\eta = \sigma_\xi U_{\xi\xi} + \sigma_\eta U_{\xi\eta} + \sigma_\zeta U_{\xi\zeta}, \qquad (4\text{-}26)$$

$$\ddot{\sigma}_\eta + 2\dot{\sigma}_\xi = \sigma_\xi U_{\eta\xi} + \sigma_\eta U_{\eta\eta} + \sigma_\zeta U_{\eta\zeta}, \qquad (4\text{-}27)$$

$$\ddot{\sigma}_\zeta = \sigma_\xi U_{\zeta\xi} + \sigma_\eta U_{\zeta\eta} + \sigma_\zeta U_{\zeta\zeta}. \qquad (4\text{-}28)$$

여기서 도트dot는 τ에 대한 미분을 뜻하고, U_α, $U_{\alpha\beta}$는 다음과 같은 의미로 쓰였다.

$$U_\xi = \left(\frac{\partial U}{\partial \xi}\right)_0,\ U_\eta = \left(\frac{\partial U}{\partial \eta}\right)_0,\ \cdots$$

$$U_{\xi\xi} = \left(\frac{\partial^2 U}{\partial \xi^2}\right)_0, \; U_{\xi\eta} = \left(\frac{\partial^2 U}{\partial \xi \partial \eta}\right)_0, \cdots$$

여기서 단위질량당 무단위 유효 퍼텐셜 $U = U(\xi, \eta, \zeta)$는 식 (4-8)로 정의된 양이다. 라그랑주 포인트의 정의 자체가 유효 퍼텐셜의 미분이 0이 되는 점이기 때문에 라그랑주 포인트에서 계산한 1차 미분 항은 모두 0이 된다. $(X)_0$은 X를 라그랑주 포인트 (ξ_0, η_0, ζ_0)에서 계산한 값이란 의미다.

$$U_\xi = U_\eta = U_\zeta = 0.$$

선형 라그랑주 포인트 L_1, L_2, L_3

선형 라그랑주 포인트 L_1, L_2, L_3는 〈그림 4-6〉에서 보는 바와 같이 질량이 m_1과 m_2인 두 천체를 잇는 직선상에 존재한다. 이 경우 일반성을 잃지 않고도 $\eta_0 = 0, \zeta_0 = 0$이라 놓을 수 있다. '부록 A'에 정리한 유효 퍼텐셜의 1차 및 2차 편미분 값을 이용하여 선형 라그랑주 포인트에서 다음과 같은 값을 얻을 수 있다.

$$\begin{cases} U_{\xi\xi} = 1 + 2\Gamma \\ U_{\eta\eta} = 1 - \Gamma \\ U_{\zeta\zeta} = -\Gamma \end{cases} \tag{4-29}$$

$$U_{\xi\eta} = U_{\eta\xi} = U_{\xi\zeta} = U_{\zeta\xi} = U_{\eta\zeta} = U_{\zeta\eta} = 0 \tag{4-30}$$

$$\Gamma = \frac{\mu_1}{|\xi_0 + \mu_2|^3} + \frac{\mu_2}{|\xi_0 - \mu_1|^3} > 0 \tag{4-31}$$

라그랑주 포인트 근방에서 선형방정식 (4-26)-(4-28)의 해를 구하기 전에 라그랑주 포인트 자체의 특성을 알아보는 것이 해의 성질을 이해하는 데 도움이 된다. 라그랑주 포인트가 유효 퍼텐셜 곡면에서 국지적인 극대점Local Maximum인지, 극소점Local Minimum인지, 아니면 안장점Saddle Point인지를 먼저 알아보자. 어느 점에서 U의 '헤시안(또는 헤세Hesse) 행렬Hessian Matrix'의 고유치가 모두 양의 수이면 그 점은 극소점이고, 고유치가 모두 음이면 극대점이 되고, 음의 고유치와 양의 고유치가 공존하면 그 점은 안장점이 된다.[28][29] 헤시안 행렬은 다음과 같이 주어진다.

$$H = \begin{pmatrix} U_{\xi\xi} & U_{\xi\eta} \\ U_{\eta\xi} & U_{\eta\eta} \end{pmatrix} = \begin{pmatrix} 1+2\Gamma & 0 \\ 0 & 1-\Gamma \end{pmatrix}$$

〈표 4-2〉에서 모든 선형 라그랑주 포인트에서 $\Gamma > 1$인 것을 알 수 있다. 헤시안 행렬의 고유치 $1+2\Gamma$는 0보다 크고 $1-\Gamma$는 0보다 작다. 따라서 L_1, L_2, L_3는 모두 안장점이란 것을 알 수 있다. 하지만 〈표 4-2〉에서 보듯이 L_3에서 Γ 값은 1에 매우 근접하기 때문에 L_3는 매우 완만한 형태의 안장점이다. 식 (4-29)와 (4-30)에서 $-U_{\xi\xi} < 0$이고 $-U_{\eta\eta} > 0$이기 때문에 $-U$를 그린 〈그림 4-3〉와 〈그림 4-4〉에서 선형 라그랑주 포인트는 모두 $\xi-$축에 대해서는 극댓값을 가지고, $\eta-$축에 대해서는 극솟값을 갖는다. 따라서 선형 라그랑주 포인트들은 일종의 산봉우리 샛길의 등성이에 해당된다고 볼 수 있다.

라그랑주 포인트 주변에서 선형화된 질점의 운동방정식은 $\xi-\eta$ 평면의 운동과 $\zeta-$축을 따른 운동으로 완전히 분리되어 독립적으로 일어나는 것을 알 수 있고, $\xi-\eta$ 평면의 운동은 다음의 방정식에 의해 지배된다.

---

28) Saddle point, http://en.wikipedia.org/wiki/Saddle_point

29) Hessian matrix, http://en.wikipedia.org/wiki/Hessian_matrix

$$\ddot{\sigma}_\xi - 2\dot{\sigma}_\eta = (1+2\Gamma)\sigma_\xi \qquad (4\text{-}32)$$

$$\ddot{\sigma}_\eta + 2\dot{\sigma}_\xi = (1-\Gamma)\sigma_\eta \qquad (4\text{-}33)$$

운동방정식이 $\sigma_\xi = a e^{\lambda t}$ 와 $\sigma_\eta = b e^{\lambda t}$와 같은 해를 가진다고 가정하고 (4-32)-(4-33)을 풀어보자. 방정식 (4-32)와 (4-33)은 '동차연립미분방정식Coupled Homogeneous Differential Equation'으로 방정식의 행렬식이 0이 되는 λ 값에 대해서만 해가 존재한다. 이러한 λ 값을 고유치(Eigenvalue 또는 Characteristic Value)라고 한다. $\sigma_\xi = a e^{\lambda t}$와 $\sigma_\eta = b e^{\lambda t}$를 식 (4-32)와 (4-33)에 대입함으로써 다음과 같은 고유치 방정식Eigenvalue Equation을 얻는다.

$$\lambda^4 + (2-\Gamma)\lambda^2 + (1+\Gamma-2\Gamma^2) = 0 \qquad (4\text{-}34)$$

λ에 관한 방정식 (4-34)는 4차 방정식이므로 4개의 해를 가진다. 만약 4개의 해가 모두 순수한 허수로 판명되면, $\sigma_\xi(t)$와 $\sigma_\eta(t)$는 시간 τ에 대해 주기함수가 되므로 질점은 라그랑주 포인트 $(\xi_0, \eta_0, 0)$ 근방에서 안정된 궤도를 돈다고 판단할 수 있다.

그러나 4개의 λ 중 어느 둘이 실수Real Number가 되거나 복소수Complex Number가 된다면 주기함수로 표시되는 궤도가 아예 없거나 설사 있더라도 궤도는 곧 소멸되거나 급격히 라그랑주 포인트에서 이탈한다. 따라서 각 칭동점이 동적으로 안정적인지 아닌지를 묻는 질문에 답하기 위해서는 각 라그랑주 포인트에 대한 방정식 (4-34)의 해를 검토해야 한다.

방정식 (4-34)는 다음과 같은 해를 가진다.

$$\lambda^2 = \begin{cases} \dfrac{\Gamma - 2 + \sqrt{9\Gamma^2 - 8\Gamma}}{2} = \Lambda^2, \\ \dfrac{\Gamma - 2 - \sqrt{9\Gamma^2 - 8\Gamma}}{2} = -\Omega^2. \end{cases} \tag{4-35}$$

라그랑주 포인트 L_1, L_2, L_3는 각기 서로 다른 Γ 값이 하나씩 존재한다. 만약 $\Gamma > 1$이면 $\sqrt{9\Gamma^2 - 8\Gamma}$는 항상 $2-\Gamma$보다 큰 값을 가진다. 따라서 $\Gamma > 1$이면 $\lambda^2 > 0$인 해를 가지며, λ는 실수해 $\pm\Lambda$를 가진다. 실제로 L_1, L_2, L_3의 모든 $0 < \mu < 1/2$에 대해 $\Gamma > 1$이 성립하는 것으로 판명되었다.[30][31] 〈표 4-2〉에서도 모든 Γ가 1보다 큼을 알 수 있다. 또 같은 조건 $\Gamma > 1$이 만족되면 $\lambda^2 < 0$인 λ 허수해 $\pm i\Omega$도 존재한다. 따라서 λ 값이 실수인 해가 들뜬상태Excite가 되지 않게 초기조건을 정해준다면 다음과 같은 주기해Periodic Solution가 존재할 수 있다.

$$\sigma_\xi(t) = -A_\xi \cos(\Omega\tau + \phi) \tag{4-36}$$

$$\sigma_\eta(t) = +kA_\xi \sin(\Omega\tau + \phi)$$

$$k = \frac{2\Gamma + 1 + \Omega^2}{2\Omega} \tag{4-37}$$

한편, $\xi - \eta$ 평면의 운동과는 독립적인 운동을 하는 ζ-축을 따른 운동방정식은

$$\ddot{\sigma}_\zeta + \Gamma\sigma_\zeta = 0 \tag{4-38}$$

30) Hanspeter Schaub & John L. Junkins, *Analytical Mechanics of Space Systems*, 2nd Edit. (AIAA, 2009) p.525.

31) A. E. Roy, *Orbital Motion*, 4th Edt. (Taylor & Francis, New York, 2005) p.129.

로 나타내며 다음과 같이 주기가 $2\pi/\sqrt{\Gamma}$ 인 주기해를 가진다.

$$\sigma_\zeta(t) = +A_\zeta \cos(\sqrt{\Gamma}\tau + \psi)$$

여기서 A_ζ과 ψ는 적분상수로 각각 진폭과 위상을 의미한다. $\zeta-$축을 따른 질점의 운동은 단진자 운동이다. 이것은 $\xi-\eta$ 평면에 적절한 초기조건을 택해서 얻을 수 있는 주기해 식 (4-36)−(4-37)과 함께 ξ-축에 수직인 준주기궤도가 존재할 수 있음을 암시한다. 그러나 궤도방정식 (4-32), (4-33)과 (4-38)은 비선형 연립미분방정식 (4-14)−(4-16)을 라그랑주 포인트에서 선형화한 방정식이기 때문에 그 적용 범위가 어디까지인지 분명하지 않다. 실제로 수치계산 결과는 질점이 2~3바퀴를 돌기 전에 라그랑주 포인트로부터 이탈하는 것으로 알려졌다.[32) 라그랑주 포인트에서 벗어난 질점은 곧 불안정해지기 때문에 일반적으로 L_1, L_2, L_3는 동적으로 불안정한 점으로 취급된다. 하지만 로켓을 이용해 궤도가 ξ-축(x-축)을 따라 이탈하는 것만 제어한다면 작은 Δv로도 질점을 L_1, L_2, L_3 주위에 붙잡아주는 준準안정궤도를 만들 수 있다는 가능성을 강하게 암시하고 있다.

칭동점 L_4 & L_5

이번에는 또 다른 종류의 칭동점인 L_4와 L_5의 동적 안정성을 검토해보자. 무단위 거리로 표시한 L_4와 L_5의 좌표는 식 (4-20)과 (4-21)로 정해지며, $m_2 < m_1$이라고 가정하고 μ는 다음과 같이 정의하자.

$$\mu = \frac{m_2}{m_1 + m_2}$$

---

32) ibid. p.129.

여기서 등변삼각형 사이의 거리는 모두 1로 규격화되었다.

$$\rho_1 = \sqrt{(\xi_0 + \mu)^2 + \eta_0^2} = 1$$

$$\rho_2 = \sqrt{(\xi_0 - 1 + \mu)^2 + \eta_0^2} = 1$$

L_4와 L_5에서 계산한 유효 퍼텐셜의 0이 아닌 편미분 값들은 '부록 A'의 공식들을 이용해 구할 수 있고, 그 값은 다음과 같다.

$$U_{\xi\xi} = \frac{3}{4};\ U_{\eta\eta} = \frac{9}{4};\ U_{\zeta\zeta} = -1;\ U_{\xi\eta} = \pm\frac{3\sqrt{3}(1-2\mu)}{4} \tag{4-39}$$

L_4와 L_5에 대한 헤시안 행렬은 다음과 같이 주어진다.

$$H = \begin{pmatrix} 3/4 & \pm 3\sqrt{3}\,(1-2\mu)/4 \\ \pm 3\sqrt{3}\,(1-2\mu)/4 & 9/4 \end{pmatrix}$$

식 (4-39)과 헤시안 행렬 H의 우변의 복부호 중 '+' 기호는 L_4에 대한 것이고 '–' 기호는 L_5에 대한 값이다. H의 고유치는 L_4, L_5 두 경우 모두 $3[\,1 \pm \sqrt{1-3\mu(1-\mu)}\,]/2$이고 $0 < \mu \leq 1/2$이므로 고유치는 항상 0보다 크다. 따라서 L_4, L_5는 U의 극소점이며 $-U$의 극대점이다. L_4, L_5 자체는 불안정한 평형점Statically Unstable Equilibrium Points이지만, 코리올리 힘 때문에 일정 조건만 만족하면 동적으로 안정된 평형점Dynamically Stable Equilibrium Points이 될 수 있다.

$\xi-\eta$ 평면 내의 운동을 기술하는 운동방정식 (4-26)과 (4-27)에 대한 해가 존재할 고유치 방정식은 다음과 같이 쓸 수 있다.

$$\lambda^4 + \lambda^2 + \frac{27}{4}\mu(1-\mu) = 0$$

위의 방정식의 λ^2에 대한 해는

$$\lambda^2 = \frac{-1 \pm \sqrt{1-27\mu+27\mu^2}}{2}$$

가 된다. L_4와 L_5가 안정된 궤도를 형성할 조건은 λ가 순수한 허수가 되어야 한다는 것이다.[33] 이러한 조건은 $\lambda^2 < 0$이면 충족되고, 이것은 다시 다음과 같이 나타낼 수 있다.

$$\left(\mu - \frac{1+\sqrt{23/27}}{2}\right)\left(\mu - \frac{1-\sqrt{23/27}}{2}\right) \ge 0 \qquad (4\text{-}40)$$

$\mu \le 1/2$이므로 위의 부등호를 만족하는 μ 값은 $m_2/m_1 \le 0.0400642$ 또는 $\mu \le 0.0385209$로 제한되지만, 〈표 4-2〉에서 보듯이 태양계 내의 모든 행성과 태양이 만드는 2체 시스템은 식 (4-40)로 주어지는 조건을 충족하고, 지구와 달 시스템도 $m_M/m_E = 0.0123$으로 안정적인 주기해가 존재하기 위한 조건을 만족한다. 즉, 태양과 행성 또는 지구와 달이 만드는 L_4와 L_5는 정적으로는 불안정한 균형점들이지만, 그 주변은 동적으로 안정된 영역이라고 할 수 있다.

따라서 이러한 영역에는 소행성이나 운석들이 모여 있을 것으로 짐작할 수 있다. 실제로 태양과 목성이 만드는 L_4와 L_5 주변에는 〈그림 4-7〉에서 보는 것처럼 '트로이 소행성Trojan'과 '그리스 소행성Greek'

33) λ가 실수 부분이 0이 아닌 복소수이거나 실수Real Number라면 진폭이 시간에 대한 지수함수로 늘어나거나 지수함수로 감소한다는 뜻이 되므로 불안정하다. 반대로 순수한 허수라면 주기함수인 해를 허용한다는 뜻이므로 궤도가 안정된다.

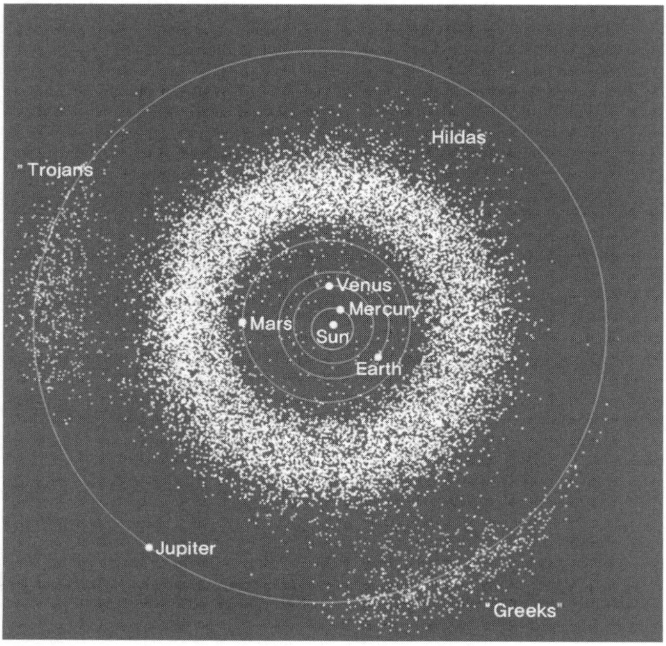

그림 4-7 태양-목성 시스템의 L_4과 L_5 주변에는 트로이Trojan와 그리스Greek라는 소행성군이 모여 있다.[34]

이라는 소행성군이 모여 있는 것이 발견되었다. 최근에는 2010TK$_7$이라는 태양-지구 시스템의 트로이 소행성이 L_4 영역에서 발견되었다.[35] 사실 목성 외에도 화성과 해왕성에도 트로이 소행성들이 발견되었지만, 지구에서 트로이 소행성이 발견되기는 처음이다.

34) https://en.wikipedia.org/wiki/File:InnerSolarSystem.png

35) http://www.astro.uwo.ca/~wiegert/2010TK7/

제3장

제로-속력 곡면의 구조

1. 유효 퍼텐셜 곡면의 구조

단위질량당 총에너지를 나타내는 식 (4-9)를 다음과 같이 다시 표현하자.

$$v^2 = 2\mathrm{U} - C \geq 0 \tag{4-41}$$

여기서 $C=-2\varepsilon_0\,(>0)$는 출발하는 위치에서 속력과 유효 퍼텐셜 U에 의해 결정되는 적분상수다. m_1, m_2의 질량중심을 원점으로 회전하는 좌표계 내의 어느 한 점에서 주어진 초기속력으로 출발한 질점의 속력 v와 퍼텐셜 U는 계속 바뀌지만 어떤 경우든 v가 음수가 될 수는 없다.[36] 여기서 v는 회전하는 좌표계에 대한 상대속력을 나타낸

36) 속력 v는 속도의 크기를 의미한다.

다. 질점의 속력이 0이 되는 위치에 도달하게 되면 앞으로는 더 나갈 수가 없기 때문에 벽에 부딪친 공처럼 되튀게 된다. 질점은 주어진 C에 대해 $U \geq C/2$인 영역 내에서만 움직일 수가 있고, 이러한 경계를 정해주는 곡선이 바로 식 (4-41)에서 $v=0$가 되는 곡선이다. 이러한 곡면을 '제로-속력 곡면(ZVS: Zero-Velocity Surface)'이라고 한다.

$$(\xi^2+\eta^2)+\frac{2(1-\mu)}{\sqrt{(\xi+\mu_2)^2+\eta^2+\zeta^2}}+\frac{2\mu}{\sqrt{(\xi-\mu_1)^2+\eta^2+\zeta^2}}=C \tag{4-42}$$

여기서 $\mu_2=\mu$, $\mu_1=1-\mu$이다. 주어진 $C(>0)$를 가진 질점의 이동은 $2U \geq C$인 영역으로 제한되고 $2U=C$인 곡면은 질점이 넘어갈 수 없는 경계면을 정한다. 한스피터 샤우브Hanspeter Schaub와 존 전킨스John L. Junkins는 ZVS가 C에 따라 변화하는 ZVS의 구조를 체계적으로 소개했다.[37)]

C를 초기조건에 의해 결정되는 에너지 파라미터로 취급하고, 먼저 식 (4-42)의 좌변이 의미하는 것을 살펴보도록 하자. 우리는 크게 다음과 같이 세 가지 경우로 나누어 식 (4-42)와 $2U \geq C$에 대해 생각해보기로 한다.

1) $C \leq 0$

2) $C \gg 1$

3) $C \sim 1$

항상 U는 0보다 크므로 첫 번째 경우는 항상 $2U > C$를 만족하며

37) Hanspeter Schaub & John L. Junkins, *Analytical Mechanics of Space Systems*, 2nd Edit. (AIAA, 2009), pp.515-522.

$v^2 > 0$이다. 따라서 질점은 아무런 방해도 받지 않고 모든 영역을 이동할 수 있기 때문에 흥미 있는 경우가 아니다.

$C \gg 1$ 경우, 식 (4-42)는 크게 두 가지로 다시 나누어 생각할 수 있다. 첫째, 질점이 m_1이나 m_2에서 멀리 떨어진 경우로 $\xi^2 + \eta^2 \gg 1$이라 중력 항은 상대적으로 작다. 이때 ZVS는 다음과 같이 쓸 수 있다.

$$\xi^2 + \eta^2 \simeq C \qquad (4\text{-}43)$$

위 식은 m_1과 m_2로 이루어진 시스템의 CM을 원점으로 하는 반경이 $\sqrt{C}$인 원의 방정식처럼 보인다. 그러나 (ξ, η, ζ)로 이루어진 3차원 공간에서 보면 식 (4-43)은 회전하는 좌표계의 회전축을 축으로 하는 반경이 $\sqrt{C}$인 원주의 방정식이다.

둘째, 질점이 m_1이나 m_2에 매우 가깝게 접근하는 경우다. 이때 각 중력 항들은 원심력 항 $\xi^2 + \eta^2$보다 훨씬 크므로 식 (4-42)는 또다시 다음과 같은 두 가지로 나누어 생각할 수 있다.

$$(\xi + \mu)^2 + \eta^2 + \zeta^2 = \frac{4(1-\mu)^2}{C^2},$$

$$(\xi + \mu - 1)^2 + \eta^2 + \zeta^2 = \frac{4\mu^2}{C^2}. \qquad (4\text{-}44)$$

이 방정식들은 각각 m_1과 m_2를 중심으로 하는 반경이 $2(1-\mu)/C$와 $2\mu/C$인 구의 방정식이다. 식 (4-43)-(4-44)가 의미하는 것은 $C \gg 1$인 경우에는 경계면이 3개가 있음을 보여준다. 즉, 질점이 운동할 수 있도록 허용된 공간은 $2U > C$인 영역이므로 질점이 움직일 수 있는 영역은 다음과 같이 나타낼 수 있다.

$$\xi^2+\eta^2 \geq C, \tag{4-45}$$

$$(\xi+\mu)^2+\eta^2+\zeta^2 \leq \frac{4(1-\mu)^2}{C^2}, \tag{4-46}$$

$$(\xi+\mu-1)^2+\eta^2+\zeta^2 \leq \frac{4\mu^2}{C^2}. \tag{4-47}$$

즉, $\xi^2+\eta^2 < C$, $(\xi+\mu)^2+\eta^2+\zeta^2 > 4(1-\mu)^2/C^2$, $(\xi+\mu-1)^2+\eta^2+\zeta^2 > 4\mu^2/C^2$인 영역은 질점이 접근할 수 없는 영역이라는 의미다. 이러한 영역은 〈그림 4-8〉의 왼쪽 그림에서 밝은 영역이 바로 질점이 접근할 수 없는 공간이고, 검은색 영역에서는 질점이 자유롭게 움직일 수 있다.

마지막으로 $C \sim 1$인 경우를 생각해보자. 식 (4-45)-(4-47)에서 C 값을 큰 값에서 시작해 줄여 나가면 외부 경계면인 원주의 반경은 줄어들고, 내부 경계면인 두 구의 반경은 늘어난다. 여기서 C가 감소한다는 것은 음의 부호를 가진 무단위 에너지 ε_0 값이 0으로 다가간다는 뜻이므로 초기 에너지 값이 증가한다.[38] C가 계속 작아지면 두 구의 반경은 점점 커져 두 구의 접점이 생긴다. m_1에 중심을 둔 구와 m_2에 중심을 둔 구가 만나는 점이 첫 번째 라그랑주 포인트 L_1이 된다. 바로 〈그림 4-8〉의 가운데 그림에서 보여주는 장면이다.

두 구가 L_1에서 접촉하는 C 값을 C_1이라고 하면, C_1 값은 L_1에서 유효 퍼텐셜 값의 두 배인 $2U_0$에서 구할 수 있다. 〈표 4-3〉에서

$$C_1 = 3.1883408$$

이 됨을 알 수 있다. $C = C_1$이 되면, 질점이 접근할 수 있는 영역이

38) 거리가 ∞가 될 때 에너지를 0으로 기준을 삼았기 때문이다.

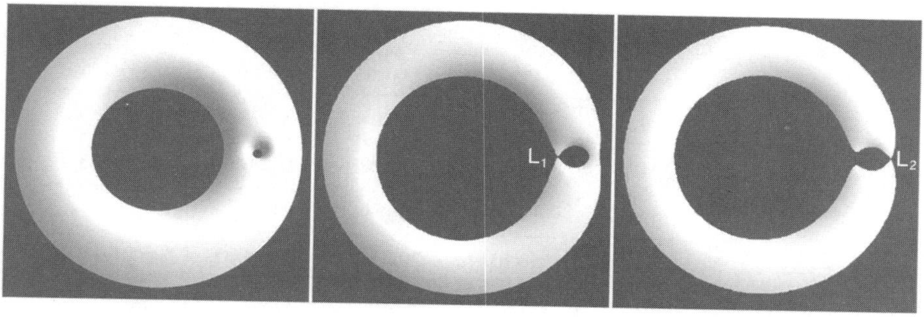

그림 4-8 C 값이 감소함에 따라 질점이 움직일 수 있는 영역이 늘어나는 과정을 $\xi-\eta$ 평면에서 보여주는 그림. 왼쪽부터 $C=3.40000$, 3.18835, 3.17216에 대응하는 유효 퍼텐셜의 그림이다. 수평방향이 ξ-축이다. C가 3.18835가 되면 질점이 움직일 수 있는 영역이 지구 주변에서 달 주변까지 L_1을 통해 연결되고, C 값이 3.17216으로 줄어들면 L_2에 출구가 생겨 지구—달 시스템 밖으로 나갈 수 있다. (화보 8 참조)

m_1을 중심으로 하는 구 또는 m_2를 중심으로 하는 각각의 구 안에 제한되지 않고 L_1을 통해 다른 구 안으로 자유롭게 드나들 수 있게 된다. 내부에 존재하던 두 개의 영역은 $C=C_1$이 되면서 하나의 영역으로 합쳐지고 질점이 움직일 수 있는 영역은 3개에서 2개로 줄어들었지만 움직일 수 있는 영역은 훨씬 늘어났다.

C 값을 더욱 줄여 나가면 내부 영역은 더욱 증가하고 외부 반경은 줄어들어 두 영역이 L_2 지점에서 만나고, 내부 영역과 외부 영역은 하나의 영역으로 합쳐진다. 즉, L_2는 질점이 m_1-m_2 시스템의 내부 영역을 이탈할 수 있는 관문이 되었다. 〈그림 4-8〉의 오른쪽 그림이 이 경우를 보여주고 있다. 이때 C 값인 C_2는 〈표 4-3〉에서 구한 L_2에서 유효 퍼텐셜 값 U_0로부터 C_2가 3.1721602가 됨을 알 수 있다.

C 값을 계속 줄여 나가면 L_2 쪽 출구가 넓어짐과 동시에 외부 영역과 내부 영역은 〈그림 4-9〉의 왼쪽 그림과 같이 L_3에서도 만나는 것을 알 수 있고, 이때 C 값은 $C_3=3.0121472$로 주어진다. 여기서 C 값을 약간만 더 줄여 C 값이 $C_4=2.9879970$이 되면 질점이 접근할

	L_1	L_2	L_3	L_4	L_5
ξ_0	0.8369153	1.1556820	−1.0050626	0.4878495	0.8660254
η_0	0	0	0	0.4878495	−0.8660254
$U_0 = \frac{C_i}{2}$	1.5941704	1.5860801	1.5060736	1.4939985	1.4939985
Γ	5.1475932	3.1904259	1.0106912	1	1
$(U_{\xi\xi})_0$	11.2951864	7.3808519	3.0213825	0.7500000	0.7500000
$(U_{\xi\eta})_0$	0	0	0	1.2674701	1.2674701
$(U_{\eta\eta})_0$	−4.1475932	−2.1904259	−0.0106912	2.2500000	2.2500000
$(U_{\zeta\zeta})_0$	−5.1475932	−3.1904259	−1.0106912	−1.0000000	−1.0000000

표 4-3 지구와 달이 만드는 5개의 라그랑주 포인트의 특성. $C_i = 2U_0$는 i-번째 라그랑주 포인트에서 계산한 C 값이다.

수 없는 영역은 〈그림 4-9〉 오른쪽 그림에서처럼 라그랑주 포인트 L_4와 L_5 점만 남게 된다.

물론 C를 조금만 더 줄이면 〈그림 4-9〉에서 보는 단계를 거쳐 $\xi-\eta$ 평면 내에는 더 이상 질점의 이동을 막는 퍼텐셜 장벽이 완전히 없어진다. 즉, $\varepsilon_0 \geq -C_4/2$가 되면 $\xi-\eta$ 평면에서는 어느 방향으로 움직이든 운동을 막는 퍼텐셜 장벽은 없다.

그러나 $\xi-\eta$ 평면에서 장벽이 사라졌다고 $\xi-\zeta$ 평면이나 $\eta-\zeta$ 평면에서도 장벽이 사라진 것은 아니다. 그 이유는 다음과 같다. $\xi-\eta$ 평면에서 원주의 반경은 $\sim C$에 비례해 줄어들고 내부 구의 반경은 $\sim 1/C^2$로 늘어나기 때문에 C가 작아지면 질점이 움직이는 공간 영역, 곧 원주 밖의 움직임이 허용된 공간을 만날 수 있다. $\xi^2+\eta^2 \sim C$는 $\xi-\eta$ 평면에서 보면 원의 방정식이지만 3차원 공간 (ξ, η, ζ)에서 보면 ζ-축을 중심으로 하는 원주의 방정식이다. 따라서 $\zeta-\xi$ 평면이나 $\zeta-\eta$ 평면에서 보면 $\xi^2 < C$와 $\eta^2 < C$는 질점이 접근할 수 없는 영역으로 남아 있다. $\zeta-\xi$ 평면에서 보면 주어진 C를 가지는 질점이

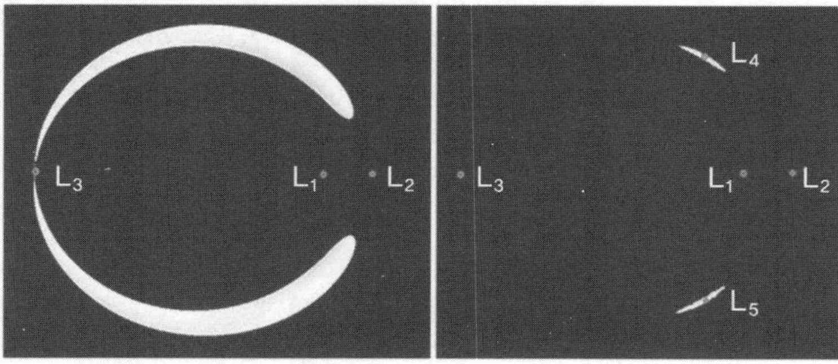

그림 4-9 C 값이 계속 감소함에 따라 질점이 움직일 수 있는 영역이 더욱 늘어나는 과정을 $\xi-\eta$ 평면에서 보여주는 그림. $C=C_4$에 이르면 왼쪽 그림의 초승달 모양들은 L_4와 L_5에 있는 점들만 빼고는 사라진다. 왼쪽 그림은 $C_3=3.01214$에 해당하는 그림으로 L_3를 통해 내부 영역과 외부 영역이 막 연결되는 장면이고, 오른쪽 그림은 $C_4=2.98800$에 해당하는 그림으로 L_4와 L_5 주위의 아주 작은 영역만 제외하고 질점은 $\xi-\eta$ 평면 내에서 모든 방향으로 자유롭게 움직일 수 있다. (화보 9 참조)

허용되지 않는 영역은 다음과 같다.

$$\xi^2 < C \tag{4-48}$$

$$(\xi+\mu)^2+\zeta^2 > \frac{4(1-\mu)^2}{C^2}, \tag{4-49}$$

$$(\xi+\mu-1)^2+\zeta^2 > \frac{4\mu^2}{C^2}. \tag{4-50}$$

따라서 식 (4-48)−(4-50)에서 유한한 ζ 값에 대해서는 C 값을 충분히 작게 잡음으로써 주어진 ζ에서

$$C<(\xi+\mu)^2<\frac{4(1-\mu)^2}{C^2}-\zeta^2 \quad \text{또는}$$

$$C<(\xi+\mu-1)^2<\frac{4\mu^2}{C^2}-\zeta^2$$

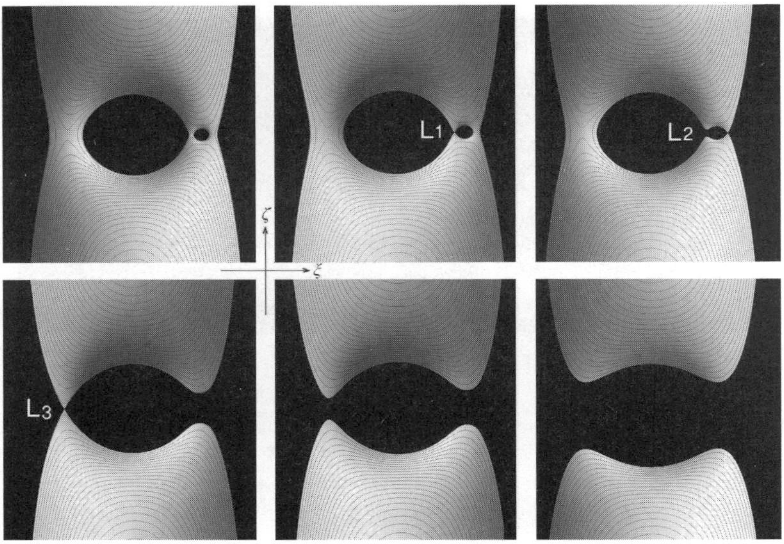

그림 4-10 C 값에 따라 질점의 접근이 허용되지 않는 영역을 $\xi-\zeta$에서 본 그림. $\xi-\eta$ 평면에서 질점의 운동을 방해하는 영역이 없어졌지만, $\xi-\zeta$ 평면이나 $\eta-\zeta$ 평면에서 보면 아직도 C 값에 따라 질점이 접근할 수 없는 영역이 남아 있다. (화보 10 참조)

이 되어 〈그림 4-10〉에서 보듯이 $\xi-\zeta$ 평면에서도 질점이 자유롭게 움직이는 영역이 확대된다. 〈그림 4-10〉은 $\xi-\zeta$ 평면에서 $\xi^2 \sim C$인 원주 형태의 접근금지 영역은 $C \leq C_4$가 되면 $\zeta=0$을 기점으로 아래위로 분리되는 것을 보여준다. C 값이 작아질수록 아래위의 간격은 점점 멀어지지만 $C=0$이 아닌 한 장벽이 완전히 없어지지는 않는다. $\eta-\zeta$ 평면에 대해서도 같은 논리가 적용된다.

이상의 논의에서 라그랑주 포인트와 ZVC가 실제 우주탐사에 적용될 수 있는 결과를 얻을 수 있다. 첫째는 회전축에 수직인 $\xi-\eta$ 평면 내의 궤도를 택하면 상대적으로 큰 C 값으로도 m_1-m_2의 중력권에서 이탈할 수 있다.[39] 두 번째로 L_1 또는 L_1, L_2를 이용할 때 로켓의 Δv를 절약할 수 있다.

39) 작은 초기 에너지로도 m_1-m_2의 중력권을 이탈할 수 있다는 의미다.

지금까지 우리는 무단위 물리량들을 다루었는데, 실제 문제에 적용하려면 물리량의 단위를 복원해야 한다. 여기서 $C=-2\varepsilon_0$로 무단위로 표시한 초기 에너지임을 상기할 필요가 있다. 거리를 표현한 양에는 $\mathrm{R}(=\mathrm{r}_{12})$을, 시간에는 $1/\omega$을, 속력에는 $\omega\mathrm{R}(=\mathrm{v}_0)$을, ε_0에는 $\omega^2\mathrm{R}^2$을 곱해주어야 하고, ω는 $\sqrt{\mathrm{G}(\mathrm{m}_1+\mathrm{m}_2)/\mathrm{R}^3}$로 주어진다.

질점의 초기 에너지 ε_0는 거리가 무한대(∞)가 될 때 0이 되는 값으로 정의했기 때문에 중력권에서 벗어날 수 없는 초기 에너지는 항상 $\varepsilon_0<0$이다. 따라서 C 값이 크고 작다는 것은 질점의 초기속력이 작고 크다는 것을 의미한다.[40][41] 지구 주변에는 라그랑주 포인트가 7개 존재한다. 그중 5개는 지구와 달이 만드는 것으로 3개는 일직선상에 있는 LL_1, LL_2, LL_3이고 2개는 등변삼각형 위에 놓인 LL_4와 LL_5다. 나머지 2개는 태양과 지구가 지구 주변에 만드는 EL_1과 EL_2이다. 우리는 제2장 3절에서 라그랑주 포인트의 안정성을 다룰 때 라그랑주 포인트 주변에 주기궤도나 준주기궤도가 존재할 가능성을 암시했다. 즉, 지구 주변에 있는 7개의 라그랑주 포인트에 천체 관측용 플랫폼이나 통신위성을 배치할 수도 있다는 뜻이다.

2. L_4와 L_5 주변의 안정적 궤도

라그랑주 포인트를 만드는 두 천체의 질량이 $\mu\le 0.0385209$(또는 $\mathrm{m}_2/\mathrm{m}_1\le 0.0400642$)라는 조건을 만족하면 L_4와 L_5 주위에 안정된 궤도가 존재할

40) S/C가 지구를 떠날 때 퍼텐셜 에너지와 지구의 속도는 정해진 값이기 때문에 S/C의 발사속력이 ε_0 또는 C를 결정한다.

41) Ulrich Walter, *Astronautics* (Wiley-VCH Verlag GmbH & Co. KGaA, Weinheim, 2008), pp.320-329: 이 책의 표 11. 1에서 제시한 라그랑주 포인트 위치와 Fig.11.11의 ε_0 값은 거리측정 기준으로 CM을 잡지 않고 지구(m_1)로 잡았기 때문에 생긴 차이고, 좌표 기준을 통일하면 답이 일치한다.

수 있음을 이미 알고 있다. 태양과 각 행성은 모두 이러한 조건을 만족하고 있으며, μ=0.01215로 μ 값이 가장 큰 지구와 달도 이 조건을 만족한다. 따라서 $e^{\lambda\tau}$ 궤도에서 λ는 순수한 허수가 될 것이다. 실제로 지구와 달이 만드는 LL_4와 LL_5에 대한 고유치 λ 값은 다음과 같이 4개의 허수 값을 가진다.

$$\lambda = \pm 0.2982114 i$$
$$\lambda = \pm 0.9544998 i \qquad (4\text{-}51)$$

라그랑주 포인트 주변을 도는 궤도의 주기 T_L은 $|\lambda|\omega T_L = 2\pi$를 만족하며 $\omega = 2\pi/T$를 이용해

$$T_L = \frac{T}{|\lambda|} \qquad (4\text{-}52)$$

이 됨을 나타낼 수 있다. 여기서 T는 m_1과 m_2가 CM을 중심으로 회전하는 주기다. 따라서 LL_4(또는 LL_5) 주위를 도는 궤도의 주기는 서로 다른 2개가 존재한다.

$$T_{41} \simeq 3.3533\,T$$
$$T_{42} \simeq 1.0477\,T \qquad (4\text{-}53)$$

LL_4와 LL_5 근방의 안정된 궤도의 주기는 대략 1개월과 3.4개월 정도이다. 주기가 2개라는 것에 대해서는 약간의 설명이 필요하다.

L_4나 L_5 주위의 작은 천체나 우주선(S/C: Spacecraft)이 움직이는 궤도는 프톨레마이오스 당시 우주의 주전원(周轉圓: Epicycle) 개념과 거의 일

치한다. L_4나 L_5 주변의 가벼운 천체는 〈그림 4-11〉의 검은색 점처럼, 중심이 L_4나 에L_5 있는 주기가 긴 타원궤도를 돌고 있는 한 점을 중심으로 돌고 있는 주기가 짧은 타원궤도가 또 있다는 뜻이다. 지구가 태양 주위를 공전하고 달은 지구를 중심으로 공전하는 경우와 흡사하다. 이러한 결론을 내리게 한 운동방정식은 L_4나 L_5에서 선형화된 방정식이므로 적용 범위가 이 점들에서 멀리 떨어지지 않은 범위에 국한된다. 〈그림 4-9〉의 왼쪽 그림에서 보여주듯이 $C(=-2\varepsilon_0)$ 값이 어느 정도 작은 경우 ZVC는 거머리처럼 늘어나 있다. 따라서 L_4나 L_5에서 비교적 멀리 떨어진 지점에서 아주 작은 속력을 가진 작은 천체의 궤도는 아주 기다랗게 늘어난 주전원 형태가 된다. 생김새가 올챙이 같다고 하여 올챙이 궤도Tadpole Orbit라고도 한다.

C 값이 작아지고 주궤도(주기가 긴 궤도) 접선방향의 속도가 늘어나면 L_4와 L_5의 올챙이 궤도는 L_3에서 서로 만날 수도 있다.[42] L_4의 올챙이 궤도와 L_5의 올챙이 궤도가 만나서 생긴 긴 궤도를 말발굽 궤도Horse Shoe Orbit라고 한다.

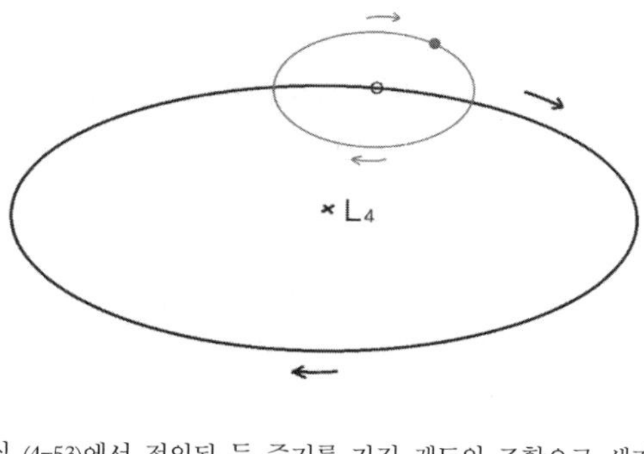

그림 4-11 식 (4-53)에서 정의된 두 주기를 가진 궤도의 조합으로 생긴 궤도. 작은 천체나 우주선은 L_4 주위를 프톨레마이오스 당시의 주전원과 같은 모양의 궤도를 따라 돈다.

42) Ulrich Walter, *Astronautics* (Wiley-VCH Verlag GmbH & Co. KGaA, Weinheim, 2008), p.337.

이러한 궤도는 달과 지구의 LL_4, LL_5뿐만 아니라 $\mu \leq 0.0385209$을 만족하는 어떠한 L_4와 L_5에도 주기는 식 (4-52)로 표시된다. L_4 궤도의 2개의 주기 중에서 T_{41}은 μ 값에 민감하고 T_{42}는 둔감하다. $\mu \rightarrow 0$에서 주기는 다음과 같은 극한 값을 가지는 것을 알 수 있다.

$$\lim_{\mu \to 0} T_{41} = \infty,$$

$$\lim_{\mu \to 0} T_{42} = T.$$

물론 우리가 말하는 닫힌 궤도를 따라 돈다는 뜻은 관성좌표계에서 닫힌곡선을 돈다는 뜻이 아니라 회전좌표계에서 관측할 때 닫힌 궤도를 따라 돈다는 뜻이다. 질량도 없는 빈 공간의 한 점을 중심으로 질점이 안정된 궤도를 따라 돈다는 것은 기괴하고 또 흥미로운 것이 사실이다.

이러한 궤도는 중력과 관성력Inertial Forces이 만드는 일종의 '매직Magic'이다. 이 궤도는 두 천체가 만드는 중력과 원심력 및 코리올리 힘에 의해 L_4와 L_5는 동적으로 안정되고, 별도의 Δv를 사용하지 않아도 라그랑주 포인트 근방의 궤도를 장기간 유지할 수 있기 때문에 이곳에 반영구적인 인공위성을 띄우는 것은 흥미롭긴 하지만, 실용적인 관점에서는 아직 크게 이용되지 않는 것이 사실이다. 영구적인 우주도시 또는 대규모 우주정거장으로는 EL_4나 EL_5가 가장 적합한 장소이지만, 지구에서 너무 멀리 떨어져 있어 지금 당장 필요한 우주관측이나 우주통신을 위한 장소로는 L_1 또는 L_2가 훨씬 유리하다.

제2장 3절에서 검토했듯이 L_1, L_2 및 L_3는 일반적으로 안정된 궤도를 허용하지 않으나 이 점들에도 적절한 조건이 만족되면 안정적인 궤도가 존재할 수 있다. ξ-축을 따라 선형 라그랑주 포인트Linear Lagrange

Points를 이탈하는 궤도는 $\Gamma \geq 1$이므로 λ가 늘 실수해Real Number Solution를 가진다.

L_1과 L_2에 대해서는

$$\lim_{\mu \to 0} \Gamma = 4$$

가 되므로 $\lambda = \pm\sqrt{1+2\sqrt{7}}$ 인 실수해가 존재한다. 따라서 초기에 $\delta\xi_0$ 만큼의 섭동이 생기면 'e −폴딩 타임folding time'은 아주 짧다.[43)][44)]

$$t_e = \frac{T}{2\pi\sqrt{1+2\sqrt{7}}} = 1.73\text{일},$$

달의 경우 정확한 Γ_{L_1} 값 5.1475932를 사용하면 $t_{L1\,e} = 1.48304$일이 되고, L_2 경우도 정확한 값 $\Gamma_{L2} = 3.1904259$를 사용하면 $t_{L2\,e} = 2.0144$일이 되어 L_1과 L_2에 대해 다른 값을 얻는다. 흥미로운 사실은 〈표 4-2〉에서 지구-달만 제외한 모든 2체가 만드는 L_1과 L_2에 대해

$$\tilde{\Gamma} = \frac{\Gamma_{L1} + \Gamma_{L2}}{2} \simeq 4.00$$

이 되는 것을 확인할 수 있다. 그러나 〈표 4-3〉에서 보듯이 지구-달에 대해서만은 $\tilde{\Gamma} = 4.1690$이 되어 다른 경우에 비해 4.0에서 많이 벗어나고 있다.

---

43) e −folding time이란 $x = Ae^{\lambda\omega t}$와 같은 식에서 $\lambda\omega t = 1$이 되는 데 걸리는 시간을 t_e라 한다. 이 시간 동안 x는 e배만큼 증가하기 때문에 붙인 이름이다.

44) Ulrich Walter, *Astronautics*, (Wiley-VCH Verlag GmbH & Co. KGaA, Weinheim, 2008), p.330.

한편, L_3에 대한 t_e는 ξ_{L3}에 대한 근사적인 식 $\xi_{L3} = -(1+5\mu/12)$를 사용하여 다음과 같은 근사식을 얻을 수 있으며,

$$t_e \simeq \frac{T}{2\pi}\sqrt{\frac{8}{21\mu}} = 24.35\text{ 일}$$

정확히 계산한 $\lambda = 1.0106912$를 사용해 구한 t_e는 24.4462일이 된다.[45) 여기서 달의 궤도주기 T는 27.321582일로 취했다. 따라서 ξ-축을 따라 L_3를 이탈하는 질점은 시간과 함께 점점 라그랑주 포인트에서 멀어진다. 물론 다시 제자리로 돌려보내기 위해 Δv가 크게 소요되진 않는다.[46)]

L_1, L_2, L_3 점은 안장점이라 근본적으로 불안정한 평형점이다. 우리는 m_1과 m_2를 연결하는 평형점에서부터 ξ-축 방향으로 변위된 질점은 시간이 흐름에 따라 지수함수적으로 이탈하는 것을 보여주었다. 하지만 이러한 발산을 하는 방향이 아닌 다른 방향으로 변위를 시작하면 L_1, L_2, L_3에도 두 가지 다른 종류의 안정된 주기를 가지는 궤도 무리Orbit Family가 존재한다. 하나는 $\xi-\eta$ 평면 안에 존재하고, 다른 하나는 이 평면에 수직인 평면 안에 존재한다. 이러한 궤도들을 랴푸노프 궤도Lyapunov Orbits라고 한다.

---

45) ibid. p.330에 있는 L_3에 대한 공식에서 $1/\sqrt{7}$이 빠졌다고 생각한다.

46) Robert W. Farquhar, *Fifty Years On The Space Frontier: Halo Orbits, Comet, Asteroids, And More* (Outskirts Press, Inc. Denver, Colorado, 2011), p.16.

5부

보이지 않는 신세계

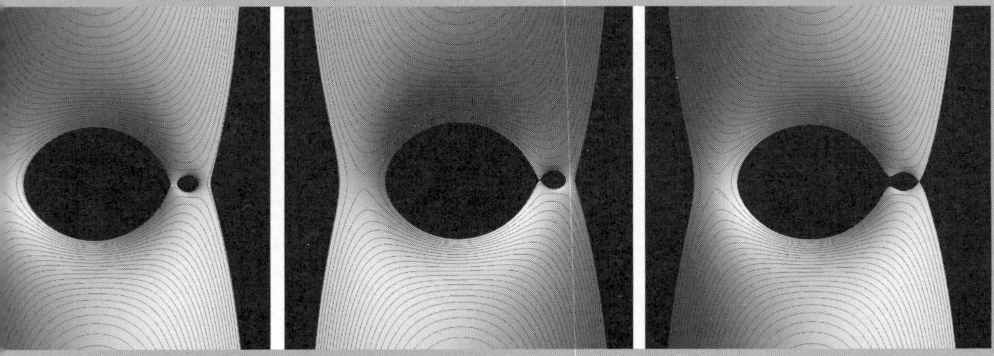

제 1 장

라그랑주 포인트 근방의 주기해와 달무리궤도

공상과학 소설가이며 우주여행의 선각자 아서 클라크Arthur C. Clark는 지구 정지궤도에 통신위성을 띄우자는 제안 외에 지구와 달의 LL_2에도 통신위성을 배치해 달 뒷면에 건설하게 될 달 기지와 통신할 수 있는 수단을 마련하자고 제안했다. 이 경우 LL_2는 항상 달 뒤편에 놓이게 되어 달 궤도 통신위성이 추가로 필요하다. 클라크가 제안한 LL_2 위성은 LL_2 포인트에 위성을 놓고 '위치유지Station Keeping'만 하는 것이지, LL_2 주변의 궤도를 도는 시스템은 아니었다. 클라크의 교신 시스템은 최소 위성 2기가 필요한 데다 전파 통로가 너무 길어 음성 교신에는 적합지 않을 것으로 생각되었다.

로버트 파쿼Robert W. Farquhar는 1960년 석사학위 논문에서 LL_2 포인트 외에 LL_4에 중계위성을 배치함으로써 달 뒤편과 지속적인 교신을 할 수 있다고 주장했다.[1] 1962년 던G. L. Dunn은 지구와 달을 연결하는

1) Robert W. Farquhar, *Fifty Years On The Space Frontier: Halo Orbits, Comet, Asteroids, And*

선과 수직인 평면 안에 LL_2에서 3,200km 떨어진 곳에 위성을 배치하면 항상 지구와 가시선상에 놓여 교신이 가능하다고 제안했지만, 위치유지를 위해 연간 1.35km/s의 Δv가 소요될 것으로 예측되어 현실적인 부담이 큰 구상이었다.[2] 던의 제안은 그러한 지점에 위성을 놓아두고 위성이 그 위치에서 벗어나면 로켓을 이용해 그 자리로 되돌리는 개념이었다.

1965년 파쿼는 완전히 새로운 개념의 달 통신 시스템을 제안했다.[3] 그는 LL_2 포인트에 위성을 놓아두는 대신 LL_2 포인트 근방에서 '주기궤도'를 회전하는 위성을 생각했다. LL_2에는 위성을 잡아두는 어떠한 천체도 없지만, 코리올리 힘에 의해 동적으로 준안정 상태를 만들 수 있다는 점에 착안하여 이러한 구상을 하게 되었던 것이다. 지구와 달을 연결하는 축에 수직인 평면 안에서 도는 달무리궤도를 달 뒷면과 지구를 연결하는 통신위성으로 사용하자고 제안한 것이다. 이러한 위성 궤도의 진폭이 수천km 이상이면 지구 어디와도 항상 가시선상에 있다. 이것이 달무리궤도에 관한 첫 번째 구체적인 연구였다.

어떤 두 천체가 만드는 L_1 또는 L_2에서 달무리궤도의 주기는 다음에서 소개할 Ω 식 (4-35)와 $\mu \ll 1$이라는 조건에서 쉽게 구할 수 있다. 이 경우 $\Gamma \simeq 4$가 되므로 $\Omega \simeq 2.072$가 된다. 달무리궤도의 주기 T_{halo}는 L_1 또는 L_2를 만드는 천체의 공전주기 T로 표시하면 다음과 같다. $\Omega \omega T_{halo} = 2\pi$에서

$$T_{halo\, L_{1,2}} = \frac{T}{\Omega} = 0.483T$$

More (Outskirts Press, Inc. Denver, Colorado, 2011) p.27.

2) ibid., p.28.

3) ibid.

가 되어 주기는 거의 모든 L_1 또는 L_2에 대해 공전주기의 약 1/2이 되는 것을 알 수 있다. L_3에 대해서는 $\Gamma=1$이고 $\Omega\simeq 1$이 되므로 L_3를 돌고 있는 달무리궤도의 공전주기는 두 천체의 공전주기와 거의 같다.

$$T_{\mathrm{halo}\,L_3}\simeq T$$

L_4(또는 L_5)에 대해서는 두 가지 달무리궤도의 주기가 존재할 수 있다. 주기 가운데 하나는 거의 공전주기와 같지만, 다른 하나는 μ 값에 아주 민감하여 LL_4의 경우에는 공전주기의 3.4배 정도가 되지만 $\mu\rightarrow 0$인 경우에는 주기가 무한히 길어진다.

실제로 이러한 주기 개념을 지구와 달에 적용할 경우 〈표 4-3〉에서 알 수 있듯이 LL_2에서 $\Gamma=3.1904259$로 4보다 훨씬 작은 값을 얻고, $\Omega=1.8626466$이 되어 달의 공전면에 따른 궤도의 주기 $T_{\mathrm{Plane}}=T/\Omega$는 14.67일이고 여기에 수직인 진동의 주기는 $T/\sqrt{\Gamma}$로 15.30일이 된다. 파쿼는 이러한 궤도를 LL_2에 유지하기 위한 Δv는 연간 3m/s밖에 안 된다고 추정했다.[4] 지구와 달이 만드는 LL_1과 LL_2는 앞으로 달에 영구기지를 건설하거나 아니면 태양계를 탐사하는 무인 탐사선의 '관문Gateway', 또는 관측용 탐사선의 '추진제 보급장소'나 우주선의 '수리공장'으로 활용하면 여러모로 편리할 것으로 생각한다.

하지만 지금까지 관측용 탐사선을 보내 실제로 유용하게 사용하는 라그랑주 포인트는 태양과 지구가 만드는 라그랑주 포인트 EL_1과 EL_2 뿐이다. EL_1은 항상 정확하게 지구와 태양을 연결하는 선상에 있으므로 하루 24시간, 1년 365일을 아무런 방해를 받지 않고 태양을

4) Robert W. Farquhar, *Fifty Years On The Space Frontier: Halo Orbits, Comet, Asteroids, And More* (Outskirts Press, Inc. Denver, Colorado, 2011) p.18.

관측할 수 있다. 따라서 태양에 대한 과학적인 관측 외에도 심한 태양풍이 지구에 도착하기 최소한 하루 전에 지구에 경고를 보낼 수 있기 때문에 이로 인한 피해를 예방할 수 있도록 귀중한 시간을 벌어줄 것으로 본다. 그러나 탐사선과 지구 사이의 통신은 태양에서 나오는 전자파에 따라 방해를 받을 수 있으므로 관측용 우주선은 지구-태양 선상에서 약간 벗어나 있어야 한다. 이러한 문제는 EL_1 주변의 달무리궤도를 택함으로써 해결할 수 있었다. 1972년과 1974년 사이 NASA는 태양을 관측하는 위성 발사를 검토했고, 파쿼의 강력한 설득에 힘입어 원래 고려했던 태양 궤도가 아닌 EL_1에 태양 관측을 위한 우주 관측선(S/C)을 발사하기로 결정했다. 그 결과 태양 관측 프로그램은 유럽 우주개발기구(ESA: European Space Agency)와 NASA의 공동 프로젝트로 추진하는 ISEE(International Sun-Earth Explorer) 프로그램으로 변경되었고, 이 프로그램을 통해 발사된 ISEE-3는 라그랑주 포인트의 달무리궤도를 도는 첫 번째 위성이 되었다.

미국은 우주통신에서 S-밴드S-band 극초단파를 주로 사용하는데, 태양을 바라보는 안테나 대응각이 6° 미만이면 '통신 두절Blackout Zone'이 된다.[5] 따라서 달무리궤도를 도는 태양 관측선의 대응각이 최소 6° 이상이 되도록 A_z를 선택한다면 항상 통신이 가능한 상태에서 태양 관측을 계속할 수 있다. 1978년 8월 12일 델타-2914에 의해 발사된 ISEE-3는 1979년 5월 14일 첫 번째 달무리궤도 선회를 마쳤다. 이로써 아무것도 없는 허공에 엄청난 질량이 있는 것처럼 라그랑주 포인트를 중심 삼아 회전하는 달무리궤도가 정말 존재한다는 것이 실증되었다.[6]

---

5) S-밴드는 2-4GHz 사이의 주파수로 위성통신 등에 주로 사용된다. 여기서 대응각이란 태양과 지구 중심을 잇는 선과, 관측선과 지구 중심을 잇는 선 사이의 각을 말한다.

6) 달무리궤도는 꼬이고 찌그러진 닫힌곡선인 3차원 궤도로 우리가 생각하는 행성의 타원궤도와는 완전히 다르다. 〈그림 5-1〉-〈그림 5-4〉를 참조하기 바란다.

z-축의 진동수와 x-y 평면의 진동수가 같은 궤도를 달무리궤도라고 하고, z-축의 진동수가 x-y 평면의 진동수의 1/2인 경우를 8자 궤도Figure-8 Orbits라고 한다.[7] 그러나 현실세계에서 요긴하게 사용되는 궤도는 아직까지 달무리궤도뿐이다. 5부에서는 이러한 달무리궤도를 계산하는 방법을 소상히 소개함으로써 달무리궤도를 이해하고, 이러한 궤도를 연구하는 기초를 마련하고자 한다.

1. 라그랑주 포인트 근방에서 질점의 운동

두 천체 m_1과 m_2의 질량중심 CM을 중심 삼아 각속도 ω로 회전하는 좌표계에서 거의 무시할 만한 질량을 가진 제3의 천체 m_3의 운동은 방정식 (4-14)-(4-16)에 의해 결정된다. 이러한 좌표계에서 라그랑주 포인트는 고정된 점들이다. 라그랑주 포인트$(\xi_0, \eta_0, 0)$의 주변에서 m_3의 운동을 기술하려면 라그랑주 포인트에 원점을 가진 좌표계를 도입하는 것이 편리하다. 식 (4-14)-(4-16)에서 거리는 CM을 원점으로 m_1과 m_2 사이의 거리 R을 단위로 측정했지만, 이제부터는 m_3 운동의 중심이 되는 라그랑주 포인트에서 가장 가까운 천체까지의 거리 $\gamma_L(=d/R \ll 1)$을 거리의 단위로 택하기로 한다. 즉, L_1, L_2에 대해서는 $m_2(\ll m_1)$를 기준으로 택하고, L_3에 대해서는 $m_1(\gg m_2)$을 기준으로 삼는 것이 통상적인 접근 방법이다.[8]

CR3BP에서 운동방정식은 다음과 같이 나타났다.

7) Gregory Archambeau, Philippe Augros, Emmanuel Trelat, "Eight-shaped Lissajous orbits in the Earth-Moon system", *Mathematics in Action* 4, 1 (2011), 1-23

8) David L. Richardson, "Analytic Construction of Periodic Orbits about the Collinear Points", *Celestial Mechanics* 22, 241-253 (1980).

$$\ddot{\xi} - 2\dot{\eta} = \frac{\partial U}{\partial \xi} , \quad (5\text{-}1)$$

$$\ddot{\eta} + 2\dot{\xi} = \frac{\partial U}{\partial \eta} , \quad (5\text{-}2)$$

$$\ddot{\zeta} = \frac{\partial U}{\partial \zeta} . \quad (5\text{-}3)$$

식 (5−2)−(5−3)으로 표현된 정확한 CR3BP의 운동방정식은 적분이 되지 않는다. 이런 경우에 해법으로 사용하는 방법이 라그랑주 포인트에서 전개한 급수해Series Solution를 구하는 방법이다. 사실 이 방법도 극히 지루한 수학적 조작이 필요한데 전 과정을 자세히 소개한 경우는 드물다.[9] 급수 전개 방법으로 얻은 해는 수치계산의 시작점이므로 그 과정을 숙지하는 것도 중요하다고 판단한다. 필자는 '린드스테트-푸앵카레'의 각속도 재규격화Re-normalization 방법을 사용해 식 (5−1)−(5−3)의 라그랑주 포인트 근방의 해를 구하는 과정을 자세히 소개하고자 한다.

라그랑주 포인트에서 유효 퍼텐셜의 급수 전개

운동방정식 (5−2)−(5−3)을 라그랑주 포인트를 중심으로 전개하는 첫 단계로, 유효 퍼텐셜 U를 라그랑주 포인트 $(\xi_0, \eta_0, 0)$를 중심으로 급수 전개해야 한다. U를 $(\xi-\xi_0)$, $(\eta-\eta_0)$, $(\zeta-\zeta_0)$의 4차 항까지 전개하면 다음과 같은 식을 얻는다.

$$U = U_0 + \frac{1}{2}\left[(\xi-\xi_0)^2\left(\frac{\partial^2 U}{\partial \xi^2}\right)_0 + (\eta-\eta_0)^2\left(\frac{\partial^2 U}{\partial \eta^2}\right)_0 + (\zeta-\zeta_0)^2\left(\frac{\partial^2 U}{\partial \zeta^2}\right)_0\right]$$

9) Robert Thurman and Patrick A. Workfolk, "The Geometry of halo orbits in the circular restricted three-body problem" (1996) (unpublished); Gregory Archambeau, Philippe Augros, Emmanuel Trelat, "Eight-shaped Lissajous orbits in the Earth-Moon system", *Mathematics in Action* 4, 1 (2011) 1–23.

$$+\left[\frac{1}{6}(\xi-\xi_0)^3\left(\frac{\partial^3 U}{\partial\xi^3}\right)_0+\frac{1}{2}(\eta-\eta_0)^2(\xi-\xi_0)\left(\frac{\partial^3 U}{\partial\eta^2\partial\xi}\right)_0\right.$$

$$\left.+\frac{1}{2}(\zeta-\zeta_0)^2(\xi-\xi_0)\left(\frac{\partial^3 U}{\partial\zeta^2\partial\xi}\right)_0\right]$$

$$+\left[\frac{1}{24}(\xi-\xi_0)^4\left(\frac{\partial^4 \mathrm{U}}{\partial\xi^4}\right)_0+\frac{1}{24}(\eta-\eta_0)^4\left(\frac{\partial^4 \mathrm{U}}{\partial\eta^4}\right)_0\right.$$

$$+\frac{1}{24}(\zeta-\zeta_0)^4\left(\frac{\partial^4 \mathrm{U}}{\partial\zeta^4}\right)_0+\frac{1}{4}(\xi-\xi_0)^2(\eta-\eta_0)^2\left(\frac{\partial^4 \mathrm{U}}{\partial\xi^2\partial\eta^2}\right)_0$$

$$+\frac{1}{4}(\xi-\xi_0)^2(\zeta-\zeta_0)^2\left(\frac{\partial^4 \mathrm{U}}{\partial\xi^2\partial\zeta^2}\right)_0$$

$$\left.+\frac{1}{4}(\eta-\eta_0)^2(\zeta-\zeta_0)^2\left(\frac{\partial^4 \mathrm{U}}{\partial\eta^2\partial\zeta^2}\right)_0\right]+\cdots. \tag{5-4}$$

4차까지 전개에서 대부분의 전개계수들은 모두 0이 되고 식 (5-4)에 보이는 항들만 살아남는다. 일차식의 계수들은 라그랑주 포인트 정의에 따라 0이 되었고, U를 η와 ζ에 대해 홀수 번 미분한 항들은 η나 ζ에 비례하므로 선형 라그랑주 포인트에서는 0이 된다. 3차 이상의 미분에서는 η와 ζ 사이에 대칭관계를 사용하면 계산이 쉬워진다. '부록 B'에서 정의한 파라미터를 사용하면 (5-4) 식은 다음과 같다.

$$\mathrm{U}(\xi,\eta,\zeta)=\mathrm{U}_0+\frac{1}{2}(1+2A_2)(\xi-\xi_0)^2+\frac{1}{2}(1-A_2)(\eta-\eta_0)^2$$

$$-\frac{1}{2}A_2(\zeta-\zeta_0)^2-\frac{3}{2}A_3\left[\frac{2}{3}(\xi-\xi_0)^3-(\eta-\eta_0)^2(\xi-\xi_0)\right.$$

$$\left.-(\zeta-\zeta_0)^2(\xi-\xi_0)\right]+A_4\left[(\xi-\xi_0)^4+\frac{3}{8}(\eta-\eta_0)^4\right.$$

$$+\frac{3}{8}(\zeta-\zeta_0)^4-3(\xi-\xi_0)^2(\eta-\eta_0)^2$$

$$-3(\xi-\xi_0)^2(\zeta-\zeta_0)^2+\frac{3}{4}(\eta-\eta_0)^2(\zeta-\zeta_0)^2\Big]+\cdots$$

(5-5)

위 식에서 $\Lambda_2, \Lambda_3, \Lambda_4$은 다음과 같이 정의된 양들이다. 선형 라그랑주 포인트에서는 $\eta_0=\zeta_0=0$ 다음과 같은 식들을 얻을 수 있다.

$$\Lambda_2=\Gamma=\frac{1-\mu}{|\xi_0+\mu|^3}+\frac{\mu}{|\xi_0+\mu-1|^3}, \quad (5\text{-}6)$$

$$\Lambda_3=\frac{(1-\mu)(\xi_0+\mu)}{|\xi_0+\mu|^5}+\frac{\mu(\xi_0+\mu-1)}{|\xi_0+\mu-1|^5},$$

$$\Lambda_4=\frac{1-\mu}{|\xi_0+\mu|^5}+\frac{\mu}{|\xi_0+\mu-1|^5}.$$

식 (5-5)를 ξ, η, ζ에 관해 한 번씩 미분함으로써 운동방정식 (5-1)-(5-3)의 우변을 얻을 수 있다.

라그랑주 포인트에 원점을 가진 좌표계에서 전개한 운동방정식

라그랑주 포인트 근방에서 질점 $m_3(\ll m_2 \ll m_1)$의 운동을 분석하기 위해 라그랑주 포인트에 원점을 둔 새로운 좌표계를 다음과 같이 도입하자.

$$x(t)=[\xi(t)-\xi_0]/\gamma_L,$$
$$y(t)=\eta(t)/\gamma_L,$$
$$z(t)=\zeta(t)/\gamma_L,$$
$$\xi_0=1-\mu-\gamma_L, \qquad L_1$$
$$\xi_0=1-\mu+\gamma_L, \qquad L_2$$

$$\xi_0 = -\mu - \gamma_L, \qquad L_3$$

여기서 γ_L은 L_1, L_2 경우는 CR3BP의 두 천체 m_1, m_2 중 가벼운 천체에서부터 라그랑주 포인트까지 잰 거리이고, L_3 경우는 무거운 천체에서부터 잰 거리다. 새로운 좌표계 변수 (x, y, z)로 (ξ, η, ζ)를 치환하면, 방정식 (5-2)-(5-3)의 우변은 다음과 같이 간소해진다.

$$\frac{\partial U}{\partial \xi} = (1+2\Lambda_2)\gamma_L x - \frac{3}{2}\gamma_L^2 \Lambda_3 (2x^2 - y^2 - z^2)$$
$$+ 2\gamma_L^3 \Lambda_4 x(2x^2 - 3y^2 - 3z^2) + \cdots,$$
$$\frac{\partial U}{\partial \eta} = (1-\Lambda_2)\gamma_L y + 3\gamma_L^2 \Lambda_3 xy - \frac{3}{2}\gamma_L^3 \Lambda_4 y (4x^2 - y^2 - z^2) + \cdots,$$
$$\frac{\partial U}{\partial \zeta} = -\gamma_L \Lambda_2 z + 3\gamma_L^2 \Lambda_3 xz - \frac{3}{2}\gamma_L^3 \Lambda_4 z (4x^2 - y^2 - z^2) + \cdots.$$

여기서 다음과 같이 새로운 파라미터들을 정의하자.

$$c_2 = \Lambda_2 = \Gamma = \frac{1}{\gamma_L^3}\left[\mu + \frac{(1-\mu)\gamma_L^3}{|1 \mp \gamma_L|^3}\right],$$
$$c_3 = -\gamma_L \Lambda_3 = \frac{1}{\gamma_L^3}\left[(\pm)\mu - \frac{(1-\mu)\gamma_L^4}{|1 \mp \gamma_L|^4}\right], \quad (L_1, L_2 \text{ 경우})$$
$$c_4 = \gamma_L^2 \Lambda_4 = \frac{1}{\gamma_L^3}\left[\mu + \frac{(1-\mu)\gamma_L^5}{|1 \mp \gamma_L|^5}\right].$$

일반적인 c_n은 다음과 같이 요약할 수 있다.[10]

10) David L. Richardson, "Analytic Construction of Periodic Orbits about the Collinear Points," *Celestial Mechanics* 22, 241-253 (1980).

$$c_n = \frac{1}{\gamma_L^3}\left[(\pm 1)^n \mu + (-1)^n \frac{(1-\mu)\gamma_L^{n+1}}{|1 \mp \gamma_L|^{n+1}}\right]. \quad (L_1, L_2 \text{ 경우})$$

식에서 차수 n은 2, 3, 4,... 등을 의미하고, 복부호 중 상위부호는 L_1에 대한 부호이고 하위부호는 L_2에 대한 부호다.

이상의 결과를 종합하면 다음의 비선형 연립미분방정식을 얻는다.

$$\begin{cases} \ddot{x} - 2\dot{y} - (1+2c_2)x = \frac{3}{2}c_3(2x^2 - y^2 - z^2) \\ \qquad\qquad\qquad\qquad + 2c_4 x(2x^2 - 3y^2 - 3z^2) + \cdots, \\ \ddot{y} + 2\dot{x} + (c_2 - 1)y = -3c_3 xy - \frac{3}{2}c_4 y(4x^2 - y^2 - z^2) + \cdots, \end{cases} \tag{5-7}$$

$$\ddot{z} + c_2 z = -3c_3 xz - \frac{3}{2}c_4 z(4x^2 - y^2 - z^2) + \cdots . \tag{5-8}$$

(5-7)−(5-8)과 같은 방정식의 해를 구하는 방법은 x, y, z가 작다는 가정 아래 고차 항의 기여를 작은 섭동으로 다루는 섭동방법Perturbation Method이다. 이 방법의 출발점은 1차 근사해를 구하는 것이고, 2차 근사해는 우변에 1차 근사해를 대입하고 적분하여 구한다. 2차 근사해를 사용해 3차 해를 구하는 식의 순차적인 방법을 사용하면 이론적으로 원하는 차수의 해를 구할 수 있다.

2. 선형방정식의 일반해

운동방정식 (5-7)−(5-8)의 우변에서 2차 항 이상을 0으로 놓음으로써 다음과 같은 선형화된 운동방정식을 얻을 수 있다.

$$\begin{cases} \ddot{x}_h - 2\dot{y}_h - (1+2\Gamma)x_h = 0, \\ \ddot{y}_h + 2\dot{x}_h + (\Gamma-1)\,y_h \;= 0, \end{cases} \qquad (5\text{-}9)$$

$$\ddot{z}_h + \Gamma z_h = 0, \qquad (5\text{-}10)$$

여기서 '$\dot{}$'는 $\tau(=\omega t)$에 대한 1차 미분을 의미하고 '$\ddot{}$'는 2차 미분을 나타내며, x_h, y_h, z_h는 선형 연립방정식 (5-9)−(5-10)의 해를 의미한다. L_1, L_2, L_3 근방에 유한한 주기해가 존재할 수 있다는 것을 보이기 위해 운동방정식 (5-9)−(5-10)과 고유치 방정식 (4-35)를 다시 검토해보자. 식 (4-35)와 z-축의 운동방정식에서 고유치를 다음과 같이 쓸 수 있다.

$$\lambda^2 = \Lambda^2 > 0,$$

$$\lambda^2 = -\Omega^2 < 0,$$

$$\lambda_\zeta^2 = -\Omega_z^2 < 0,$$

여기서

$$\Lambda = \left[\frac{\Gamma - 2 + \sqrt{9\Gamma^2 - 8\Gamma}}{2} \right]^{1/2}, \qquad (5\text{-}11)$$

$$\Omega = \left[\frac{2 - \Gamma + \sqrt{9\Gamma^2 - 8\Gamma}}{2} \right]^{1/2}, \qquad (5\text{-}12)$$

$$\Omega_z = \sqrt{\Gamma}. \qquad (5\text{-}13)$$

즉, 선형화된 운동방정식 (5-9)−(5-10)이 $e^{\lambda\tau}$ 형태의 해를 가지기 위해서는 λ는 다음과 같은 고유치를 가져야 한다.

$$\lambda = (\pm \Lambda, \ \pm \Omega i, \ \pm \Omega_z i)$$

선형화된 방정식의 일반해General Solution는 다음과 같이 쓸 수 있다.

$$\begin{cases} x_h(\tau) = \mathrm{B}_{1x}\,\mathrm{e}^{\Lambda\tau} + \mathrm{B}_{2x}\,\mathrm{e}^{-\Lambda\tau} - \mathrm{A}_x \cos(\Omega\tau + \phi), \\ y_h(\tau) = -\mathrm{k}_\Lambda \mathrm{B}_{1x}\,\mathrm{e}^{\Lambda\tau} + \mathrm{k}_\Lambda \mathrm{B}_{2x}\,\mathrm{e}^{-\Lambda\tau} + \mathrm{kA}_x \sin(\Omega\tau + \phi), \end{cases} \tag{5-14}$$

$$z_h(\tau) = \mathrm{A}_z \cos(\Omega_z \tau + \psi). \tag{5-15}$$

여기서

$$\mathrm{k}_\Lambda = \frac{2\Gamma + 1 - \Lambda^2}{2\Lambda}\left(= \frac{2\Lambda}{\Lambda^2 + \Gamma - 1}\right), \tag{5-16}$$

$$\mathrm{k} = \frac{2\Gamma + 1 + \Omega^2}{2\Omega}\left(= \frac{2\Omega}{\Omega^2 + 1 - \Gamma}\right). \tag{5-17}$$

k_Λ과 k는 x_h와 y_h가 같은 Λ와 같은 각속도 Ω를 가지는 해가 되기 위한 조건에서 결정된 파라미터다. 식 (5-16)과 (5-17)의 우변 괄호 안의 식은 Λ와 Ω가 각각 (5-11)과 (5-12)를 만족하기 때문에 성립한다.

라그랑주 포인트 근방에서 질점의 운동방정식은 (5-9)과 (5-10)에서 보듯이 $x-y$ 평면의 운동과 z-축의 운동은 완전히 독립적으로 일어난다. z-축을 따른 운동은 주기 $2\pi/\sqrt{\Gamma}$를 가지는 주기함수로 기술되는 반면, $x-y$ 평면 내의 운동은 Λ 값이 0이 아니므로 일반적으로 유한한 주기함수만으로는 기술되지 않는다. 그러나 일반해 (5-14)에서

B_{1x}과 B_{2x}가 모두 0이 되도록 초기조건을 선택한다면, 운동방정식 (5-9)−(5-10)의 해가 시간에 따라 발산하는 모드Mode가 들뜬상태Excite가 되지 않게 할 수 있다. 이러한 경우 선형방정식은 다음과 같은 유한해Bounded Solution를 가지게 된다.

$$\begin{cases} x_h(\tau) = -A_x \cos(\Omega\tau + \phi), \\ y_h(\tau) = kA_x \sin(\Omega\tau + \phi), \end{cases} \tag{5-18}$$

$$z_h(\tau) = A_z \cos(\Omega_z \tau + \psi). \tag{5-19}$$

여기서 k는 (5-17)로 정해진 값을 가진다. 식 (5-18)은 $x-y$ 평면 내의 주기궤도를 나타내고, 식 (5-19)는 $z-$축을 따라 움직이는 주기궤도를 의미한다. 식 (5-18)−(5-19)에서 A_x는 $x-$축 진폭, kA_x는 $y-$축 진폭, A_z는 $z-$축 진폭이라 하고, Ω와 Ω_z는 (5-12)와 (5-13)으로 정해진 고유치이며 동시에 동차연립미분방정식 (5-9)−(5-10)의 해가 가지는 고유 진동수에 해당한다.

라그랑주 포인트에서 질점의 속력이 0에 근접할 경우에는 선형화된 운동방정식 (5-9)와 (5-10)이 라그랑주 포인트 근방에서 질점의 운동을 기술할 수 있다고 가정할 수 있고, 그 해는 식 (5-14)−(5-15)로 근사할 수 있다. 그러나 우리가 원하는 해는 라그랑주 포인트를 중심으로 하는 유한한 주기적인 해이지, 시간에 따라 이 포인트들에서 멀어지는 발산하는 해가 아니다. 앞서 지적한 바와 같이 초기조건을 $B_{1x} = B_{2x} = 0$이 되도록 택하면, 발산하는 항이 들뜬상태가 되지 않게 할 수 있고, 해는 (5-18)−(5-19)와 같이 두 종류의 주기궤도를 나타내는 함수가 된다. 주기궤도 중의 하나는 $x-y$ 평면 내에서 주기 $2\pi/\Omega$로 주기운동을 하는 궤도 무리이고, 다른 하나는 $x-y$ 평면에 수직인 $z-$축을 따라 주기 $2\pi/\Omega_z$로 진동하는 단진자운동Simple Harmonic Motion이다.[11] 이러한 주기궤도는 각각 $A_z = 0$ 또는 $A_x = 0$로 놓음으로써 얻을 수 있다.

만약 L_1, L_2, L_3 근방에서 선형방정식이 정확한 운동방정식이라고 가정하고 이상에서 분석한 결과를 종합하면 라그랑주 포인트 근방에서 질점의 궤도는 다음과 같이 분류할 수 있다. L_1, L_2, L_3 근방에서 질점의 궤도는 유한한 궤도Bounded Orbits 무리와 불안정한 무한한 궤도 Unbounded Trajectory 무리 중의 하나에 속한다. 유한한 궤도 무리는 다시 Ω/Ω_z 값에 따라 세부 그룹으로 나누어 생각할 수 있다. Ω와 Ω_z는 μ와 특정 라그랑주 포인트의 특성에 의해 결정되는 값으로 일반적으로 Ω/Ω_z는 무리수다.

선형방정식의 해 (5-18)-(5-19)에서 $x-y$ 평면의 주기운동과 z-축의 단진자운동은 독립적으로 일어나고, Ω/Ω_z가 무리수일 경우는 $x-y$ 평면을 벗어나는 $x-y-z$ 공간에서 닫힌 궤도는 존재하지 않는다. 하지만 이 경우에는 리사주 궤도Lissajous Figure라고 하는 유한한 준주기궤도 무리가 된다. 만약 수평면($x-y$면) 궤도의 각속도와 수직축의 각속도의 비 Ω/Ω_z가 유리수가 되면, $x-y-z$ 공간 내의 3차원 주기궤도 무리가 존재할 수 있다.

특히 $\Omega/\Omega_z = 1$일 때는 $x-y$면의 주기와 z-축의 조화진동 주기가 같아지므로 궤도는 3차원에서 하나의 닫힌 궤도를 형성하고 모양은 타원궤도를 찌그려 놓은 얇게 썬 감자튀김Potato Chip의 형태가 되는데 이러한 궤도를 달무리궤도라고 한다. 태양과 지구가 만든 라그랑주 포인트 EL_1의 달무리궤도는 태양을 관측하기에 이상적인 위치고, EL_2의 달무리궤도는 태양의 방해를 피하면서 우주배경복사나 하늘 전체를 관측하기에 더할 나위 없이 좋은 천체관측 장소로 기대된다.

---

11) 태양과 지구의 라그랑주 포인트 L_1, L_2, L_3인 경우는 $\xi-\eta$ 평면은 황도면과 같고, ζ-축은 황도면에 수직인 축을 뜻한다. 지구와 달이 만드는 일직선상의 라그랑주 포인트인 경우 $\xi-\eta$ 평면은 달의 공전면을, ζ-축은 이에 수직인 축을 뜻한다.

그러나 라그랑주 포인트 L_1, L_2, L_3는 모두 안장점으로 불안정한 균형점들이고, 선형방정식 (5-9)−(5-10)은 라그랑주 포인트 근방의 극히 제한된 작은 영역에서만 운동방정식 (5-1)−(5-3)을 대표할 수 있다. 더구나 선형방정식의 해인 (5-18)−(5-19)는 진폭이 $A_x \ll 1$을 만족하는 조건 아래에서만 의미가 있고, 거의 모든 경우 Ω/Ω_z는 유리수가 아니라는 것이다. 이러한 영역에서는 작은 섭동만 받아도 진폭이 늘어날 수 있고, (5-7)−(5-8)에서 (5-9)−(5-10)을 얻기 위해 무시했던 비선형 항Non-linear Terms들을 더 이상 무시할 수 없게 된다. 따라서 선형방정식의 해에서 유추한 평면궤도, 수직축 방향의 단진자운동, 또는 3차원 달무리궤도 등을 현실적으로 적용할 수 있는 기회는 거의 없어 보인다.

그러나 선형화된 방정식에서 얻은 주기궤도 존재에 관한 결론이 2차, 3차의 고차 항을 포함한 비선형방정식에서 성립할 가능성은 아직 남아 있다. 비선형방정식에서도 이러한 주기궤도가 실제로 존재한다는 것을 보여주는 것이 다음 절의 목표다.

L_1, L_2 및 L_3와 같이 주 천체 m_1, m_2와 같은 선상에 있는 선형 라그랑주 포인트와는 대조적으로 등변삼각형 꼭짓점에 있는 L_4 및 L_5는 안정된 균형점으로 주변에 유한한 주기를 가지는 궤도를 허용하며, 태양−목성의 L_4, L_5에는 〈그림 4-7〉에서 보는 바와 같이 그리스인과 트로이인이라는 소행성 그룹이 실제로 존재한다. L_4나 L_5는 대형 우주 거주지나 연료 보급기지 또는 대형 관측기지로 사용하기에 가장 적합한 위치로 판단한다.

3. 선형 라그랑주 포인트 근방의 3차원 주기궤도 존재 조건

3차원 주기궤도 조건

질점의 운동방정식 (5-2)−(5-3)에서 좌표계 원점을 주어진 라그랑주 포인트에 놓고 우변을 급수 전개해 x, y, z의 1차 항까지만 취한 것이 선형화된 운동방정식 (5-9)−(5-10)이다. 이 방정식들의 해는 식 (5-18)−(5-19)로 기술되지만, 주기해가 되기 위한 조건은 Ω/Ω_z가 유리수가 되는 것이다. Ω와 Ω_z는 $\Gamma(=c_2)$에 의해 결정되고, Γ는 L_1, L_2, L_3에 따라 다르고, μ 값에 따라서도 바뀐다. 그러나 〈표 4-2〉에서 상당히 흥미로운 사실을 확인할 수 있다. 모든 태양−행성의 L_3에서는 Γ 값이 거의 정확하게 1이 된다.[12] 이에 따라 식 (5-11)−(5-13)에 $\Gamma=1$을 대입하면, 대부분 천체의 L_3에서는 $\Omega=\Omega_z$가 되고, $\Lambda=0$이 된다. 그 결과 L_3근방의 궤도에는 발산하는 항이 존재하지 않는다.

Ω/Ω_z를 Γ에 대해 그린 〈그림 4-12〉에서처럼 L_3뿐만 아니라 태양과 행성 또는 지구−달의 L_1, L_2에 대해서도 $1 \leq \Omega/\Omega_z < 1.06$이므로 달무리궤도에 매우 근접한 리사주 궤도가 존재하는 것을 알 수 있다.

L_4, L_5에서 Ω와 Ω_z 값을 비교하기 위해 식 (5-2)−(5-3)을 L_4, L_5에서 전개해보자. 등변삼각형 라그랑주 포인트에서 1차식 전개에 필요한 U의 편미분 값은 식 (4-39)에 주어졌다.

이 값을 이용해 다음과 같은 운동방정식을 얻을 수 있다.

$$\begin{cases} \ddot{x}-2\dot{y}=\dfrac{3}{4}x+\dfrac{3\sqrt{3}}{4}(1-2\mu)y, \\ \ddot{y}+2\dot{x}=\dfrac{3\sqrt{3}}{4}(1-2\mu)x+\dfrac{9}{4}y, \\ \ddot{z}=-z. \end{cases}$$

12) 가장 큰 차이를 보이는 경우가 태양−목성과 지구−달이지만, 이 경우도 Γ는 1.01을 넘지 않는다.

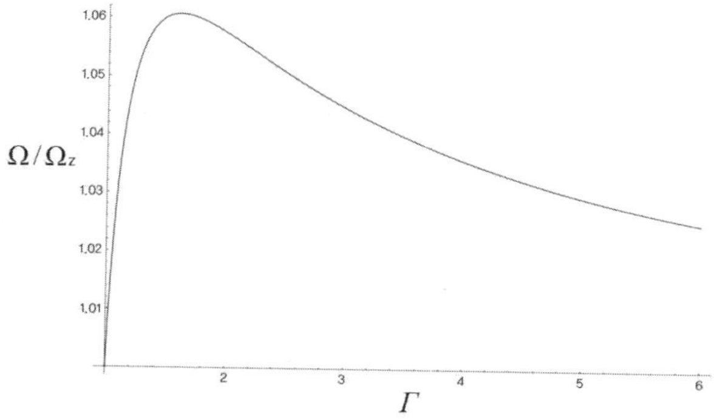

그림 4-12 Ω/Ω_z를 Γ에 대해 그린 그래프 $1 \le \Omega/\Omega_z < 1.06$모든 천체 쌍에서 L_1, L_2, L_3에 대한 Γ 값은 1과 5.5 사이에 있다. 따라서 임을 알 수 있다.

만약 $\mu \le 0.0385209$이면, 위 식으로부터 $x-y$ 평면 안에는 Ω_1, Ω_2를 각속도로 가지는 두 종류의 주기궤도가 존재한다. 두 종류 해의 의미와 Ω의 유도는 제2장에서 설명했다. 긴 주기궤도의 각속도를 Ω라고 하고

$$\Omega = \left[\frac{1+\sqrt{1-27\mu(1-\mu)}}{2} \right]^{1/2} \simeq 1 - \frac{27}{8}\mu, \quad \mu \ll 0.0385209.$$

태양—목성, 태양—토성 및 지구—달 경우를 제외하면 $\mu \ll 10^{-4}$이다. 현실적으로 $\Omega \simeq 1$로 취급할 수 있고, $\Omega_z = 1$이므로 L_4, L_5는 거의 완벽한 3차원 주기해를 가진다. 주전원Epicycle 형태의 짧은 주기운동의 존재로 인해 전체적인 운동은 아주 복잡한 것이 사실이다. $\Omega \simeq \Omega_z$이기 때문에 이곳에 주기궤도를 유지하기 위한 '궤도유지 비용' Δv는 거의 없을 것으로 판단한다. 다만 지구—달이 만드는 L_4, L_5에서는 위치유지에 약간의 추진제가 필요할 것으로 판단한다.

L_4 및 L_5 주변의 3차원 궤도는 태생적으로 $\Omega \simeq \Omega_z$인 안정된 달무

리궤도이고, 지구—달만 제외하면 거의 모든 행성과 태양이 만드는 L_3 역시 거의 완벽한 달무리궤도처럼 보이는 리사주 궤도를 허용한다. L_4, L_5 의 달무리궤도에 통신위성이나 우주정거장을 띄우면 '위치 관리'에 추진제 소모가 거의 필요치 않다고 추정한다. L_3은 상당히 완만한 안장점이며 거의 태생적으로 달무리궤도를 허용하지만 별로 실용적인 위치는 아니다. 한 달 내내 달과의 통신을 원한다면 LL_4나 LL_5에 데이터 통신 중계위성을 띄우면 달로켓 발사나 달 탐사에 유용할 것으로 생각한다. 어떤 사람은 외계인이 지구를 침공할 때 병력 집합장소로 태양과 지구가 만든 EL_3를 이용할 것이라고 했다. 지구에서는 절대로 볼 수 없는 장소이니까.

반면, 천체 관측위성을 배치하기에는 L_1, L_2가 가장 적합한 위치로 판단된다. 그러나 L_1, L_2의 자연발생적인 Ω와 Ω_z 값이 일치하지 않기 때문에 이 포인트들 근방에 달무리궤도를 원한다면 인위적으로 궤도 요소들이 특별한 조건을 만족하도록 궤도 설계를 해주어야 한다. 지구와 달이 만드는 L_3 역시 인위적으로 $\Omega = \Omega_z$가 되도록 파라미터들을 조정해주어야 한다.

동일 직선상의 라그랑주 포인트 근방에서 전개한 운동방정식 (5-7)—(5-8)은 진폭에 관한 2차 항과 3차 항들을 포함한다. 실제로 진폭이 늘어나면 고차 항의 영향이 증가하고, 고차 항의 영향을 이용해 Ω_z 값을 Ω 값과 같게 조정하는 것이 가능하다.[13] 물론 Ω_z 값을 Ω 값으로 조정하려면 진폭이 특정한 값 이상이 되어 고차 항의 영향이 충분히 커야 한다. 똑같은 방식을 사용하면 Ω/Ω_z가 1과 다른 유리수가 되게 조정하는 것도 가능하지만, 실용성이 그리 커 보이지는 않는다.

---

13) David L. Richardson, "Analytic Construction of Periodic Orbits about the Collinear Points," *Celestial Mechanics* 22, 241-253 (1980).

주기궤도에서 만족하는 운동방정식

방정식 (5-7)-(5-8)이 달무리궤도 해를 가지도록 변형하기 위해 식 (5-8)의 좌변과 우변에 $(\Omega^2 - \Omega_z^2)z$를 더함으로써 다음과 같은 운동방정식을 얻는다.

$$\begin{cases} \ddot{x} - 2\dot{y} - (1+2c_2)x = \dfrac{3}{2}c_3(2x^2 - y^2 - z^2) \\ \qquad\qquad\qquad\qquad + 2c_4x(2x^2 - 3y^2 - 3z^2) + \cdots, \\ \ddot{y} + 2\dot{x} + (c_2 - 1)y = -3c_3xy - \dfrac{3}{2}c_4y(4x^2 - y^2 - z^2) + \cdots, \end{cases} \tag{5-20}$$

$$\ddot{z} + \Omega^2 z = \Delta z - 3c_3xz - \frac{3}{2}c_4z(4x^2 - y^2 - z^2) + \cdots . \tag{5-21}$$

여기서 $\Delta z = (\Omega^2 - \Omega_z^2)z$이며 $\Omega^2 - \Omega_z^2$는 진폭의 제곱에 비례한다고 가정하며, Δz는 궤도의 진폭이 충분히 커지면 Ω^2와 Ω_z^2 차이를 식 (5-21)의 우변에서 비선형 항의 계수들을 조정함으로써 흡수할 수 있다고 가정할 수 있다.

1차 주기해

식 (5-20)-(5-21)의 1차 근사식은

$$\begin{cases} \ddot{x}_1 - 2\dot{y}_1 - (1+2c_2)x_1 = 0, \\ \ddot{y}_1 + 2\dot{x}_1 + (c_2 - 1)y_1 = 0, \\ \ddot{z}_1 + \Omega^2 z_1 = 0. \end{cases} \tag{5-22}$$

이며, 1차 근사해는 식 (5-18)-(5-19)에서 Ω_z를 Ω로 바꾼 것과 같다.

$$\begin{cases} x_1(\tau) = -A_x \cos(\tau_1), \\ y_1(\tau) = kA_x \sin(\tau_1), \\ z_1(\tau) = A_z \sin(\tau_2). \end{cases} \tag{5-23}$$

여기서 k와 τ_1은 다음과 같이 정의된 양이고

$$k = \frac{2\Omega}{\Omega^2 + 1 - c_2} = \frac{2c_2 + 1 + \Omega^2}{2\Omega},$$

$$\tau_1 = \Omega\tau + \phi,$$

$$\tau_2 = \Omega\tau + \psi$$

Ω는 (5-12)에서 정의된 양으로 다음 방정식의 해다.

$$\Omega^4 + (\Gamma - 2)\Omega^2 + (1 + \Gamma - 2\Gamma^2) = 0$$

ϕ와 ψ는 $x-$, $y-$, $z-$축을 따르는 진동의 위상을 나타내는 상수들이다. (5-18)-(5-19)는 L_1, L_2, L_3 주변에서 질점의 운동을 기술하는 방정식의 1차 근사해를 나타내고, 라그랑주 포인트에 아주 가까운 영역 내에서 일어나는 실제 질점의 운동을 기술한다. 반면, 식 (5-23)으로 정해진 1차 근사해는 실제 운동을 기술하는 해가 아니라 각속도가 Ω인 3차원 궤도를 구하기 위한 가상적인 해로 고차 근사해를 구하기 위한 출발점이라 할 수 있다. 1차 근사해The First Order Solution는 실제가 아니지만, Δz 포함한 운동방정식 (5-20)-(5-21)은 실제 풀고자 하는 방정식 (5-7)-(5-8)과 동일하다. 따라서 (5-23)은 실제 운동의 1차 근

사 해는 아니지만, (5-23)을 1차 근사해로 취하고, 우변을 섭동으로 취급하여 3차 근사해까지 구하면 원래 방정식 (5-7)-(5-8)의 주기가 $2\pi/\Omega$인 주기해가 된다. 즉, 방정식 (5-20)과 (5-21)의 1차 근사해는 라그랑주 포인트 근방의 가상적인 해지만, 3차 근사해부터는 실제로 가능한 주기해를 기술하는 사실적인 근사해가 된다.14)

4. 린드스테트-푸앵카레 방법

방정식 (5-20)-(5-21)과 같은 방정식의 해를 구하려면 통상적으로 방정식의 우변이 작다는 가정 아래 우변을 섭동Perturbation으로 취급하고, 순차적으로 고차의 근사해를 구하는 방법을 사용한다. 여기서 질점의 운동방정식을 풀고자 하는 라그랑주 포인트와 가장 가까운 천체 사이의 거리 1에 비해 진폭 A_x 와 A_z 는 상당히 작다고 가정했기 때문에 진폭을 섭동 파라미터로 취급할 수 있다.

$$\begin{cases} x = x_1 + x_2 + x_3 + \cdots, \\ y = y_1 + y_2 + y_3 + \cdots, \\ z = z_1 + z_2 + z_3 + \cdots \end{cases} \qquad (5\text{-}24)$$

여기서 아래첨자(n=1, 2, 3,...)는 관련된 항이 진폭의 n승에 비례하는 항임을 나타낸다.

통상적인 섭동방법에서는 식 (5-24)로 나타낸 전개식을 궤도방정식 (5-20)-(5-21)에 대입하고, 진폭의 차수에 따라 정리하여 각 차수의 근사식을 얻는다. 첫 단계로 (5-22)와 같은 1차 근사식을 얻고 해를

14) L_3에 대한 해는 $\Delta \simeq 0$이기 때문에 두 경우의 1차 근사해도 거의 일치한다. 여기서 우리는 취급하지 않았지만, L_4, L_5에 대한 방정식에서는 정확하게 $\Delta = 0$이 된다.

구한다. 이렇게 구한 해를 2차 근사식의 우변에 대입하여 해를 구한 후, 다시 3차 근사식의 우변에 대입하여 해를 구한다.

하지만 섭동방법으로 해를 구할 때 방정식의 우변에 동차방정식의 고유 진동수와 같은 진동수를 가진 항이 존재한다면 공진현상이 일어나고, 해는 발산하게 된다. 이러한 공진현상은 시간에 따라 무한이 커지는 발산항Secular Terms을 포함하는 해를 만들어낸다. 그러나 우리가 원하는 달무리궤도는 유한한 진폭을 가진 주기함수로 표현되어야 하므로 시간에 따라 늘어나는 진폭을 가진 항은 소거해야 한다. 이렇게 해를 구하는 방법을 '린드스테트-푸앵카레 방법'이라고 한다.[15]

더핑 방정식

궤도방정식 (5-20)-(5-21)에 내포된 문제점을 이해하고 해결 방안을 찾기 위해 3차원 궤도방정식을 1차원 문제로 간소화하면 다음과 같은 형태의 방정식을 얻는다.

$$\ddot{x} + \Omega^2 x = \alpha x^2 - \epsilon x^3 \tag{5-25}$$

위 식에서 α 및 ϵ은 상수다. 방정식의 우변은 섭동항들이고, 1차 근사식을 대입함으로써 우변은 다음과 같은 항들을 포함한다.

$$x_1 \sim \cos(\Omega\tau + \phi),$$

$$x_1^2 \sim \cos^2(\Omega\tau + \phi) = \frac{1 + \cos(2\Omega\tau + 2\phi)}{2},$$

$$x_1^3 \sim \cos^3(\Omega\tau + \phi) = \frac{\cos(3\Omega\tau + 3\phi) + 3\cos(\Omega\tau + \phi)}{4}$$

15) Vasile Marinca & Nicolae Herisanu, *Nonlinear Dynamical Systems in Engineering: Some Approximate Approaches* (Springer, 2012), pp.9-29.

x_1^2 항은 공진항Resonant Terms을 생성하지 않으나 x_1^3 항은 방정식 좌변의 고유 진동수와 진동수가 같은 $\cos(\Omega\tau+\phi)$를 포함한다. 따라서 발산하는 문제의 핵심과 관련 없는 x_1^2은 무시하고 식 (5-25)를 다음과 같이 다시 쓰고 그 해를 구해보자.[16)]

$$\ddot{x} + \Omega^2 x = -\epsilon\,\Omega^2 x^3 \tag{5-26}$$

(5-26)은 '더핑 방정식Duffing Equation'으로 알려졌다.[17)] 여기서 $\epsilon \ll 1$이고 초기조건은 $x(0) = a$, $\dot{x}(0) = 0$으로 가정하면 방정식 (5-26)의 동차방정식Homogeneous Equation

$$\ddot{x}_h + \Omega^2 x_h = 0$$

의 해는 다음과 같이 쓸 수 있다.

$$x_h(\tau) = a\cos(\Omega\tau)$$

다음으로 (5-26)의 우변을 만족하는 특수해Particular Solution $x_p(\tau)$는 다음과 같이 나타낼 수 있다.

$$x_p(\tau) = \epsilon a^3\left[\frac{1}{32}\cos(3\Omega\tau) - \frac{3}{8}\Omega\tau\sin(\Omega\tau)\right]$$

---

16) 일반적으로 고차 항 중에 짝수 항 x_1^{2n}은 공진항을 만들지 않으나 홀수 항 x_1^{2n+1}은 공진항 x_1을 생성한다.

17) Vasile Marinca & Nicolae Herisanu, *Nonlinear Dynamical Systems in Engineering: Some Approximate* (Springer, 2012), p.14.

(5-26)의 완전한 해는 $x(\tau)=x_h(\tau)+x_p(\tau)$로 결정된다. 초기조건 $x(0)=a$, $\dot{x}(0)=0$을 만족하는 일반해 $x_h(\tau)$는 다음과 같다.

$$x_h(\tau)=a\cos(\Omega\tau)-\frac{1}{32}\epsilon a^3\cos(\Omega\tau)$$

더핑 방정식의 완전한 해는 식 (5-27)로 주어진다.

$$x(\tau)=a\cos(\Omega\tau)+\epsilon a^3\left[\frac{\cos(3\Omega\tau)-\cos(\Omega\tau)}{32}-\frac{3\Omega\tau\sin(\Omega\tau)}{8}\right] \tag{5-27}$$

식 (5-26) 우변의 $-\epsilon\Omega^2x^3$ 때문에 생성된 공진항 $-3/4\,\epsilon a^3\Omega^2\cos(\Omega\tau)$는 방정식 (5-26)의 특수해로 $-3/8\epsilon a^3\Omega\tau\sin(\Omega\tau)$을 생성하므로, 해가 주기함수가 되는 대신 $\tau\sin(\Omega\tau)$에 비례하는 진폭을 가진 발산하는 함수가 된다.

운동방정식 (5-26)의 해 (5-27)에서 발산하는 항이 식 (5-26)의 해가 가지는 특성인지, 아니면 섭동방법이 실패해서 생긴 항인지 알아보는 것이 필요하다. 만약 식 (5-26)이 주변 영향으로부터 완전히 고립된 계의 운동방정식이라면, 식 (5-26)의 양변에 $\dot{x}$를 곱하고 적분하면 에너지 보존 관계식을 얻을 수 있다.

$$\frac{1}{2}\dot{x}^2+\frac{1}{2}\Omega^2x^2+\frac{1}{4}\epsilon\Omega^2x^4=E_{ah} \tag{5-28}$$

E_{ah}는 총에너지로 시간에 상관없이 일정한 값을 갖는다.[18] 따라서

18) 방정식 식 (5-26)으로 기술되는 물리계가 외부로부터 완전히 차단된 경우에 한정된 결론이다. 외부에서 섭동을 받는 경우는 에너지 교환이 있다.

x의 진폭은 유한한 값으로 한정해야 하며, 올바른 해에는 $\tau\sin(\Omega\tau)$ 같은 시간에 따라 발산하는 항은 나타나지 말아야 한다. 이 경우 식 (5-27)은 (5-26)의 올바른 해가 아니며, 통상적인 섭동방법으로는 원하는 해답을 얻을 수 없다. 그러나 조금만 더 깊이 생각하면 $x_h(\tau)$와 식 (5-27)에서 항상 수렴하고 유한한 주기함수 해를 구할 수 있음을 알 수 있다.

식 (5-26)의 우변에 $x_h(\tau)$를 대입하고 정리하면 다음과 같은 식을 얻는다.

$$\ddot{x}+\left(1+\epsilon\frac{3a^2}{4}\right)\Omega^2 x=-\epsilon\frac{a^3\Omega^2}{4}\cos(3\Omega\tau)+O(\epsilon^2) \tag{5-29}$$

여기서 새로운 각속도 Ω_r을 다음과 같이 정의하자.

$$\Omega_r=\left(1+\frac{3}{8}\epsilon a^2\right)\Omega \tag{5-30}$$

식 (5-30)의 Ω_r를 사용하면, 식 (5-29)는 다음과 같이 다시 쓸 수 있다.

$$\ddot{x}+\Omega_r^2 x=-\epsilon\frac{a^3\Omega_r^2}{4}\cos(3\Omega_r\tau)+O(\epsilon^2) \tag{5-31}$$

초기조건을 만족하는 식 (5-31)의 일반해는 다음과 같고,

$$x=A\cos(s)+\frac{1}{32}\epsilon a^3\cos(3s)+O(\epsilon^2),$$

초기조건 $x(0)=a$와 $\dot{x}(0)=0$을 만족하는 해는 다음과 같다.

$$x = a\cos(s) + \frac{1}{32}\epsilon a^3[\cos(3s) - \cos(s)] + O(\epsilon^2), \tag{5-32}$$

$$s = \Omega_r \tau$$

여기서 $s=\Omega_r\tau$는 새로 정의한 무단위 시간 변수다. 각속도를 Ω에서 Ω_r로 바꿈으로써 식 (5-26)은 우변에 공진항이 없는 방정식 (5-31)으로 바뀌고, 방정식 (5-31)은 주기가 $2\pi/\Omega_r$인 유한한 함수 (5-32)를 근사해로 갖는 것을 알 수 있다.

식 (5-27)은 시간과 함께 무한히 커지는 진폭을 가진 함수이고, 식 (5-32)는 유한한 함수이지만, 두 식은 다 같이 운동방정식 (5-26)을 만족하는 해라는 사실이 흥미롭다. 섭동해는 보는 바와 같이 시간이 흐름에 따라 무한히 커질 수 있다. 진폭이 무한히 커지는 원인은 x_p^3에서 생성되는 $\cos(\Omega\tau)$ 항이 동차방정식의 고유 진동수 $\Omega/2\pi$와 같은 진동수를 가지고 그네를 밀어주듯 진동시키기 때문이다. (5-26)의 우변에 $x_h(\tau)$를 대입하고 정리하면 x_h^3 때문에 공진항이 나타난다. 방정식 우변의 공진항을 좌변으로 옮겨 각속도를 바꾸는 '승수乘數'로 흡수할 수 있으므로 해에 나타날 발산항은 제거되었다. 이 과정에서 각속도 Ω는 $\Omega_r=(1+3a^2\epsilon/8)\Omega$로 재규격화가 되었고, 해는 애초에 원하던 유한한 주기해가 되는 것을 알았다.

각속도를 재규격화함으로써 시간에 따라 증가하는 발산항을 제거해 유한한 주기해를 구하는 과정을 '린드스테트-푸앵카레 방법'이라고 한다. 외부에서 조화 진동자의 고유 진동수와 진동수가 같은 힘으로 밀어줄 때 공진현상이 생겨 진폭이 파괴적으로 증가된다. 이러한 현상을 피하기 위해 조화 진동자의 고유 진동수를 살짝 바꿔줌으로써 외부에서 가하는 진동수와 공진이 일어나지 않게 하는 것이 린드스테트-푸앵카레 방법이다. 발산항은 주기함수 $\cos[(1+3\epsilon a^2/8)\Omega\tau]$를 ϵ의 급수로 전개하면 다시 생긴다.

아무리 작은 ϵ이라도 0이 아닌 한 각속도가 Ω일 때는 발산하는 해를 가지지만 각속도를 $\Omega_r=(1+3a^2\epsilon/8)\Omega$로 '재규격화'하면 유한한 주기해를 가진다. 이는 일종의 '나비효과'다. 각속도 Ω_r로 유한한 궤도를 주기적으로 반복운동을 하는 질점에 나비 한 마리가 퍼덕이는 바람에 Ω_r이 아주 작은 양 $-\epsilon\Omega_r$만큼 바뀌면 질점의 진폭은 시간이 지남에 따라 무한히 커질 수 있다.

5. 2차 주기해

린드스테트-푸앵카레 방법을 운동방정식 (5-7)-(5-8)에 적용하기 위해 다음과 같은 급수 전개를 도입했다.

$$\Omega_r=\varpi\Omega, \tag{5-33}$$

$$\varpi=1+\sum_{n=1}^{\infty}\varpi_n,$$

$$x=\sum_{n=1}^{\infty}x_n;\quad y=\sum_{n=1}^{\infty}y_n;\quad z=\sum_{n=1}^{\infty}z_n, \tag{5-34}$$

$$s=\Omega\tau$$

$$\tau_1=s+\phi,$$

$$\tau_2=s+\psi,$$

$$\psi-\phi=l\pi/2,\quad (l=0,1,2,\ldots),$$

$$\zeta=(-1)^l.$$

위 식의 아래첨자 n은 관계된 양이 진폭의 n승에 비례한다는 뜻이다. Ω는 고유치 방정식의 해로 식 (5-12)로 정의된 양이다.

식 (5-33)−(5-34)로 정의된 변수를 궤도방정식 (5-20)−(5-21)에 대입하면 다음 식을 얻는다.

$$\begin{cases} \varpi^2 x'' - 2\varpi y' - (1+2c_2)x \\ \qquad = \dfrac{3}{2}c_3(2x^2-y^2-z^2) + 2c_4 x(2x^2-3y^2-3z^2) + O(4), \\ \varpi^2 y'' + 2\varpi x' + (c_2-1)y \\ \qquad = -3c_3 xy - \dfrac{3}{2}c_4 y(4x^2-y^2-z^2) + O(4), \\ \varpi^2 z'' + \Omega^2 z \\ \qquad = -3c_3 xz - \dfrac{3}{2}c_4 z(4x^2-y^2-z^2) + \Delta z + O(4). \end{cases} \tag{5-35}$$

여기서 Q과 Q'은 dQ/ds와 d^2Q/ds^2를 의미한다. 식 (5-35)에 ϖ과 x, y, z의 전개를 대입하고, 진폭에 대한 같은 차수(n=1, 2, 3,...)의 변수들이 만족하는 방정식들을 구하면 다음과 같은 방정식 세트를 구할 수 있다.

1차 근사식의 방정식은 진폭의 1차 항에 해당하는 항들만 모음으로써 얻을 수 있다.

$$\begin{cases} x_1'' - 2y_1' - (1+2c_2)x_1 = 0, \\ y_1'' + 2x_1' + (c_2-1)y_1 = 0, \\ z_1'' + \Omega^2 z_1 = 0. \end{cases} \tag{5-36}$$

우리는 이미 1차 근사식 (5-36)에 대한 해를 구했고, 해는 식 (5-23)으로 주어진다. 진폭의 제곱 항에 해당하는 항을 정리하면 x_2, y_2, z_2

가 만족하는 방정식을 얻을 수 있다.

$$\begin{cases} x_2'' - 2y_2' - (1+2c_2)x_2 = -2\varpi_1(x_1'' - y_1') + \dfrac{3}{2}c_3(2x_1^2 - y_1^2 - z_1^2), \\ y_2'' + 2x_2' + (c_2-1)y_2 = -2\varpi_1(y_1'' + x_1') - 3c_3x_1y_1, \\ z_2'' + \Omega^2 z_2 = -2\varpi_1 z_1'' - 3c_3x_1z_1. \end{cases}$$

(5-37)

식 (5-37)의 우변은 1차식의 해로 구성되었다. 식 (5-23)에 1차식의 해를 대입하고 정리하면, (5-37) 식은 다음과 같이 변형된다.

$$\begin{cases} x_2'' - 2y_2' - (1+2c_2)x_2 \\ \quad = -2\varpi_1 A_x(\Omega^2 - k)\cos(\tau_1) + \alpha_1 + \gamma_1\cos(2\tau_1) + \gamma_2\cos(2\tau_2), \\ y_2'' + 2x_2' + (c_2-1)y_2 \\ \quad = 2\varpi_1\Omega(k\Omega - 1)A_x\sin(\tau_1) + \beta_1\sin(2\tau_1), \\ z_2'' + \Omega^2 z_2 \\ \quad = 2\varpi_1\Omega^2\sin(\tau_2) + \delta_1[\sin(\tau_1+\tau_2) + \sin(\tau_2 - \tau_1)]. \end{cases}$$

(5-38)

새로운 파라미터는 다음과 같다.

$$\alpha_1 = \frac{3}{2}c_3[A_x^2(1 - \frac{1}{2}k^2) - \frac{1}{2}A_z^2]$$

$$\beta_1 = \frac{3}{2}c_3kA_x^2$$

$$\gamma_1 = \frac{3}{2}c_3(1 + \frac{1}{2}k^2)A_x^2$$

$$\gamma_2 = \frac{3}{4}c_3A_z^2$$

$$\delta_1 = \frac{3}{2}c_3A_xA_z$$

방정식 (5-38)의 우변에서 $\cos(\tau_1)$, $\sin(\tau_1)$, $\sin(\tau_2)$는 공진 주파수로 힘을 가하는 항들이다. 따라서 이 항들의 계수는 0이 되어야 한다. 이 조건은

$$\varpi_1 = 0$$

을 택함으로써 만족시킬 수 있다. 따라서 ϖ_1이 0이 되는 것은 방정식 (5-20)과 (5-21)의 우변에서 진폭의 제곱 항은 공진항을 만들지 않지만, (5-33)으로 Ω_r을 도입했으므로 ϖ_1에 비례하는 공진항이 생겼기 때문이다. 따라서 2차식에 대한 운동방정식은 다음과 같이 간단하게 표현된다.

$$\begin{cases} x_2'' - 2y_2' - (1+2c_2)x_2 = \alpha_1 + (\gamma_1 + \zeta\gamma_2)\cos(2\tau_1), \\ y_2'' + 2x_2' + (c_2 - 1)y_2 = \beta_1 \sin(2\tau_1), \\ z_2'' + \Omega^2 z_2 = \delta_1[\sin(\tau_1 + \tau_2) + \sin(\tau_2 - \tau_1)] \end{cases} \tag{5-39}$$

방정식 (5-39)을 풀기 위해 x_2, y_2, z_2를 다음과 같이 놓자.

$$\begin{cases} x_2 = \rho_{20} + \mathrm{h}_{12}\cos(2\tau_1), \\ y_2 = \mathrm{h}_{22}\sin(2\tau_1), \\ z_2 = \sin(\psi - \phi)[\kappa_{22} + \kappa_{21}\cos(2\tau_1)] + \cos(\psi - \phi)\,\kappa_{21}\sin(2\tau_1) \end{cases} \tag{5-40}$$

식 (5-40)을 (5-39)에 대입하고 동류항의 계수를 같이 놓아 얻은 방

정식을 풂으로써 (5-40)의 계수들은 다음과 같이 결정된다.

$$\rho_{20} = -\alpha_1/(1+2c_2)$$

$$D_1 = 16\Omega^4 + 4\Omega^2(c_2-2) + 1 + c_2 - 2c_2^2$$

$$\rho_{21} = [4\Omega\beta_1 - \gamma_1(4\Omega^2+1-c_2)]/\mathrm{D}_1$$

$$\rho_{22} = -\gamma_2(4\Omega^2+1-c_2)/\mathrm{D}_1$$

$$h_{12} = \rho_{21} + \zeta\rho_{22}$$

$$\sigma_{21} = [4\Omega\gamma_1 - \beta_1(4\Omega^2+1+2c_2)]/\mathrm{D}_1$$

$$\sigma_{22} = 4\Omega\gamma_2/\mathrm{D}_1$$

$$h_{22} = \sigma_{21} + \zeta\sigma_{22}$$

$$\kappa_{21} = -\delta_1/(3\Omega^2)$$

$$\kappa_{22} = \delta_1/\Omega^2$$

여기서 2차 섭동해는 식 (5-23)으로 주어진 일반해와 식 (5-40)으로 주어진 특수해의 합이며, 유한하고 주기적인 함수로 나타난다.

6. 3차 주기해

같은 방식으로 진폭의 3제곱 항에 대한 방정식도 구할 수 있다. 결과는 다음과 같다.

$$x_3'' - 2y_3' - (1+2c_2)x_3 = -2\omega_2(x_1'' - y_1')$$
$$+3c_3(2x_1x_2 - y_1y_2 - z_1z_2) + 2c_4x_1(2x_1^2 - 3y_1^2 - 3z_1^2),$$

$$y_3'' + 2x_3' + (c_2-1)y_3 = -2\omega_2(y_1'' + x_1') - 3c_3(x_1y_2 + x_2y_1)$$

$$-3c_4y_1(4x_1^2-y_1^2-z_1^2)/2,$$

$$z_3''+\Omega^2z_3=-2\omega_2z_1''+\Delta z_1-3c_3(x_1z_2+x_2z_1)$$

$$-3c_4z_1(4x_1^2-y_1^2-z_1^2)/2.$$

위 식의 우변에 1차식의 해와 2차식의 해를 대입하고 정리하면 섭동해를 구하는 데 필요한 표현식을 얻는다.

$$x_3''-2y_3'-(1+2c_2)x_3=[\mathrm{W}_1+2\varpi_2\Omega(\mathrm{k}-\Omega)\mathrm{A}_\mathrm{x}]\cos(\tau_1)$$

$$+\gamma_3\cos(3\tau_1)+\gamma_4\cos(2\tau_2+\tau_1)+\gamma_5\cos(2\tau_2-\tau_1),$$

$$y_3''+2x_3'+(c_2-1)y_3=[\mathrm{W}_2+2\varpi_2\Omega(\Omega\mathrm{k}-1)\mathrm{A}_\mathrm{x}]\sin(\tau_1)$$

$$+\beta_3\sin(3\tau_1)+\beta_4\sin(\tau_1+2\tau_2)+\beta_5\sin(2\tau_2-\tau_1),$$

$$z_3''+\Omega^2z_3=[\mathrm{W}_3+\mathrm{A}_\mathrm{z}(2\varpi_2\Omega^2+\Delta)]\sin(\tau_2)+\delta_3\sin(3\tau_2)$$

$$+\delta_4\sin(2\tau_1+\tau_2)+\delta_5\sin(2\tau_1-\tau_2).$$

(5-41)

(5-41)을 유도하는 과정에서 나타나는 $\sin(\tau_2)\cos(2\tau_1)$ 같은 삼각함수의 곱은

$$\frac{1}{2}[\sin(2\tau_1+\tau_2)-\sin(2\tau_1-\tau_2)]$$

에서처럼 $\sin(2\tau_1+\tau_2)$, $\sin(2\tau_1-\tau_2)$ 등의 단일 삼각함수의 합으로 나타냈다. 이 항들 역시 $\cos(\tau_1)$과 $\sin(\tau_1)$와 같은 진동수로 힘을 가하는 공진항이지만, $\gamma's$, $\beta's$, $\delta's$는 정해진 양들이므로 0으로 놓을 수 없다. 공진항을 제거하려면 값을 조절할 수 있는 '자유변수Free Parameter'가 필요하고, τ_2과 τ_1 사이의 위상 차이$(=\psi-\phi)$를 다음처럼

$$\psi - \phi = n\pi/2, \qquad n = 0, 1, 2, 3 \tag{5-42}$$

가정하면 기왕에 존재하는 $\cos(\tau_2)$, $\sin(\tau_2)$ 항을 $\cos(\tau_1)$, $\sin(\tau_1)$ 항과 합쳐서 한꺼번에 처리할 수 있다. 식 (5-42)를 사용하면 다음과 같은 관계식을 얻을 수 있다.

$$\begin{aligned}
&\mathrm{N}_1 = \cos(n\pi/2) = (-1)^{n/2}, \quad (n = \text{짝수}) \\
&\mathrm{N}_2 = \sin(n\pi/2) = (-1)^{(n-1)/2}, \quad (n = \text{홀수}) \\
&\sin(2\tau_1 - \tau_2) = \zeta \sin(\tau_2), \\
&\sin(2\tau_2 - \tau_1) \equiv \zeta \sin(\tau_1), \\
&\cos(2\tau_2 + \tau_1) = \zeta \cos(3\tau_1), \\
&\sin(\tau_1 + 2\tau_2) = \zeta \sin(3\tau_1), \\
&\sin(2\tau_1 + \tau_2) = \zeta \sin(3\tau_2), \\
&\sin(2\tau_1 - \tau_2) = \zeta \sin(\tau_2).
\end{aligned}$$

$\psi - \phi$에 대한 관계식 (5-42)를 사용하면 3차 근사식 (5-41)을 다음과 같이 간소화할 수 있다.

$$\begin{cases}
x_3'' - 2y_3' - (1 + 2c_2)x_3 = \left[\mathrm{W}_1 + 2\varpi_2 \Omega(\mathrm{k} - \Omega)\mathrm{A_x} + \zeta\gamma_5\right]\cos(\tau_1) \\
\qquad\qquad + \left[\gamma_3 + \zeta\gamma_4\right]\cos(3\tau_1), \\
y_3'' + 2x_3' + (c_2 - 1)y_3 = \left[\mathrm{W}_2 + 2\varpi_2 \Omega(\Omega\mathrm{k} - 1)\mathrm{A_x} + \zeta\beta_5\right]\sin(\tau_1) \\
\qquad\qquad + \left[\beta_3 + \zeta\beta_4\right]\sin(3\tau_1), \\
z_3'' + \Omega^2 z_3 = \left[\mathrm{W}_3 + \mathrm{A_z}(2\varpi_2\Omega^2 + \Delta) + \zeta\delta_5\right]\sin(\tau_2) \\
\qquad\qquad + \mathrm{N_1 Q_1}\sin(3\tau_1) + \mathrm{N_2 Q_2}\cos(3\tau_1).
\end{cases} \tag{5-43}$$

식 (5-43)에 포함된 파라미터들은 다음과 같은 양들이다.

$$W_1 = -3c_3[A_x(2\rho_{20} + \rho_{21} + \frac{k}{2}\sigma_{21}) + \frac{1}{2}(\kappa_{21} + \kappa_{22})A_z]$$

$$+ \frac{3}{2}c_4 A_x[(k^2 - 2)A_x^2 + 2A_z^2],$$

$$\gamma_3 = -\frac{3}{2}c_3 A_x(2\rho_{21} - k\sigma_{21}) - \frac{1}{2}c_4(2 + 3k^2)A_x^3,$$

$$\gamma_4 = \frac{3}{2}c_3[k\sigma_{22}A_x + \kappa_{21}A_z - 2\rho_{22}A_x] - \frac{3}{2}c_4 A_x A_z^2,$$

$$\gamma_5 = \frac{3}{2}c_3[-k\sigma_{22}A_x + \kappa_{22}A_z - 2\rho_{22}A_x] - \frac{3}{2}c_4 A_x A_z^2,$$

$$W_2 = \frac{3}{2}c_3(\sigma_{21} - 2k\rho_{20} + k\rho_{21})A_x$$

$$+ \frac{3}{2}c_4 k A_x[A_x^2(\frac{3}{4}k^2 - 1) + \frac{1}{2}A_z^2],$$

$$\beta_3 = \frac{3}{2}c_3(\sigma_{21} - k\rho_{21})A_x - \frac{3}{8}kc_4 A_x^3(k^2 + 4),$$

$$\beta_4 = \frac{3}{2}c_3 A_x(\sigma_{22} - k\rho_{22}) - \frac{3}{8}c_4 k A_x A_z^2,$$

$$\beta_5 = \frac{3}{2}c_3 A_x(\sigma_{22} + k\rho_{22}) + \frac{3}{8}c_4 k A_x A_z^2,$$

$$W_3 = \frac{3}{2}c_3[(\rho_{22} - 2\rho_{20})A_z + (\kappa_{21} + \kappa_{22})A_x]$$

$$+ \frac{3}{4}c_4 A_z[(k^2 - 4)A_x^2 + \frac{3}{2}A_z^2],$$

$$\delta_3 = -\frac{3}{8}c_4 A_z^3 - \frac{3}{2}c_3 A_z \rho_{22},$$

$$\delta_4 = \frac{3}{2}c_3(A_x\kappa_{21} - A_z\rho_{21}) - \frac{3}{8}c_4 A_z A_x^2(k^2 + 4),$$

$$\delta_5 = \frac{3}{2}c_3(-A_x\kappa_{22} + A_z\rho_{21}) + \frac{3}{8}c_4 A_z A_x^2(k^2 + 4),$$

$$Q_1 = \delta_4 + \delta_3$$

$$Q_2 = \delta_4 - \delta_3$$

3차 근사식 (5-43)의 z_3 방정식은 미지수 $\Delta(= \Omega^2 - \Omega_z^2)$를 포함하고 있다. z_3 방정식에서 $\sin(\tau_2)$의 계수를 제거하는 조건

$$\mathrm{W}_3 + \mathrm{A}_z(2\varpi_2\Omega^2 + \Delta) + \zeta\delta_5 = 0$$

에서 Δ를 결정하면 z_3 해에서 발산항을 없앨 수 있다. 그러나 x_3와 y_3 방정식에 존재하는 공진항의 계수에는 자유변수가 ϖ_2 하나밖에 없어 동시에 0으로 놓을 수가 없다. 여기서 다음과 같이 α_6, β_6를 정의하고

$$\alpha_6 = \mathrm{W}_1 + 2\varpi_2\Omega\mathrm{A_x}(\mathrm{k} - \Omega) + \zeta\gamma_5,$$
$$\beta_6 = \mathrm{W}_2 + 2\varpi_2\Omega\mathrm{A_x}(\Omega\mathrm{k} - 1) + \zeta\beta_5,$$

공진항에 관련되는 x_3, y_3 방정식 부분만 따로 검토해보자.

$$x_3'' - 2y_3' - (1 + 2c_2)x_3 = \alpha_6\cos(\tau_1) \qquad (5\text{-}44)$$
$$y_3'' + 2x_3' + (c_2 - 1)y_3 = \beta_6\sin(\tau_1) \qquad (5\text{-}45)$$

연립방정식 (5-44)-(5-45)가 발산하는 해를 가지지 않을 조건은 $\alpha_6 = k\beta_6$가 되는 것을 알 수 있다.

x_3와 y_3가 다음과 같은 특수해를 가진다고 가정하자.

$$x_3 = a\tau\sin(\Omega\tau) + b\cos(\Omega\tau),$$
$$y_3 = c\tau\cos(\Omega\tau) + d\sin(\Omega\tau)$$

앞의 식을 (5-44)와 (5-45) 식에 대입하고

$$k = \frac{2\Omega}{\Omega^2+1-c_2} = \frac{2c_2+1+\Omega^2}{2\Omega}$$

를 사용하면 b와 d에 무관하게 a와 c는 다음과 같이 나타낼 수 있다.

$$c = ak = \frac{k}{2[\Omega(1+k^2)-2k]}(\alpha_6 - k\beta_6)$$

따라서 우리가 $\alpha_6 = k\beta_6$이라고 가정하면 $a=c=0$이 되고, x_3와 y_3에 진폭이 시간에 비례하는 발산항은 나타나지 않는다. 이 조건을 다시 쓰면 ϖ_2에 관한 방정식을 얻을 수 있다.

$$\varpi_2 = \frac{W_1 - kW_2 + \zeta(\gamma_5 - k\beta_5)}{D_3 A_x}, \tag{5-46}$$

$$D_3 = 2\Omega[\Omega(k^2+1)-2k].$$

지루하고 단조로운 작업을 거친 후에 우리는 다음과 같은 식을 얻을 수 있다.

$$a_{21} = \frac{3c_3(k^2-2)}{4(1+2c_2)},$$

$$a_{22} = \frac{3}{4}\frac{c_3}{1+2c_2},$$

$$a_{23} = -\frac{3}{4}\frac{c_3\Omega[3k^3\Omega - 6k(k-\Omega)+4]}{kD_1},$$

$$a_{24} =- \frac{3}{4}\frac{c_3\Omega(3\Omega k+2)}{kD_1},$$

$$b_{21} = -\frac{3c_3\Omega(3k\Omega-4)}{2D_1},$$

$$b_{22} = \frac{3c_3\Omega}{D_1},$$

$$d_{21} =- \frac{c_3}{2\Omega^2},$$

$$a_1 =- \frac{3}{2}c_3[2a_{21}-\zeta a_{23}+d_{21}(2-3\zeta)]-\frac{3}{8}c_4[8-4\zeta-k^2(2+\zeta)],$$

$$a_2 = \frac{3}{2}c_3(a_{24}-2a_{22})+\frac{9}{8}c_4,$$

$$s_1 = \frac{\frac{3}{2}c_3[2a_{21}(k^2-2)-a_{23}(k^2+2)-2kb_{21}]-\frac{3}{8}c_4(3k^4-8k^2+8)}{D_3}.$$

$$s_2 = \frac{\frac{3}{2}c_3[2a_{22}(k^2-2)-\zeta a_{24}(k^2+2)-2kb_{22}\zeta+d_{21}(2-3\zeta)]}{D_3} + \frac{\frac{4}{8}c_4[8-4\zeta-k^2(2+\zeta)]}{D_3}$$

$$\varpi_2 = s_1A_x^2+s_2A_z^2,$$

$$\ell_1 = 2s_1\Omega^2+a_1,$$

$$\ell_2 = 2s_2\Omega^2+a_2,$$

$$\Delta =- \ell_1A_x^2-\ell_2A_z^2,$$

이상에서 정의한 파라미터를 이용하면 방정식 (5-43)을 다음과 같이 간소화할 수 있다.

$$\begin{cases} x_3'' - 2y_3' - (1+2c_2)x_3 = k\beta_6\cos(\tau_1) + (\gamma_3+\zeta\gamma_4)\cos(3\tau_1), \\ y_3'' + 2x_3' + (c_2-1)y_3 = \beta_6\sin(\tau_1) + (\beta_3+\zeta\beta_4)\sin(3\tau_1), \\ z_3'' + \Omega^2 z_3 = \mathrm{N}_1\mathrm{Q}_1\sin(3\tau_1) + \mathrm{N}_2\mathrm{Q}_2\cos(3\tau_1) \end{cases} \tag{5-47}$$

식 (5-47)의 z_3 방정식을 얻기 위해 다음과 같은 관계식

$$\begin{cases} \sin(3\tau_2) = \sin(3\tau_1 - n\pi/2) \\ \sin(2\tau_1+\tau_2) = \zeta\sin(3\tau_1 - n\pi/2) \end{cases}$$

과 다음 식을 사용했다.

$$\begin{cases} \sin(3\tau_1 - n\pi/2) = (-1)^{n/2}\sin(3\tau_1), \quad n = 0, 2, \ldots \\ \qquad = -(-1)^{(n-1)/2}\cos(3\tau_1), \quad n = 1, 3, \ldots \end{cases}$$

홀수 n에 대해 식 (5-47)의 해는 다음과 같이 쓸 수 있다.

$$\begin{cases} x_3 = \rho_{31}\cos(3\tau_1), \\ y_3 = \sigma_{31}\sin(3\tau_1) + \sigma_{32}\sin(\tau_1), \\ z_3 = \mathrm{N}_1\kappa_{31}\sin(3\tau_1) + \mathrm{N}_2\kappa_{32}\cos(3\tau_1) \end{cases} \tag{5-48}$$

위 식을 방정식 (5-47)에 대입하여 (5-48)의 계수들을 결정하면 다음과 같다.

$$D_2 = 81\Omega^4 + 9\Omega^2(c_2-2) + 1 + c_2 - 2c_2^2,$$

$$\rho_{31} = \frac{6\Omega(\beta_3 + \zeta\beta_4) - (9\Omega^2 + 1 - c_2)(\gamma_3 + \zeta\gamma_4)}{D_2},$$

$$\sigma_{31} = \frac{6\Omega(\gamma_3 + \zeta\gamma_4) - (9\Omega^2 + 1 + 2c_2)(\beta_3 + \zeta\beta_4)}{D_2},$$

$$\sigma_{32} = -\frac{k\beta_6}{2\Omega},$$

$$\kappa_{31} = -\frac{Q_1}{8\Omega^2}.$$

$$\kappa_{32} = -\frac{Q_2}{8\Omega^2}.$$

계산에 필요한 모든 파라미터 정의와 태양-지구 EL_1에 대한 파라미터 값들은 '부록 B'와 '부록 C'에 정리했다.

제 2 장

태양–지구 EL_1 근방의 달무리궤도 수치계산

앞에서 얻은 결과들을 종합하면 L_1, L_2, L_3 근방에서 질점은 다음과 같은 유한한 주기궤도를 따라 움직인다는 것을 알 수 있다. 주기궤도 위의 위치는 1차 근사해, 2차 근사해, 3차 근사해의 합으로 주어진다.

$$
\begin{aligned}
x(\tau_1) &= x_1(\tau_1) + x_2(\tau_1) + x_3(\tau_1) \\
y(\tau_1) &= y_1(\tau_1) + y_2(\tau_1) + y_3(\tau_1) \\
z(\tau_1) &= z_1(\tau_1) + z_2(\tau_1) + z_3(\tau_1)
\end{aligned} \tag{5-49}
$$

위 식에서 x_1, y_1, z_1은 식 (5-23)에 $\Omega\tau+\phi$ 대신 τ_1을, ψ 대신 $\phi+n\pi/2$를 대입하여 얻은 식이고, x_2, y_2, z_2는 식 (5-40)로 주어지고, x_3, y_3, z_3는 식 (5-48)로 주어진다. 식 (5-49)에

$$
\begin{aligned}
\tau_1 &= \Omega_r\tau + \phi \\
\Omega_r &= (1+\varpi_2)\Omega
\end{aligned} \tag{5-50}
$$

를 대입하고 정리하면 라그랑주 포인트 EL_1 근방에서 적용할 수 있는 다음과 같은 달무리궤도의 방정식을 얻을 수 있다.

$$
\begin{aligned}
x_H(\tau) &= [h_{10} + h_{11}\cos(\tau_1) + h_{12}\cos(2\tau_1) + h_{13}\cos(3\tau_1)]\,R_L, \\
y_H(\tau) &= [h_{21}\sin(\tau_1) + h_{22}\sin(2\tau_1) + h_{23}\sin(3\tau_1)]\,R_L, \\
z_H(\tau) &= [N_2\{h_{30} + h_{31}\cos(\tau_1) + h_{32}\cos(2\tau_1) + h_{33}\cos(3\tau_1)\} \\
&\quad + N_1\{h_{31}\sin(\tau_1) + h_{32}\sin(2\tau_1) + h_{33}\sin(3\tau_1)\}]\,R_L
\end{aligned} \tag{5-51}
$$

여기서 $R_L(=1.49767\times10^6\text{km})$은 지구 중심에서 EL_1까지의 거리다. 식 (5-51)에서 필요한 상수들은 먼저 정의한 파라미터 값을 이용해 다음과 같이 정해진다.

$$
\begin{aligned}
h_{10} &= \rho_{20} \\
h_{11} &= -A_x \\
h_{12} &= \rho_{21} + \zeta\rho_{22} \\
h_{13} &= \rho_{31} \\
h_{21} &= kA_x + \sigma_{32} \\
h_{22} &= \sigma_{21} + \zeta\sigma_{22} \\
h_{23} &= \sigma_{31} \\
h_{30} &= 3c_3A_xA_z/(2\Omega^2) \\
h_{31} &= A_z \\
h_{32} &= \kappa_{21} \\
h_{33} &= \kappa_{32}
\end{aligned} \tag{5-52}
$$

ISEE는 태양풍과 지구의 자기장의 작용을 관측하는 순수한 과학 목

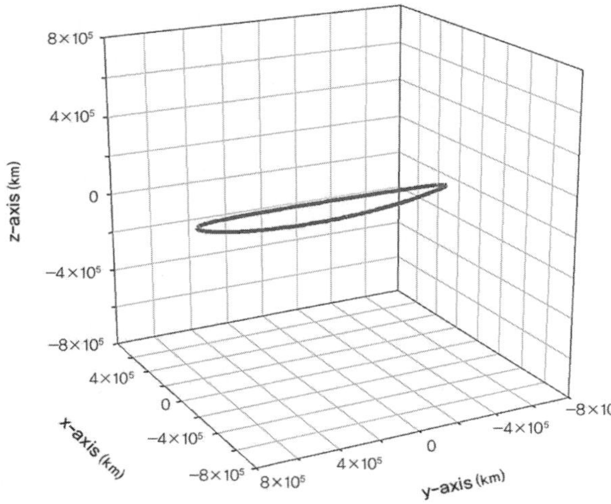

그림 5-1 EL_1의 달무리궤도의 3차원 그림. x, y, z의 단위는 km다. 여기서 x-축은 태양과 지구를 연결한 선이며 $x-y$ 평면은 지구의 공전면과 같고 z-축은 공전면에 수직인 축이다. $A_z=125{,}000$km로 취하면, 궤도는 $x-y$ 평면 내에서 $-164{,}392\text{km}<x<238{,}128\text{km}$와 $-656{,}587\text{km}<y<656{,}587\text{km}$ 사이를 움직인다. x-축은 지구와 태양을 연결하는 축이다 ($n=1$인 경우).

적을 띤 우주탐사선으로 발사되었지만, 원래 목적을 달성한 뒤 1982년 6월에 명칭을 ISEE에서 ICE(International Cometary Explorer)로 바꾸고 달의 중력을 중력 부스트로 이용해 가속한 뒤 지아코비니-지너Giacobini-Zinner 혜성을 만나기 위한 여정을 시작했다. 1985년 9월 11일 ICE는 지아코비니-지너의 꼬리를 통과했지만 카메라가 장착되지 않아 사진을 기록으로 남기지는 못했다. 첫 번째 임무를 수행하고 예정에 없었던 두 번째 임무 수행을 위해 장거리 궤도로 변경할 수 있었던 것은 ISEE-3가 궤도 유지에 필요한 추진제는 연간 1~2kg인 데 반해 89kg의 히드라진Hydrazine을 탑재하고 있었고, 총 Δv 성능은 430m/s나 되었기 때문에 가능했다.

그러나 ISEE-3의 가장 큰 과학적 업적은 EL_1 같은 라그랑주 포인트의 달무리궤도에서 안정적인 임무를 수행할 수 있다는 것을 보여준

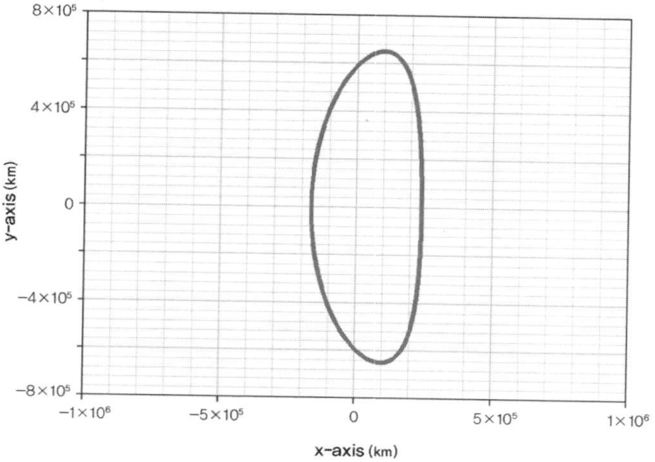

그림 5-2 EL_1의 달무리궤도를 $x-y$ 평면에 투사한 그림. n = 1인 경우(단위: km).

것이라고 생각한다. NASA에서 ISEE-3를 발사할 때 파쿼는 자신의 박사학위 지도교수인 존 브레이크웰John Breakwell을 초청해 달라고 NASA에 부탁했다. NASA는 브레이크웰 박사를 초청하면서 파쿼의 박사학위 논문을 가져오라고 했다.

"만약 발사에서 달무리궤도에 이르는 과정이 파쿼의 주장대로 정확히 진행되지 않을 경우 당장 박사학위를 취소하라"고 조건을 걸었다고 한다.[19] 물론 재미있으라고 한 농담이었지만, 많은 사람이 믿지 못했던 달무리궤도라는 황당한 개념을 제시하고, 여기에 실제로 위성을 진입시키기 위해 NASA의 동료와 상사들을 설득해온 파쿼가 기대와 불안에 들떠 있었음은 분명하다.

사실 라그랑주 포인트를 회전하는 달무리궤도는 순수한 CR3BP에나 존재한다. 현실세계에서는 주변에 항상 다른 행성이나 복사압 또는

19) Robert W. Farquhar, *Fifty Years On The Space Frontier: Halo Orbits, Comet, Astroids, And More* (Outskirts Press, Inc. Denver, Colorado, 2011), p.58.

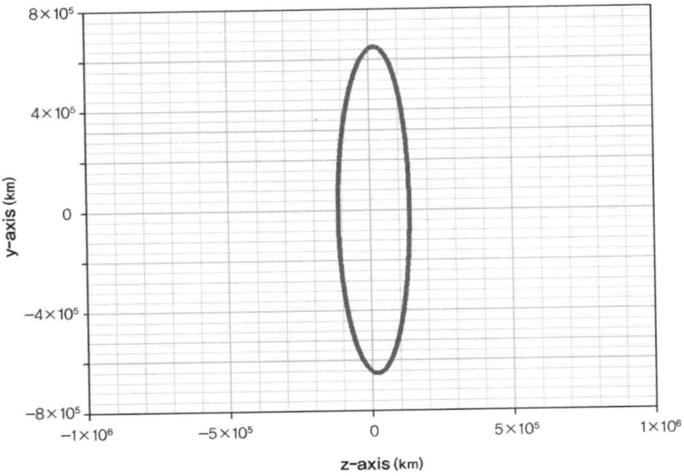

그림 5-3 EL_1의 달무리궤도를 $z-y$ 평면에 투사한 그림. n = 1인 경우(단위: km).

혜성 등으로 라그랑주 포인트는 항상 섭동을 받기 때문에 불안정하다. 특히 동일 직선상의 라그랑주 포인트는 원래가 불안정한 점들이기 때문에 동적으로 안정된 궤도를 따라 도는 우주선이라도 계산상의 오차와 진입할 때의 작은 오차 및 주변의 행성과 태양 등의 섭동으로 궤도에서 벗어나기 때문에 우주선을 적정 위치에 유지하기 위해서는 별도의 '위치유지'를 위한 기동이 필요하다. 그러나 동일 직선상의 라그랑주 포인트의 적정 위치유지를 위한 Δv는 아주 작은 편이다. 예로 1톤 질량의 우주선을 태양–지구의 라그랑주 포인트에 유지하기 위한 추진제는 연간 1.5kg보다 적고 지구–달의 L_1, L_2, L_3에 탐사선을 유지하려면 연간 3m/s의 Δv면 충분하다.[20]

ISEE-3가 달무리궤도는 계산상에만 존재하는 것이 아닌 실제로 위성이 비교적 안정적으로 돌 수 있는 궤도임을 증명한 이후 SOHO(Solar

20) ibid., p.16.

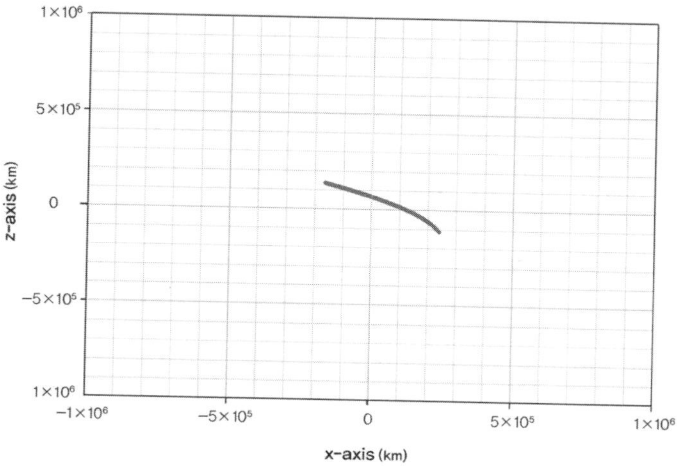

그림 5-4 EL_1의 달무리궤도를 $x-z$ 평면에 투사한 그림. $n=1$인 경우(단위: km).

and Heliospheric Observatory), ACE(Advanced Composition Explorer), 제너시스Genesis, WMAP(Wilkinson Microwave Anisotropy Probe), 허셜/플랑크Herschel/Planck 등이 EL_1과 EL_2에서 임무를 성공적으로 수행했으며, 우리가 살고 있는 태양계의 태양과 더 나아가 우주의 기원에 대한 지식을 폭발적으로 쏟아냈다. 이러한 성공에 힘입어 JWST 같은 차세대 우주망원경을 EL_2로 올릴 계획으로 있다.

〈그림 5-1〉–〈그림 5-4〉는 EL_1을 중심으로 A_z 값을 125,000km로 택하고 계산한 궤도를 그린 것이다. 우리는 $n=1$인 경우만 그렸다. $A_z/R_L \ll 1$이고 비선형 항을 A_z (또는 A_x)의 3차 항까지만 고려한다면 식 (5-51)은 EL_1 주위에 존재하는 수많은 주기궤도 중의 하나를 잘 기술하고 있다. 그러나 시간이 경과하면 피할 수 없는 섭동에 의해 주기궤도에서 벗어날 수 있다. 우리가 얻은 3차 근사로 얻은 해 (5-51)는 정확한 방정식 (5-2)–(5-3)을 수치적분을 통해 해를 구하는 데 필요한 초기조건으로 사용할 수 있다.

제3장

달무리궤도에 연결되는 에너지 튜브와 천체 간 무료 교통망

더핑 방정식 (5-26)은 완전한 고립된 진동자Oscillator의 운동방정식이라고 가정했기 때문에 진동자의 총에너지 E_{ah}는 보존되는 양이었다. 따라서 (5-27)은 방정식 (5-26)의 해Solution이지만, 질점의 에너지 E_{ah}는 시간에 따라 무한히 커질 수 있어 고립된 비선형 진동자의 해로는 적합하지 않다고 판단했다.

그러나 라그랑주 포인트 근방의 운동과 같은 실제 문제에서 질점에 힘을 작용하는 주체는 라그랑주 포인트를 만드는 2개의 천체다. 따라서 2개 천체와 질점의 총에너지는 보존되지만, 질점의 운동에너지와 퍼텐셜 에너지의 합은 독립적으로 보존되는 것은 아니다. 그러나 더핑 방정식 (5-26)의 우변 항이 외부의 섭동에서 비롯된 항이라고 생각하면, 비선형 진자의 에너지 E_{ah}는 계속 증가하지만 섭동 요인이 되는 외부 힘까지 포함한 총에너지는 보존될 수 있어 발산하는 식 (5-27)도 실제 상황을 기술하는 해가 될 수 있다.

더핑 방정식에서 등차방정식의 해 $x_h(\tau)$는 고유 진동수 $\Omega/2\pi$를 가지고 단진자운동하는 안정된 궤도를 의미한다. 외부의 섭동이 없다면 질점은 단진자운동을 영원히 지속할 것이다. 그러나 $-\epsilon\Omega^2x^3$와 같은 섭동이 가해지면 $-3/4\epsilon a^2\Omega^2x(\tau)$ 같은 공진항이 방정식 우변에 나타나고, 진폭은 시간에 따라 계속 커질 수 있다. 이것이 바로 식 (5-27)이 의미하는 공진현상이다. $x_h = a\cos(\Omega\tau)$로 기술되는 단진자운동 시스템에 $-\epsilon\Omega^2x^3$으로 대표되는 미약한($\epsilon \ll 1$) 섭동이 가해지면, 질점은 식 (5-27)로 기술되는 궤도를 따라 안정된 궤도로부터 이탈한다는 뜻이다.

여기서 특히 관심을 끄는 것은 섭동 아래에서 존재하는 안정된 주기해 (5-32)의 의미다. 안정된 주기해 (5-32)의 의미를 이해하기 위해 더핑 방정식의 우변에 고차의 비선형 항들이 존재한다고 가정하자.

$$\ddot{x} + \Omega^2 x = -\epsilon\Omega^2 x^3 + \sum_{k=2}^{\infty}\epsilon^k h_k x^{2k+1} \tag{5-53}$$

여기서 x^{2k} 항은 섭동 근사해에서 공진항을 만들지 않기 때문에 (5-53)에서는 생략했다. x 값이 $x \ll 1$인 영역에서는 식 (5-53)은 조화운동의 방정식이 되고 그 해는 $x_h = a\cos(\Omega\tau)$이지만, x 값이 증가하면 섭동항 $-\epsilon\Omega^2x^3$을 고려해야 한다. 이 경우 각속도 Ω를 가진 단진자 해 $x_h = a\cos(\Omega\tau)$는 더 이상 방정식 (5-50)의 해가 아니지만, 주어진 ϵ과 a에 대해 식 (5-32)로 기술되는 각속도 $\Omega_r(=(1+3\epsilon a^2/8)\Omega)$을 가진 안정적인 주기궤도가 존재한다.

어떤 이유로든 진폭이 더욱 커지면 x^5 등 고차 항이 들어오게 되고 Ω_r을 가진 주기궤도는 더 이상 안정된 해가 아니다. 이론적으로는 주어진 고차 항에 대해 재규격화된 각속도 $\Omega_r = (1+3\epsilon a^2/8 + O(\epsilon^2))\Omega$에 안정된 주기해가 존재한다. 그러나 외부에서 아주 작은 섭동만 들어와도 해는 유한한 주기해에서 발산하는 해로 바뀌며 x 값이 커짐에 따라 식 (5-50)의 고차 항들이 차례로 들뜬상태Excite가 되기 시작한다. 그러나 각속도를 재규격화하면 유한한 주기해가 다시 존재한다.

식 (5-27)로 표현된 발산하는 궤도와 식 (5-32)으로 기술되는 주기궤도는 ϵa^2이 충분히 작으면 무한히 가깝게 접근할 수 있음을 보여준다. 푸앵카레는 CR3BP의 궤도가 아무리 복잡하더라도 뉴턴의 중력으로 상호작용하는 한, 라그랑주 포인트 근방의 어떠한 주기궤도와도 무한히 가까운 발산하는 궤도가 존재한다는 가설을 내놓았다.[21] 수학적으로는 더핑 방정식을 3체 운동의 1차원 버전이라고 한다면 식 (5-27)로 기술되는 궤도는 주기궤도가 아닌 시간에 따라 발산하는 궤도이지만, (5-32)로 기술되는 유한한 주기궤도와 무한히 가깝다는 것을 알 수 있다. 식 (5-32)에서 $\epsilon a^2 \ll 1$이란 가정 아래 Ω_r을 ϵ의 급수로 전개하면 오차범위 $O(\epsilon^2 a^4)$ 내에서 일치하는 식 (5-27)을 얻을 수 있다.

이상에서 얻은 결과들을 종합하면, 다음과 같은 결론을 얻을 수 있다. 운동방정식 (5-26)에서 섭동항 $-\epsilon \Omega^2 x^3$을 잠시 꺼두자. 이 경우 (5-26)의 해는 $x_h(\tau) = a\cos(\Omega\tau)$로 유한한 주기함수다. 따라서 질점은 $x=0$을 중심으로 단진자운동을 반복한다. 이제까지 꺼두었던 섭동항을 다시 켜보자. 섭동으로 인해 $x_h(\tau) = a\cos(\Omega\tau)$는 더 이상 안정된 궤도가 될 수 없고, 대신 (5-27)로 기술되는 발산하는 궤도를 따라 움직인다.

그러나 발산하는 궤도마다 특별한 진동수 Ω_r을 가진 식 (5-32)로 기술되는 유한한 주기궤도가 존재함을 보여준다. 식 (5-50)의 우변에서 x^5, x^7, 같은 고차의 섭동항이 들뜬상태가 되더라도 여기에 해당하는 발산하는 열린 궤도가 존재하고, 이론적으로는 진동수를 거기에

---

21) Alessandra Celleti and Ettore Perozzi, *Celestial Mechnics* (Springer-Praxis Pub. Ltd, Chichester, 2007, UK), pp.39-42.

맞춰 재규격화함으로써 열린 궤도와 무한히 가까운 새로운 안정된 주기해가 존재한다고 가정할 수 있다.

달무리궤도 문제로 돌아와 우리가 얻은 해 (5-51)의 의미를 되새겨 보자. 식 (5-51)은 주기 $T=2\pi/\Omega_r$인 주기궤도의 $x(\tau_1)$, $y(\tau_1)$, $z(\tau_1)$를 기술하지만, Ω_r이 극히 미세한 $\delta\Omega_r \ll 0$만큼만 바뀌어도 $\delta\Omega_r\tau_1$에 비례하는 항이 생겨 진폭은 시간에 비례해서 증가한다. 즉, 섭동된 궤도는 상당히 '카오스적Chaotic'이라 예측하기 힘들지만, 그렇다고 전혀 기술할 수 없다는 뜻은 아니다.

식 (5-51)에서 진폭의 3제곱 한도 안에서 시간에 대해 발산하는 항을 생성하는 항은 $\cos(\tau_1)$과 $\sin(\tau_1)$ 항이며, 다음과 같이 다시 쓸 수 있다.

$$\begin{cases} \cos(\tau_1) = \cos(\Omega\tau+\phi) - \varpi_2\Omega\tau\sin(\Omega\tau+\phi) + O(A^4) \\ \sin(\tau_1) = \sin(\Omega\tau+\phi) + \varpi_2\Omega\tau\cos(\Omega\tau+\phi) + O(A^4) \end{cases}$$

선형 라그랑주 포인트 근방의 달무리궤도 (5-51)와 무한히 가까운 발산하는 궤도는 아래와 같다.

$$\begin{cases} x_S(\tau) = x_H(\tau) - h_{11}\varpi_2\Omega\tau\sin(\Omega\tau+\phi)R_L \\ y_S(\tau) = y_H(\tau) + h_{21}\varpi_2\Omega\tau\cos(\Omega\tau+\phi)R_L \\ z_H(\tau) = z_H(\tau) + N_1 h_{31}\varpi_2\Omega\tau\cos(\Omega\tau+\phi)R_L \\ \qquad - N_2 h_{31}\varpi_2\Omega\tau\sin(\Omega\tau+\phi)R_L \end{cases} \tag{5-54}$$

여기서 $\tau=\omega t$이다. 그러나 시간이 흐르면 진폭 A_x, A_y, A_z가 급격

히 증가하고, 운동방정식 (5-7)과 (5-8)의 우변은 진폭의 4차, 5차 항 이상의 고차 항이 들뜬상태가 된다. 따라서 라그랑주 포인트에서 아주 가까운 범위를 벗어나면 식 (5-54)의 적용 범위에서 쉽게 벗어난다. 따라서 방정식 (5-7)과 (5-8) 대신 (5-1)-(5-3)을 수치적으로 풀어야 한다.

위성의 총에너지에 의해 결정된 달무리궤도는 얇게 썬 감자튀김의 가장자리처럼 뒤틀린 3차원 궤도이며, 각각의 달무리궤도에는 궤도로 진입하는 궤도 무리와 궤도를 떠나는 궤도 무리가 연결되어 있다. 주어진 달무리궤도로 진입하고 이탈하는 모든 궤도 무리는 가장자리가 달무리궤도인 튜브(또는 통로)를 형성한다. 이러한 튜브를 '불변 다양체Invariant Manifold' 또는 간단히 '에너지 튜브Energy Tube'라고 한다.[22)]

하나의 달무리궤도와 1:1로 대응하여 발산하는 궤도 무리가 존재한다는 것을 19세기 말 '앙리 푸앵카레'가 발견했고, 그 후 이 방법은 '비선형 동력학Nonlinear Dynamics' 또는 '카오스 이론Chaos Theory'으로 발전했다.

1960년대 말 위스콘신 대학교 수학과 '찰스 콘리Charles C. Conley'는 푸앵카레의 제안을 연구하다가 CR3BP에서 튜브 형태의 표면을 이루는 궤도 무리를 발견했고, 그의 제자 '로버트 맥기히Robert P. McGehee'는 이러한 에너지 튜브 무리 중 어느 하나의 표면에 위치하는 질점은 라그랑주 포인트를 중심으로 존재하는 달무리궤도로 저절로 끌려가든가 아니면 밀려나간다는 것을 발견했다. 튜브 내부에 존재하는 질점의 궤도는 라그랑주 포인트 곁을 지나 한 천체의 중력 지배권에서부터 다른 천체의 중력 지배권으로 진입한다. 반면, 튜브 밖의 질점은 유효 퍼텐셜 벽에 막혀 원래 소속되었던 중력 지배권으로 되돌아간다.[23)]

---

22) Shane D. Ross, "The Interplanetary Transport Network", *American Scientist*, Volume 94, 2006, pp.230-237.

23) ibid.

1990년대 중반 이후 NASA의 마틴 로Martin Lo, 캘리포니아공과대학의 왕상군Wang Sang Koon, 제럴드 마스덴Jerrold Marsden 및 셰인 로스Shane D. Ross 등은 튜브가 시작되는 L_1, L_2에서부터 멀리 떨어진 L_1, L_2를 만드는 두 천체를 감싸는 영역까지 튜브를 연장시키는 데 성공했다. 지구 근처에서 적절한 위치에서 적절한 속도를 갖는 질점은 더 이상 자체 추진력이나 궤도 수정 없이 EL_1 또는 EL_2의 달무리궤도로 진입한다. 지구에서 가까운 거리에 지구와 달이 만드는 라그랑주 포인트가 5개, 태양과 지구가 만드는 라그랑주 포인트가 2개 등 모두 7개의 라그랑주 포인트가 존재하고 이 모든 포인트의 달무리궤도에는 접근하는 튜브들과 이탈하는 튜브들이 연결되어 있다.

더구나 달은 지구 주위를 돌아 태양–지구 튜브와 지구–달의 튜브들은 가끔씩 서로 교차한다. 특히 지구–달이 만드는 LL_1, LL_2와 태양–지구가 만드는 EL_1, EL_2에 딸린 튜브들은 한 달에 한 번꼴로 서로 교차하므로 질점(또는 우주선)은 자체 에너지로 기동하지 않고도 로켓을 이용한 약간의 속도 조종만으로 튜브를 옮겨 타고 LL에서 EL로 이동하는 것이 가능하다. 이는 매우 다행스러운 일이다.

반물질-물질을 에너지원으로 사용하는 광자로켓이 발명되기 전까지는 주어진 로켓을 효율적으로 사용하는 방법을 찾는 것이 최선의 선택이라 생각한다.

로켓 개발 초창기부터 우주개발 선구자들은 '오베르트 효과Obert Effects', '호만 전이궤도Hohmann Transfer Trajectory', '중력 부스트Gravity Boost', '달무리궤도Halo Orbit', 'ITNS(Interplanetary Transport Network System)' 등 하드웨어가 아닌 중력과 3체-문제 등에 관한 지식을 넓힘으로써 작은 로켓으로도 우주 탐사와 관측 범위를 대폭 넓혀가고 있다. 뉴턴 이후에 할 것이 없어진 듯했던 '천체역학Celestial Mechanics'도 2체-문제가 아닌 3체-문제로 접근 범위를 확장함으로써 우주개발의 폭이 대폭 넓어지고 경제적이 되었다.

날마다 보는 하늘이지만, 거기에는 또 무엇이 숨어서 우리가 찾아 주기를 기다리는지 기대되고 설렌다. 이것을 찾아내는 것은 독자 여러분의 몫이라고 생각하면서 이 책을 마친다.

부록 A : 유효 퍼텐셜의 미분식

$$U = \frac{1}{2}(\xi^2 + \eta^2) + \frac{\mu_1}{[(\xi+\mu_2)^2 + \eta^2 + \zeta^2]^{1/2}} + \frac{\mu_2}{[(\xi-\mu_1)^2 + \eta^2 + \zeta^2]^{1/2}}, \tag{A-1}$$

$$U_\xi = \xi - \frac{\mu_1(\xi+\mu_2)}{[(\xi+\mu_2)^2 + \eta^2 + \zeta^2]^{3/2}} - \frac{\mu_2(\xi-\mu_1)}{[(\xi-\mu_1)^2 + \eta^2 + \zeta^2]^{3/2}}, \tag{A-2}$$

$$U_\eta = \eta - \frac{\mu_1\eta}{[(\xi+\mu_2)^2 + \eta^2 + \zeta^2]^{3/2}} - \frac{\mu_2\eta}{[(\xi-\mu_1)^2 - \eta^2 + \zeta^2]^{3/2}}, \tag{A-3}$$

$$U_\zeta = -\frac{\mu_1\zeta}{[(\xi+\mu_2)^2 + \eta^2 + \zeta^2]^{3/2}} - \frac{\mu_2\zeta}{[(\xi-\mu_1)^2 + \eta^2 + \zeta^2]^{3/2}}, \tag{A-4}$$

$$\begin{aligned} U_{\xi\xi} = 1 &- \frac{\mu_1}{[(\xi+\mu_2)^2 + \eta^2 + \zeta^2]^{3/2}} - \frac{\mu_2}{[(\xi-\mu_1)^2 + \eta^2 + \zeta^2]^{3/2}} \\ &+ \frac{3\mu_1(\xi+\mu_2)^2}{[(\xi+\mu_2)^2 + \eta^2 + \zeta^2]^{5/2}} + \frac{3\mu_2(\xi-\mu_1)^2}{[(\xi-\mu_1)^2 + \eta^2 + \zeta^2]^{5/2}}, \end{aligned} \tag{A-5}$$

$$\begin{aligned} U_{\eta\eta} = 1 &- \frac{\mu_1}{[(\xi+\mu_2)^2 + \eta^2 + \zeta^2]^{3/2}} - \frac{\mu_2}{[(\xi-\mu_1)^2 + \eta^2 + \zeta^2]^{3/2}} \\ &+ \frac{3\mu_1\eta^2}{[(\xi+\mu_2)^2 + \eta^2 + \zeta^2]^{5/2}} + \frac{3\mu_2\eta^2}{[(\xi-\mu_1)^2 + \eta^2 + \zeta^2]^{5/2}}, \end{aligned} \tag{A-6}$$

$$\begin{aligned} U_{\zeta\zeta} = &- \frac{\mu_1}{[(\xi+\mu_2)^2 + \eta^2 + \zeta^2]^{3/2}} - \frac{\mu_2}{[(\xi-\mu_1)^2 + \eta^2 + \zeta^2]^{3/2}} \\ &+ \frac{3\mu_1\zeta^2}{[(\xi+\mu_2)^2 + \eta^2 + \zeta^2]^{5/2}} + \frac{3\mu_2\zeta^2}{[(\xi-\mu_1)^2 + \eta^2 + \zeta^2]^{5/2}}, \end{aligned} \tag{A-7}$$

$$U_{\xi\eta} = U_{\eta\xi} = \frac{3\mu_1(\xi+\mu_2)\eta}{[(\xi+\mu_2)^2 + \eta^2 + \zeta^2]^{5/2}} + \frac{3\mu_2(\xi-\mu_1)\eta}{[(\xi-\mu_1)^2 + \eta^2 + \zeta^2]^{5/2}}, \tag{A-8}$$

$$U_{\xi\zeta} = U_{\zeta\xi} = \frac{3\mu_1(\xi+\mu_2)\zeta}{[(\xi+\mu_2)^2 + \eta^2 + \zeta^2]^{5/2}} + \frac{3\mu_2(\xi-\mu_1)\zeta}{[(\xi-\mu_1)^2 + \eta^2 + \zeta^2]^{5/2}}, \tag{A-9}$$

$$U_{\eta\zeta} = U_{\zeta\eta} = \frac{3\mu_1\zeta\eta}{[(\xi+\mu_2)^2 + \eta^2 + \zeta^2]^{5/2}} + \frac{3\mu_2\zeta\eta}{[(\xi-\mu_1)^2 + \eta^2 + \zeta^2]^{5/2}}, \tag{A-10}$$

$$\mu_2 = \mu, \ \mu_1 = 1 - \mu. \tag{A-11}$$

여기서 $U_{\xi\zeta} = \frac{\partial^2 U}{\partial\xi\partial\xi}$, $U_{\xi\zeta} = \frac{\partial^2 U}{\partial\xi\partial\zeta}$, ... 등을 의미한다.

부록 B : 달무리궤도 계산에 사용한 파라미터 정의

▸입력 데이터: 태양-지구 데이터 & A_z

$G = 6.67384 \times 10^{-11}$

$m_E = 5.97219 \times 10^{24}\ kg$

$R = 149598261\ km$

$R_L = \gamma_L R$: 지구 중심에서 L_1까지 거리

$m_S = 1.9891 \times 10^{30}\ kg = 333000\ m_E$

$A_z = 125000\ km\ (a_z = A_z / R_L)$

거리단위: R_L	$\Lambda_4 = \dfrac{1-\mu}{\rho_1^5} + \dfrac{\mu}{\rho_2^5}$
$n = 1, 3$	$c_2 = \Lambda_2 = \dfrac{1}{\gamma_L^3}\left[\mu + \dfrac{(1-\mu)\gamma_L^3}{\|1 \mp \gamma_L\|^3}\right]$
$\mu = \dfrac{m_E}{m_E + m_S}$	$c_3 = -\gamma_L \Lambda_3 = \dfrac{1}{\gamma_L^3}\left[(\pm)\mu - \dfrac{(1-\mu)\gamma_L^4}{\|1 \mp \gamma_L\|^4}\right]$
$\gamma_L = 1 - \mu - \xi_0$, L_1	$c_4 = \gamma_L^2 \Lambda_4 = \dfrac{1}{\gamma_L^3}\left[\mu + \dfrac{(1-\mu)\gamma_L^5}{\|1 \mp \gamma_L\|^5}\right]$
$\gamma_L = \xi_0 - 1 + \mu$, L_2	$\Omega = \left[\dfrac{-\Gamma + 2 + \sqrt{9\Gamma^2 - 8\Gamma}}{2}\right]^{1/2}$
$\gamma_L = -\xi_0 - \mu$, L_3	$\Omega_z = \sqrt{\Gamma}$
$\rho_1 = \|\xi_0 + \mu\|$	$\delta = \Omega^2 - \Omega_z^2$
$\rho_2 = \|\xi_0 + \mu - 1\|$	$k = \dfrac{2\Gamma + 1 + \Omega^2}{2\Omega}$

$\zeta=(-1)^n$	$\alpha_{11}=\frac{3}{4}c_3(2-k^2)$
$\Gamma=\frac{1-\mu}{\rho_1^3}+\frac{\mu}{\rho_2^3}$	$\alpha_{12}=-\frac{3}{4}c_3$
$\Lambda_2=\Gamma$	$\alpha_1=\alpha_{11}a_x^2+\alpha_{12}a_z^2$
$\Lambda_3=\frac{(1-\mu)(\xi_0+\mu)}{\rho_1^5}+\frac{\mu(\xi_0+\mu-1)}{\rho_2^5}$	$\gamma_{11}=\frac{3}{4}c_3(2+k^2)$
$\gamma_1=\gamma_{11}a_x^2$	$W_{11}=-3c_3(2\rho_{201}+\rho_{211}+\frac{1}{2}k\sigma_{211})+\frac{3}{2}c_4(k^2-2)$
$\Gamma=\frac{1-\mu}{\rho_1^3}+\frac{\mu}{\rho_2^3}$	$\alpha_{12}=-\frac{3}{4}c_3$
$\Lambda_2=\Gamma$	$\alpha_1=\alpha_{11}a_x^2+\alpha_{12}a_z^2$
$\Lambda_3=\frac{(1-\mu)(\xi_0+\mu)}{\rho_1^5}+\frac{\mu(\xi_0+\mu-1)}{\rho_2^5}$	$\gamma_{11}=\frac{3}{4}c_3(2+k^2)$
$\gamma_1=\gamma_{11}a_x^2$	$W_{11}=-3c_3(2\rho_{201}+\rho_{211}+\frac{1}{2}k\sigma_{211})+\frac{3}{2}c_4(k^2-2)$
$\beta_{11}=\frac{3}{2}kc_3$	$W_{12}=-3c_3[2\rho_{202}+\frac{1}{2}(\kappa_{211}+\kappa_{221})]+3c_4$
$\beta_1=\beta_{11}a_x^2$	$W_1=W_{11}a_x^3+W_{12}a_xa_z^2$
$\gamma_{21}=\frac{3}{4}c_3$	$\gamma_{31}=-\left[\frac{3}{2}c_3(2\rho_{211}-k\sigma_{211})+\frac{1}{2}c_4(2+3k^2)\right]$
$\gamma_2=\gamma_{21}a_z^2$	$\gamma_{41}=\frac{3}{2}c_3(k\sigma_{221}+\kappa_{211}-2\rho_{221})-\frac{3}{2}c_4$
$\rho_{201}=-\frac{3}{4}\frac{c_3(2-k^2)}{1+2c_2}$	$\gamma_{51}=\frac{3}{2}c_3(-k\sigma_{221}+\kappa_{221}-2\rho_{221})-\frac{3}{2}c_4$

$\rho_{202} = \frac{3}{4}\frac{c_3}{1+2c_2}$	$\gamma_3 = \gamma_{31} a_x^3$
$\rho_{20} = \rho_{201} a_x^2 + \rho_{202} a_z^2$	$\gamma_4 = \gamma_{41} a_x a_z^2$
$D_1 = 16\Omega^4 + 4\Omega^2(c_2 - 2) + 1 + c_2 - 2c_2^2$	$\gamma_5 = \gamma_{51} a_x a_z^2$
$\rho_{211} = \frac{4\Omega\beta_{11} - \gamma_{11}(4\Omega^2 + 1 - c_2)}{D_1}$	$W_{21} = \frac{3}{2}c_3(\sigma_{211} - 2k\rho_{201} + k\rho_{211}) + \frac{3}{2}kc_4(\frac{3}{4}k^2 - 1)$
$\rho_{21} = \rho_{211} a_x^2$	$W_{22} = -3c_3 k\rho_{202} + \frac{3}{4}c_4 k$
$\rho_{221} = -\frac{\gamma_{21}(4\Omega^2 + 1 - c_2)}{D_1}$	$W_2 = W_{21} a_x^3 + W_{22} a_x a_z^2$
$\rho_{22} = \rho_{221} a_z^2$	$\beta_{31} = \frac{3}{2}c_3(\sigma_{211} - k\rho_{211}) - \frac{3}{8}kc_4(k^2 + 4)$
$\sigma_{211} = \frac{4\Omega\gamma_{11} - \beta_{11}(4\Omega^2 + 1 + 2c_2)}{D_1}$	$\beta_3 = \beta_{31} a_x^3$
$\sigma_{21} = \sigma_{211} a_x^2$	$\beta_{41} = \frac{3}{2}c_3(\sigma_{221} - k\rho_{221}) - \frac{3}{8}c_4 k$
$\sigma_{221} = \frac{4\Omega\gamma_{21}}{D_1}$	$\beta_4 = \beta_{41} a_x a_z^2$
$\sigma_{22} = \sigma_{221} a_z^2$	$\beta_{52} = \frac{3}{2}c_3(\sigma_{221} + k\rho_{221}) + \frac{3}{8}c_4 k$
$\delta_{11} = \frac{3}{2}c_3$	$\beta_5 = \beta_{52} a_x a_z^2$
$\delta_1 = \delta_{11} a_x a_z$	$W_{31} = \frac{3}{2}c_3(\rho_{221} - 2\rho_{202}) + \frac{9}{8}c_4$
$\kappa_{211} = -\frac{\delta_{11}}{3\Omega^2}$	$W_{32} = \frac{3}{2}c_3(-2\rho_{201} + \kappa_{211} + \kappa_{221}) + \frac{3}{4}c_4(k^2 - 4)$
$\kappa_{21} = \kappa_{211} a_x a_z$	$W_3 = W_{31} a_z^3 + W_{32} a_x^2 a_z$

$\kappa_{221}=\dfrac{\delta_{11}}{\Omega^2}$	$\delta_{31}=-\dfrac{3}{2}c_3\rho_{221}-\dfrac{3}{8}c_4$
$\kappa_{22}=\kappa_{221}a_x a_z$	
$\delta_3=\delta_{31}a_z^3$	$\ell_2=2s_2\Omega^2+a_2$
$\delta_{41}=\dfrac{3}{2}c_3(\kappa_{211}-\rho_{211})-\dfrac{3}{8}c_4(k^2+4)$	$a_x=\sqrt{\dfrac{-\Delta-l_2a_z^2}{l_1}}$
$\delta_4=\delta_{41}a_x^2a_z$	$A_x=a_xR_L$
$\delta_{51}=\dfrac{3}{2}c_3(-\kappa_{221}+\rho_{211})+\dfrac{3}{8}c_4(k^2+4)$	$\varpi_2=s_1a_x^2+s_2a_z^2,$
$\delta_5=\delta_{51}a_x^2a_z$	$\Omega_r=\Omega(1+\varpi_2)$
$D_3=2\Omega[\Omega(k^2+1)-2k]$	$D_2=81\Omega^4+9\Omega^2(c_2-2)+1+c_2-2c_2^2$
$a_{21}=\dfrac{3c_3(k^2-2)}{4(1+2c_2)},$	$\rho_{311}=\dfrac{6\Omega\beta_{31}-(9\Omega^2+1-c_2)\gamma_{31}}{D_2}$
$d_{21}=-\dfrac{c_3}{2\Omega^2},$	$\rho_{312}=\dfrac{6\Omega\beta_{41}-(9\Omega^2+1-c_2)\gamma_{41}}{D_2}$
$b_{21}=\sigma_{211}$	$\rho_{31}=\rho_{311}a_x^3+\zeta\rho_{312}a_xa_z^2$
$b_{22}=\dfrac{3c_3\Omega}{D_1},$	$\sigma_{311}=\dfrac{6\Omega\gamma_{31}-(9\Omega^2+1+2c_2)\beta_{31}}{D_2}$
$a_{23}=\rho_{211}$	$\sigma_{312}=\dfrac{6\Omega\gamma_{41}-(9\Omega^2+1+2c_2)\beta_{41}}{D_2}$
$a_{22}=\dfrac{3}{4}\dfrac{c_3}{1+2c_2},$	$\sigma_{31}=\sigma_{311}a_x^3+\zeta\sigma_{312}a_xa_z^2$
$a_{24}=-\dfrac{3}{4}\dfrac{c_3\Omega(3\Omega k+2)}{kD_1},$	$\sigma_{321}=-\dfrac{k}{2\Omega}[W_{21}+2\Omega(\Omega k-1)s_1]$

$s_1 = \frac{3}{2}\frac{c_3}{D_3}[2a_{21}(k^2-2)-a_{23}(k^2+2) -2kb_{21}] - \frac{3}{8}\frac{c_4}{D_3}(3k^4-8k^2+8)$	$\sigma_{322} =-\frac{k}{2\Omega}[W_{22}+2\Omega(\Omega k-1)s_2+\zeta\beta_{52}]$
$s_2 = \frac{3}{2}\frac{c_3}{D_3}[2a_{22}(k^2-2)-\zeta a_{24}(k^2+2) -2kb_{22}\zeta] + \frac{3}{2}\frac{c_3 d_{21}}{D_3}(2-3\zeta) + \frac{3}{8}\frac{c_4}{D_3}[8-4\zeta-k^2(2+\zeta)]$	$\sigma_{32} = \sigma_{321}a_x^3 + \sigma_{322}a_x a_z^2$
$a_1 =-\frac{3}{2}c_3[2a_{21}-\zeta a_{23}+d_{21}(2-3\zeta)] -\frac{3}{8}c_4[8-4\zeta-k^2(2+\zeta)]$	$\beta_6 =-\frac{2\Omega}{k}\sigma_{32}$
$a_2 = \frac{3}{2}c_3(a_{24}-2a_{22})+\frac{9}{8}c_4,$	$\kappa_{32} = \frac{\delta_{31}a_z^3-\delta_{41}a_x^2 a_z}{8\Omega^2}$
$\ell_1 = 2s_1\Omega^2 + a_1,$	$\kappa_{31} =-\frac{\delta_{31}a_z^3+\delta_{41}a_z a_x^2}{8\Omega^2}$

▸ 파라미터 정의

R_L 단위로 표시한 달무리궤도는 다음과 같다.

$$x(\tau_1) = h_{10} + h_{11}\cos(\tau_1) + h_{12}\cos(2\tau_1) + h_{13}\cos(3\tau_1),$$
$$y(\tau_1) = h_{21}\sin(\tau_1) + h_{22}\sin(2\tau_1) + h_{23}\cos(3\tau_1),$$
$$z(\tau_1) = (-1)^{(n-1)/2}[h_{30} + h_{31}\cos(\tau_1) + h_{32}\cos(2\tau_1) + h_{33}\cos(3\tau_1)],\ \ n=1,3$$

여기서 τ_1과 τ는 다음과 같이 정의되고,

$$\tau_1 = (1+\varpi_2)\Omega\tau + \phi$$
$$\tau = \omega t,$$

실제 질점의 위치는 라그랑주 포인트에서 지구 중심까지 거리 R_L을 무단위 변수에 곱함으로써 얻을 수 있다.

$$\mathrm{x}(\tau_1) = \mathrm{R_L}\, x(\tau_1)$$

$$\mathrm{y}(\tau_1) = \mathrm{R_L}\, y(\tau_1)$$

$$\mathrm{z}(\tau_1) = \mathrm{R_L}\, z(\tau_1)$$

달무리궤도에 사용된 파라미터 $h's$의 값은 다음과 같이 정의하고 값은 '부록 C'에 실려 있다.

$$h_{10} = \rho_{20}$$

$$h_{11} = -a_x$$

$$h_{12} = \rho_{21} + \zeta\rho_{22}$$

$$h_{13} = \rho_{31}$$

$$h_{21} = ka_x + \sigma_{32}$$

$$h_{22} = \sigma_{21} + \zeta\sigma_{22}$$

$$h_{23} = \sigma_{31}$$

$$h_{30} = -3\kappa_{211}\, a_x a_z$$

$$h_{31} = a_z$$

$$h_{32} = \kappa_{211}\, a_x a_z$$

$$h_{33} = \kappa_{32}$$

부록 C : 태양-지구 $EL_1(L_1)$ 주변 달무리궤도 파라미터 값

$\pi=3.14159$	$\rho_{202}=0.248299$	$D_3=72.551$	$\beta_1=0.278858$	$\rho_{31}=0.00200969$
$R_{SE}=1.49598\times10^8 km$	$D1=311.191$	$a_{21}=2.09273$	$\gamma_2=0.0157798$	$\sigma_{31}=0.0023089$
$\mu=3.04036\times10^{-6}$	$\rho_{211}=-0.905977$	$d_{21}=-0.346867$	$\rho_{20}=0.0416217$	$\sigma_{32}=-0.00790308$
$n=1$	$\rho_{221}=-0.104464$	$b_{21}=-0.492451$	$\rho_{21}=-0.0172698$	$\kappa_{32}=-0.00062232$
$\xi_0=0.989986$: L_1	$\sigma_{211}=-0.492451$	$b_{22}=0.0607464$	$\rho_{22}=-0.00072777$	$\beta_6=0.0102125$
$\gamma_L=0.0100109$	$\sigma_{221}=0.0607464$	$a_{23}=-0.905977$	$\sigma_{21}=-0.00938715$	$\varpi_2=-0.014876$
$R_L=1.49767\times10^6 km$	$\delta_{11}=4.53008$	$a_{22}=0.2482989$	$\sigma_{22}=0.0004232$	$\Omega_r=2.05543$
$A_z=1.25\times10^5 km$	$\kappa_{211}=-0.346867$	$a_{24}=-0.104464$	$\delta_1=0.0522041$	$A_{x\,min}=2.02606\times10^5 km$
$a_z=0.0834666$	$\kappa_{221}=1.0406$	$s_1=-0.824658$	$\kappa_{21}=-0.00399725$	$A_x=2.06768\times10^5 km$
$\zeta=-1,\ n=1$	$w_{11}=15.8052$	$s_2=0.121099$	$\kappa_{22}=0.0119917$	$h_{10}=0.0416217$
$c_2=4.06112$	$w_{22}=1.44982$	$a_1=-8.78587$	$\kappa_{321}=-0.398099$	$h_{11}=-0.138066$
$c_3=3.02005$	$\gamma_{31}=-49.4319$	$a_2=0.686544$	$\kappa_{322}=0.0190439$	$h_{12}=-0.0165421$
$c_4=3.03058$	$\gamma_{41}=-4.28209$	$l_1=-15.9659$	$w_1=0.058304$	$h_{13}=0.00200969$
$\Gamma=4.06112$	$\gamma_{51}=0.225945$	$l_2=1.74091$	$\gamma_3=-0.130096$	$h_{21}=0.43795$
$\Omega=2.08646$	$w_{21}=23.4216$	$a_x=0.138066$	$\gamma_4=-0.00411876$	$h_{22}=-0.00981035$
$\Omega_z=2.01522$	$w_{22}=0.0752673$	$D_2=1587.9$	$\gamma_5=0.000217327$	$h_{23}=0.0023089$
$\Delta=0.292215$	$\beta_{31}=-41.9288$	$\rho_{311}=0.793832$	$w_2=0.0617138$	$h_{30}=0.0119917$
$k=3.22928$	$\beta_{41}=-1.86659$	$\rho_{312}=0.0826857$	$\beta_3=-0.110349$	$h_{31}=0.0834666$
$\alpha_{11}=-19.0904$	$\beta_{52}=2.41696$	$\sigma_{311}=0.885714$	$\beta_4=-0.0017954$	$h_{32}=-0.00399725$
$\alpha_{12}=-2.26504$	$w_{31}=0.686544$	$\sigma_{312}=0.0230203$	$\beta_5=0.00232478$	$h_{33}=0.000622321$
$\gamma_{11}=28.1505$	$w_{32}=-1.20676$	$\sigma_{321}=-2.84513$	$w_3=-0.000113151$	
$\beta_{11}=14.6289$	$\delta_{31}=-0.663236$	$\sigma_{322}=-0.431683$	$\delta_3=-0.000385662$	
$\gamma_{21}=2.265040$	$\delta_{41}=-13.8645$	$\alpha_1=-0.379683$	$\delta_4=-0.022059$	
$\rho_{201}=2.09273$	$\delta_{51}=-13.8645$	$\gamma_1=0.536608$	$\delta_5=0.0120587$	

찾아보기

〔ㄱ〕

〔ㄴ〕

〔ㄷ〕

〔ㄹ〕

〔ㅁ〕

〔ㅂ〕

〔ㅅ〕

[ㅇ]

〔ㅈ〕

[ㅊ]

〔기타〕

로켓 과학 II

_위성 궤도와 태양계 탐사

초판 3쇄 발행일 2021년 11월 11일
초판 1쇄 발행일 2016년 3월 31일

지은이 정규수
펴낸이 이원중

펴낸곳 지성사 출판등록일 1993년 12월 9일 등록번호 제10-916호
주소 (03458) 서울시 은평구 진흥로 68, 2층
전화 (02) 335-5494 팩스 (02) 335-5496
홈페이지 www.jisungsa.co.kr 이메일 jisungsa@hanmail.net

ISBN 978-89-7889-315-2 (94500)
978-89-7889-300-8 (세트)

잘못된 책은 바꾸어드립니다. 책값은 뒤표지에 있습니다.

「이 도서의 국립중앙도서관 출판예정도서목록(CIP)은 서지정보유통지원시스템 홈페이지(http://seoji.nl.go.kr)와 국가자료공동목록시스템(http://www.nl.go.kr/kolisnet)에서 이용하실 수 있습니다.(CIP제어번호: CIP2016007434)」